우리에게 보통의 용기가 있다면

The **Carbon** Almanac

한국어판

탄소 연감 네트워크 지음

세스 고딘 엮음

성원 옮김

책세상

우리에게 보통의 용기가 있다면

초판 1쇄 발행 2022년 12월 10일

지은이 탄소 연감 네트워크(The Carbon Almanac Network)
엮은이 세스 고딘
옮긴이 성원

펴낸이 김현태
펴낸곳 책세상
등록 1975년 5월 21일 제2017-000226호
주소 서울시 마포구 잔다리로 62-1, 3층(04031)
전화 02-704-1251
팩스 02-719-1258
이메일 editor@chaeksesang.com
광고·제휴 문의 creator@chaeksesang.com
홈페이지 chaeksesang.com
페이스북 /chaeksesang 트위터 @chaeksesang
인스타그램 @chaeksesang 네이버포스트 bkworldpub

ISBN 979-11-5931-871-9 03400

• 잘못되거나 파손된 책은 구입하신 서점에서 교환해드립니다.
• 책값은 뒤표지에 있습니다.

차례

해법

누가 나서야 할까?

선도자들

참고 자료

직접 확인할 수 있어요

이 책은 수천 개의 참고자료를 토대로 쓰였어요. 원자료가 궁금하다면 글 맨 마지막에 있는 숫자를 http://www.thecarbonalmanac.org/000(000 자리에 원하는 숫자를 넣어야 해요)에서 확인할 수 있어요. **더 깊이 공부하고, 함께 이야기해요.**

www.thecarbonalmanac.org

모든 인용문과 팩트 상자의 출처는 ⊕888에서 찾을 수 있어요.

서문

이 책은 에너지에 대한 책입니다.

우리는 100년이 넘는 세월 동안 사실상 공짜로 땅에서 에너지를 퍼 올려 썼습니다. 그 값싼 연료로 주변 세상과 놀라운 물건들을 창조했지만 거기에 정신이 팔려 값진 자원을 너무 헤프게 쓰면서 결국 이 세상을 어지럽혔습니다.

동시에 이 책은 다른 종류의 에너지에 대한 책입니다. 희망과 연결의 에너지, 문제를 해결하고 상황을 개선하는 인간의 능력이라는 에너지 말입니다.

변화를 기대하기에 아직 그렇게 늦지 않았습니다.

하지만 서둘러야 합니다. 문제의 크기를 따지고 지난 일을 슬퍼하는 데 낭비할 시간이 없습니다. 그보다는 희망과 연결의 에너지에 기대야 합니다.

희망은 아직 늦지 않았음을 깨닫는 데서 옵니다.

조직적인 실천과 공동체의 강화는 거의 제한이 없는 힘을 낼 수 있습니다. 우리가 서로 연결된다면, 한 사람 한 사람이 따로 실천하는 것보다 훨씬 큰 효과를 발휘할 수 있습니다.

이 책은 자발적으로 참여한 300명이 넘는 기여자가 힘을 모아 만들었습니다. 대부분 조직적으로 실천하는 작업에 전념하기 전에는 서로 만나본 적도 없는 사람들이죠. 베냉, 네덜란드, 호주, 싱가포르 등 40여 개국에 있는 우리는 여러분이 지금 손에 든 이 책을 만들기 위해 그야말로 24시간 내내(시간대가 달라서!) 일했습니다.

만일 당신이 이 책을 친구에게 건네고 싶어진다면, 우리는 보람을 느낄 것입니다. 나아가 친구와 열 명짜리 모임을 만든다면, 이 책은 변화를 일으킬 것입니다. 그 열 명이 다른 열 개의 모임과 힘을 모아 조직적이고 문화적인 변화를 일으킨다면, 성공이라고 말할 수 있을 것입니다.

우리는 편리함과 간편함, 얕은 자극이 미덕인 시대에 살고 있지만, 이 중 어떤 것도 더 나은 미래를 만드는 데 도움을 주지 못합니다. 대신 우리는 장기적인 안목을 가지고 정말 중요하고 시급한 일에 집중할 필요가 있습니다.

지금이 아니면 다시는 기회가 없을지 모릅니다.

이 일의 선두에 선 당신에게 감사의 마음을 전합니다.

세스 고딘

일러두기

〔 〕안의 내용은 한국어판 편집자가 독자의 이해를 돕기 위해 삽입한 내용이다.

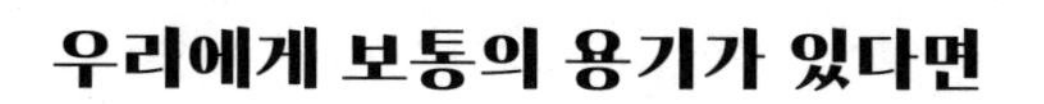
우리에게 보통의 용기가 있다면

서론

탄소는 무엇인가? 어째서 중요한가?
그리고 왜 내가 관심을 가져야 하나?

탄소 대재앙을 이끄는 네 기수

우리가 중요한 문제에 집중하기로 마음먹는다면, 앞길은 훨씬 쉽고 예측 가능할 것이다.

이산화탄소를 비롯한 온실가스 증가가 문명을 위협하고 있다. 이 책 곳곳에서 여러분은 우리가 처한 상황을 적나라하게 보여주는 표, 그래프, 통계를 볼 것이다.

2021년 말 기준, 전 세계 대기 중 이산화탄소 농도는 415ppm을 넘어섰다. 불과 50년 만에 25% 이상 증가한 수치다. 이런 증가는 인간의 활동 때문이다. 이 흐름을 되돌리고 우리 모두가 의존하는 기후를 지키기 위해서는 앞으로 10년 안에 대기 중 이산화탄소 농도를 크게 줄여야 한다.

인간이 배출한 온실가스의 요인 중 큰 비중을 차지하는 네 가지는 **석탄, 연소, 소, 그리고 콘크리트다.**

이 네 요인이 우리가 겪는 기후변화 문제의 70%를 유발하는 것으로 추정된다. 그리고 이들은 우리가 탄소 배출량을 줄여 감축 목표를 달성하기 위해 가장 중요하게 다루어야 할 요인이기도 하다.

이 네 요인은 모두 인간이 스스로 선택한 것이지만, 대안이 없는 것은 아니다. 장기적인 시스템 전환은 결코 쉽지 않다. 하지만 우리가 나아갈 길은 분명하다. 여기에는 물론 사회적 차원의 노력이 포함된다.

석탄

지난 수백 년간 석탄은 주거와 발전, 산업에 필요한 열을 만들어냈다. 석탄이 산업혁명의 원동력이었던 것은 영국에 석탄이 풍부했고, 사용하는 데 특별한 기술이 필요하지 않았고, 태우기 쉬웠기 때문이다. 석탄을 태워 움직이는 증기선과 증기기관차가 석탄을 태워 만든 상품을 전 세계로 실어 날랐다. 산업혁명이 일어난 지 여러 세기가 지났지만, 많은 국가에서는 아직도 석탄을 태운 열이나 석탄 화력발전소에서 만든 전기로 난방과 조리를 해결한다.

지구상의 모든 석탄은 수억 년 전 매장된 동식물이 분해되어 만들어졌다. 매장된 동식물들은 아주 오랜 시간에 걸쳐 탄소와 탄화수소 분자들이 압축돼 땅속 깊은 곳에서 석탄이 된다.

석탄이 땅속에 있을 때 그 안의 탄소는 대기와 "격리"된 상태다. 따라서 이때는 문제를 일으키지 않는다. 석탄을 채굴해 태우는 순간 격리되었던 탄소가 대기에 이산화탄소로 배출된다.

우리는 아직도 석탄을 태운다. 2021년에만 석탄을 태워 배출된 이산화탄소가 14.8기가톤에 달했는데, 이는 전 세계 이산화탄소 배출량의 **4분의 1**에 달한다. 단일 배출원으로는 가장 큰 비중을 차지하는 수치다.

지금은 석탄을 대신할 수 있는 저렴하고 믿을 만한 친환경 에너지원이 그 어느 때보다 풍부하다. 이제는 이런 대안이 제 몫을 하게 해야 한다.

연소

우리는 에너지를 얻기 위해 석탄뿐 아니라 천연가스와 석유 등의 화석연료에 열을 가하는데, 이때 '연소' 작용이 일어난다. 우리는 이를 통해 열을 얻지만, 그와 함께 연료에 저장된 탄소가 배출된다.

우리는 연소 덕에 자동차를 움직이고, 화력발전소를 돌리고, 뒷마당의 바비큐 기계를 사용한다. (석탄 연소는 워낙 큰 문제라서 별도로 분리했다.)

이 책에서는 스마트하고 지속가능한 에너지원을 이용해 연소를 줄이고 대체하는 여러 방법을 살펴볼 것이다.

소

석탄발전소에 비하면 소는 해롭지 않을 것 같다. 하지만 소는 메탄을 배출하고, 식량 사슬에서 거의 꼭대기에 있으며, 많은 면적을 차지한다.

전 세계 연간 배출량으로는 이산화탄소가 메탄보다 70배나 많지만, 메탄은 앞으로 20년 동안 기온을 상승시킬 잠재력이 이산화탄소보다 **84배** 더 크다. 쇠고기와 유제품을 만드는 축산업은 전 세계적으로 온실가스 배출의 주원인이다.

소는 체내에서 먹이를 소화할 때 메탄을 만들어내고, 이를 트름과 방귀로 내뿜는다. 소 한 마리가 이 과정에서만 매년 메탄 100kg을 뿜어낸다.

지구에 있는 소는 약 14억 마리로 추정된다. 개발도상국에서 육류 소비가 늘고 있고, 25년 뒤면 아시아의 쇠고기 소비가 지금보다 세 배나 늘어날 것으로 예상된다.

메탄 문제 외에도 소 방목은 토질을 저하시키고 생물다양성을 감소시키기 때문에 기후변화에 부정적인 영향을 미친다. **미국 한 나라에만 소 9500만 마리가 있고 이 소들이 풀을 뜯는 지역은 미국 땅의 거의 절반을 차지한다.**

메탄을 줄이는 것은 기후 문제를 개선하는 빠르고 강력한 방법이다.

콘크리트

콘크리트는 우리 주변 어디에나 있다. 지금까지 수백 년 동안 단단하고 쓸모 많고 저렴한 콘크리트가 많은 곳에 사용되었다. 지구상에서 콘크리트는 물 다음으로 많이 쓰이는 제품이다.

사람들은 콘크리트가 전 세계 이산화탄소 배출량의 8%를 차지한다는 말을 들으면 놀라곤 한다. 지난 40년 동안 1인당 콘크리트 생산량은 세 배 늘었고, 그 영향력도 커지고 있다.

시멘트에 모래와 자갈을 넣고 물과 섞은 다음 틀에 붓고 건조해서 굳히면 콘크리트가 된다. 이 과정에서는 이산화탄소가 많이 배출되지 않는다. 하지만 콘크리트를 만들기 위해서는 먼저 시멘트를 만들어야 하는데, 이때 많은 탄소가 배출된다. 시멘트는 아주 낡고 비효율적인 기술로 만들어진다. 하지만 이제는 좀 더 친환경적인 새로운 기술들이 있다.

세계에서 시멘트를 제일 많이 생산하는 중국이 지난 30년 동안 사용한 시멘트의 양은 20세기 내내 미국이 사용한 양보다 많다. 두 번째로 많이 사용하는 나라는 인도이며, 유럽연합의 국가들이 그 뒤를 잇는다.

이 네 요인, 석탄, 연소, 소, 콘크리트는 우리에게 매우 중요한 숙제다. 이를 해결하려면 체계적인 변화가 필요하다. 우리가 행동하면 변화는 일어날 것이다. 가장 먼저 할 일은 문제를 정확하게 파악하는 것이다. 그리고 이를 사람들에게 알리고 행동을 이끌어내야 한다.

⊕003

변화의 모습

영원히 상승세인 것은 없다. 인간은 100여 년간 미래로 가는 길을 잘라내고, 불태우고, 갈아엎고, 못 쓰게 만들었다.

그리고 이제 우리는 눈앞에 벌어진 사태의 진실을 피할 수 없다. 우리는 모두 좋든 싫든 변화가 일어났다는 걸 깨닫고 있다.

하지만 이런 변화가 더 좋은 결과로 이어질 수도 있다. 일자리를 창출하고, 커리어를 향상할 기회로 활용하고, 우리가 그동안 간과한 것에 집중할 기회를 줄 수도 있다. 이 기회에 하루를 보내는 방식, 서로를 대하는 방식, 더 나은 세상을 만드는 방법을 재고할 수도 있다.

변화는 바로 이런 모습이다. 아직 늦지 않았다. 지금은 이 변화 앞에서 무엇을 할지 결정할 때다.

🌐009

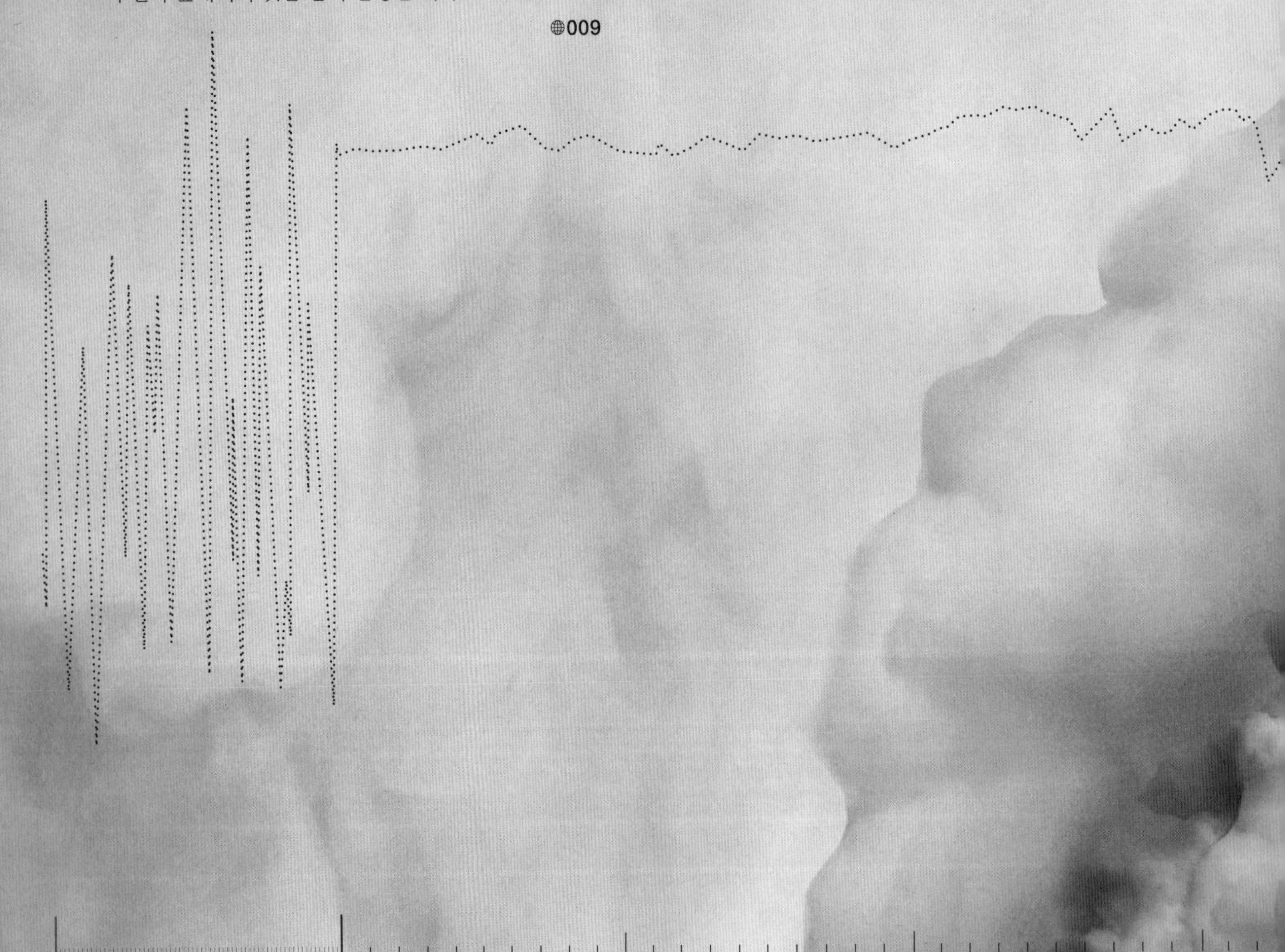

400ppm
350ppm
300ppm
이산화탄소 농도
750대
500대
미국에서 1000명당 차량 수
140억 톤
석탄의 연간 이산화탄소 배출량
70억 톤
플라스틱 누적 생산량
1900년
1950년
2000년

편리함의 횡포

편리함은 오늘날 세상에서 가장 저평가되는 동시에 그 영향력에 대한 이해가 가장 부족한 동기다. 편리함을 중심에 놓고 인간의 행동을 설명하는 방식은 프로이트의 정신분석학 개념들처럼 탈선의 쾌감을 선사하지도, 경제학자가 말하는 인센티브처럼 수학적 완전무결함을 자랑하지도 않는다. 편리함을 논의의 대상으로 삼는 건 따분할 수 있지만, 따분하다고 해서 하찮은 건 아니다.

21세기 선진국에서는 편리함, 그러니까 개인적인 일을 해결하는 효율적이고 더 손쉬운 방법이 개인의 삶과 경제를 결정하는 가장 강력한 힘으로 부상한 것 같다. 특히 미국에서는 사람들이 자유와 개별성을 그렇게나 예찬하지만, 사실 그곳에서 최고의 가치는 편리함이 아닌가 싶을 때가 많다.

"편리함이 만사를 결정한다"

트위터twitter의 공동 창립자 에반 윌리엄스가 최근 표현한 대로, "편리함이 만사를 결정한다." 편리함은 우리가 스스로 진짜 좋아한다고 믿는 걸 짓밟고 우리 대신 결정을 내리는 듯하다. 가령 나는 직접 커피 내리는 걸 좋아하지만, 스타벅스 인스턴트가 워낙 편하다보니 그 "좋아하는" 일을 거의 하지 않는다. 쉬운 게 곧 좋은 게 되는 세상이다.

편리함에는 다른 선택지를 떠올리지 못하게 만드는 능력이 있다. 세탁기를 사용해보면 손빨래를 한다는 건 아무리 돈이 적게 든다 해도 불합리하게 느껴진다. 스트리밍 서비스를 경험해보고 나면 정해진 시간에 어떤 프로그램을 보려고 기다린다는 건 멍청하고 촌스러운 짓 같다. 편리함에 저항하려면, 그러니까 핸드폰이나 구글을 사용하지 않으려면 광기까지는 아니라도 괴벽스러워 보일 정도로 특별한 노력이 필요한 세상이 되었다.

편리함은 개인의 결정에 큰 영향을 미치지만 집합적인 결정을 내릴 때 더 큰 힘을 발휘한다. 집합적 차원에서 편리함이라는 요소는 오늘날의 경제를 결정하는 데 아주 많은 역할을 한다. 특히 테크 기업들 간에 벌어지는 전쟁의 핵심은 더 편리한 기술을 누가 선점하느냐다.

미국인들은 경쟁을, 선택지의 확대를, 평범한 사람을 중시한다고 말한다. 하지만 편리함을 선호하는 취향에 규모의 경제와 습관의 힘이 더해지면 편리함은 이 모든 것에 앞선다. 아마존을 사용하기 쉬워질수록 아마존은 힘이 커지고, 그러면 아마존을 사용하기가 더 쉬워진다. 편리함과 독점은 천생연분인 것 같다.

이상으로서, 가치로서, 삶의 방식으로서 편리함이 득세하게 된 상황에서 우리는 편리함에 대한 집착이 우리와 우리가 사는 곳에 무슨 짓을 하고 있는지 물어야 한다. 편리함이 사악한 힘이라고 주장하려는 게 아니다. 일을 편하게 만드는 건 나쁜 일이 아니다. 편리함은 한때는 상상조차 어려웠던 일을 실현하기도 하고, 생활의 수고를 덜어주기도 한다. 특히 일상에서 여러 어려움을 겪는 사람들에게는 큰 도움을 준다.

하지만 편리함이 늘 좋기만 한 건 아니다. 편리함은 우리가 소중히 여기는 다른 가치들과 복잡한 관계를 맺기 때문이다. 편리함을 해방의 수단으로 여기고 널리 선전하기도 하지만, 편리함에는 사실 어두운 면도 있다. 편리함은 거추장스러운 노동을 건너뛰고 곧장 목표를 달성할 수 있게 해주겠다 약속하지만, 거기에는 목표에 이르는 과정에 놓인 의미 있는 투쟁과 도전들이 빠진다. 인간의 자유를 위해 추구하던 편리함은 어느 순간 의지력의 발달을 가로막는 방해꾼이 될 수 있고, 역설적으로 인간을 노예로 전락시킬 수 있다.

불편함을 삶의 법칙으로 삼아야 한다고 주장할 수는 없지만, 그렇다고 편리함이 만사를 결정하게 내버려둔다면 우리는 정말 많은 것을 잃을 것이다.

지금 우리가 누리는 많은 편리함은 19세기 말과 20세기 초의 산물이다. 가정에서 노동을 절감하는 장치들을 막 발명하고 판매하던 시기가 이때다. 이 시기에 돼지고기 통조림과 콩 통조림, 퀘이커 퀵 오트Quaker Quick Oats 같은 최초의 '간편식품', 전기 세탁기, 올드더치 파우더Old Dutch Powder 같은 세정용품, 진공청소기, 인스턴트 케이크 가루, 전자레인지 같은 경이로운 제품들이 발명되었다.

이 편리함이라는 개념은 19세기 말의 또 다른 핵심 개념인 산업의 효율성과 거기에 따라오는 '과학적 관리'를 가정 생활에 맞춰 각색한 것이다.

요즘에야 당연한 일이 되었지만 인류를 노동에서 해방시켜준 위대한 편리함은 당시만 해도 유토피아적 이상이었다. 편리함을 앞세운 제품들은 인간의 시간을 아끼고 노역을 줄임으로써 여가의 가능성을 만들어냈다. 그리고 이렇게 얻은 시간을 배움이나 취미 같이 우리에게 정말로 중요한 것에 쏟을 가능성이 열렸다. 편리한 가전제품 덕분에 귀족들만 누릴 수 있었던 '자기계발'의 자유가 일반 대중에게도 주어졌다. 이렇게 편리함은 평등을 실현하는 데도 큰 역할을 했다.

해방으로서의 편리함이라는 개념은 사람들을 들뜨게 만들었다. 편리함에 대한 묘사가 가장 의기양양했던 것은 20세기 중반 과학소설과 미래주의적 사고에서였다. 파퓰러 메카닉스Popular Mechanics 같은 진지한 잡지에서도, 제슨 가족The Jetsons 같은 우스꽝스런 오락물에서도, 미래의 삶은 완벽하게 편리할 거라고 마냥 낙관했다. 버튼 하나만 누르면 음식이 차려지고, 움직이는 보행로 덕분에 귀찮게 걸을 필요도 사라질 것이었다. 옷은 저절로 깨끗해지거나 하루만 입고 나면 자연 분해될 것이었다. 마침내 생존 투쟁의 종말이 올 것이라 상상할 수 있었다.

편리함이라는 꿈은 육체노동이 악몽이라는 전제에서 출발한다. 하지만 육체노동은 늘 악몽일까? 정말 우리는 그 모든 육체노동에서 해방되기를 바랄까? 어쩌면 우리 인간의 고유한 '인간성'은 때로 불편한 활동과 오랜 시간이 걸리는 노력을 통해 표현되는지도 모른다. 편리함이 늘어갈 때마다 거기에 반기를 드는 사람들이 있었던 이유가 이것일 테다.

어쩌면 우리 인간의 고유한 '인간성'은 때로 불편한 활동과 오랜 시간이 걸리는 노력을 통해 표현되는지도 모른다. 편리함이 늘어갈 때마다 거기에 반기를 드는 사람들이 있었던 이유가 이것일 테다.

이들이 편리함에 반기를 드는 것은 단지 완고해서가 아니다. 스스로 생각하는 정체성과 자신에게 중요한 것들을 직접 통제하지 못하게 위협당한다고 느끼기 때문이기도 하다.

1960년대 말, 편리함의 첫 번째 물결이 난관에 봉착했다. 완전한 편리함을 더 이상 사회의 가장 원대한 꿈으로 여기지 않는 사람들이 생겨난 것이다. 편리함은 순응을 의미했다. 자연에서 발생하는 귀찮음을 제거하려 하기보다는 자연과 조화를 이루며 살고, 개인의 잠재력을 꽃피우고, 각자의 개성을 발휘하자고 외치는 대항 문화가 기세를 올렸다. 밴드에서 기타를 연주하고, 채소를 직접 키워 먹고, 오토바이를 손수 고치는 일은 편리한 일이 아니었다. 하지만 그럼에도, 아니 어쩌면 그렇기 때문에 이런 일들이 가치 있다고 생각하는 사람들이 무리를 이루었다. 사람들은 다시 개성을 추구했다.

지금 우리가 사는 이 시기를 만든 편리함의 두 번째 기술 혁명이 개성이라고 하는 이 이상을 포섭한 것은 필연이었는지도 모른다. 개성을 편리하게 추구해주는 기술이 봇물처럼 터져나왔다.

이 '두 번째' 시기가 시작된 시점은 소니 워크맨이 등장한 1979년으로 볼 수 있다. 워크맨을 보면 편리함이라는 관념에 일어난 작지만 근본적인 변화를 알 수 있다. 첫 번째 편리함 혁명이 '생활과 일을 더 쉽게 만들어주겠다'고 약속했다면, 두 번째 편리함 혁명은 '더 쉽게 너 자신이 되게 해주겠다'고 약속했다. 신기술은 개성적인 자아의 촉매였고, 자기표현에 효율성을 선사했다.

워크맨과 이어폰을 가지고 거리를 걷는 1980년대 초

의 한 사람을 떠올려보라. 그는 자신이 선택한 음향 환경에 둘러싸여 있다. 한때는 사적인 공간에서만 경험할 수 있었던 그런 자기표현을 탁 트인 야외에서 만끽하는 것이다. 신기술은 이 사람이 보는 눈이 있든 없든 자신을 드러내기 쉽게 만들어준다. 그는 자기 영화의 스타가 되어 이 세상을 의기양양하게 걸어 다닌다.

첫 번째 편리함 혁명이 '생활과 일을 더 쉽게 만들어주겠다'고 약속했다면, 두 번째 편리함 혁명은 '더 쉽게 너 자신이 되게 해주겠다'고 약속했다. 신기술은 개성적인 자아의 촉매였고, 자기표현에 효율성을 선사했다.

이런 생각은 너무 매력적이어서 우리의 존재를 압도할 지경이다. 지난 수십 년 동안 만들어진 강력하고 중요한 기술 대부분이 개별화와 개성이라는 측면에서 편리함을 향상시켰다. VCR, 플레이리스트, 페이스북, 인스타그램을 생각해보라. 이런 종류의 기술적 편리함은 육체노동을 절감하는 것과는 더는 관련이 없다. 육체노동을 하는 사람이 과거보다 많이 줄기도 했다. 이런 기술들의 핵심은 우리가 스스로를 표현하기 위해 다양한 선택지를 놓고 최종 결정을 하는 데 들어가는 정신적 자원과 노력을 최소화하는 것이다. 편리함이란 한 번의 클릭으로 한곳에만 들러서 끝내는 쇼핑이고, "플러그만 꽂으면 바로 쓸 수 있는(Plug and Play)" 매끄러운 경험이다. 이제는 아무 노력도 하지 않고 개인의 취향을 드러내는 게 이상이 되었다.

심지어 우리는 편리함을 위해 기꺼이 웃돈을 지불한다. 때로는 우리가 생각하는 것보다 더 많이 쓴다. 가령 1990년대 말 냅스터 같은 음악 유통 기술이 등장해 온라인에서 무료로 음악을 구할 수 있게 되었고 많은 이들이 이를 이용했다. 지금도 원한다면 어렵지 않게 (불법이지만) 무료로 음악을 들을 수 있다. 하지만 이제 그러는 사람은 거의 없다. 왜일까? 2003년에 아이튠즈 스토어가 서비스되기 시작한 뒤로, 음악을 구매하는 일이 불법 다운로드보다 훨씬 편리해졌기 때문이다. 편리함은 공짜마저 이긴다.

손쉬운 일들이 늘어날수록 편리함에 대한 집단적 기대도 늘어난다. 그러면 편리하지 않은 모든 것들은 뒤처진 것으로 취급받는다. 우리는 무엇이든 당장 해결하지 않으면 견디지 못하고, 이전 같은 노력과 시간이 들어가는 일을 귀찮게 여기게 되었다. 휴대폰으로 콘서트 티켓을 구매할 수 있는 세상에서, 투표하려고 줄을 서는 건 짜증나는 일이다. 줄 설 일이 한 번도 없었던 이들에게는 더 그렇다. (설마 젊은 세대의 투표율이 낮은 게 이 때문일까?)

내가 말하려는 역설적인 진실은 개성과 취향을 드러내게 해주는 줄 알았던 기술들이 실은 모두를 놀라울 정도로 동질화한다는 것이다. 많은 이들이 페이스북을 한다. 당신과 당신의 일상의 특별함을 보여줄 친구와 가족에 연결되는 사실상 가장 편리한 방법이기 때문이다. 하지만 페이스북은 우리를 다 똑같이 만들어버리는 것 같다. 페이스북의 형식과 사람들이 그것을 이용하는 방식은 우리가 배경 이미지로 어떤 사진을 선택하느냐 같은 개성의 가장 피상적인 껍데기를 제외한 모든 것을 제거한다.

내가 말하려는 역설적인 진실은 개성과 취향을 드러내게 해주는 줄 알았던 기술들이 실은 모두를 놀라울 정도로 동질화한다는 것이다.

편리함의 증대가 (음식점, 택시 서비스, 오픈소스 백과사전 같은 영역에서) 많은 선택지를 가져다주고 우리가 거기서 큰 도움을 받을 수 있다는 사실을 부정하고 싶지는 않다. 하지만 삶의 모든 순간에 선택지가 있는 것은 아니다. 닥친 일을 해결하기, 가치 있는 도전을 이겨내고 어려운 과제를 끝내는 것처럼 선택지가 별로 없지만 중요한 순간도 있다. 이런 싸움은 우리가 자아를 발견하는 데 도움을 준다. 많은 장애물과 필수 요건과 준비 과정이 편리함의 이름으로 제거된다면 인간의 경험에는 무엇이 남을까?

편리함에 대한 오늘날의 맹신은 어려움이 인간의 성장

에 유익한 경험임을 간과한다. 편리함에는 목적지만 있을 뿐 여정이 없다.

편리함에는 목적지만 있을 뿐 여정이 없다.

내 발로 산을 오르는 것은 정상까지 열차를 타고 가는 것과는 완전히 다르다. 도착하는 장소가 같더라도 말이다. 우리는 결과에만 신경 쓰는 사람이 되어가고 있다. 인생의 경험 대부분을 '열차를 타는' 일로 만들 위험을 무릅쓰면서 말이다.

편리함이 그저 더 많은 편리함으로 이어지는 데 그치지 않으려면 편리함 자체보다 더 의미 있는 무언가에 기여해야 한다. 베티 프리던은 1963년에 출간한 뒤 고전이 된《여성성의 신화The Feminine Mystique》에서 가사노동을 돕는 기술이 여성에 대한 더 많은 요구를 만들어냈을 뿐이라고 결론지었다. "노동을 줄여주는 새로운 기계들이 등장했지만 현대의 미국 주부는 아마 자기 할머니보다 가사노동에 더 많은 시간을 쓸 것이다." 일이 쉬워지면 그 빈 자리를 더 많은 '쉬운' 일들이 차지해버린다. 어느 순간 인생의 중요한 투쟁이 자질구레한 잡일과 가벼운 결정들의 횡포에 밀려난다.

만사가 "손쉬운" 세상에서 살아가는 데 따르는 달갑잖은 결과 중 하나는 멀티태스킹 능력 말고는 중요한 기술이 없다는 점이다. 극단적으로 말하자면, 사실상 우리는 결과를 배치하는 것 외에 아무것도 하지 않는다. 그런 기초 위에 놓인 삶이 과연 얼마나 단단할 수 있을까.

우리는 의식적으로 불편함을 포용할 필요가 있다. 늘 그러자는 것이 아니다. 지금보다는 애쓰자는 말이다. 요즘에는 그나마 어느 정도 불편한 선택을 하는 사람들이 개성 있다는 인정을 받는다. 내가 먹을 버터를 직접 만들거나 고기를 직접 사냥할 필요는 없지만, 의미 있는 존재가 되고자 한다면 편리함이 다른 모든 가치를 잠식하게 내버려둬서는 안 된다. 우리가 삶에서 겪는 어려움이 항상 문제인 것은 아니다. 그 어려움 자체가 해답일 때도 있다. 내가 어떤 사람인지에 대한 대답일 수 있는 것이다.

불편함을 포용한다는 게 이상한 말처럼 들릴 수도 있지만 사실 우리는 이미 불편함을 기꺼이 감수하곤 한다. 마치 쟁점을 감추려는 듯 그 불편한 선택에는 다른 이름이 붙는다. 우리는 이를 취미, 여가, 소명, 열정이라고 부른다. 그 자체가 목적인 이런 활동들은 우리가 어떤 사람인지 정의하는 데 유익하다. 자연의 법칙과 만나고 신체의 한계를 마주할 때 찾아오는 경험은 우리에게 인격이라는 특징을 보상으로 안긴다. 나무를 깎을 때, 식재료를 다듬을 때, 망가진 기계를 고칠 때, 코드를 쓸 때, 파도의 때를 기다릴 때, 그리고 한참을 달려 다리의 근육이 비명을 지르고 숨이 한계까지 차오르는 그 순간들에 말이다.

이런 활동들은 시간을 요구하지만, 거꾸로 시간을 돌려주기도 한다. 좌절과 실패의 위험에 우리를 노출시키지만, 이 세상과 우리에 대해 무언가를 가르쳐주기도 한다.

그러니 편리함의 횡포에 대해 생각해보자. 사람을 멍청하게 만드는 그 힘에 더 자주 저항하고, 무슨 일이 벌어지는지를 지켜보자. 느리고 어려운 일을 하는 즐거움, 가장 쉬운 일을 하지 않는 충족감을 결코 잊어서는 안 된다. 효율적이지만 완전히 순응하는 삶에서 벗어나 우리 자아에 이르는 길목에는 불편한 선택지들이 자리하는지도 모른다.

… 느리고 어려운 일을 하는 즐거움, 가장 쉬운 일을 하지 않는 충족감을 결코 잊어서는 안 된다. 효율적이지만 완전히 순응하는 삶에서 벗어나 우리 자아에 이르는 길목에는 불편한 선택지들이 자리하는지도 모른다.

— 팀 우Tim Wu, 2018

008

탄소 잠김 이해하기

오늘날의 세계 경제는 화석연료 덕분에 굴러간다 해도 과언이 아니다. 화석연료가 만들어내는 싸고 편리한 전기, 이 시스템에 이미 투자된 자산, 그리고 안정성에 대한 기대 때문에 화석연료는 생산성의 근간 역할을 한다.

급변하는 기후는 지금의 기술을 기후 안정성을 해치지 않는 친환경 기술로 바꿔야 하는 중요한 이유다. 하지만 각국 정부는 정책 차원에서 전면적인 기술 변화를 이행하지 못하고 있다. 그 이유 중 하나가 탄소 잠김carbon lock-in이라고 부르는 현상이다.

세계 각국은 지난 200여 년간 앞서거니 뒤서거니 하며 산업화를 이뤘다. 증기 엔진으로 수송이 가능해지자 세계 무역이 일어났고, 이어서 수요가 늘어나자 보험과 투자시장 같은 것들이 필요해졌다.

개개인은 경제의 여러 단계 중 한 지점에서 각자의 생계를 꾸린다. 피라미드의 밑바닥에 거대한 주춧돌이 넓게 깔려 있듯, 사람들의 소득 밑에는 탄소가 깔려 있다.

20세기에 세계 인구는 수십억 명 늘어났다. 늘어난 인구는 새로운 일자리에 대한 투자를 이끌었고, 새로운 기술은 이 사람들이 먹을 식량을 제공했다. 하지만 그 과정에는 무분별한 탄소 배출이 함께했다.

사회가 발전하면 새로운 필요가 등장한다. 지난 세기에 인간의 필요는 안전한 식량 공급에서 여행할 수 있는 능력을 거쳐 안정된 에너지 공급으로 이어졌고, 최근에는 인터넷 이용으로 이어졌다. 점점 늘어나는 이런 필요를 채우기 위해 새로운 기술이 앞다퉈 등장했다. 자유시장 경제에서 이런 기술을 제공하는 기업들은 시장에서 지배적인 위치를 확보하는 데 사활을 건다. 그리고 지배적인 기술은 새로운 산업을 창조한다. 잠김의 순환은 이렇게 출발한다.

· 시스템 표준으로 인정받지 못한 기술은 투자 수익이 낮아서 기존 시스템으로 진입하기가 힘들다.
· 기술의 하위 시스템을 연구하고 시스템의 아주 작은 부분들을 최적화하는 전문 기업들이 등장한다.
· 변화가 일어나면 손해가 큰 기존 기업이 변화가 유리하다고 믿는 혁신적인 기업보다 훨씬 많다.
· 전문가들에게 미래에도 현재의 시스템을 운영하는 방법을 알려주는 전문 교육이 등장한다.
· 생산성을 개선하고 상호 운용을 가능하게 하는 전문 지식이 확립된다.
· 기술을 규제하는 제도들이 등장하는데, 이는 현 상황을 고수하려는 지배적인 경제적·사회적 계급에 크게 영향을 받는다.

지배적 기술은 기술을 둘러싼 시스템에 크게 의존한다. 기술에는 네트워크 효과가 있어서 사용자 수에 따라 가치가 증가한다. 자동차는 달릴 수 있는 도로가 있을 때만 가치가 있다. 전기 자동차는 충전 인프라가 없으면 무용지물이다.

초기 인프라가 구축되고 나면, 새로운 사용자들이 기술을 사용하기 위해 필요한 한계 비용은 감소한다. 만들어진 인프라는 기술에 들어가는 비용을 낮추고, 그러면 사용자가 늘어난다. 사용자가 늘어나면 인프라의 필요성도 커진다. 또 기술이 많이 사용될수록 거기서 얻을 수 있는 가치와 이익에 매달리는 사람들이 늘어난다. 순환은 그렇게 이어진다.

우리는 이런 순환을 거쳐 탄소를 연료 삼아 굴러가는 세상에 이르렀고, 기후변화라는 실존적인 위협에 직면했음에도 밑바닥에 깔린 시스템을 바꾸지 못하고 있다.

우리에게 필요한 변화를 이끌어내기 위해서는 지속 가능한 기술을 채택함과 동시에 이미 구축된 인프라라는 장애물을 넘어야 한다. 그래야만 지속 가능한 기술이 탄소 잠김에 이르고 기후변화라는 근본적인 위협을 뒤집을 수 있다.

🌐006

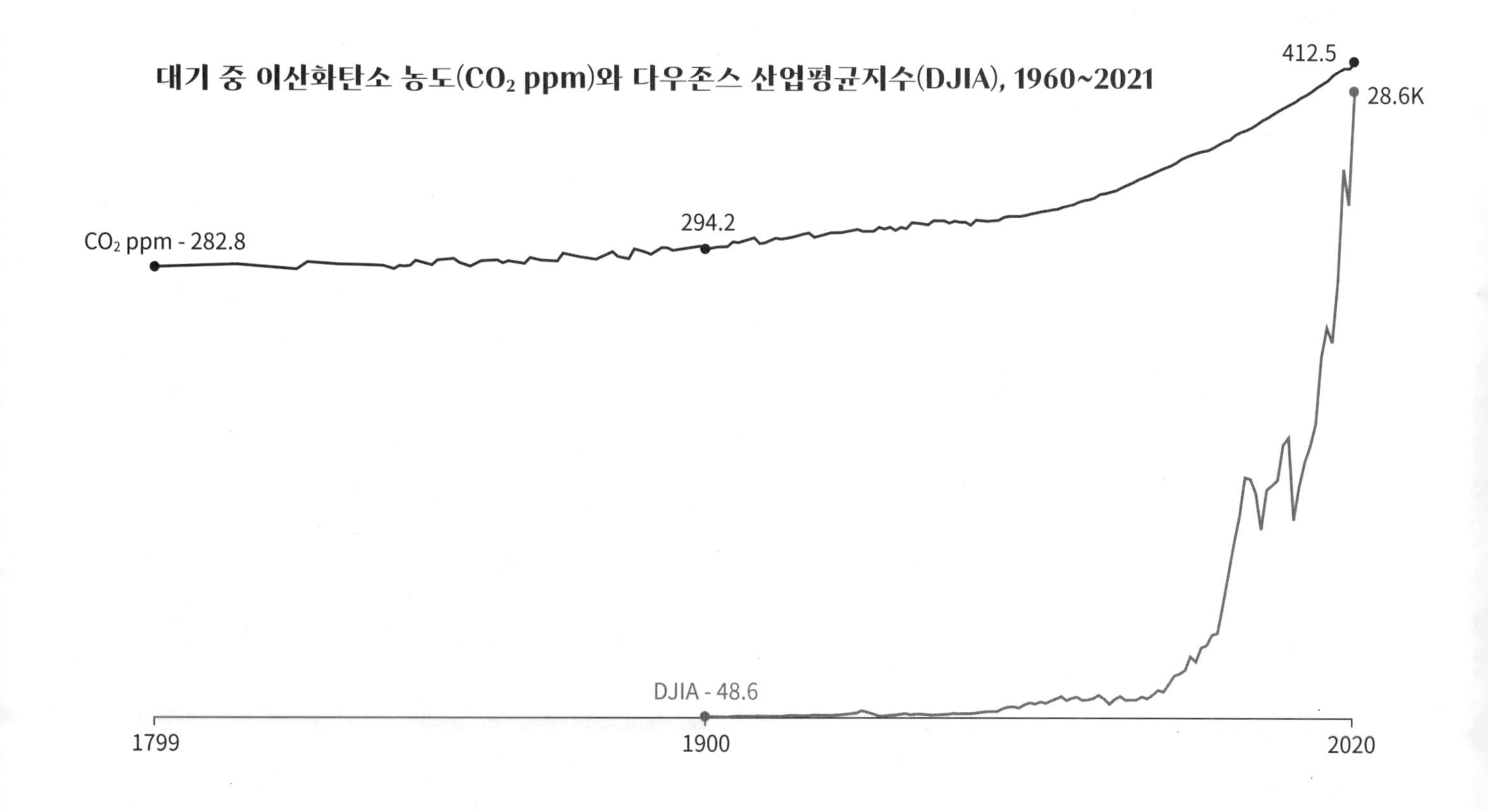

마법사, 예언자, 타조

노먼 볼로그는 고수확 작물을 개발하고 재배법을 퍼트린 공으로 노벨 평화상을 수상했다. 많은 이들이 인구 증가로 대기근이 일어날 거라고 예언했지만, 볼로그가 개척한 녹색 혁명은 10억 명을 기아에서 구한 것으로 평가받는다.

같은 시기에 윌리엄 보그트는 인구 증가가 우리가 사는 세상에 부정적인 영향을 미치고 있음을 보여주며 생태 운동에 시동을 걸었다. 그는 인류가 지구에 대한 착취를 멈추지 않으면 분명 파국에 이르게 될 것이라고 주장했다.

찰스 C. 만은 볼로그를 기술이 더 건강하고 회복력이 강한 지구를 만든다고 믿는 마법사에 비유했고, 보그트를 성장은 반드시 파멸에 이른다고 경고하는 예언자에 비유했다. 여러 면에서 이 상반된 관점은 사람들이 기후변화를 바라보는 두 방식을 상징한다.

일각에서는 기술 혁신과 인류의 진보가 지구의 유일한 희망이라고 주장한다. 이들은 더 많은 발전소, 더 많은 사람, 더 많은 기술을 옹호한다. 반대편의 사람들도 있다. 이들은 대대적인 감축을 통해 인간이 자연계와 상호작용할 수 있는 방법을 모색한다.

세 번째 집단도 있다. 바로 타조다. 불확실한 상황과 두려움에 직면하면 머리를 모래 속에 박는 게 이 집단의 자연스러운 반응이다. 이들은 기후변화가 사실이 아닐 수도 있고, 사실이라 해도 인간의 활동과는 무관할 수 있다고 말한다. 기후변화가 어떤 사람들에게는 좋은 일일 수 있다고 주장하기도 한다.

이 책의 독자들은 마법사의 관점이나 예언자의 관점 중 하나를 갖거나, 혹은 두 관점 모두를 갖고 있을 것이다. 하지만 타조의 눈으로는 아무것도 볼 수 없다.

같은 현실을 공유하는 데서 출발하자.

⊕002

북극곰을 넘어서기

사랑스러운 북극곰에게 대중적인 매력이 있다는 건 부정할 수 없다. 하지만 북극곰을 마스코트로 내세우는 순간 기후변화는 '다른 어딘가'에서 벌어지고 있다는 잘못된 인상이 굳어지는 것 같다. 사람들의 관심은 이 의인화하기 쉬운 귀여운 곰에게 쏠리기 쉽지만 문제는 이보다 훨씬 광범위하다.

기후변화는 바로 지금 이곳에서 벌어지는 일이며, 결국은 지구의 모든 생명이 영향을 받을 것이다. 앞으로 수십 년이면 약 100만 종이 위험에 처하고, 지금 당장에만도 수천 종이 인간이 유발한 기후변화에 적응하느라 힘겨운 시기를 보내고 있다.

이 친구들은 당장 위태로운 생명 가운데 극히 일부에 불과하다.

호랑이

호박벌

고래

인도코끼리

아프리카코끼리

눈표범

마운틴고릴라

북극곰

제왕나비

자이언트판다

델타스멜트

기린

곤충

산호초

고리무늬물범

대서양대구

코알라

장수거북

아델리펭귄

아메리카우는토끼

오렌지점박이쥐치

푸른바다거북

이 목록에는 수천 종의 미생물, 민달팽이, 그 외 더 많은 홍보가 필요한 생명체들이 빠져 있다.

⊕367

쓰레기 소각로는 석탄 화력발전소보다 두 배 이상 많은 온실가스를 배출한다.

어떤 실천을 할 것인가?

인터넷에서 "이메일 탄소"를 검색해보면 이메일이 온실가스 배출에 크게 기여한다는 주장을 쉽게 찾아볼 수 있다. 이메일 사용량을 줄이면 기후에 좋은 영향을 미칠 수 있다는 수십 개의 기사와 보고서가 있다. (모두 2010년의 한물 간 추정치를 근거로 삼는 것 같긴 하다.)

이메일을 줄이면 손쉽게 문제를 해결할 수 있다는 주장은 매력적이다. 간단한 실천처럼 보이기 때문이다. 지나치게 많이 하는 무언가를 줄이는 행동은 모두에게 어떤 식으로든 이롭긴 할 것이다.

이메일 사용 줄이기는 유익한 사례이기도 하다. 우리는 매일 이와 비슷한 자잘한 선택에 직면하기 때문이다.

우리는 백사장의 모래알 같은 존재이니 이런 작은 실천을 해봤자 소용없다고 포기 선언을 해야 할까? 아니면 어떤 식으로든 영향을 미치기 위해 실천하고 애써야 할까?

매일 3000억 통의 이메일이 누군가에게 날아간다. 아무리 사악한 스팸메일 발송자라고 해도 그중 한 명이 이메일을 쓰지 않는 건 티도 안 날 가능성이 높다.

하지만 이메일을 이용해서 1000명이 해상 풍력발전소에 찬성하는 운동을 조직한다면 어떨까? 그런 운동을 통해 석탄 발전소를 구시대의 유물로 만든다면? 시스템 변화를 겨냥한 활동을 하나만 조직해도 1년에 600만 톤의 온실가스를 제거할 수 있다는 추정도 있다.

서로 연결되지 않았을 때 우리 각자의 성취는 아주 작을 수밖에 없다. 참여하지 않는다 해도 별 문제 없을 것이다. 하지만 시스템을 바꾸기 위해 하나의 공동체로 모일 때 우리는 생각보다 훨씬 큰 힘을 갖는다.

⊕001

우리는 기후변화의 영향을 체감할 최초의 세대이자, 이에 대응할 수 있는 마지막 세대다.

— 버락 오바마Barack Obama

게임 이론

게임 이론은 인간이나 조직이 자원과 시간의 제약 속에서 원하는 결과를 얻기 위해 어떤 상호작용을 하는지를 연구한다는 점에서 기후변화 대응 정책에 유익한 통찰을 준다. 각국이 전 세계 배출량 감축을 목표로 '게임'을 하게 하려면 어떤 규칙이 필요할까? 다른 나라들이 배출량을 감축할 때 부유하고 석유가 풍부한 나라들이 무임승차로 뒤통수를 치게 하지 않으려면 어떻게 해야 할까?

'공유지의 비극'과 같은 문제다. 규칙이 없으면 아무것도 남지 않을 때까지 모두가 자기 가축이 풀을 뜯게 할 것이다.

게임 이론은 이런 도전 과제에 영감을 준다. 배출량이 많은 나라들은 부유하고, 따라서 다른 나라의 호혜적인 행위를 가장 적게 필요로 한다. 그러므로 단순한 호혜성에 의지할 수는 없다.

폐기물을 버리고 연료를 태우는 일이 친환경 활동보다 더 '저렴'하다면, 기후 위기를 피할 수 없다. 즉 모든 행위자에게 같은 인센티브를 적용해야 한다. 해법에는 다음 세 가지가 있다.

· 협력과 호혜성에 보상하기
· 무임승차의 유혹 제한하기
· 무임승차자 처벌하기

한 집단 내에서 여러 구성원이 힘을 모으고, 세계 차원에서 여러 나라가 힘을 모으면 서로에 대한 보상 시스템을 구축할 수 있다. '보이지 않는 손'이 장기적 관점을 따르는 행위자에게 보상을 하는 시장이 만들어질 때, 동참하는 개인과 조직이 늘어날 수 있다. 사회 규범의 확립, 실제 비용을 제도화하기, 그리고 그 밖의 여러 개입이 조직과 국가의 행동 양식을 바꿀 수 있다.

게임 이론은 왜 어떤 나라는 온실가스를 배출하면서 그에 책임을 지는 활동을 하지 않는지를 설명해준다. 다른 나라들이 기후변화와 오염으로 그 비용을 치르는 동안 그들은 값싼 연료의 이익을 누리기 때문이다.

사회 규범은 이롭고 장기적인 행위를 강화하기 때문에 오랫동안 집단의 행동 방식을 바꿔왔다. 소비자의 선택과 생산자의 행위에 대한 집단적 대응은 산업을 움직이는 규칙을 바꿀 수 있다. 탄소 배출에 '요금'을 징수하고 탄소 포집에 '배당금'을 결합하는 새로운 규칙을 만들면 참가 선수들이 난장판이 되어버린 경기장을 깨끗이 청소해 모두가 승리하는 게임을 만들 수 있다.

🌐004

멋지고 놀라운 진실

작고 외로운 행성 위, 우리, 이 사람들
냉랭한 별들을 지나, 무심한 태양들의 길을 건너
태평한 공간을 가르며 여행한다
모든 표지판이 우리가
멋지고 놀라운 진실을 배우는 건
가능하고 또 마땅히 해야 할 일이라고 말하는 목적지를 향해

그리고 우리가 거기에 닿을 때
적의의 주먹에서 손가락을 풀어내고
순수한 공기가
손바닥의 열기를 식히게 놔두는
화평의 날에

우리가 거기에 닿을 때
증오의 흑인 쇼에 커튼이 내려지고
멸시의 검댕을 칠한 얼굴들이 말갛게 씻길 때
싸움터와 콜로세움이
더 이상 우리의 유일하고 각별한 아들딸들을 갈퀴로 긁어모아
피와 멍으로 얼룩진 풀과 함께
이국의 흙 속 특색 없는 공터에 누이지 않을 때

교회의 탐욕스러운 인파가
신전의 요란한 비명 소리가 멈출 때
우승기가 명랑하게 나부낄 때
온 세상의 현수막이 선하고 깨끗한
산들바람 속에서 힘차게 전율할 때

우리가 거기에 닿을 때
우리가 어깨에서 소총을 내려놓고
아이들이 휴전의 깃발로 인형 옷을 입힐 때
죽음의 지뢰들이 사라지고
노인이 평화로운 저녁을 향해 발걸음을 옮길 수 있을 때
종교의식에 살이 타는 냄새를
향수 삼아 뿌리지 않을 때
그리고 유년기의 꿈이 학대의 악몽에 발길질을 당해
산산이 날아가지 않을 때

우리가 거기에 닿을 때
그때 우리는 고백하리라
수수께끼처럼 완벽하게 돌을 쌓아 만든 피라미드도
우리의 집단 기억 속에서
영원한 아름다움을 뽐내며 공중에
매달린 바빌론 정원도
서부의 석양 속에
군침 도는 색채로 타오르는
그랜드캐니언도

푸른 영혼을 유럽으로 흘려보내는 다뉴브강도
떠오르는 태양을 향해 뻗어올라간
후지산의 성스러운 봉우리도
공평하게, 깊은 곳과 해안의 모든 생명을 어루만지는
아버지 아마존도 어머니 미시시피도
이 세상의 유일한 경이가 아니라고

우리가 거기에 닿을 때
이 보잘 것도 기댈 데도 없는 지구 위의, 우리, 이 사람들
매일같이 폭탄에, 칼날에, 단도에 손을 대지만
어둠 속에서 실낱같은 평화를 위해 청원을 하고
우리, 이 티끌로 된 물체 위의 이 사람들
우리의 존재 자체에 회의를 품게 하는
사악한 말들을 입에 담지만
바로 그 입에서 상상하지도 못한 달콤한 노래가 흘러나와
심장이 맥을 못 추고
온몸이 경외감에 젖어 침묵에 빠져드는

우리, 이 작고 부유하는 행성 위의, 이 사람들
손을 무자비하게 휘둘러서
순식간에 살아 있는 것의 생명을 앗아갈 수 있지만
바로 그 손에 저항할 수 없는 치유의 힘을 담아 부드럽게 어루만지면
오만한 목이 행복하게 절을 하고
자부심으로 뻣뻣하던 등이 기쁘게 구부러지는
이런 혼돈으로부터, 이런 모순으로부터
우리는 우리가 악마도 신도 아님을 배운다

우리가 거기에 닿을 때
이 지구상에서, 이 지구로 창조된
우리, 이 통제되지 않고, 둥둥 떠 있는 몸통 위에 있는, 이 사람들
이 지구를 위해 만들어낼 힘이 있다
모든 남자와 모든 여자가 거짓 경건함 없이도
감당할 수 없는 공포 없이도
자유롭게 살아갈 수 있는 풍토를

우리가 거기에 닿을 때
우리는 고백해야 한다 우리가 가능성인은
우리가 기적임을, 이 세상의 진정한 경이임을
그때, 그리고 오로지 그제서야
우리는 거기에 닿는다.

— 마야 안젤루 Maya Angelou
2012년 1월 23일 월요일

기후변화 기초 지식

왜 다들 탄소 얘길 하는 걸까?

기후변화란 무엇인가?

기후변화의 원인은 인간의 활동이다

지구에는 뜨거운 쥐라기 시대도 있었고, 얼어붙은 빙하기도 있었다. 긴 시간 동안 지구의 기온은 시기에 따라 오르기도 하고 내리기도 했다. 그러다가 약 140년 전 산업혁명 때 기온이 급격히 치솟았다. 과학자들은 인간이 태운 석탄, 석유, 천연가스가 이 기온 상승의 주원인이고, 그다음으로 삼림 파괴와 집약적인 농업이 문제라는 데 의견을 같이한다.

화석연료

석탄, 석유, 천연가스를 화석연료라고 부른다. 화석처럼 오래된 생명체의 잔해가 지구 깊은 곳에서 압력과 열을 받아서 만들어진 것이기 때문이다. 석탄과 천연가스는 주로 전기를 생산하기 위해 대형 발전소에서 사용되고, 석유는 휘발유의 주원료로 쓰인다.

온실효과

석탄, 석유, 천연가스를 태우면 탄소가 배출되고, 이 탄소는 산소를 만나 이산화탄소가 된다. 이산화탄소 같은 기체는 햇빛을 통과시키지만 열이 빠져나가지 못하게 하는 유리 온실의 지붕 같은 역할을 한다. 이를 "온실효과"라고 한다. 이산화탄소 외에 열을 잡아두는 주요한 온실가스로는 메탄과 수증기가 있다.

최근까지 태양이 제공하는 열의 일부는 지구의 대기에서 쉽게 빠져나갈 수 있었고, 지구의 기온은 일정하게 유지되었다. 하지만 이제는 늘어난 온실가스가 마치 담요처럼 단열 효과를 일으켜 기온이 급격히 상승하고 있다.

1°C의 영향

인간은 핸드폰을 충전하고, 쿠키를 만들고, 가게까지 차를 몰고 가기만 해도 탄소를 배출한다. 이렇게 일상적으로 화석연료를 태운 결과, 지구의 기온은 아주 짧은 시간 안에 1°C 정도 올랐다.

1°C는 그렇게 큰 변화처럼 보이지 않는다. 하지만 우리가 체온이 1°C만 올라도 아픈 것처럼, 지구 차원에서 1°C도 매우 큰 수치다. 1°C의 기온 상승은 지구를 불안정하게 만들고, 다음과 같은 극단적인 날씨를 유발한다.

- 허리케인
- 눈보라
- 폭염
- 폭우
- 강풍
- 가뭄
- 홍수
- 산사태
- 한파

우리는 미래의 희생자가 아니라 설계자가 되어야 한다. 그러기 위해 힘을 모으자. 누구에게도 생태적 피해나 불이익을 안기지 않고, 최대한 빠르게 세상이 100%의 인류를 위해 돌아가게 만들어야 한다.

— R. 벅민스터 풀러R. Buckminster Fuller

1°C는 세계 평균 수치이므로 실제 기온 변화는 지역마다 편차가 있다. 가령 북극에서는 평균 기온이 1.5~2°C 증가했다.

1~2°C는 지구 입장에서는 상당히 큰 변화지만 개인이 일상에서 이를 체감하기는 힘들다. 대신 기록적으로 더웠거나 많은 비가 내린 어떤 시기를 기억할 수 있다. 통통한 다람쥐가 기온 상승을 의미하기도 한다. 눈이 적게 내려서 다람쥐가 먹을 게 많아지기 때문이다.

약 140년 전 산업혁명 이후로 지구의 기온이 치솟았다. 과학자들은 인간이 태운 석탄, 석유, 천연가스가 주원인이고, 그다음으로 삼림 파괴와 집약적인 농업이 문제라는 데 의견을 같이한다.

앞으로 10년

2020년은 기상 관측이 시작된 이래로 가장 더운 해였고, 과학자들은 앞으로 10년 동안 탄소 배출량을 크게 줄이지 않으면 지구는 돌이킬 수 없는 피해를 입을 것이라고 말한다.

기후변화는 복잡한 문제이기 때문에 마술처럼 손쉬운 해결책은 없다. 한편으로 탄소를 배출하는 콘크리트 사용을 금지하면 될 것 같지만, 발전 중인 나라들은 값싼 콘크리트 없이는 건물을 짓기 어렵다. 기후변화를 해결하는 방법으로는 태양광발전과 풍력발전으로 이행해 석유 의존도를 낮추고, 식습관과 여행 방식을 바꾸는 것 등이 있다.

탄소 배출을 줄이려는 노력도 필요하지만 우리는 아직 건물에 난방을 하고, 차를 몰고, 노트북을 충전해야 한다. 구조적인 변화가 전제되지 않는 한 개별적인 노력은 한계가 있다. 따라서 기후변화 관련 정책에 주력하는 정치인을 선출하는 일은 탄소 배출을 대규모로 감축하는 가장 효과적인 방법 중 하나로 꼽힌다.

우리가 할 수 있는 일

임페리얼 칼리지 런던에서는 우리가 기후에 긍정적인 영향을 미치기 위해 할 수 있는 아홉 가지 일에 순위를 매겼다. 1번이 단연 제일 중요하고, 9번은 이 책이 존재하는 이유다.

1. 힘 있는 사람들에게 의견을 전달하기
2. 육류와 유제품 적게 먹기
3. 비행기 적게 타기
4. 집에 차 두고 나오기
5. 에너지 사용 줄이기
6. 녹색 공간을 아끼고 보호하기
7. 책임감 있는 기업에 투자하기
8. 소비와 쓰레기 줄이기
9. 우리가 만드는 변화에 대해 이야기하기

⊕354

온실효과

온실효과란 무엇인가?

이산화탄소는 전체 온실가스에서 약 80%를 차지하고, 인간이 유발한 기후변화의 가장 큰 원인이다. 따라서 기후변화를 말할 때 "탄소"라는 단어는 보통 **모든** 온실가스를 의미한다.

주요 온실가스는 다음과 같다.

- 이산화탄소(CO_2)
- 메탄(CH_4)
- 아산화질소(N_2O)
- 플루오린화 기체
- 수증기

화석연료를 연소하면 온실가스가 대기에 쌓이고 열이 대기 밖으로 빠져나가지 못해 지구가 더워진다.

인간이 일상 활동에서 필요한 에너지를 얻기 위해 석유, 천연가스, 석탄 같은 화석연료를 태울 때 온실가스가 배출된다. 이런 기체들이 대기로 올라가서 지구에 단열 효과를 일으켜 기온 상승을 유발한다.

온실의 유리 지붕을 떠올려보자. 이산화탄소를 비롯한 기체들은 햇빛이 지구로 들어오는 것은 허락하지만 열이 나가는 것을 막는다. 들어오는 햇빛이 적외선 복사로서 지표면에서 반사되는데, 이 적외선 복사가 온실가스에 가로막혀서 지구 밖으로 쉽게 빠져나가지 못하기 때문이다.

지난 세기에 증가한 1°C의 기온은 신생아에게 열이 난 것과 비슷하다. 이렇게 작은 변화도 큰 결과를 가져올 수 있다. 1°C의 기온 상승은 지구를 불안정하게 만들고 허리케인, 심한 폭우, 홍수, 가뭄, 눈보라 같은 심각한 날씨를 유발한다.

⊕753

왜 다들 탄소 얘길 하는 걸까?

플러그를 콘센트에 꽂을 때, 공장에서 제품을 만들 때, 차를 타고 이동할 때는 늘 탄소가 배출된다.

탄소는 모든 생물 안에 있지만, 인간이 기술 혁신을 일으키고 전 세계에 산업화가 일어나면서 150여 년 전부터 문제가 되었다.

풍부한 석탄(주로 탄소로 이루어져 있다)의 발견은 산업혁명을 유발한 가장 중요한 사건 중 하나다. 석탄 덕분에 열차, 선박, 기계의 증기 엔진을 돌릴 수 있었다.

기술 혁신이 일어나면서 인간은 차량에 연료를 공급하고, 전기를 생산하고, 기계를 돌리기 위해 석탄, 석유, 천연가스를 태웠다. 이로 인해 점차 많은 탄소가 배출되었다.

여기에 문제가 있다. 탄소가 산소와 결합해 이산화탄소(CO_2)가 만들어지고, 이는 지구의 대기에 열을 가둬서 기온을 상승시킨다.

우리는 이미 지난 세기에 진행된 기온 상승의 물리적, 정치적 영향을 체감하고 있다. 기존의 인프라로는 더 이상 감당이 불가능할 지경이다.

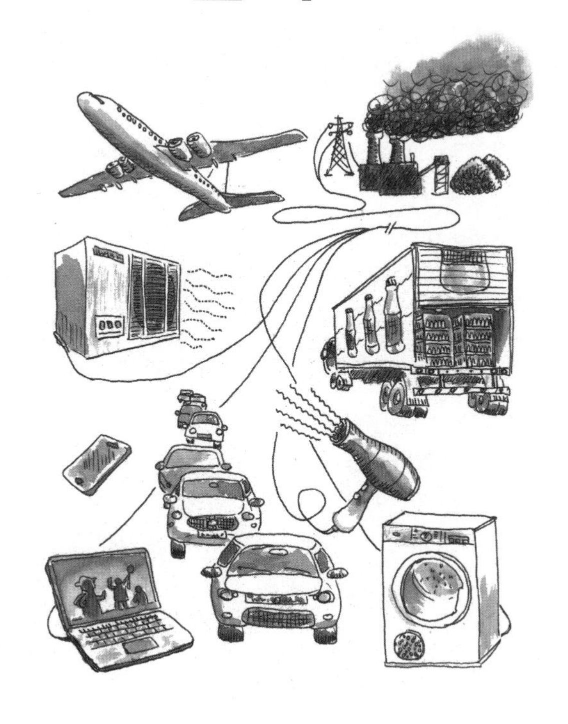

🌐751

날씨와 기후

날씨는 기후와 다르지만 분명한 관계가 있다. 사촌쯤 된다고 생각하면 된다.

날씨는 그날 그날의 대기 상태를 말한다. '하룻밤의 눈보라'나 '어느 화창한 오후'를 날씨라 부른다.

기후는 한 지역의 전반적인 날씨를 말한다. 예를 들어 '아루바섬의 전형적인 2월의 온도와 습도'를 아루바섬의 기후라 부른다.

기후변화 때문에 한 지역에서 예상되는 날씨가 지금껏 지역 주민들이 경험했던 날씨와 다를 때가 많아졌다. 텍사스의 강추위나 캘리포니아의 가뭄과 홍수는 우리가 더 이상 '보통의' 날씨를 기대할 수 없음을 시사한다.

🌐752

보이지 않는 탄소 배출

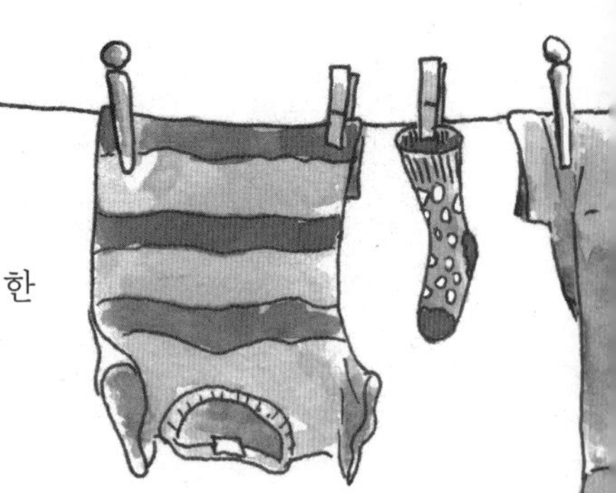

기체 상태의 이산화탄소는 무색무취하여 맨눈으로 보이지 않는다. 빨래 건조기 안에서 돌아가는 빨랫감은 "눈에 보이는 탄소 배출"을 만들어내지는 않지만, 이 건조기를 돌리기 위한 전기를 만들어내려면 발전소에서 탄소를 뿜어내는 석탄 같은 화석연료를 연소해야 한다.

탄소 배출을 줄이는 몇 가지 방법

빨랫줄을 이용한다.
건조기는 가정에서 아주 많은 탄소를 배출하는 전자제품 중 하나다. 가전제품은 탄소를 뿜어내는 화석연료로 만든 전기에서 동력을 얻는다.

다회용 물병을 사용한다.
무거운 생수는 탄소를 배출하는 트럭에 실려 판매지로 수송되고, 플라스틱 병은 탄소를 배출하는 화석연료로 만든다. 플라스틱의 재활용율은 겨우 9%다.

조명, 난방, 텔레비전, 에어컨을 끈다.
콘센트에 플러그를 꽂는 물건의 약 70%는 석탄이나 석유를 태워서 얻은 전기를 사용한다.

지역에서 생산된 식품을 먹는다.
지역 제품은 유통 거리가 짧기 때문에 탄소를 배출하는 트럭이나 비행기를 적게 이용한다.

추울 때는 겉옷을 입는다.
난방유와 천연가스는 연소할 때 탄소를 배출하는 화석연료다.

장바구니를 가지고 다닌다.
일회용 비닐봉지는 거의 재활용되지 않고 매립장에서 분해되려면 수백 년이 걸리며 분해 과정에서 토양에 독성 물질을 남긴다. 또한 탄소를 배출하는 화석연료로 만들어진다.

빨래는 찬물로, 샤워는 짧게, 온수기는 50°C 밑으로 설정한다.
물을 데우는 데 들어가는 연료는 탄소를 배출한다. 물을 뜨겁게 유지하려면 탄소를 배출하는 에너지가 필요하다.

비행기 출장 대신 화상회의를 한다.
샌프란시스코에서 런던까지 비행기로 한 번 이동할 때 배출되는 탄소는 한 가구가 1년간 자동차 한 대를 사용할 때 배출하는 탄소보다 2배 많다.

전기 자동차를 몬다.
전기 자동차는 휘발유 자동차와 달리 배기가스를 발생시키지 않는다. 물론 전기 자동차를 충전하는 데 쓰이는 전기는 대부분 화석연료를 태우는 발전소에서 오기 때문에 휘발유차보다 훨씬 적다 해도 여전히 탄소 오염을 유발한다. 하지만 갈수록 많은 전기 회사들이 태양광 발전과 풍력 발전으로 이행하고 있으니, 전기 자동차 충전과 직결된 탄소 배출량은 지금보다 줄어들거나 완전히 사라질 것이다. 🌐750

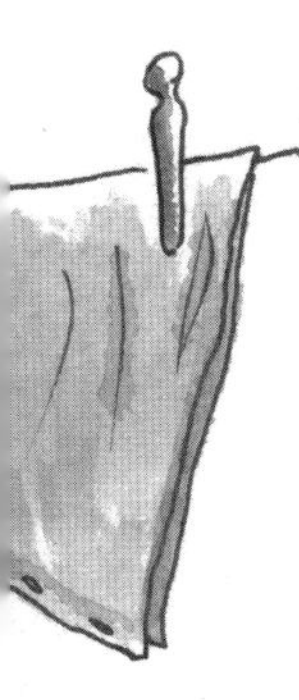

1톤은 얼마나 많은 양인가?

보이지 않는 기체의 무게가 1톤씩이나 한다고 상상하기는 쉽지 않다.

톤tonne 또는 미터톤metric ton은 과학자들이 이산화탄소의 무게를 측정할 때 사용하는 질량의 단위다.

1톤은 1000킬로그램과 같다. 벽돌 약 440개 또는 거대한 백상어 한 마리의 질량과 비슷하다.

탄소 배출량 상상하기

이산화탄소 1톤은 10×10×10미터짜리 정육면체 정도의 공간을 차지한다.

뉴욕시에서 사용하는 전기는 주로 화석연료를 연소하는 발전소에서 생산되는데, 이를 위해 1초마다 약 2톤의 탄소가 배출된다. 즉 매일 약 15만 톤의 탄소를 배출하는 셈이다.

미국과 캐나다에서는 국민 한 명당 평균 1년에 14톤(벽돌 6300개 정도의 질량)이 조금 넘는 탄소를 배출한다. 2050년까지 탄소 중립 목표를 달성하려면 탄소 배출량을 1인당 약 1톤(벽돌 440개 정도의 질량) 수준으로 줄여야 한다.

1인당 배출량을 벽돌 6300개에서 440개로 줄이기 위해 개인이 해야 할 일은 다음과 같다.

1. 비행기 여행, 플라스틱 사용, 에어컨, 육식을 줄인다.
2. 국가적인 규모에서 에너지원을 화석연료에서 태양광과 풍력 같은 재생에너지로 바꾸는 대대적인 변화를 이행할 수 있는 정치인을 선출한다.
3. 대기업이 기후 친화적인 경영 방식으로 전환하도록 압박을 가한다.
4. 여전히 배출되는 탄소와 균형을 맞출 수 있는 탄소 제거 기술과 삼림 재조성 활동에 투자한다.

중국은 1인당 탄소 배출량이 미국의 3분의 1밖에 안 되지만 중국은 인구가 워낙 많아서 국가 기준으로는 세계에서 배출량이 상위권이다. 모잠비크 같은 작은 나라에서는 1인당 평균 배출량이 이미 연간 1톤 이하다.

주의: 대기에서 탄소를 제거하는 기술은 아직 완벽하지 않기 때문에, 탄소 중립에 도달하기 위해 한 명이 실제로 탄소 배출을 얼마나 줄여야 하는지 정확히 산출하기는 불가능하다.

🌐754

현재 미국의 1인당 탄소 배출량

2050년 1인당 배출량 목표치

기후변화 주요 용어 훑어보기

다음은 기후변화를 이야기할 때 많이 쓰이는 용어들이다.

이산화탄소: 석유, 천연가스, 석탄을 태울 때 배출된 탄소가 산소와 결합해 기후변화의 주원인인 이산화탄소가 된다.

탄소: 모든 온실가스를 "탄소"라고 뭉뚱그려서 지칭하긴 하지만 기후에 미치는 영향력에는 상당한 편차가 있다. 이산화탄소보다 수백 배 더 강력한 온실가스도 있다.

기후변화: 지구의 기온과 생태계의 변화. 강수량, 해수면, 농업의 변화까지 포함한다.

석탄: 통상적으로 발전소에서 가정과 산업 시설에 보낼 전기를 생산하려고 태우는 재생 불가능한 화석연료.

배출량: 대기에 내보낸 온실가스. 화석연료를 태우는 등의 인간 활동으로 만들어진다.

화석연료: 수백만 년 전 살았던 유기물의 잔해가 지구 깊은 곳에서 열과 압력을 받아 만들어진 석탄, 석유, 천연가스 등을 말한다.

지구온난화: 온실가스가 증가해 지표면의 평균 기온이 상승하는 현상.

온실가스: 지구에 단열 효과를 일으켜 기온을 상승시키는 이산화탄소, 메탄, 수증기 등의 기체.

메탄: 온실가스 중 이산화탄소 다음으로 많은 기체. 20년간 열을 유지하는 능력이 이산화탄소보다 84배 더 강하다. 소가 음식물을 소화할 때, 산업 시설에서 천연가스를 태울 때, 매립지에서 분해가 일어날 때 배출된다.

기후변화 완화: 탄소를 흡수하는 나무를 심거나 재생에너지를 사용하는 등 온실가스 배출을 줄이거나 예방하는 활동.

천연가스: 주로 건물에 난방을 하고 전기를 생산하는 데 사용된다. 재생 불가능한 화석연료 중 하나다.

재생 불가능 에너지: 석유, 천연가스, 석탄처럼 탄소를 배출하고 유한한 천연 연료에서 얻은 에너지.

석유(원유): 휘발유, 경유, 난방유로 가공된다. 연소해 전기를 얻거나, 플라스틱을 만들 때도 쓰인다. 재생 불가능한 화석연료 중 하나다.

재생에너지: 태양광, 바람, 파도, 지구 깊은 곳의 지열처럼 자연스럽게 보충되고 탄소를 배출하지 않는 에너지.

해수면 상승: 기온 상승, 빙하의 융해, 물 팽창 때문에 일어나는 현상.

🌐756

변화는 가능해요

Thecarbonalmanac.org에 방문해서 **매일의 차이**The Daily Difference 뉴스레터에 가입하세요. 매일 여러 이슈와 실천에 대한 소식을 받고 수많은 이들과 서로 연결되어 중요한 영향을 만들어낼 수 있어요.

직접 확인할 수 있어요

이 책은 수천 개의 참고자료를 토대로 쓰였어요. 원자료가 궁금하다면 글 맨 마지막에 있는 숫자를 http://www.thecarbonalmanac.org/000(000 자리에 원하는 숫자를 넣어야 해요)에서 확인할 수 있어요. **더 깊이 공부하고, 함께 이야기해요.**

www.thecarbonalmanac.org

눈앞의 기후변화

기후변화는 '저 멀리' 어딘가에서 일어나는 게 아니다. 바로 여기 우리의 생활 속에서 일어나고 있다. 코앞에 닥친 기후변화의 영향 중에는 다음과 같은 것들이 있다.

집에서

정전
지하실 침수
인터넷 서비스 장애
핸드폰 서비스 중단
배수관 동결
나무가 쓰러짐
세금 상승
실업
전기료 증가
식료품 비용 증가
보험료 폭증
주택 가치 하락
주택 보험이 불가능해짐

동네에서

싱크홀
통행 장애
폐교
송전선이 녹음
송전선이 다운됨
지하철 침수
하수 역류
길이 막혀 우회로 이용
물 오염
댐 기능 이상
노면이 갈라짐
저수지 수위가 낮아짐
교량 붕괴
도로 침수

건강

음식에 의한 질병
열사병
저체온증
천식
건초열
라임병
식량 불안

오락과 여행

질척거리는 골프장
적설량 감소
스키를 탈 수 있는 날이 줄어듦
행사 취소
항공기 난기류
여행 지연
적조류 증식
해변 침식
관광업 수입 감소

야외에서

오염과 스모그
작물 재배 시기의 변화
작물 수확량 감소
꽃가루 증가
물 공급 제한
곰팡이, 모기, 침입성 식물 군집의 증가
단풍이 드는 시기가 늦어짐
메이플 시럽 채취 시기가 빨라짐
나무와 식물의 꽃이 빨리 피지만 열매를 적게 맺음
다람쥐가 통통해짐
나비가 줄어듦
곰의 동면이 짧아짐
나무의 나이테 간격이 넓어짐
눈사태
조개류 궤멸

날씨

산불
가뭄
홍수
해일
심각한 폭풍
폭우
강풍
노네이노
허리케인
원래 따뜻한 지역에 눈이 옴
재난이 동시다발적으로 발생
재난이 연속적으로 발생
폭염

⊕079

0 넷제로는 무엇인가?

아래 그림처럼 오른쪽 접시에는 발전소와 휘발유차 같은 탄소 오염원이, 왼쪽 접시에는 나무와 바다 같은 탄소 흡수원이 있는 저울을 상상해보자. 이 저울이 균형을 이룰 때의 배출량이 넷제로Net-Zero다.

지금까지 각국 대표자들이 모여 합의한 목표는 2050년까지 넷제로 배출에 도달하는 것이다. 하지만 이미 벌어진 피해를 복구하려면 넷제로 이상으로, 즉 지구가 흡수할 수 있는 한계보다 탄소를 '적게' 배출해야 한다.

탄소를 '완전히' 배출하지 않는 건 불가능하다. 하지만 배출된 탄소를 나무 같은 천연 흡수원과 혁신적인 기술로 제거해 넷제로에 도달할 수는 있다.

이를 위해서는 화석연료를 포기하고 탄소를 제거하는 혁신적인 기술에 투자해야 한다.

2050년의 삶이 어떤 모습일지 정확히 아는 사람은 없다. 하지만 지금의 기술을 근거로 판단했을 때 다음과 같은 시나리오를 상상할 수 있다.

넷제로 시대의 하루

오전 8시 가벼운 담요를 젖히고 일어난다. 방 온도는 21°C다. 단열이 잘 된 이 스마트홈은 3중 유리창과 함께 냉·난방 기능을 같이 하는 전기 열 펌프EHP가 설치되어 있어서 연중 일정하게 21°C를 유지한다. 콘센트 연결이 필요한 모든 물건은 지역의 태양광발전 패널에서 공급받은 전기 또는 태양광발전소나 풍력발전소에서 구매한 전기를 사용한다.

오전 9시 과거에 플라스틱 커피 캡슐을 사용하던 2019년산 빈티지 커피메이커가 업그레이드되어 자연 분해되는 바이오플라스틱 커피 캡슐을 사용한다. 이제 라테는 대부분 아몬드와 두유를 넣어서 만들지만, 가끔 특별한 날에는 우유를 사용한다.

오전 10시 출근은 한 달에 며칠만 한다. 통근 때는 전기 열차와 승차 공유 서비스를 이용한다.

오전 11시 동네 염소들이 이 주의 만찬을 즐기기 위해 도착한다. 염소 한 무리만 있으면 마을의 잔가지와 잡초를 말끔하게 정리할 수 있다. 잔디는 오래전에 사라졌지만, 몇 년 전까지 자라던 잔디는 물을 더 줄 필요가 없고 적당히 짧은 길이로 자라도록 개량된 품종이었다.

정오 친구들과 점심 식사로 간단히 식물성 버거를 먹는다. 동물성 고기는 비싸고 구하기도 어려워서 특별한 날에만 먹는다. 식당에서는 난로 대신 지구 내부의 열을 포집하는 지열 열 펌프를 사용해서 추운 날에도 식당 내부를 훈훈하게 유지한다. 차양, 자동 그늘막, 커다란 나무들이 실내 온도를 조절하는 데 도움을 준다.

오후 1시 탄소 집진기가 설치된 들판을 지나서 집으로 돌아와 남은 일과를 마무리한다. 집진기는 나무와 바다가 대기 중 탄소를 흡수하는 데 도움을 준다. 원래 이 들판은 소를 기르던 낙농장이었다.

오후 2시 화상 통화로 친구들과 이야기한다. 25주년 결혼기념일에 해외여행을 갈 계획이란다. 비행기 여행은 아직 남아 있지만, 탄소 할증료가 비싸기 때문에 특별한 때가 아니면 잘 하지 않는다.

오후 4시 1년에 한 번씩 하는 스마트홈 배터리 관리 서비스를 예약한다. 이 배터리는 전기가 제일 저렴할 때 전력망에서 전기를 끌어오고, 해가 지거나 바람이 없을 때 저장된 에너지를 쉽게 집에서 쓸 수 있는 프로그램이 설치되어 있다. 태양에서 오는 에너지를 최대한 사용하기 위해 옆집에 그늘을 드리우지 않도록 마을의 집 지붕들은 바둑판처럼 설계되어 비스듬히 기울어져 있다.

오후 5시 열 효율이 아주 높은 인덕션을 이용해 온실에서 기른 채소들을 요리한다.

밤 9시 차고에서 전기 자동차 충전이 끝난다. 시스템은 전력망에 수요가 적을 때 충전을 하도록 최적화되어 있다. 차고는 한 가족이 여러 대의 자동차를 보유하던 2030년대에 지어졌기 때문에 두 대를 주차할 수 있다. 지금 지어지는 대부분의 집에는 한 대만 주차할 수 있고 가족 중 여러 명이 따로 움직여야 할 때는 승차 공유 서비스를 이용한다.

밤 10시 밤에 에너지를 절약하기 위해 맞춤형 수면 환경이 가동된다. "스마트" 침대 매트리스는 누운 사람이 숙면할 수 있게 직접 온기나 냉기를 전달하며 밤새 온도를 조절한다.

🌐755

이 책의 내용을 그대로 받아들이지 마세요.

이 책은 수천 개의 참고자료를 토대로 쓰였어요. http://**www.thecarbonalmanac.org/000**(000 자리에 원하는 숫자를 넣어야 해요)에서 우리가 참고한 자료와 새로 업데이트된 내용을 확인할 수 있어요.

더 깊이 공부하고, 함께 이야기해요.

10 기후변화에 관한 10가지 가짜 뉴스

기후변화에 관한 가짜 뉴스가 끈질기다. 기후 과학자들이 오류를 완전히 입증했는데도 꼭 한 번씩 다시 등장한다.

유엔 기후변화에 관한 정부 간 협의체IPCC에 따르면 지구의 기후 시스템이 온난해지고 있음은 과학적으로 명백하다. 산업혁명이 진행되는 동안 사람들은 공장과 용광로와 증기 엔진에 동력을 공급하기 위해 석탄을 비롯한 화석연료를 태우기 시작했다. 화석연료 연소로 대기에 온실가스가 늘어났고, 이 때문에 지구 평균 기온이 1880년 이후로 1°C 늘어났다.

가짜 뉴스 1

기후변화는 새로운 일이 아니다. 기후는 항상 변한다.

기록을 시작한 이후로 역사상 제일 더웠던 18년 중 17년이 2001년 이후에 몰려 있다. 이 변화의 원인은 석탄, 석유, 가스 연소 같은 인간의 활동이다. 세계자연기금WWF은 오늘날의 급속한 변화는 수십 년이 아니라 원래 수십만 년에 걸쳐 일어나는 일이라고 전한다.

가짜 뉴스 2

지구는 더워지고 있지 않다. 아직도 바깥은 춥다!

물컵에 담긴 얼음이 녹을 때 음료가 차가워지지만, 그때뿐이다. 지구가 더워지면 극지방의 눈과 얼음이 녹아 줄어든다. 극지방에서는 차가운 저기압 공기가 넓은 지역에 걸쳐 반시계 방향으로 돌며 머무는데, 이를 극소용돌이polar vortex라고 한다. 극소용돌이는 극지방의 공기를 차갑게 유지시킨다. 그런데 공기가 따뜻해지면 이 소용돌이가 불안정해지고, 원래 따뜻하던 지역의 기온을 떨어트려 한파를 일으킨다. 2020년 텍사스에 이런 일이 일어났다. 이런 불안정은 대기의 습도를 증가시켜 폭우, 허리케인, 눈폭풍을 유발한다.

세계 지표면 온도의 이례적 변화(°C)

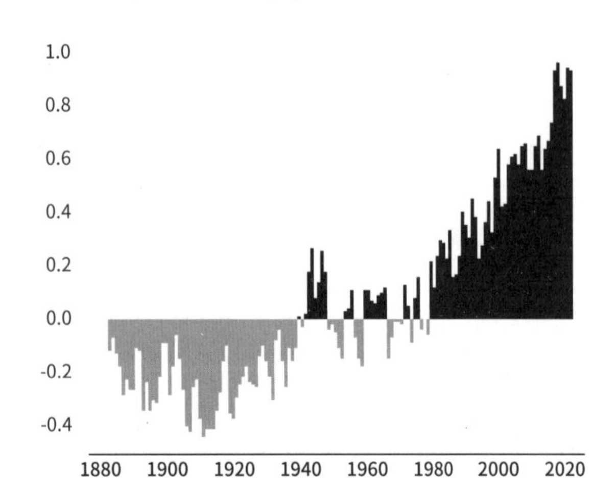

발전소에서 생산된 전기의 kWh당 가격(달러)

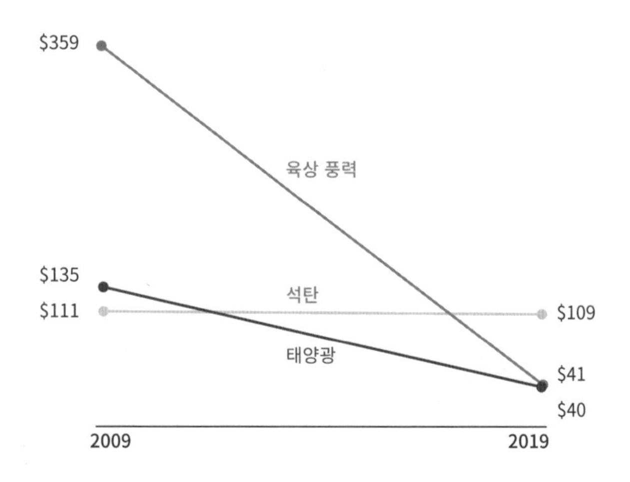

가짜 뉴스 3

재생에너지는 비싸다.

태양광 발전과 육상 풍력 발전은 지난 10년 동안 가격이 큰 폭으로 하락해서, 전기를 생산하는 가장 경제적인 방법이 되었다.

가짜 뉴스 4

태양과 바람은 변덕스럽기 때문에 크게 도움이 되지 않는다.

배터리와 전기 저장 장치가 향상되면서 화창하고 바람이 많은 날 생산된 여분의 에너지를 저장했다가 구름이 끼고 서늘한 날에 이용할 수 있게 되었다. 태양광발전과 풍력발전은 아직 일 년 내내 비용 부담 없이 전 세계에서 재생에너지를 사용할 수 있을 만큼은 아니지만, 계속 증가하면서 수요를 충족시키고 있다.

가짜 뉴스 5

사람들 대부분은 기후변화를 믿지 않는다.

2020년 예일대학교 기후변화 커뮤니케이션 센터의 보고에 따르면 미국인의 55%가 기후변화 때문에 불안을 느낀다. 무시하거나 의심하는 사람은 20%에 그친다.

가짜 뉴스 6

플라스틱 재활용은 기후변화 대응에 도움이 된다.

플라스틱에 어떤 마크가 찍혀 있든 재활용되는 건 그중 9%뿐이다. 나머지는 소각되거나 매립지와 바다에 쌓인다. 플라스틱 제품에 찍힌 '꼬리를 무는 화살표' 마크와 번호는 어떤 재료로 만들었는지를 보여줄 뿐이다. 플라스틱이나 일회용 제품을 태울 때 이산화탄소를 비롯한 많은 온실가스가 배출된다.

9%

플라스틱에 어떤 마크가 찍혀 있든
재활용되는 건 그중 9%뿐이다.
나머지는 소각되거나
매립지와 바다에 쌓인다.

가짜 뉴스 7

재활용 함에 스티로폼이나 테이크아웃 컵을 넣으면 환경에 도움이 된다.

대부분의 지역사회는 플라스틱을 효율적으로 재활용하지 못한다. 스티로폼의 재료인 폴리스티렌은 대부분 공기로 이루어져 있고, 플라스틱에서 회수 가능한 부분은 극히 적기 때문이다. 이 때문에 일회용 플라스틱은 더 많은 일회용 플라스틱 사용으로 이어진다.

가짜 뉴스 8

오존 감소가 기후변화의 주원인이다.

오존 감소는 기후변화의 원인이 아니다. 미국항공우주국NASA에 따르면 최근 몇 년 동안 오존이 감소했지만 기후변화를 돌이키는 데는 영향을 주지 못했다. 오존은 다른 온실가스에 비해 기후변화 기여도가 크지 않다.

가짜 뉴스 9

기후변화는 나에게 개인적인 영향을 미치지 않는다.

기후변화는 점진적으로 일어나기 때문에 급격한 변화만큼 주의를 끌지 못한다. 하지만 세계 인구의 85%는 이미 혹독한 폭풍, 정전, 폭염heatwave, 가뭄을 통해 기후변화의 영향을 직접 경험했다. 당장 내 집이 침수되지 않더라도 공급망supply chain과 경제, 그리고 우리의 생계는 전 세계 사람들과 관련된다. 기후변화의 영향에서 자유로운 사람은 없다.

가짜 뉴스 10

너무 늦었다. 할 수 있는 일은 없다.

늦지 않았다. 유엔에 따르면 온실가스와 탄소 배출량을 줄여 돌이킬 수 없는 기후 손상을 예방할 수 있는 시간이 10년 정도 남아 있다. 많은 이들이 조금이라도 더 나은 미래를 위해 배출량을 줄이는 일에 힘쓰는 중이다.

🌐342

기후변화에 관한 20가지 진실

1. 기후 과학자의 99.5%는 인간이 기후변화를 유발한다는 데 동의한다.
2. 메탄과 이산화탄소 같은 온실가스는 온실의 유리와 비슷한 역할을 한다. 햇빛이 대기를 통과해 들어오게 하지만, 지구의 열이 대기 밖으로 빠져나가지 못하게 만든다. 이 때문에 지구의 기온이 상승한다.
3. 홍수, 폭염, 폭설, 폭우, 가뭄 같은 극단적인 날씨는 대기의 온난화 때문에 더 자주 발생한다.
4. 성층권에 있는 오존층은 지구를 보호한다. 이는 오염 때문에 발생하는 오존과는 다르다. 지상의 오존은 인간이 환경에 배출하는 온실가스다.
5. 지구의 기후는 항상 변해왔다. 하지만 현재의 기후변화는 수십만 년에 걸쳐 일어날 수준의 변화가 단 수십 년 만에 일어난 것이다.
6. 현재 대기 중 이산화탄소 농도는 지난 200만 년 중 그 어느 때보다 높다.
7. 전 지구적인 기온 상승은 특정 지역의 기온 하락을 유발할 수 있다. 즉 텍사스처럼 원래는 따뜻한 지역에 눈이 내리는 현상은 온난화를 반박하는 증거가 아니라 온난화의 증상이다.
8. 얼음은 햇빛을 반사해 지구의 온도를 낮춘다. 그래서 대륙빙하가 녹으면 거기서 만들어진 물이 햇빛의 열을 흡수해 바다가 더 빨리 뜨거워진다.
9. 대기가 따뜻해지면 수분을 더 많이 머금기 때문에 비가 더 자주, 많이 내리게 된다.
10. 지난 7년은 기록이 시작된 이후로 가장 따뜻한 7년이었다.
11. 기록이 시작된 이후로 미국에서 가장 많은 피해를 낸 허리케인 9개가 지난 15년 동안 발생했다.
12. 해수면이 점점 더 빨리 상승하고 있다. 전 세계가 지금 당장 온실가스 배출량을 줄이기 위해 급진적인 변화를 도모한다 해도, 2100년에는 최소한 지금보다 30cm 상승할 것으로 예상된다. 우리가 기온 상승을 막기 위해 아무런 조치를 취하지 않는 최악의 시나리오에서는 해수면이 2.5m까지 상승할 수 있다.
13. 해발고도가 10m 이내여서 홍수로 물에 잠길 가능성이 높은 지역에 사는 인구는 약 6억 3400만 명이다.
14. 1982년부터 2016년 사이에 미국 서부에서 연간 강설 기간이 34일 줄어들었다.
15. 최근 상승한 겨울 기온이 일부 곤충의 활동을 확산시켰고, 이 곤충들이 탄소를 흡수하는 나무들을 공격적으로 고사시키고 있다.
16. 기온 상승은 질병을 더 빠르게 확산시킨다.
17. 현재 매일 150~200종의 동식물이 멸종하고 있다.
18. 인간이 만들어낸 플라스틱 가운데 재활용되는 것은 9%뿐이다. 12%는 소각되고 79%는 매립지에 묻히거나 환경 곳곳에 흩어진다. 일회용 플라스틱은 재활용되지 못하고 매번 새로 생산되며 더 많은 온실가스를 배출한다.
19. 매립지에서 쓰레기가 분해될 때 이산화탄소보다 84배 더 강력한 온실가스인 메탄이 배출된다.
20. 2020년 코로나19 팬데믹 기간에 탄소 배출량이 5.8% 감소했다. 이 양은 유럽연합 전체의 탄소 배출량과 맞먹는다.

⊕032

혁신의 확산

과학계가 처음으로 기후변화를 논의한 것이 50여 년 전이고, 정유회사 엑손Exxon의 과학자들은 이미 1980년대에 그 영향을 분명하게 밝혔다. 하지만 기후에 대한 사실들은 신속하고 폭넓게 받아들여지지 않고 있다.

이는 놀라운 일이 아니다.

에버렛 로저스Everett Rogers는 1962년 "혁신의 확산"이론을 정립하면서 이 현상에 대한 글을 남겼다. 로저스는 사람들 사이에서 생각이 어떻게 확산되는지를 설명했다. 생각은 결코 한번에 퍼지지 않고, 모든 사람에게 동시에 또는 동일한 방식으로 포용되지 않는다.

인간은 대체로 믿음과 행동을 바꾸는 데 시간이 걸린다. 그럼에도 어떤 이들은 의욕적으로 새로운 생각을 받아들인다. 모든 영역에서 항상 그런 것은 아니지만, 새로운 생각에 개방적이고 열의를 품는 이들이 있다. 이는 그 생각을 받아들이는 것이 얼마나 쓸모 있는지, 또 그 생각이 토대로 삼는 사실이 얼마나 믿을 만한지와는 무관하다.

로저스는 모든 종류의 생각과 관심의 영역에서 인간의 유형을 다섯 가지로 나눌 수 있다고 보았다.

1. **혁신가**Innovator: 앞장서기 좋아하는 사람들. 올바르거나 유용하다고 입증되었기 때문이 아니라 단지 새롭다는 이유만으로 새로운 생각과 혁신에 끌린다.
2. **얼리 어댑터**Early Adaptor: 특정한 문화적 순간에 앞장서는 역할을 즐기고 변화를 받아들이는 사람들. 이들은 일차적으로는 새로운 생각이나 기술이 진짜로 더 낫다고 생각하지만, 한편으로는 다른 이들을 이끄는 일을 즐기기 때문에 이를 다른 사람들에게 전파할 가능성이 가장 높다.
3. **조기 다수자**Early Majority: 앞장서지는 않지만 평균적인 사람들보다 먼저 새로운 생각을 수용한다. 이들은 얼리 어댑터들을 따르는 데서 만족감을 느끼고, 그것이 자신의 지위를 만든다고 여긴다.
4. **후기 다수자**Late Majority: 이 집단은 회의론자라고 부를 수도 있지만, 충분히 많은 조기 다수자가 변화를 따르고 얼리 어댑터가 꾸준히 설득한다면 생각을 바꿀 가능성이 있는 이들이다.
5. **지체자**Laggard: 이 집단에 속하는 사람들은 쉽사리 마음을 바꾸지 않고, 끝까지 바꾸지 않을 수도 있다. 최선의 결과는 이들을 무시하고 그 대신 다른 집단에 집중하는 데서 나올 수도 있다. 이들은 평균적으로 인구의 6분의 1 이하를 차지한다.

⊕353

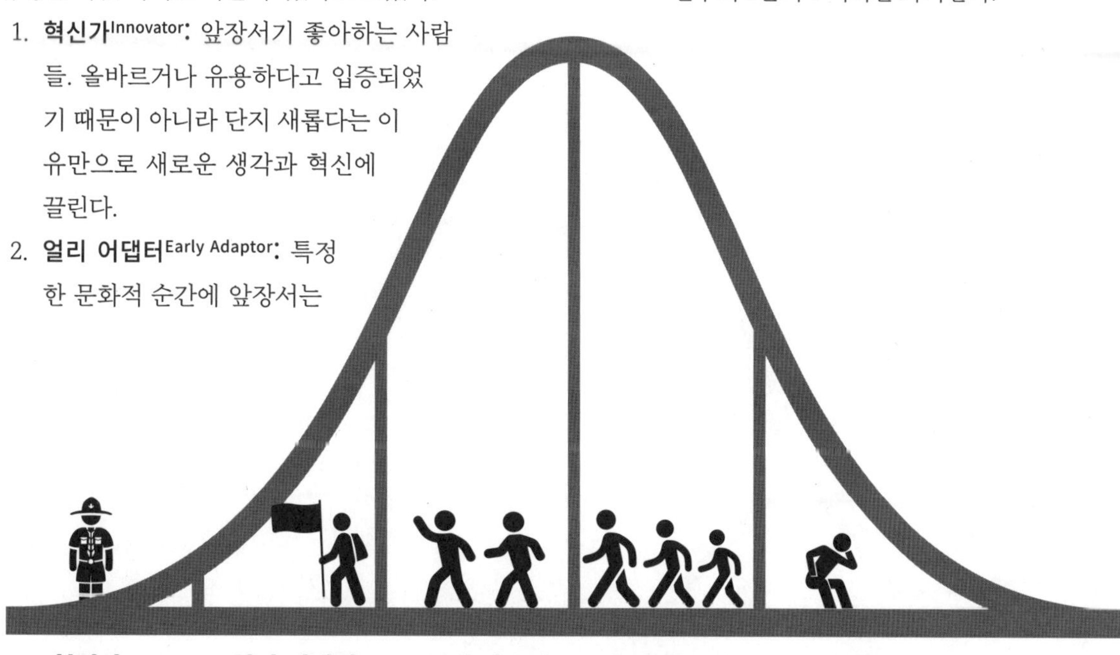

크고 작은 기후변화 실천

다들 '재활용은 좋은 행동'이라고 생각하지만, 그 효과를 실제보다 과장해 생각하는 경향이 있다.

우리가 애써 분리배출한 플라스틱을 포함해 전체 플라스틱 가운데 재활용되는 건 9%뿐이다.

사람들은 기후 문제에 맞설 준비가 된 후보에게 투표하는 것처럼 영향력이 큰 실천을 과소평가하고, 재활용이나 전등 교체처럼 이보다 영향력이 작은 실천을 과대평가하는 경향이 있다.

열 명의 친구들이 기후 행동을 지지하게 만드는 것은 여러분이 할 수 있는 쉬우면서도 가장 영향력이 큰 행동이다. 여기에는 전문적인 과학 지식이 필요하지 않다. 개인은 각자의 기술, 창의성, 관심사를 활용해서 즐겁고 자연스럽고 진정성 있게 지역사회가 기후 실천에 나서도록 만들 수 있다.

영향력이 큰 실천

- 전기, 플라스틱, 재활용, 연료 규제에 대대적인 변화를 일으킬 수 있는 정책을 지지하는 후보자를 위한 선거운동. 선거운동에는 기부를 요청하는 전화를 걸고 거리에 현수막을 매다는 일 외에도 많은 일손이 필요하다. 눈에 보이지 않는 현장에서 숱한 사람들이 일정을 조율하고, 연설문을 작성하고, 다른 자원 활동가들을 위해 음식을 만들고 있다.
- 미디어에 의견을 담아 보내고, 정치인들에게 재생에너지 표준을 따르라고 촉구하는 편지를 보낸다.
- 기상 캐스터에게 태풍에 대한 보도를 할 때 기후변화를 거론해달라고 부탁하는 이메일을 보낸다.
- 등산, 스키, 조류 탐구를 취미로 하는 이들이 스마트폰 앱에 적설량이나 새의 개체 수 데이터를 입력하면 과학자들이 기후변화와의 상관관계를 파악할 수 있는 시민 과학 프로젝트에 참여한다.
- 마을의 보행로, 자전거도로, 인도 프로젝트sidewalk project를 위한 모금 활동을 벌인다.
- 기후 활동 모임을 찾아 참여한다.
- 기후변화와 관련한 실천과 연구를 하는 지역 대학 연구소와 비영리단체에 연락을 취한다.
- 기후 실천을 위한 캠페인에 참여하는 사람들의 자녀를 돌봐준다.
- 지역사회에 잘 설계된 대중교통 시스템을 도입하기 위해 힘쓰는 위원회에 참여한다.

영향력이 중간 정도인 실천

1년에 2.5톤 이상의 탄소를 감축할 수 있다.

- 짧은 거리는 비행기 대신 열차를 이용한다. 둘은 이동하는 데 드는 시간은 거의 같지만 기차가 오염을 훨씬 적게 유발한다. 스웨덴에서는 소셜미디어에서 "flygskam"(나는 건 별로야)와 "tagskryt"(기차가 멋져)라는 두 표현이 유행했다.
- 여러분이 속한 단체에서 모금 행사를 연다면 포장지나 사탕 같은 일회용품보다는 탄소 크레딧Carbon Credit을 판매해보자.
- 태양광발전이나 풍력발전으로 전력을 생산하는 전기 공급업체를 선택한다.

- 사용하지 않는 물건을 버리기 전에 지역 커뮤니티에 나눔 글을 올린다.
- 급수대를 설치해서 플라스틱 생수 병 사용을 줄인다.
- 이전 세대가 환경을 살피고 절약한 이야기를 듣고 공유해서 희망을 북돋고 기후에 대한 관심을 북돋는다.
- 노인복지 센터, 스카우트 모임, 유치원, 도서관에서 기후변화 기초 지식을 가르친다.
- 직장 동료 네 명과 카풀을 한다.
- 화석연료를 개발하는 회사에 투자하고 있다면 다른 곳으로 옮긴다.
- "친환경 시늉greenwashing"을 하는 데 그치지 않고 실제로 배출량을 감축하는 지속 가능한 회사에 지갑으로 지지 의사를 표현한다.
- 일 년 동안 비행기 여행을 자제하고, 이메일을 통해 주변 사람들에게 이 사실을 알린다.
- 아파트 단지 안에 퇴비 상자를 만든다.
- 지역신문에 여러분 동네에서 벌어지는 기후변화에 대한 기사를 기고한다.
- 텔레비전에 나오는 좋아하는 셰프에게 트위터 메시지를 보내 레시피에 식물성 고기를 사용하라고 촉구한다.
- 일 년에 한 번 열리는 과학 축제의 주제를 기후변화로 바꾼다.

영향력이 작은 실천

1년에 0.1~2.4톤의 탄소를 감축할 수 있다.

- 종이를 아껴 쓴다.
- 재활용을 한다.
- 형광등을 LED로 교체한다.
- 다회용 장바구니를 이용한다.
- 옷을 건조대에 널어서 말린다.
- 세탁할 때 찬물을 이용한다.
- 휘발유 자동차를 하이브리드나 전기 자동차로 바꾼다.
- 재택근무를 한다.
- 새로운 물건을 구입하기 전에 중고 매물을 알아본다.

757

당신은 매일 주변 세상에 영향을 미친다. 당신이 하는 일은 변화를 일으키므로, 어떤 변화를 일으킬지 스스로 결정해야 한다.

— 제인 구달Jane Goodall

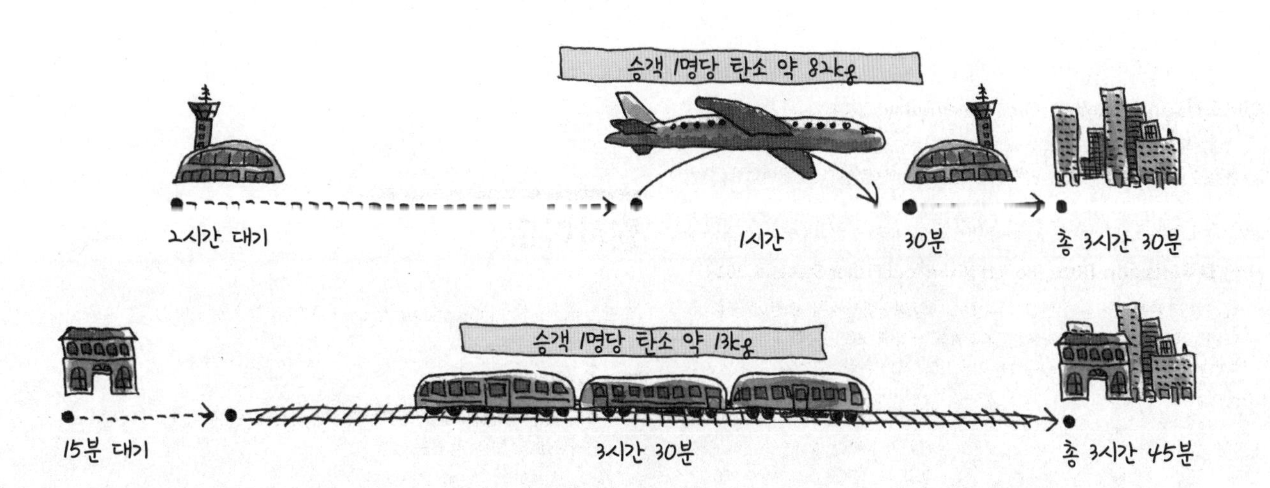

진실

기후 위기의 과학

탄소는 무엇인가?

원자는 원소의 가장 작은 단위다. 모든 물질은 원자로 이루어진다.

탄소 원자는 지구상의 모든 생명체를 구성하는 기초 재료다. 지구 밖에 생명체가 있다면 거기에도 탄소 원자가 있을 가능성이 높다.

탄소 원자는 지구상의 모든 생명체를 구성하는 기초 재료다.

주기율표에는 118개의 원소가 있다. 탄소는 그중 하나다. 주기율표에 여섯 번째로 나오는 탄소는 대문자 C로 나타낸다. 원소는 물리 세계의 기초 재료이고 다른 성분으로 쉽게 분해되지 않는다.

식물이든 동물이든 모든 생명체는 주로 탄소, 산소, 수소, 질소 원자로 구성된다.

인체의 18%는 탄소다. 나무는 50% 정도가 탄소다. 물고기는 10~15%가 탄소다. 탄소 100%로 구성된 대표적인 물질로는 다이아몬드와 흑연(연필심의 재료)이 있다.

지구상에 있는 모든 생명체가 가진 탄소의 양은 어마어마하다. 생명체가 죽을 때 이 탄소가 주위 환경으로 배출된다. 탄소 순환은 이런 식으로 이어진다.

'기가톤'은 무엇인가?

지구 환경에 대해 공부할 때, 특히 기후 위기와 관련된 내용을 접할 때면 종종 '기가톤'이라는 단위를 볼 수 있다. 기가톤은 국제단위계(SI)에서 쓰는 질량(물체를 이루는 물질 또는 재료의 양)의 단위다.

질량의 단위

1,000그램(g)	=	1킬로그램(kg)
1,000킬로그램	=	1(미터)톤(t)
1,000,000(미터)톤	=	1메가톤(MT)
1,000메가톤	=	1기가톤(GT)

'기가'는 10억을 의미하는 접두사다. 즉 1기가톤은 10억 톤이다. 그런데 인간의 뇌는 이렇게 큰 수를 효율적으로 받아들이지 못한다. 따라서 기가톤이 어느 정도의 질량인지를 파악하기 위해 노력이 필요하다.

1기가톤은 지구에 사는 인간 77억 명 전체의 무게보다 두 배 더 많다. 미국에 있는 모든 자동차를 더하면 0.5기가톤이 나간다.

⊕011

우리가 직면한 모든 것을 바꿀 수는 없다. 하지만 우리가 직면하기 전까지는 아무것도 바뀌지 않는다.

— 제임스 볼드윈James Baldwin

지구상에 있는 생명체가 가진 탄소의 양

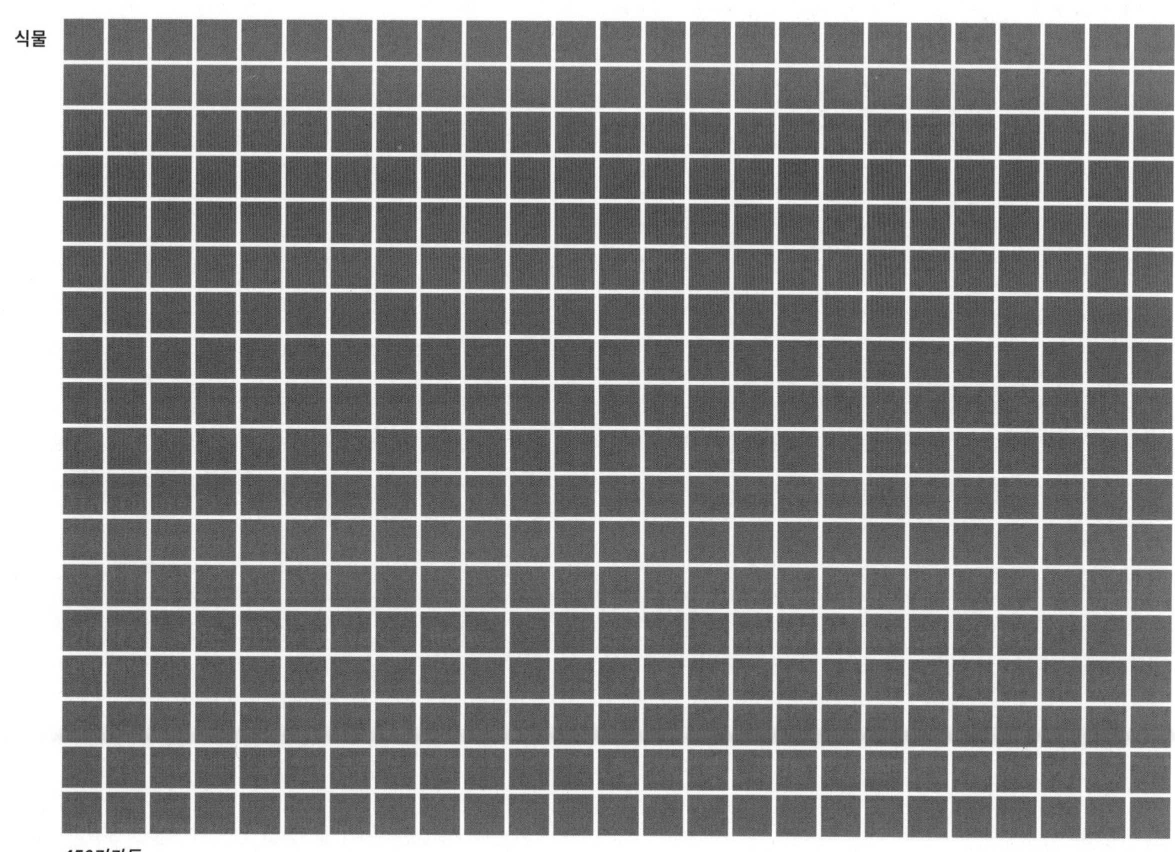

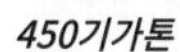

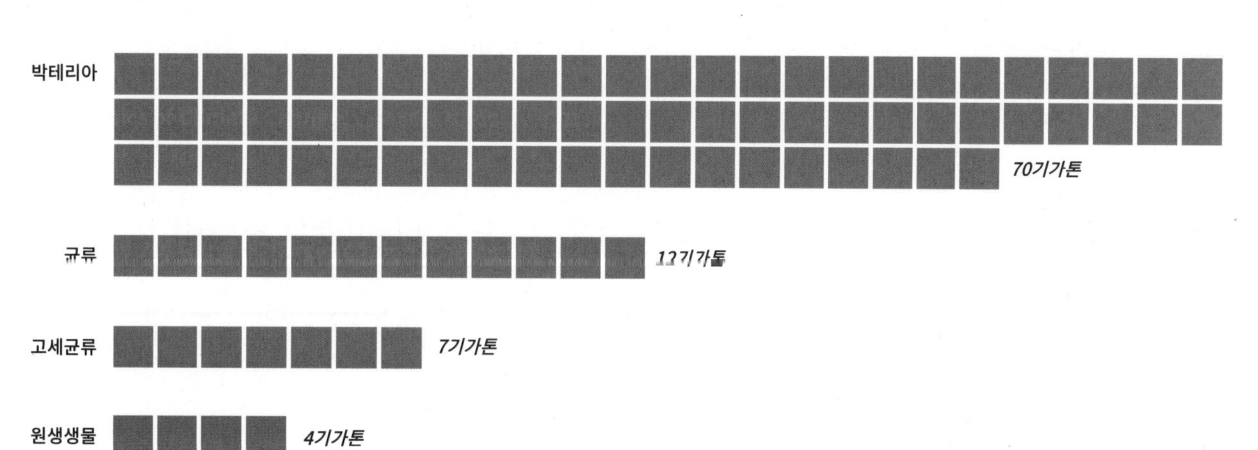

대기 중 이산화탄소의 자연 배출원

대기에서 이산화탄소를 완전히 제거할 수는 없다. 또 일정량의 이산화탄소는 꼭 있어야 한다. 이산화탄소를 대기로 배출하는 자연 과정에는 다음과 같은 것들이 있다.

육지와 바다에 있는 유기물질의 분해

박테리아와 균류는 오줌, 똥, 죽은 유기물을 이산화탄소 같은 더 단순한 탄소 형태로 분해한다.

화산 활동

2019년의 한 추정치에 따르면 지각 아래에 있는 이산화탄소 수조 톤 중 극히 일부가 화산이 분출하거나 연기를 뿜어낼 때 대기로 유입된다. 그 양은 매년 0.28~0.36기가톤 수준이다.

자연발화 산불

2021년 한 해 동안 산불로 이산화탄소 1.76기가톤이 배출된 것으로 추정된다.

인간의 호흡

우리는 하루 종일 호흡하며 이산화탄소를 내뿜는다. 하지만 이런 이산화탄소 배출이 해롭다고 생각되지는 않는다. 왜 그럴까? 우리가 내뿜는 이산화탄소는 식물의 광합성에서 직접(우리가 곡물과 농산물을 먹을 때) 또는 간접적으로(식물을 먹고 자란 가축의 고기를 먹을 때) 온 것이기 때문이다. 이 개념은 동물의 호흡에도 마찬가지로 적용된다.

1958년까지 거의 100만 년 동안 자연적인 대기 중 이산화탄소 수준은 약 175ppm~300ppm 범위 안에서 오르내렸다.

1800년대 중반의 제2차 산업혁명 이전, 그러니까 제조업과 화석연료에 대한 전 세계 수요가 본격적으로 증가하기 전에는 이산화탄소 수준이 천천히 증가했고, 51% 늘어나는 데 약 2만 년이 걸렸다. 그에 비해 1958년부터 지금까지 대기 중 이산화탄소 농도는 316ppm에서 417ppm으로 32%가 늘어났다.

⊕028

> 지금 상황은 돌벽을 향해 달리는 거대한 차에 타고 있는데 모두가 자기가 어디 앉을지를 놓고 입씨름만 하는 격이다.
>
> — 데이비드 스즈키David Suzuki

우리가 이야기하는 탄소의 양은 얼마나 될까?

이 그림에는 10,000개의 점이 있다. 이 10,000개의 점이 지구의 모든 대기를 나타낸다면, 그중 검은 점 3개가 탄소에 해당한다. 나머지는 산소, 질소, 아르곤, 그리고 얼마 안 되는 양의 다른 여러 원소들이다.
사실 지난 10만 년 동안 대기 중 탄소는 3개 이하였고, 정기적으로 탄소 모니터링을 시작한 1959년에는 3개가 살짝 넘었다.
이제는 4개가 넘는다. 5개가 되면 인간 문명은 완전히 바뀔 것이다.
기후변화가 우리에게 중요한 문제인 것은 바로 이 때문이다. 기후는 대기 중 탄소의 양에 아주 예민하다. 10,000개 중 단 1개가 모든 것을 바꾼다.

⊕336

탄소 순환은 무엇인가?

탄소 순환은 탄소가 대기에서 지상으로 오고 다시 대기로 돌아가며 순환하는 여정을 말한다.

우리 시스템 안에 있는 탄소의 총량은 변하지 않는다. 하지만 탄소의 위치와 분포는 끊임없이 변한다.

느린 순환

탄소는 암석, 토양, 바다, 대기 사이를 오간다. 이 과정은 자연 상태에서는 1억 년에서 2억 년이 걸린다.

오래전에 저장된 탄소 가운데 일부는 암석이 되고, 일부는 석탄, 석유, 천연가스 같은 화석연료가 된다. 석탄, 석유, 천연가스를 "화석연료"라고 부르는 이유는 땅속에 묻힌 죽은 식물과 동물이 원료가 되어 아주 오랜 시간에 걸쳐 만들어지기 때문이다.

자연에서 화산이 분출할 때도 탄소가 대기로 배출되지만, 화석연료 연소 같은 인위적인 활동 역시 탄소를 배출한다. 오늘날 인간이 화석연료 연소로 배출하는 탄소는 매년 지구에서 모든 화산이 배출하는 탄소보다 60배 더 많다.

화석연료로 인한 탄소 배출량이 이렇게 많다 보니 대기 중의 자연스러운 탄소 균형이 뒤집히고 있다. 인간이 개입하면서 탄소 순환의 속도가 빨라졌다.

빠른 순환

때로는 마치 지구가 호흡을 하듯 탄소의 교환이 빠르게 일어난다.

광합성: 이산화탄소가 식물에게 흡수되어 인간의 생명에 필요한 당과 산소로 바뀐다.

섭취: 인간을 포함한 동물이 식물을 먹을 때 식물 안에 있던 탄소가 동물에게 에너지로 전달된다.

호흡: 동물은 산소를 들이마시는데, 이 산소는 체내의 탄소 원자와 결합해 이산화탄소가 된 다음 대기로 다시 내보내진다.

빠른 탄소 순환 중 호흡은 몇 초마다 일어나고, 생명 활동과 분해에는 100년이 걸린다. 이를 평균 내면 10년 정도다.

⊕012

빠른 순환

10 년

느린 순환

200,000,000 년

탄소 순환의 균형

이산화탄소는 지구의 생명체에 꼭 필요하다. 이산화탄소는 열을 흡수했다가 시간을 두고 천천히 내보내기 때문에 지구의 기온을 인간이 살 수 있는 수준으로 꾸준히 유지하는 역할을 한다.

유기물질의 분해, 육지와 바다에 서식하는 동식물의 호흡과 가스 배출, 그리고 산불은 대기 중 이산화탄소의 자연 배출원이다. 이 배출은 이산화탄소를 흡수하는 "흡수원"에 의해 상쇄된다. 바다, 육지와 수생식물의 광합성, 토양과 이탄(땅에 묻힌 지 오래되지 않아 완전히 탄화하지 못한 석탄)의 축적 모두가 "흡수원"이다.

수백만 년간 탄소 순환의 이 두 힘은 대기 중 이산화탄소 수준을 300ppm 이하로 유지했다. 300ppm은 이 책 43쪽의 그림에서 설명한 것처럼 10,000개의 점 중에 3개의 점을 말한다. 이산화탄소 수준은 천연 흡수원이 대기에서 제거한 이산화탄소의 양과 자연 배출원이 만들어낸 양이 같을 때 안정세를 유지한다.

빙핵(극지방에 오랜 기간 묻힌 상태로 유지된 얼음) 샘플과 모델링을 보면 지난 수백만 년 동안 지구는 자연 상태의 균형을 유지하면서 이산화탄소 배출량 약 700기가톤을 처리해왔다. 이 자연 상태의 균형은 인간의 활동이 이산화탄소를 흡수원이 제거할 수 있는 것보다 훨씬 빠르게 배출하면서 흔들리기 시작했다.

가득 찬 300L짜리 빗물 통에 10L의 물을 더 넣는다고 생각해보자. 커다란 통에 몇 리터 정도 더하는 것은 대수롭지 않은 일 같지만 이미 한계에 도달한 이 빗물 통은 이를 감당하지 못한다. 지구의 탄소 순환도 이 빗물 통처럼 인간이 유발한 이산화탄소가 더해지면서 한계를 맞고 있다.

인간이 추가로 배출한 이산화탄소를 감당할 능력이 없는 상태에서 지구의 자연스러운 균형 상태에 가해진 작은 자극이 오늘날 우리가 경험하는 기후 교란을 야기하고 있다.

⊕029

탄소 순환 불균형

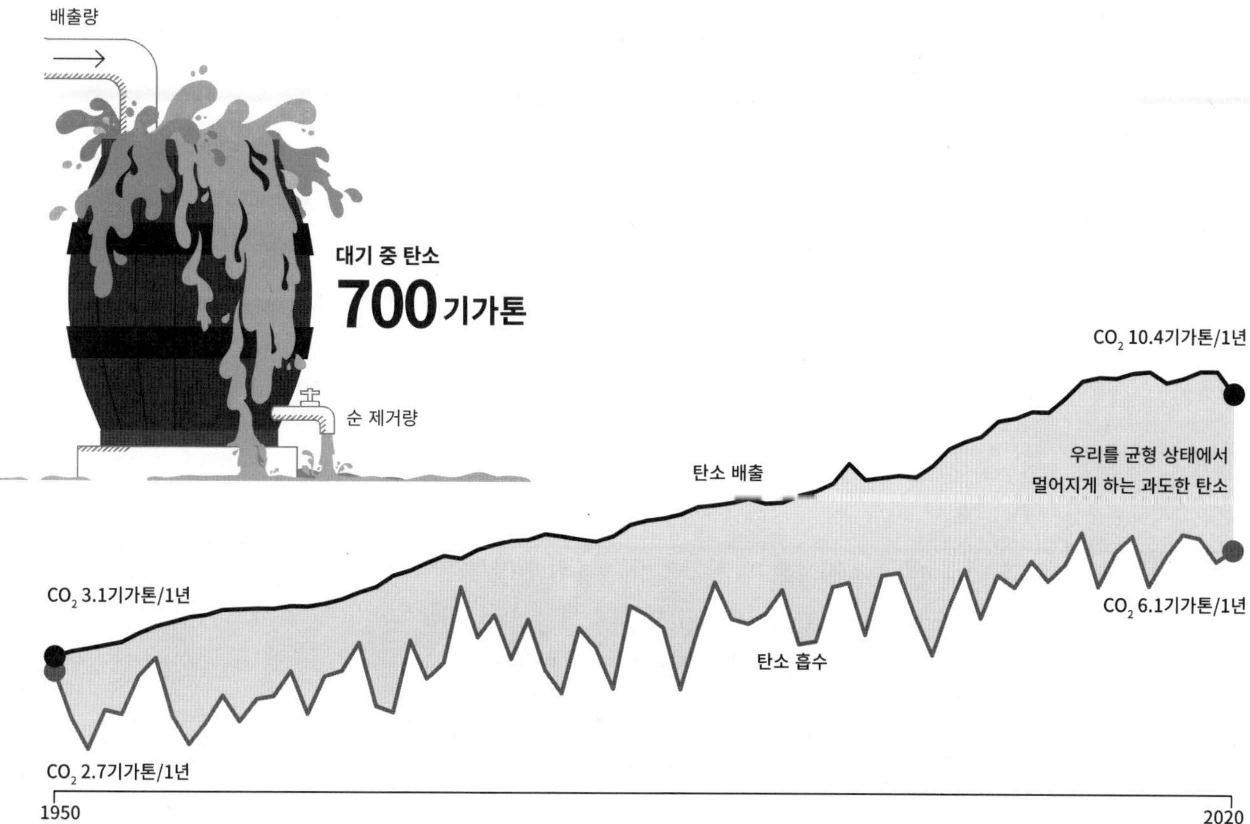

탄소 불균형: 지난 70년간 탄소 배출량과 흡수량 차이

EXXON RESEARCH AND ENGINEERING COMPANY

P.O. BOX 101, FLORHAM PARK, NEW JERSEY 07

M. B. GLASER
Manager
Environmental Affairs Programs

November 12, 1982

CO_2 "Greenhouse" Effect

이 모델들은 전 세계 평균 기온이 3±1.5℃ 증가할 가능성이 가장 높음을 보여준다.

PAGE 13

거대한 흐름은 근본적으로 불확실성을 갖지만, 생물권이 순수한 흡수원이고 바다가 인간이 만들어낸 이산화탄소를 많이 흡수해서 줄일 수 있는 가능성을 배제할 수 없다.

PAGE 11

삼림 개간 속도는 기존 지역에서 매년 0.5%~1.5%로 추정된다. 삼림은 대륙의 전체 면적 $150 \times 10^6 km^2$ 중에 $50 \times 10^6 km^2$가량을 차지하고 약 650기가톤의 탄소를 저장한다. 만일 매년 세계 삼림의 0.5%가 개간될 경우 이는 탄소 약 3.0기가톤이 매년 대기로 배출되는 데 기여할 수 있음을 쉽게 예측할 수 있다. 재조림이 삼림 파괴로 인한 이산화탄소 배출의 균형을 잡는 데 크게 기여하고 있긴 하지만 새로운 나무에 저장된 총 탄소는 배출된 순 탄소량의 극히 일부에 지나지 않을 가능성이 높다. 하지만 지금 시점에서 삼림 개간과 재조림의 속도가 정확하게 파악되지 않았다는 점을 지적해둘 필요가 있다. 삼림 파괴가 실제로 대기 중 이산화탄소 농도 증가에 기여하고 있을 경우 또 다른 탄소 흡수원을 찾아내야 하며, 화석연료의 영향을 이런 흡수원의 맥락에서 고려해야 한다.

PAGE 11

모든 생물 시스템이 영향을 받게 되겠지만 가장 심각한 경제적 영향은 농업이 받을 것이다. 식품, 섬유, 동물, 농업, 임작물 등 재생 가능한 자원 생산에 대한 환경 스트레스를 줄이는 방법을 검토할 필요가 있다.

PAGE 21

증가한 이산화탄소에 "일생 동안" 노출되었을 때 인간이나 동물의 건강에 아무런 위험이 없는지 확인할 필요가 있다. 기후 민감 지표의 변화와 관련된 건강의 영향, 또는 기후 관련 기근이나 이주와 관련된 스트레스가 상당할 수 있다. 이에 대한 연구가 필요하다.

PAGE 21

이산화탄소로 인한 온난화는 극지방에서 훨씬 심할 것으로 예상된다. 유기 탄소의 거대한 저장소인 이탄 침전물이 산화작용에 노출될 때 역시 양의 피드백positive feedback 메커니즘이 작용할 수 있다. 마찬가지로 해토thawing는 현재 메탄 수화물로 격리되어 있는 엄청난 양의 탄소를 배출시킬 수 있다. 발생 가능한 이런 영향들에 대한 정량적인 추정이 필요하다.

PAGE 21

우리의 최적 추정치에 따르면 지금보다 농도가 두 배로 늘어날 경우 지구의 평균 기온이 약 1.3~3.1℃ 증가할 수 있다. 이런 기온 증가는 지표면에서 균일하게 일어나지 않아서 극지의 빙관(산의 정상을 뒤덮은 빙하)은 10℃ 정도 기온이 증가하고 적도는 거의 증가하지 않을 수 있다.

PAGE 4

기온 상승과 함께 강수량과 증발량이 전 지구적으로 불균등하게 증가하는 등의 다른 기후학적 변화가 일어날 것으로 예상된다. 기존의 전 지구적 물 분포 균형이 이렇게 흔들릴 경우 토양 습도가 크게 영향을 받고, 이 때문에 농업까지 타격을 받을 수 있다.

PAGE 19

기후가 전 지구적인 농업에 미칠 영향 외에도 몇 가지 재난과 다름없는 사건의 가능성을 검토해야 한다. 가령 육지에 고정된 남극의 대륙빙하가 녹을 경우 해수면이 5m까지 상승할 수 있다. 그러면 플로리다주와 워싱턴 D.C.를 비롯한 미국 동해안의 많은 지역이 물에 잠길 것이다. 많은 빙하학자들이 극지방의 얼음이 녹는 속도를 연구 중이다. 남극 서부의 대륙빙하는 수백 년에서 1000년 사이에 녹을 것으로 추정된다. 엣킨스와 엡스타인은 평균 해수면이 45mm 상승한다고 보았다. 이들은 대양의 상층부 70m가 1890년부터 1940년까지 (대기권처럼) 0.3℃ 더워졌고 이로 인한 열팽창 때문에 해수면이 24mm 상승했다고 추정함으로써 이 증가를 설명한다. 이들은 나머지 해수면 상승은 극지방의 얼음이 녹아서 일어난 것으로 본다. 하지만 얼음 51Tt(10^{12}톤)이 녹으면 바다의 온도가 0.2℃ 떨어지는데, 지구의 평균 표면 온도가 이산화탄소 온실 이론가들의 예측대로 증가하지 않은 것은 이 때문이다.

PAGE 19

대기 모니터링 프로그램은 대기 중 이산화탄소 수준이 지난 25년 동안 약 8% 증가해 현재 340ppm 정도임을 보여준다. 이렇게 관측을 통해 확인된 증가분은 산업혁명이 시작된 지난 세기 중반에 시작된 추세의 연장선으로 판단된다. 각각의 상대적인 기여도는 분명하지 않지만 화석연료 연소와 원시림 개간(삼림 파괴)이 인위적인 주원인이라고 판단된다.

PAGE 4

⊕374

장 제네비어가 발견한 탄소

모든 식물, 나무, 조류는 자연적으로 이산화탄소를 포집해서 저장한다. 햇빛, 물, 이산화탄소를 산소와 식물성 물질로 바꾸는 과정인 광합성을 하기 위해서다.

광합성은 1782년 스위스의 목사이자 식물학자인 장 제네비어에 의해 처음 발견되었다. 식물이 태양빛을 받을 때 "고쳐진 공기fixed air"(이산화탄소)를 흡수하고 "좋은 공기good air"(산소)를 내뿜는다. 식물은 이산화탄소와 햇빛이 없으면 산소를 만들어내지 않는다.

당시 제네비어는 이 이상의 자세한 내용은 알지 못했다. 과학자들이 식물이 이산화탄소를 탄소와 산소로 분해할 수 있게 해주는 효소인 루비스코를 발견한 것은 그로부터 100년이 더 지났을 때다.

제네비어는 식물이 공기에 있는 이산화탄소를 분해하고 탄소를 저장한다고 주장한 최초의 과학자중 한 명이었다. 탄소 순환을 최초로 설명한 책인 《식물생리학Physiologie Vegetale》에서 제네비어는 이렇게 썼다.

"죽은 식물은 그 잔해를 분해하여 땅으로 돌려보낸다. 그것이 발효되면 비료가 만들어진다. 이런 식으로 죽은 식물은 자신이 가지고 있던 것을 토양과 공기로 보낸다."

식물은 탄소 없이 성장할 수 없다. 인간과 마찬가지로 식물은 탄소로 구성되어 있고, 줄기와 가지와 뿌리에 탄소를 갖고 있다. 그리고 식물이 죽을 때 이 탄소 중 많은 양이 토양의 일부가 되어 탄소 순환을 더 진행시킨다.

🌐351

탄소 개척자

존 틴달의 연구가 나오기 3년 전인 1856년, 미국의 과학자 유니스 푸트Eunice Foote는 이산화탄소가 담긴 항아리가 공기가 담긴 항아리보다 태양에서 열을 더 많이 흡수한다는 사실을 보여주는 논문을 발표했다. 유니스는 다음과 같이 썼다.

이 기체가 포함된 대기는 우리 지구를 더 따뜻하게 만들 것이다. 그리고 일각의 주장처럼 역사의 한 시기에 대기 중에 이 기체가 지금보다 더 많은 비율로 섞이면 중량 증가뿐만 아니라 그 자체의 작용에서 비롯한 기온 상승이 필연적으로 나타났을 것이다.

웹 검색하고 나무도 심고

www.thecarbonalmanac.org/search를 참고하세요.

시간 경과에 따른 지구의 이산화탄소

지난 60년 동안 대기 중 이산화탄소의 연간 증가율은 1만 1000년 전 마지막 빙하기가 끝났을 때의 평균 증가율보다 약 100배 더 높다.

지구가 탄생한 이후로 대기에 존재하는 이산화탄소의 수준은 45억 4000만 년의 시간을 거치며 큰 변동을 거쳤고, 그와 함께 지구의 평균 기온도 크게 출렁였다.

25억 년 전에 최초의 생명이 출현하면서 이산화탄소가 광합성을 통해 소모되기 시작했다. 생명체가 발전을 거듭하면서 대기를 크게 바꾸는 효과가 일어났다.

5억 년 전, 여러 요인들이 불균형을 일으켜 대기 중 이산화탄소의 농도가 무려 3000~9000ppm에 달했을 때 지구의 기온은 1960~1990년 평균보다 14°C 이상 높았을 것으로 추정된다. 그러다가 2000만 년 전에 이산화탄소 수준이 약 300ppm으로 떨어졌다.

지난 80만 년 동안 지구의 이산화탄소 수준은 150ppm과 300ppm 사이를 꾸준히 오르내리며 규칙적인 리듬에 따라 움직였다. 하지만 지난 50년 동안 이 리듬이 크게 바뀌었고 이산화탄소 수준이 크게 높아진 것으로 기록되었다.

이산화탄소는 유기물질의 분해, 육지와 바다 동식물의 호흡과 가스 배출, 화산 분출과 산불 같은 자연 배출원을 통해 지구의 대기로 배출된다. 그리고 바다에 의한 저장, 육지와 수중 식물의 광합성, 토양과 이탄의 형성 같은 자연 흡수원을 통해 대기에서 제거된다.

이런 과정을 통해 지구는 최소한 지난 수백만 년 동안은 여러 차례 빙하기를 거치면서 대기 중 이산화탄소를 300ppm 이하로 유지하는 자연적인 균형 상태에 있었다.

지구 전체의 지질학적 역사라는 시간 규모에서 봤을 때, 1750년대부터 탄소와 관련된 인간 활동이 가속화된 이후로 이산화탄소는 마치 하룻밤 새 일어난 일처럼 갑자기 증가했다. 산업혁명이 시작한 이후로 불태워진 화석연료들은 광합성을 통해 수백만 년에 걸쳐 식물이 흡수한 이산화탄소가 누적된 결과물이었지만, 300년도 안 되는 시간에 대기로 다시 보내졌다.

⊕030

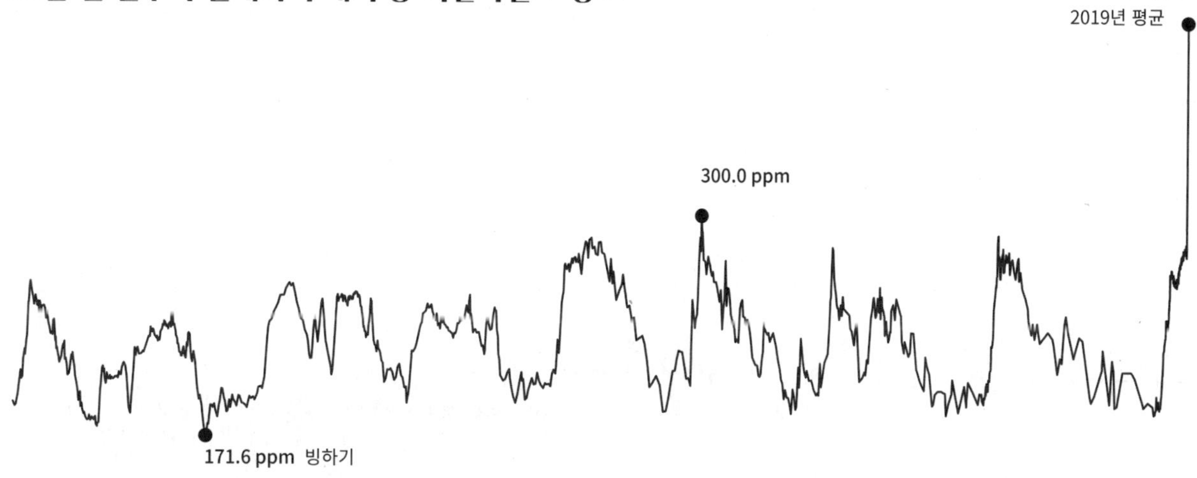

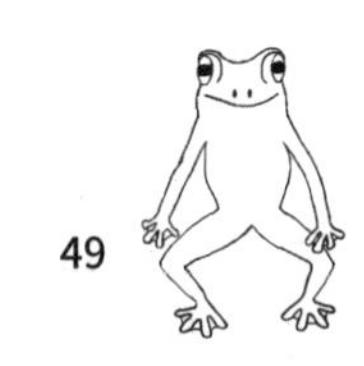

인체의 20%는 탄소다.

지구의 기온 변화

지구의 기온을 온도계로 정확하게 측정해 기록하기 시작한 것은 1850년대부터다. 그 이전의 기온을 측정할 때는 눈, 산호, 종유석의 동위원소 구성을 비롯한 간접 지표를 사용한다. 예를 들어 겹겹이 쌓인 북극의 눈 층은 아주 오래전의 기후를 알려줄 수 있다.

여기에 더해서 수목기후학에서는 나이테의 폭을 이용해 과거 특정 시기의 기온을 판별한다. 하지만 지구상에서 가장 오래된 나무는 겨우 몇천 살이기 때문에 나무로 과거를 살펴보는 데는 한계가 있다.

수백만 년 전 기온을 알아낼 수 있는 믿을 만한 수단은 극지방의 빙핵뿐이다. '밀란코비치 주기'는 시간의 경과에 따라 주기적으로 오르내리는 세계의 기온을 보여준다. 세르비아의 과학자 밀란코비치는 지구의 자전축 기울기, 이심률(궤도가 중심에서 벗어난 정도), 태양복사의 주기적인 변동 때문에 이런 차이가 생겼음을 보여주었다.

일반적으로 지질학적 변화는 아주 긴 시간에 걸쳐서 일어난다. 하지만 1880~2020년의 기온 데이터는 한 세기만에 큰 변화가 일어났음을 보여준다.

1°C의 기온 변화가 불과 한 세기만에 일어난 것은 이례적이다. 보통 이런 변화는 수백만 년에 걸쳐 일어나는 것이다.

지난 50년 동안 지구의 기온이 오르는 동안 지구는 태양으로부터 빛 에너지를 더 적게 받았다. 지구의 기온 증가는 태양 때문이 아니다. 태양의 열을 더 많이 붙들고 내보내지 않는 온실가스 때문이다.

⊕366

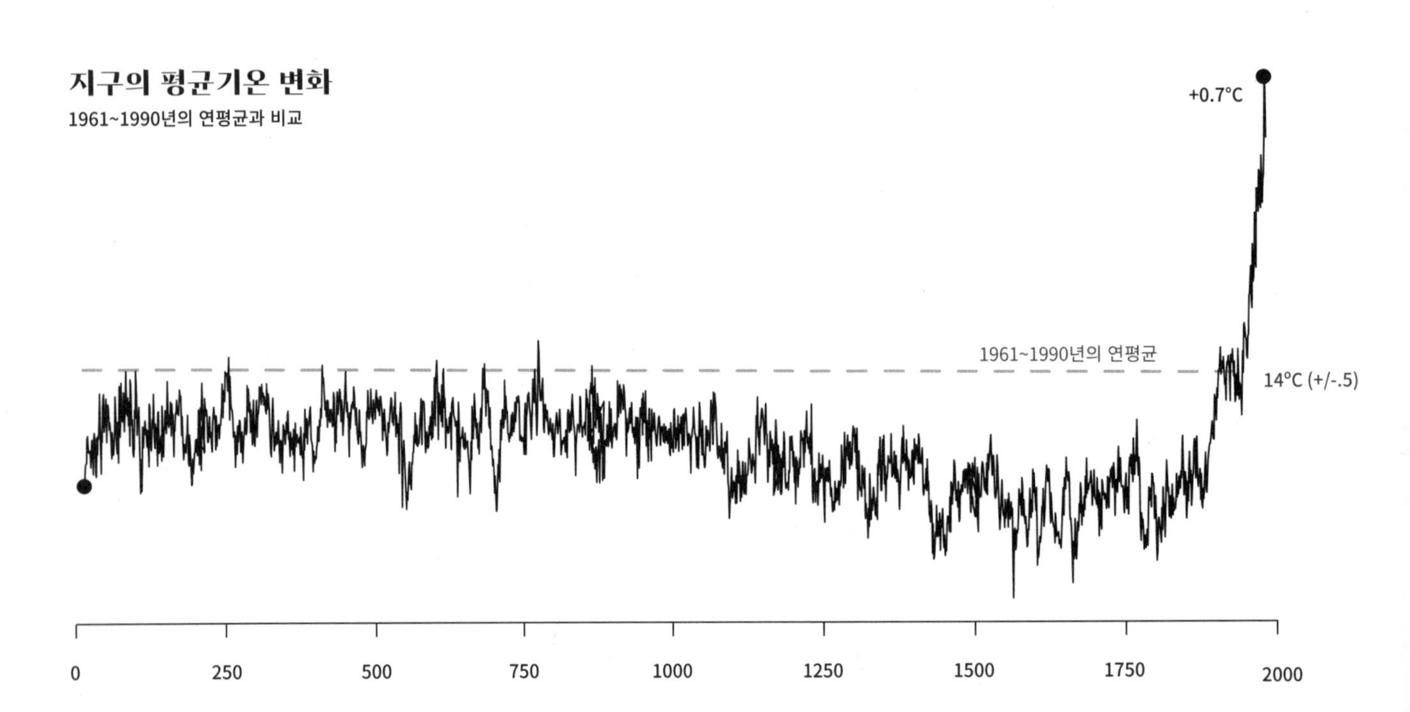

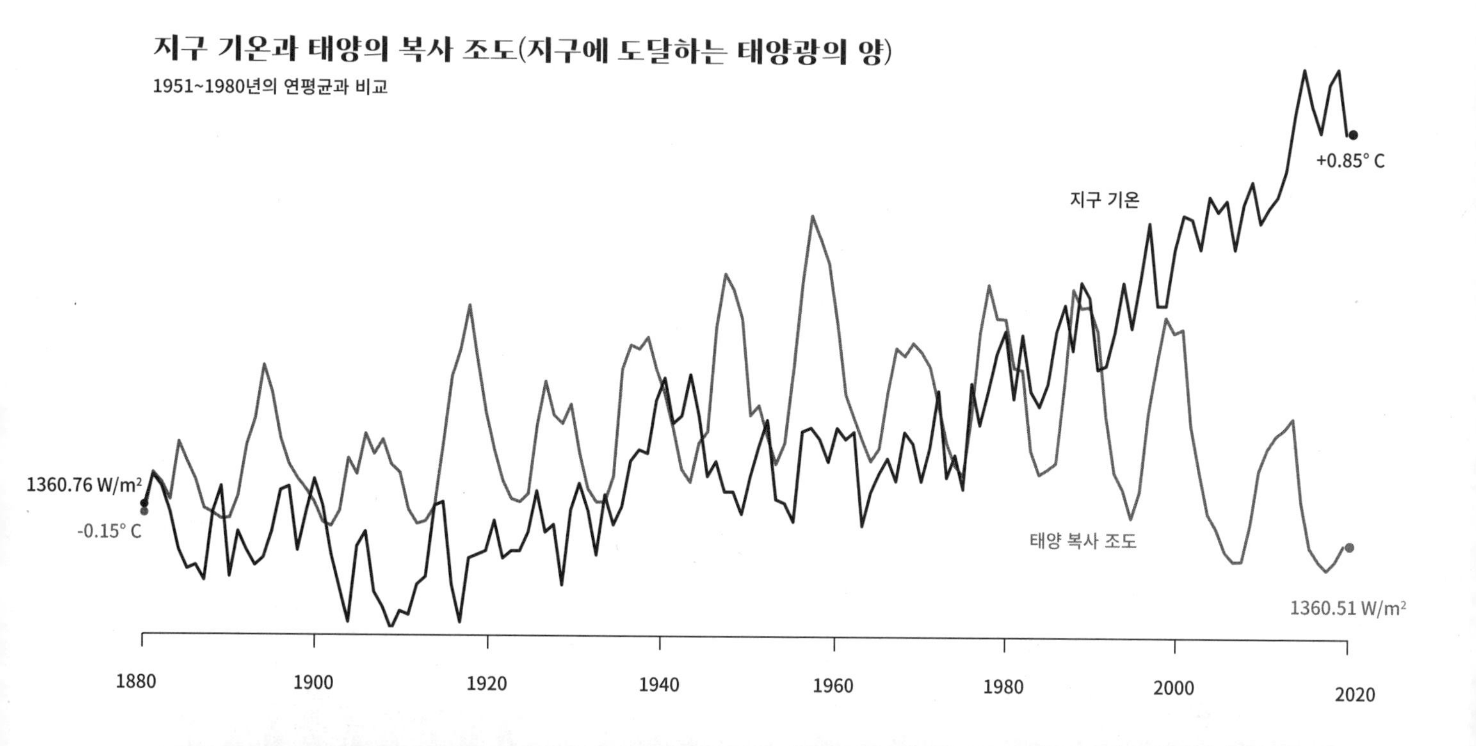

울창한 숲이 듬성해지기까지

지구의 나이인 46억 년을 46년으로 나타내면 산업혁명은 겨우 1분 전에 시작되었다. 이 1분 만에 인간은 세계 열대우림의 50% 이상을 파괴했다.

이산화탄소 환산량

우리는 기후변화를 일으키는 분자를 "온실가스"라고 부른다. 이산화탄소가 주를 이루다 보니 온실가스를 아울러서 이산화탄소라고 말할 때가 많다.

온실가스 중에 이산화탄소의 양이 가장 많긴 하지만 인간이 만들어낸 다른 온실가스들은 더 강력하거나 대기에 더 오래 남는다. 이 중 많은 기체들은 극히 적은 양만 존재하지만 기후변화에 큰 영향을 미친다.

"지구온난화 지수"는 이산화탄소와 다른 온실가스의 영향력을 비교하는 척도다. 예를 들어 20년 동안 메탄은 이산화탄소보다 지구온난화 지수가 80배 이상 높다. 이는 대기 중에 메탄 1톤이 배출되어 20년간 미치는 영향이 이산화탄소 80톤 이상의 영향과 같다는 뜻이다.

인간이 만들어낸 주요 온실가스로는 다음과 같은 것들이 있다.

- **메탄:** 소와 매립지에서 썩어가는 유기물질(예를 들면 음식물 쓰레기)에서 발생한다. 천연가스는 주로 메탄으로 이루어져 있어서, 누출되면 대기에 메탄이 더해진다.
- **질소산화물:** 주로 연소, 산업 활동, 차량의 배기가스, 비료 생산으로 만들어진다. 질소산화물의 지구온난화 지수는 이산화탄소보다 270배 더 높다.
- **플루오린화 기체:** 주로 냉매로 사용되는 인위적인 비유기 기체. 이산화탄소보다 지구온난화 지수가 1000배 이상 높고 오존층을 파괴한다.

⊕370

참고: 이 책에서 이산화탄소(CO_2)는 모든 온실가스의 영향을 나타날 때 사용했다. 특별히 다른 가스의 영향을 설명할 때는 위에 설명한 지구온난화 지수를 기준으로 한 이산화탄소 환산량(CO_2e)을 사용했다.

인구 증가와 탄소 배출량의 관계

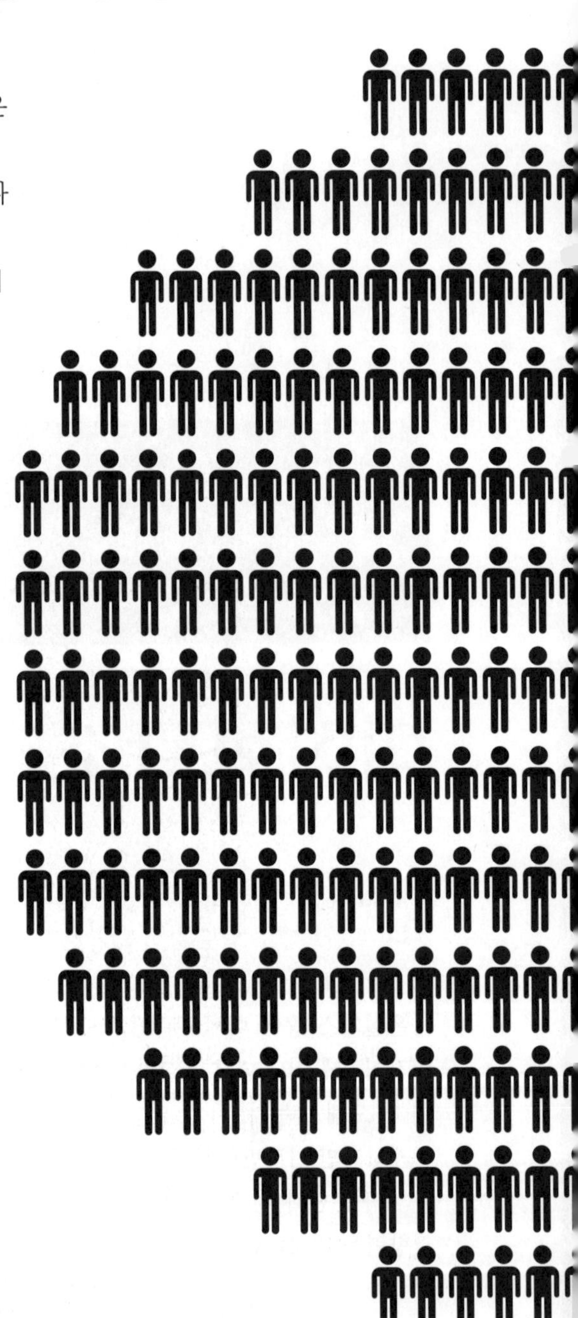

1798년 영국의 경제학자 토머스 맬서스Thomas Malthus는 지구가 얼마나 많은 인간을 부양할 수 있는지를 연구했다.

식량 생산이 증가하면 인구가 그 식량으로 감당할 수 없을 정도로 늘어난다는 맬서스의 주장은 인구와 자연적인 한계에 대한 고민에 불을 지폈다.

이 맬서스의 함정Malthusian Trap에 대한 반론은 인간이 많아지면 혁신 역시 늘어난다는 것이다. 혁신이 늘어나면 부양 가능한 인간의 수도 같이 늘어난다. 이런 혁신 중 하나가 화석연료를 이용해 에너지와 비료를 생산하는 것이었다.

맬서스가 책을 출간할 때 10억 명에도 못 미치던 세계 인구는 현재 70억 명 이상으로 늘어났고, 전 세계 생활 수준은 크게 향상되었다. 1인당 연소되는 탄소의 양 역시 꾸준히 증가하고 있다.

맬서스는 당시 농업 기술이 향상되면 25년 뒤에는 곡물 생산이 두 배로 늘어날 것이지만, 그 다음 25년간의 농업 생산 증가량은 첫 25년의 증가량을 결코 넘어서지 못할 것이라 예측했다. 즉 식량 생산은 선형적으로 또는 산술적으로 증가한다.

그런데 인구는 25년이면 두 배로 늘어나고 그다음 25년에도 다시 두 배로 늘어나고 그렇게 계속 이어진다. 즉 기하급수적으로 증가한다. 인구 증가 속도는 늘 식량 생산의 발전 속도보다 빠를 수밖에 없다는 것이다.

세계 인구는 꾸준히 증가해왔지만 맬서스가 예고한 재난은 닥치지 않았다. 맬서스는 기술이 화석연료의 도움을 받아 작물 생산량과 건강과 생산성을 향상시킬 수 있다는 것을 고려하지 못했다.

1948년 생태학자 윌리엄 보그트William Vogt는 《생존의 길Road to Survival》을 발표했다. 이 책에서 보그트는 맬서스의 연구 결과를 다시 끌고 왔다. 보그트는 기술의 힘을 빌려도 환경의 수용 능력을 영원히 능가할 수 있는 종은 없다고 주장했다. 수용 능력carrying capacity이라는 표현은 원래는 화물선에 실을 수 있는 최대치의 부하를 의미하는데, 보그트는 인간이 지구와 지구가 가진 자원의 수용 능력을 넘어서면 결국 파멸에 이를 것이라고 예언했다. 5년 뒤 유진 P. 오덤Eugene P. Odum도 자신의 책 《생태학의 기초Fundamentals of Ecology》에서 수용 능력이라는 주제를 탐구했다. 오덤이 확립한 토대는 늘어나는 인구가 의식해야 하는 지구라는 행성의 한계planetary boundaries 개념으로 이어졌다.

지난 수십 년 동안 유전학, 에너지 생산, 수송에서 일어난 기술 혁신은 지구의 수용 능력을 계속해서 확대했다.

그런데 맬서스는 탄소 연소의 부작용까지 감안해 계산하지는 않았다. 지난 200년에 걸쳐 생산과 인구가 늘어나면서 지구상의 삶의 질을 위협하는 수준의 탄소가 배출되었다.

전 세계 평균을 내면, 한 명의 인간은 평생 약 4톤의 이산화탄소를 만들어낸다. 하지만 사람마다 편차는 대단히 크다. 예를 들어 평균적인 미국인은 평균적인 방글라데시인보다 40배 이상 더 많은 탄소를 만들어낸다.

과학자들은 지구가 수용할 수 있는 최대 인구를 100억 명으로 추산한다. 여러 추정에 따르면 이 숫자에 도달하는 것은 2050년이다.

한편 일부 전문가들은 현재의 기술력을 근거로 최대치를 추정해서는 안 된다고 주장한다. 이들은 최선의 대비책은 더 많은 사람들이 더 많은 기술을 생산하는 것이므로 인구 증가는 긍정적인 발전이라고 주장한다.

⊕344

이산화탄소와 인구의 역사적 변화

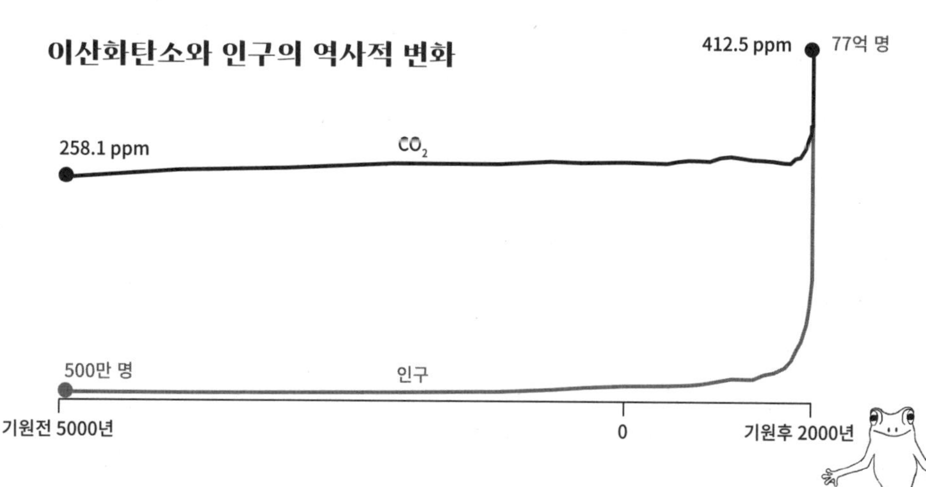

체계적인 이산화탄소 측정의 역사

지난 수백 년간 인간은 이산화탄소가 기후에 영향을 미치는지를 의심했고, 지난 60년간은 과학자들이 그 영향을 철저히 기록했다.

1820년대에 조제프 푸리에Joseph Fourier는 대기에 있는 기체들이 열을 가둘 수 있다는 의견을 제시했다. 몇십 년 뒤 존 틴달John Tyndall은 실험을 통해 이산화탄소와 메탄이 정말로 그렇게 할 수 있음을 보여주었다.

스웨덴의 화학자 스반테 아레니우스Svante Arrhenius(1859~1927)는 석탄을 태우면 온실효과가 가속화됨을 밝혔다. 아레니우스는 최초로 화학의 원리를 이용해서 대기 중 이산화탄소가 증가할 것이라 예측하고, 이것이 지표면의 기온 증가와 관련될 것이라 생각했다.

잉글랜드의 증기 기관 엔지니어이자 발명가인 가이 캘런더Guy Callendar(1898~1964)는 아레니우스의 이론을 더 발전시켰다. 캘런더는 대기 중 이산화탄소 농도의 증가가 세계의 기온 증가와 관련이 있음을 증명했다. 그는 지구의 육지 기온이 이전 세기보다 증가했음을 보여준 최초의 과학자였다. 캘런더는 생전에 자신의 연구가 기후 과학자들에게 받아들여지는 것을 보았다.

캐나다의 물리학자 길버트 플라스Glibert Plass(1920~2004) 역시 전 지구적인 이산화탄소 수준 증가가 평균기온에 미치는 영향을 예측했다. 플라스가 1956년에 한 예측은 그로부터 50년 뒤에 과학자들이 더 정확한 기법으로 산출한 측정치와 거의 비슷하다. 그는 이산화탄소가 두 배 늘어나면 지구의 온도가 3.6°C 오르고, 2000년의 이산화탄소 수준이 1900년보다 30% 높을 것이며, 2000년은 1900년보다 1°C 정도 더 따뜻할 것이라고 예측했다. 플라스는 이산화탄소가 지구 전체를 감싸면 온실 같은 효과가 일어날 것이라고 말하기도 했다.

1957년 미국의 해양학자 로저 레벨레Roger Revelle와 화학자 한스 쥐스Hans Suess는 바다가 대기로 유입되는 모든 추가적인 이산화탄소를 흡수하지는 못한다는 사실을 증명했다. 레벨레는 이렇게 말했다. "인간은 지금 대규모의 지구물리학 실험을 하고 있다."

최초의 체계적인 측정은 찰스 데이비드 킬링Charles David Keeling(1928~2005)이 대기 중 이산화탄소 수준에 대한 연구를 시작한 1956년부터 이루어졌다. 그는 대기 중 이산화탄소를 측정하는 도구를 만들다가 인근의 산업이 이산화탄소 수준에 큰 차이를 발생시켰음을 발견했다.

그는 가장 가까운 산업 오염원에서 바람이 부는 방향으로 6500km가량 떨어진 하와이의 휴화산으로 위치를 옮겼다. 처음에는 장비의 정확도가 너무 민감한 점이 논란거리였다. 이 장비는 킬링의 예상보다 환경 변화가 훨씬 심하다고 측정한 것이다. 하지만 킬링은 뚝심 있게 역경을 딛고 같은 장소에서 같은 시간에 수십 년간 매해 대기에서 탄소를 측정했다.

그의 방법은 대기 중 이산화탄소 농도가 일관되게 그리고 급속하게 증가하고 있음을 보여주었다. 지금도 하와이 마우나로아에서 계속되는 이 프로젝트는 이산화탄소 농도가 증가하고 있다는 정확한 1차 측정 증거를 제시한다.

🌐035

1958년부터 현재까지 대기 중 이산화탄소 농도

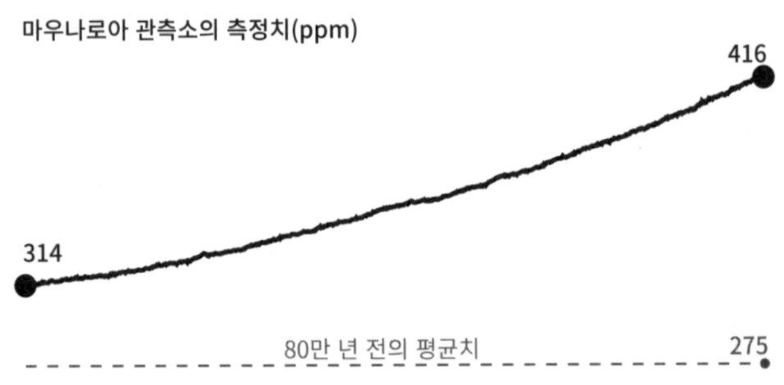

생태계란 무엇인가?

1900년 이전에는 대부분의 사람이 지구상에 있는 각각의 생명체를 독립된 개체로 보았다. 그 뒤 생태학이 발전한 덕분에 생태계가 상호 연관되어 있다는 사실이 널리 알려졌다.

생태계는 지리적 지역을 말한다. 열대우림만큼 클 수도 있고, 조수 웅덩이tide pool만큼 작을 수도 있다. 육상에 있는 지역도 있고, 해양이나 민물로 이루어진 지역도 있다. 그 안에서는 생물들의 군집과 비생물인 환경 사이에 복잡한 관계가 존재한다.

지표면 전체는 상호 연결된 생태계의 망으로 이루어져 있다. 생태계는 식생, 토양, 기후, 야생 생물을 기초로 하여 생물군계biome라는 범주로 분류할 수 있다. 대표적인 생물군계로는 산과 숲이 있다.

생태계 안에서는 에너지의 흐름과 물질의 순환이 이루어진다. 태양에서 온 에너지는 생태계에 들어와 열이 되어 흩어진다. 빛은 광합성을 통해 식물로 들어가 더 많은 물질을 만들어내는 데 도움을 준다. 물질은 섭취, 소화, 배설, 분해를 거쳐 결국 다시 섭취 과정에 이른다. 이런 흐름과 순환을 따라가보면 생태계가 어떻게 평형상태를 유지하는지, 또 무엇이 생태계에 스트레스를 주는지를 이해하는 데 도움이 된다.

탄소, 질소, 황 같은 물질의 원소들은 식물과 동물을 통해 꾸준히 순환한다. 식물은 공기, 물, 토양을 통해 이런 원소들을 섭취하고, 동물은 다른 유기물을 먹음으로써 이 원소들을 섭취한다.

생태계 안에서는 열대우림의 일부를 분해하는 박테리아부터 사바나에서 먹잇감을 사냥하는 사자들까지 모든 것이 서로 연결되어 있다. 그래서 모든 생물과 무생물은 생태계의 균형에 영향을 미치며, 자신의 영역 밖에 있는 생태계에도 영향을 미친다. 생태계 안에서 어느 한 가지가 변하거나 사라지면 사슬 안에 있는 다른 모든 것이 영향을 받는다.

호주에 토끼가 들어왔을 때 다른 모든 생명이 영향을 받았다. 거대한 포식자들이 멸종하면 그것들이 사냥하던 동물들이 더 많아지고, 이는 식물의 성장에 영향을 준다.

에너지도 마찬가지다. 기온의 증가는 생명 집단을 흔들고 상호 조화를 깨트릴 수 있다.

🌐352

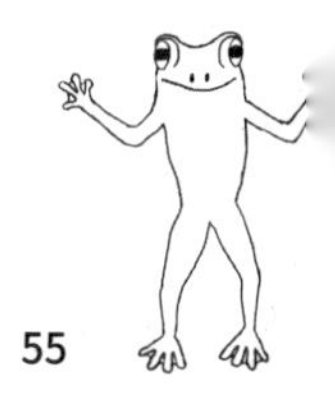

지구의 한계: 자연계는 유한하다

2009년 요한 록스트롬Johan Rockstrom과 그의 연구팀은 기후의 안정성에 영향을 미치는 아홉 가지 과정을 정리했다. 각각은 압력을 받았을 때 엄격하게 선형적으로 반응하는 대신 '낭떠러지'처럼 추락하곤 한다. 즉 예측 불가능하다. 게다가 이 중 일부 요소들은 다른 것들과 상호작용을 하기 때문에 상황이 더 악화되기도 한다.

1. **기후변화:** 지구가 더워지면 온난화의 속도가 더욱 빨라진다. 탄소를 흡수하는 숲과 바다 역시 기온 상승에 피해를 입기 때문에, 더 많아진 탄소를 흡수하기는커녕 효과가 떨어진다. 강수는 홍수로 이어져 표토를 침식하며, 그 결과 기온이 더 상승할 수 있다.

2. **생물 다양성 감소와 멸종:** 어떤 생물 종이 멸종하면 다른 종이 불어나서 그들이 의존하던 식생이 피해를 입고, 그러면 더 많은 종이 멸종할 수 있다.

3. **성층권 오존 감소:** 오존층의 오존이 감소하면 인간뿐만 아니라 바다 생명도 피해를 입고, 기후변화가 가속화된다.

4. **해양 산성화:** 바다가 이산화탄소를 흡수하면 탄산이 만들어지고, 이 때문에 바다의 화학적 성질이 바뀌고 산성도가 증가한다. 그러면 생물계가 영향을 받아 바다의 탄소 흡수 능력이 감소한다.

5. **인과 질소의 생물지구화학적 흐름:** 온난화가 심해지면 농부들은 비료를 더 많이 사용하게 되고 이 비료가 하천으로 흘러들어 조류가 불어난다. 이렇게 전반적인 환경의 질이 저하되면 탄소 격리(탄소 저장) 능력이 떨어지고 기온이 오를 수 있다.

6. **삼림 파괴를 비롯한 토지 시스템의 변화:** 농경지가 스트레스를 받으면 인간이 숲과 늪 같은 자연 토지를 농경지로 전환할 가능성이 높아진다. 그러면 생물 다양성이 감소하고 물의 흐름이 바뀌며 탄소 격리 능력이 크게 영향을 받는다.

7. **이용 가능한 담수의 감소:** 물 공급이 줄어들면 인간은 더 많은 물을 얻기 위해 더 적극적인 조치를 취하고 그러면 시스템이 스트레스를 받아 나쁜 결과를 가져온다.

8. **새로운 물질의 사용:** 합성 유기 오염 물질, 중금속 화합물, 방사성물질이 배출되면 대기를 오염시키고 인간과 동물의 건강에 문제를 일으킬 가능성이 높아진다.

9. **대기 중 에어로졸:** 수증기가 늘어나면 대기 중 에어로졸의 역학 관계가 바뀐다. 이는 태양복사의 영향을 예측 불가능한 방향으로 바꿀 수 있다.

🌐339

온실효과 이해하기

고대 로마제국의 황제 티베리우스는 매일 아침 식사로 오이를 먹겠다고 고집했다고 한다. 신하들은 일 년 내내 황제에게 오이를 제공하기 위해 최초의 온실을 만들었다.

온실은 햇빛은 들어오게 하고 열은 빠져나가지 못하게 하는 유리로 된 건물이다. 온실이 있으면 정원사는 추운 계절에도 식물을 재배할 수 있다. 유리를 통과한 햇빛은 적외선 복사를 통해 식물, 공기, 화분을 따뜻하게 만든다.

온실가스가 지구에 하는 일은 유리가 온실에 하는 일과 비슷하다. 지표면에서 높은 곳에 있는 탄소와 다른 분자들은 햇빛이 우리에게 도달할 수 있게 하지만 동시에 담요처럼 대기에 있는 열이 우주 공간으로 빠져나가지 못하게 잡아둔다.

이는 비유적인 설명이다. 실제 물리학은 조금 다르다. 온실은 유리를 이용해 물리적으로 공기를 잡아둔다. 하지만 대기에 있는 소량의 이산화탄소를 포함한 온실가스는 지구가 내보낸 적외선 중 일부를 지구 밖으로 빠져나가지 못하게 잡아둔다.

만일 공기가 100% 산소와 질소로만 이루어져 있으면(실제로는 99%를 차지한다) 대기는 열을 거의 잡아두지 못한다. 여기에 수증기를 더하면 조금의 열을 잡아둘 수 있고, 이산화탄소와 다른 온실가스를 또 더하면 현재와 같은 상태가 된다.

온실이라는 비유가 정확하지는 않지만 이 역학을 이해하는 데는 유용하다. 보이지 않는 물질이 열을 가두는 일종의 장벽 역할을 하는 것이다.

만약 온실효과가 없으면 지구는 우주 공간만큼 추워서 생명이 전혀 살지 못할 것이다. 하지만 공기에 이산화탄소나 메탄 등의 온실가스가 너무 많아지면 균형이 무너진다. 이것이 현재 대기의 불균형을 일으킨 원인이다. 지구가 평균적으로 점점 더워지고 있는 것은 이 때문이다.

🌐355

우리가 없어도 지구는 죽 이어질 것이다. 하지만 지구가 없으면 우리는 존재조차 할 수 없다.

— 앨런 와이즈먼Alan Weisman

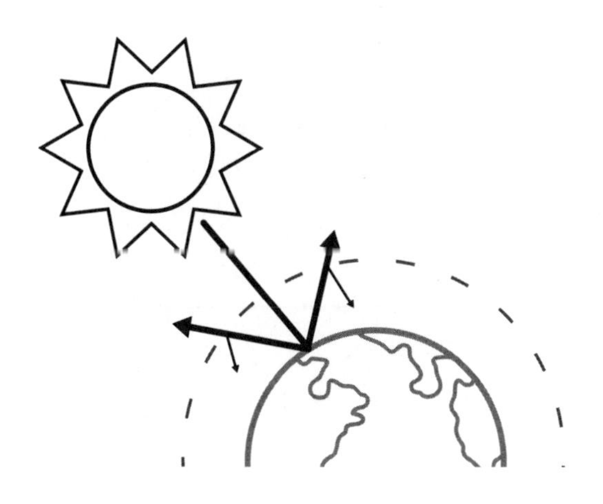

인간이 화석연료를 태우기 전에는 열이 쉽게 대기를 빠져나갔다.

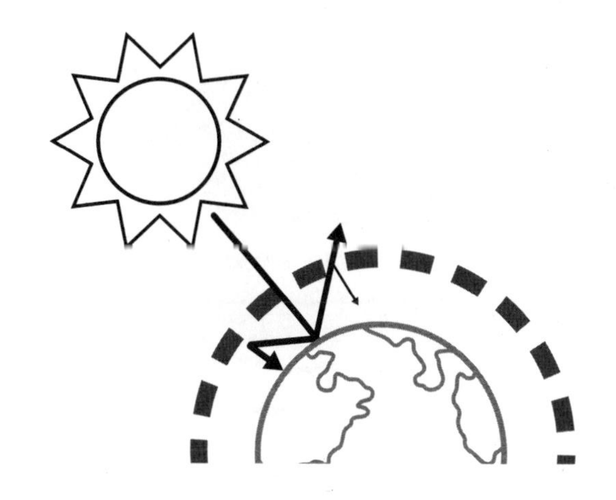

온실가스가 축적되면서 반사되어 대기로 되돌아오는 열이 많아졌다.

온실가스 배출량 수치는 왜 그렇게 혼란스러운가?

이 수치가 말이 되는가?

이 책의 편집자들은 5000건 이상의 데이터 원자료를 검토했다. 여러분이 우리와 비슷한 경험을 한다면 수치들이 너무 제각각이어서 혼란스러울 것이다. 우리는 이런저런 인간 활동이 "전체 탄소배출량의 8% 이상"에 불과하다는 표현을 보곤 한다. 미래의 예측에 큰 편차가 있다는 것은 예상할 수 있지만, 현재에 대한 진술이 상이하다는 건 놀라운 일이다.

일단 첫 단계는 단순한 표 너머를 보면서 온실가스 배출량 데이터를 해석하는 것이다. 데이터 이면의 원자료에 대해 생각하고, 각주를 읽고, 의도하지 않은 또는 고의적인 데이터 조작이 어떤 결론을 이끌어낼 수 있는지 이해하는 것도 중요하다. 부주의한 이중 계산, 상호의존변수 처리 문제, 분류와 정의상의 혼란도 있다.

믿을 만한 출처에서 데이터를 얻는 것이 이상적이지만, 데이터가 없을 때는 더 공정하고 투명한 기관을 찾아야 한다. 기후 분야에서 일부 연구자들은 사람들이 스스로 분석해서 각자 결론을 도출할 수 있도록 자신들의 데이터를 제공하기도 한다. 이때 같은 데이터가 다른 결론으로 이어질 수도 있다.

같은 데이터, 다른 그림

우리가 발견한 한 가지 흔한 문제는 데이터가 생산 사슬 중 어디를 가리키는지를 판별하는 것이다. 가령 햄버거는 고기가 필요하고 고기는 트럭이 필요하고 트럭은 소를 싣고 소는 들판이 필요하고 들판은 비료가 필요하다. 그러면 비료 생산에서 발생하는 탄소를 식품과 관련된 것으로 봐야 할까?

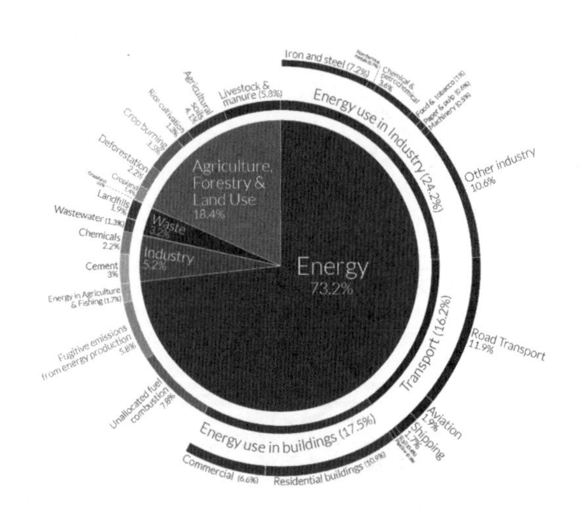

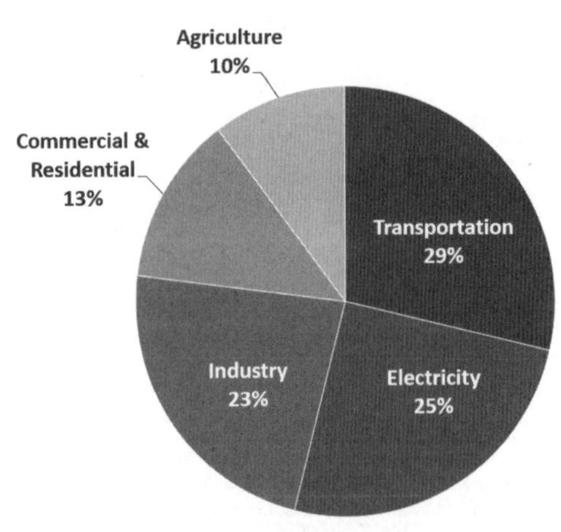

온라인에서 쉽게 찾을 수 있는 두 모양의 원그래프: 왼쪽 그래프는 지나치게 복잡해서 독자들에게 이산화탄소 배출원은 이해하기 어렵다는 인식을 심어준다. 오른쪽 그래프는 너무 단순해서 중복을 고려하지 않고 부정확하게 뭉어리지어 분류해놓았다. 우리의 탄소 시스템을 하나의 그림으로 표현하는 쉽고 확실하고 정확한 방법은 없다.

앞 페이지의 두 그래프 모두 온실가스 배출량을 설명하지만 사용하는 범주도, 세밀함의 정도도 다르다.

왼쪽 그래프는 온실가스 배출의 원인을 분야별로 나누고 이를 최종 에너지 소비자까지 세분한다. 데이터를 이런 방식으로 나누어 보면 산업별 배출량을 더 분명하게 파악할 수 있다.

오른쪽 그래프는 좀 더 포괄적인 분류를 사용하기 때문에 탄소 배출의 책임이 소비자에게 있는지 생산자에게 있는지가 불분명하다.

사슬을 계속 따라가면 마지막에는 최상위에 있는 석유회사를 만나게 된다. 이 회사들은 막대한 양의 탄소를 배출하지만 실제로는 그중 대부분을 판매하기 때문에 직접 사용자라고 볼 수는 없다.

이 그래프들이 데이터의 관점에서 부정확한 것은 아니지만 서로 다른 이야기를 하고 있기 때문에 이를 본 독자들은 서로 다른 결론을 도출할 수 있다.

복잡한 계산

아래 그림은 온실가스 배출에 대한 기업의 보고에 영향을 미치는 여러 직·간접 활동의 예다. 각각은 상품이나 서비스를 만들고 전달하는 과정에서 역할을 한다.

이 과정에는 워낙 많은 단계가 있기 때문에 실제 배출량을 정확하게 측정하기는 상당히 어려울 수 있다. 하나의 활동이 시작되고 다른 활동이 끝나는 지점은 어디인가? 배출량은 어떻게 누구에 의해 기록되는가?

발전소가 재활용 플라스틱을 태워서 에너지를 얻는다면 친환경이라고 할 수 있을까? 이는 플라스틱의 탄소 영향이 발전소로 오기 전에 다 끝났다고 보는지에 달렸다.

간접 활동으로 분류하는 항목이 많아질수록 기업은 더 탄소 중립적으로 보인다. 이는 기업이 탄소 감축에 덜 노력하게 만들 수 있다.

🌐023

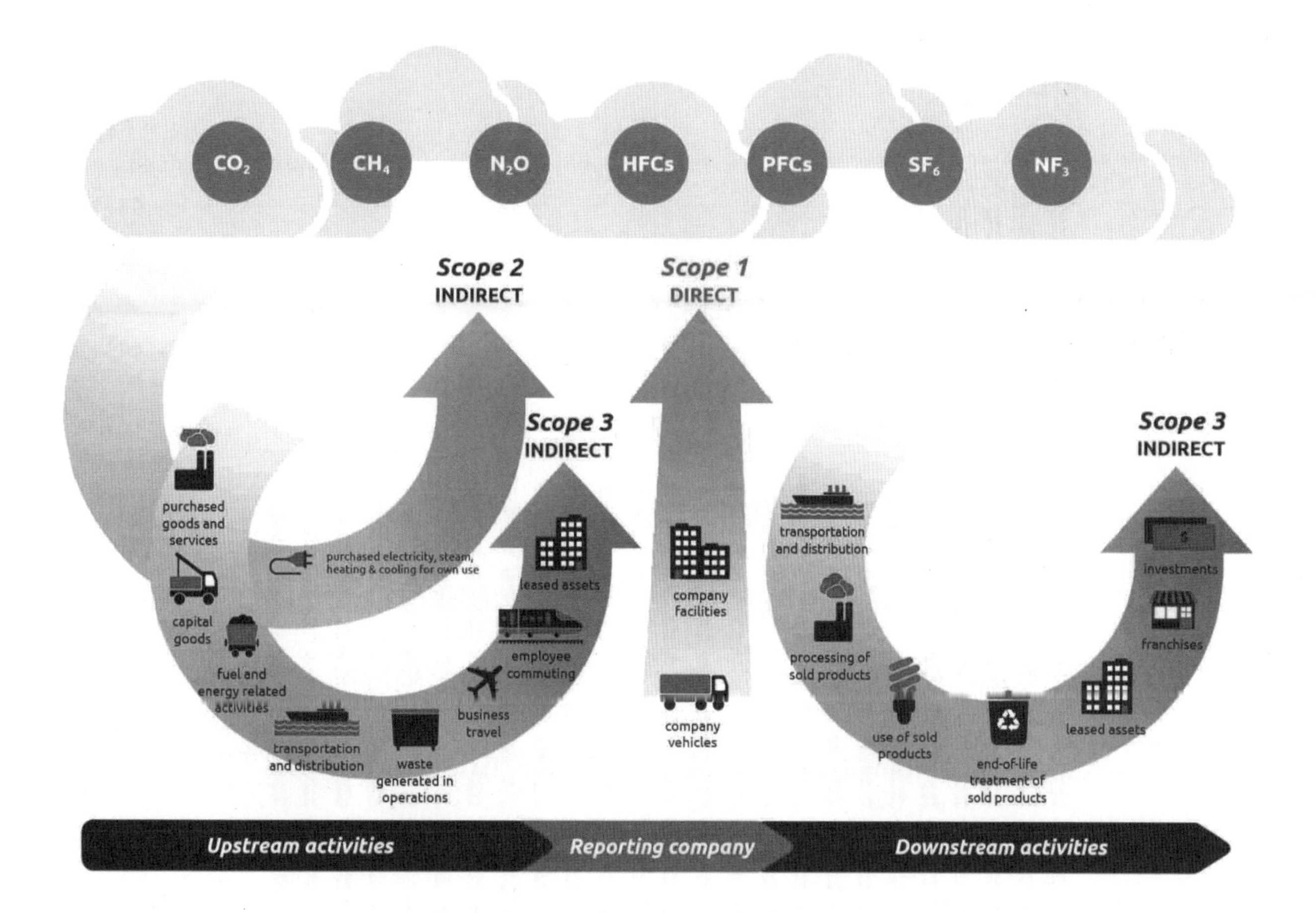

더 혼란스러운 그래프: 온라인에서 쉽게 접할 수 있는 이 그래프는 기업이 환경에 미치는 영향을 어떻게 하면 파악하기 어렵게 만들 수 있는지를 보여준다. 이 그래프를 작성한 이는 사람들을 혼란에 빠뜨리는게 얼마나 쉬운지를 보여주고자 했고, 의도한 바를 이루었다.

이산화탄소 4434톤이 대기로 배출될 때마다 조기 사망자가 한 명 발생한다.

우리의 선택은 때로 치명적인 결과를 가져온다

우리가 어떤 생활양식을 선택하는지는 대기 중 이산화탄소에 큰 영향을 미친다. 소비의 수준은 국가마다 차이가 있다.

《네이처Nature》의 연구자들은 2020년 배출량을 기준으로 이산화탄소 4434톤이 대기에 추가로 배출될 때마다 기온 상승으로 조기 사망자가 한 명 발생할 것이라고 계산했다.

이 4434톤을 더 쉽게 설명하면, 평균적인 미국인 3.5명이 일생에 배출하는 양과 같다. 같은 일을 하는 데 브라질인은 25명, 나이지리아인은 146명이 필요하다.

⊕341

몇 명이 필요한가?

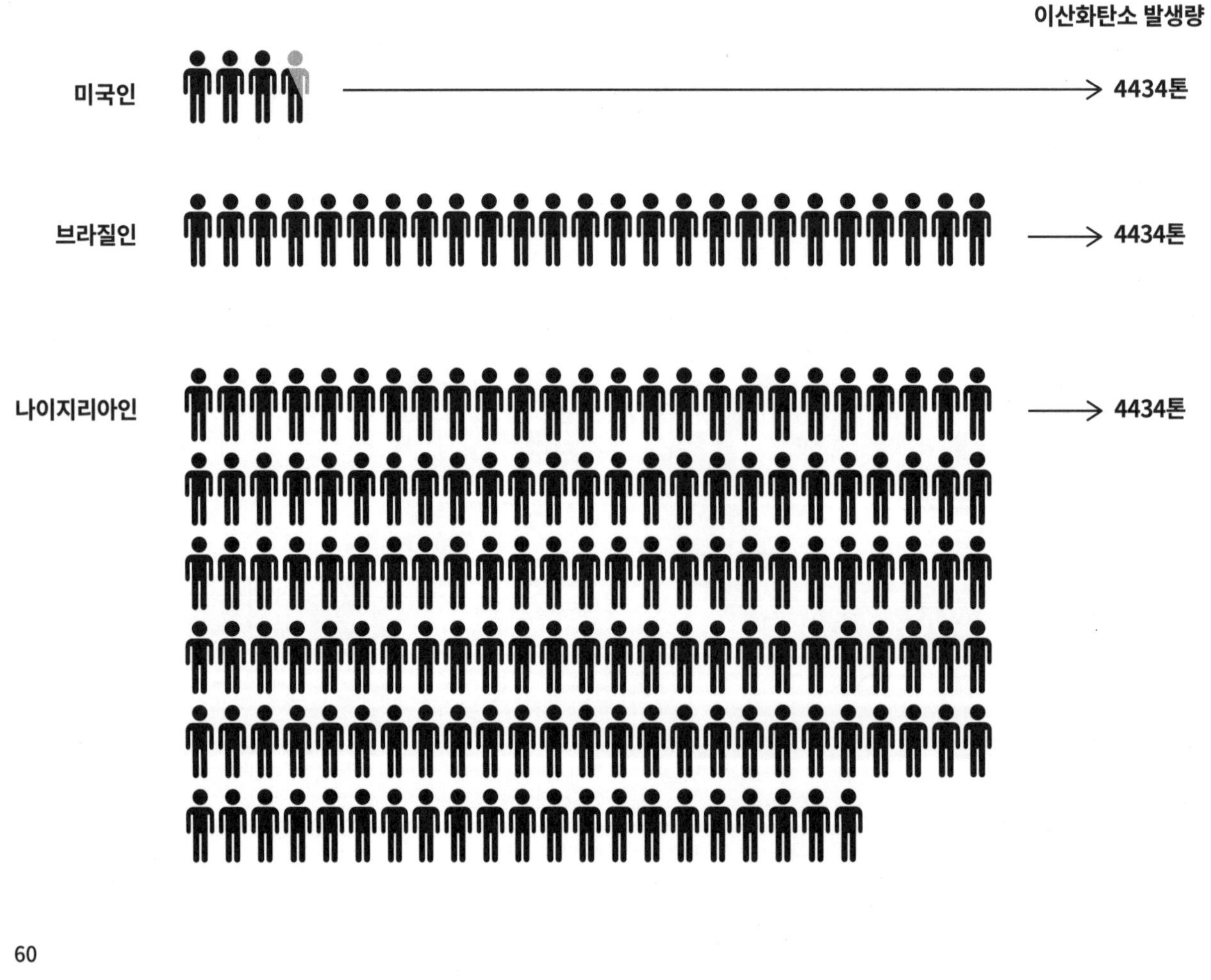

이산화탄소 발생량

미국인 → 4434톤

브라질인 → 4434톤

나이지리아인 → 4434톤

탄소 피드백 순환

기후는 세 가지 힘에 반응한다

첫 번째 힘은 인간의 배출량이다. 여기에는 인구 증가 속도, 휘발유 차와 전기 차의 비율, 전력 생산에서 화석연료 의존도 낮추기, 정치적 의지 같은 요인들이 영향을 미친다. 먼 미래의 문화적·기술적 흐름을 예측하기는 매우 어렵다. 하지만 흐름이 바뀌고 있음은 확실하다.

두 번째 힘은 환경이 우리의 활동에 얼마나 민감한지다. 대기와 바다는 이산화탄소를 비롯한 온실가스 증가에 어떻게 반응할까? 우리는 과거의 데이터와 실험을 토대로 선형적 변화 또는 기하급수적 변화를 똑똑하게 추정할 수 있다.

셋 중에 가장 복잡한 세 번째 힘은 환경의 시스템이 이런 변화에 맞닥뜨렸을 때 어떻게 상호작용을 할 것인지다.

탄소 순환 피드백이라고 하는 이 힘에는 대기와 육지, 바다, 동식물이 탄소를 주고받는 숱한 복잡한 과정이 들어 있다. 탄소 순환 피드백은 온실가스가 대기에 추가되고 두 번째 힘에 의해 기후변화가 초래된 상태에서 이루어진다.

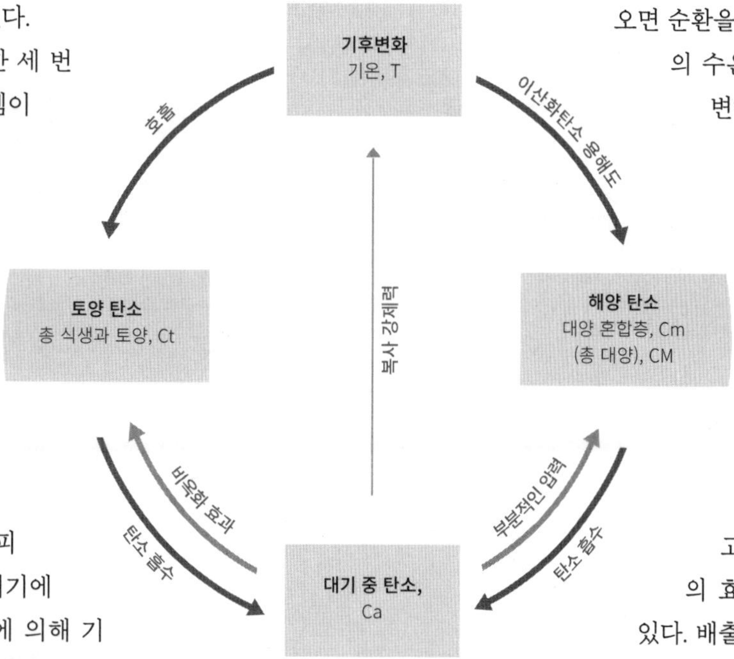

기후변화
기온, T
토양 탄소
총 식생과 토양, Ct
해양 탄소
대양 혼합층, Cm
(총 대양), CM
대기 중 탄소,
Ca
호흡
이산화탄소 용해도
복사 강제력
비옥화 효과
탄소 흡수
부분적인 압력
탄소 흡수

아이들이 타는 그네를 생각해보자. 처음에 그네를 조금씩 앞뒤로 흔드는 건 어렵지 않다. 하지만 어느 정도 운동량이 생기면 이동 거리를 늘리기는 점점 어려워진다. 그네를 꼭대기까지 밀어 올리기는 기본적으로 불가능하다. 꼭대기에 가까워질수록 한 발짝 더 가기가 어려워지기 때문이다.

본성상 양(+)의 피드백인 시스템이 있고, 음(-)의 피드백을 만드는 시스템이 있다. 음의 피드백 시스템은 안정성을 유지하려고 한다. 안정성을 교란하는 힘이 저항을 만나서 원래의 안정 상태로 돌아가려고 하는 것이다. 양의 피드백 시스템은 개별적인 교란을 일으키고, 이 교란들은 서로 상승 효과를 일으켜 더 심한 요동으로 확산되어 걷잡을 수 없이 악화될 수 있다.

지난 수천 년간 이산화탄소가 증가하면 바다가 이를 흡수했다. 이산화탄소가 감소하면 바다가 이산화탄소를 내뿜었다. 바다는 음의 피드백 시스템을 만들어서 대기 중 이산화탄소 수준을 안정적으로 유지했다.

지금은 이산화탄소 배출량의 약 30%를 바다가 흡수하고 있다. 이산화탄소를 흡수하는 한 가지 힘은 해류 시스템인 대서양 자오면 순환이다. 이 대서양 자오면 순환을 움직이는 동력은 바다의 수온과 염도인데, 기후가 변하면 이 둘 모두 바뀌게 된다. 미래에는 대서양 자오면 순환이 이산화탄소를 지금만큼 흡수하지 못할 수 있다.

그 결과 바다가 흡수하는 배출량이 줄어들면 지구는 더 빨리 더워질 것이고, 대서양 자오면 순환의 효과가 훨씬 약해질 수 있다. 배출량을 흡수하는 안정된 음의 피드백 시스템에서 효율성이 계속 떨어지는 시스템으로 바뀔 수 있는 것이다.

이와 유사한 탄소 순환 피드백 시스템이 또 있다. 오래전부터 북극 영구동토층에 갇혀 있는 메탄이 있다. 북극이 따뜻해져 영구동토층이 녹으면 메탄가스가 배출될 것이다. 대기에 메탄이 늘어나면 극지방의 기온 상승에 추가로 기여하고, 이는 영구동토층이 더 심하게 녹는 순환으로 이어질 것이다.

양의 피드백 고리는 기후변화를 가속화해 그 효과를 증폭시키는 힘이 될 수 있다.

⊕368

이산화탄소 1kg을 배출하는 일들

각 수치에 대한 세부 사항은 🌐338을 찾아보세요.

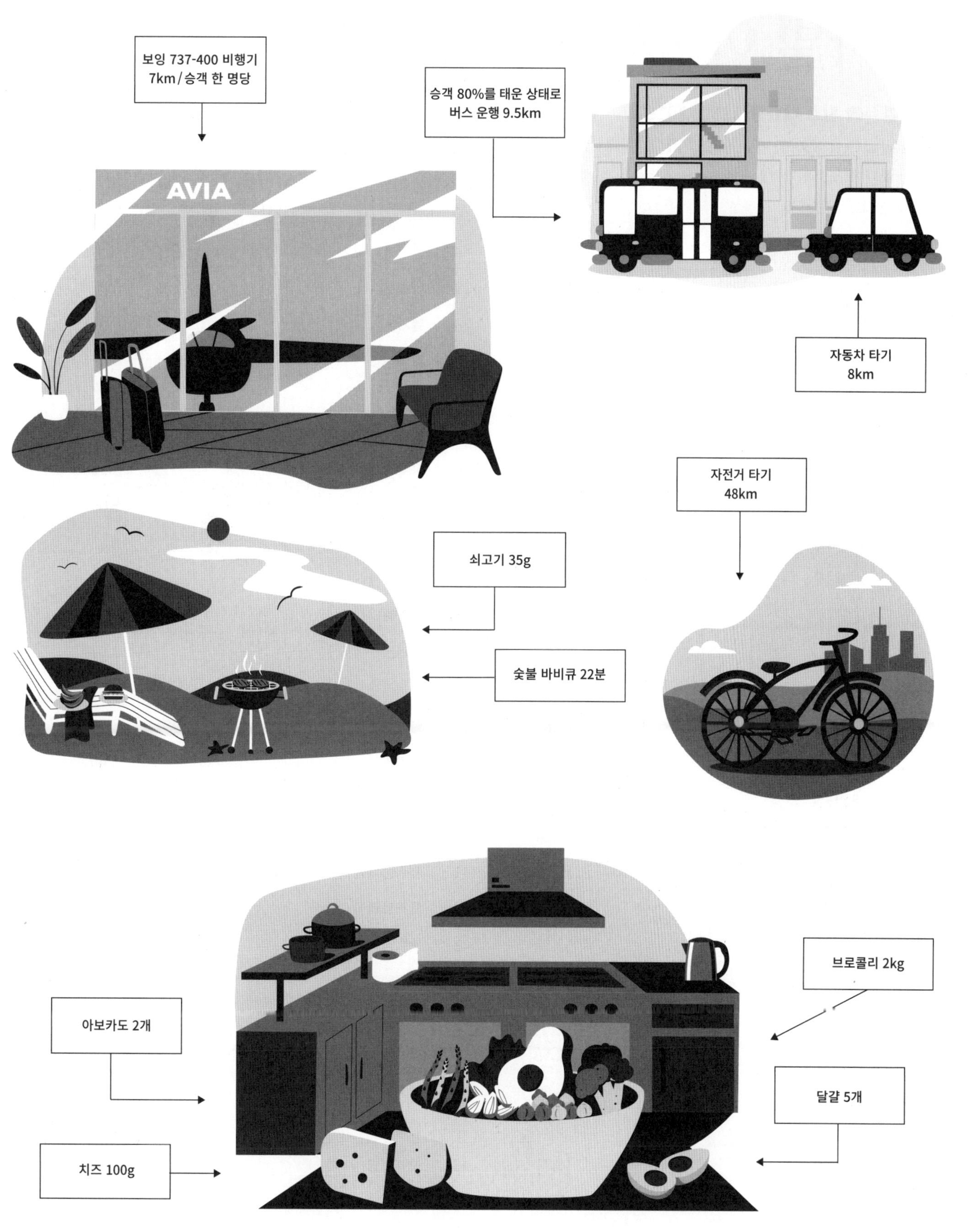
보잉 737-400 비행기
7km/승객 한 명당
AVIA
승객 80%를 태운 상태로
버스 운행 9.5km
자동차 타기
8km
자전거 타기
48km
쇠고기 35g
숯불 바비큐 22분
브로콜리 2kg
아보카도 2개
달걀 5개
치즈 100g

국가별 이산화탄소 배출량

국가별 누적 탄소 배출량(1960~2018년)

누적 탄소 배출량은 한 나라가 기후변화에 미친 영향과 역사적인 책임을 나타낸다. 어떤 나라가 시간이 흐르면서 배출량을 줄였다 해도, 역사적인 배출량은 오늘날의 전 지구적인 문제를 해결하기 위해 누구에게 책임을 물어야 하는지를 판단할 때 중요한 요소다.

	국가	기가톤
	세계	**1280.93**
1	미국	279.25
2	중국	204.69
3	러시아연방	131.28
4	일본	56.19
5	인도	45.68
6	영국	32.40
7	캐나다	25.51
8	독일	23.70
9	프랑스	22.65
10	이탈리아	20.92
11	폴란드	19.65
12	멕시코	17.13
13	대한민국	16.62
14	남아프리카공화국	16.24
15	이란	15.77
16	호주	15.31
17	브라질	13.72
18	사우디아라비아	12.65
19	스페인	12.37
20	인도네시아	11.98
21	우크라이나	9.61
22	튀르키예	9.22
23	네덜란드	8.77
24	루마니아	7.21
25	아르헨티나	6.86
26	벨기에	6.57
27	태국	6.54
28	베네수엘라	6.46
29	이집트	5.64
30	카자흐스탄	5.50
31	말레이시아	5.05
32	북한	4.82
33	파키스탄	4.35
34	아랍에미리트	4.33
35	이라크	4.07
36	알제리	3.93
37	헝가리	3.73
38	그리스	3.60
39	스웨덴	3.54
40	불가리아	3.44
41	체코공화국	3.43
42	오스트리아	3.39
43	베트남	3.33
44	우즈베키스탄	3.30
45	필리핀	3.10
46	덴마크	3.06
47	콜롬비아	2.90
48	핀란드	2.85
49	쿠웨이트	2.44
50	스위스	2.36

국가별 연간 탄소 배출량(2018년)

국가별 배출량은 시간에 따라 바뀐다. 전 세계적으로 넷제로Net-Zero 배출에 도달하려면 모든 나라의 연간 배출량이 지금 수준에서 제로(0) 또는 제로에 가까운 수준으로 떨어져야 한다. 현재의 배출량은 갈 길이 얼마나 먼지를 보여주는 좋은 지표다.

	국가	기가톤
1	중국	10.31
2	미국	4.98
3	인도	2.43
4	러시아연방	1.61
5	일본	1.11
6	독일	0.71
7	대한민국	0.63
8	이란	0.63
9	인도네시아	0.58
10	캐나다	0.57
11	사우디아라비아	0.51
12	멕시코	0.47
13	남아프리카공화국	0.43
14	브라질	0.43
15	튀르키예	0.41
16	호주	0.39
17	영국	0.36
18	이탈리아	0.32
19	프랑스	0.31
20	폴란드	0.31
21	태국	0.26
22	베트남	0.26
23	스페인	0.26
24	이집트	0.25
25	말레이시아	0.24

국가별 1인당 탄소 배출량(2018년)

1인당 배출량 측정치는 한 나라의 자원 사용 강도를 보여준다. 전 세계 규모에서 총배출량은 지구의 기온 변화로 이어졌다. 국가 규모에서 이 측정치는 그 나라에서 평균적으로 한 사람이 매년 탄소를 얼마나 많이 배출하는지를 보여준다.

	국가	톤
1	카타르	32.42
2	쿠웨이트	21.62
3	아랍에미리트	20.80
4	바레인	19.59
5	브루나이	16.64
6	팔라우	16.19
7	캐나다	15.50
8	호주	15.48
9	룩셈부르크	15.33
10	사우디아라비아	15.27
11	미국	15.24
12	오만	15.19
13	트리니다드토바고	12.78
14	투르크메니스탄	12.26
15	대한민국	12.22
16	에스토니아	12.10
17	카자흐스탄	12.06
18	러시아연방	11.13
19	체코공화국	9.64
20	리비아	8.83
21	네덜란드	8.77
22	일본	8.74
23	독일	8.56
24	싱가포르	8.40
25	폴란드	8.24

⊕018

세계 온실가스 부문별 배출량

2016년 인간은 49.4기가톤의 이산화탄소 환산 배출량을 대기에 추가했다.

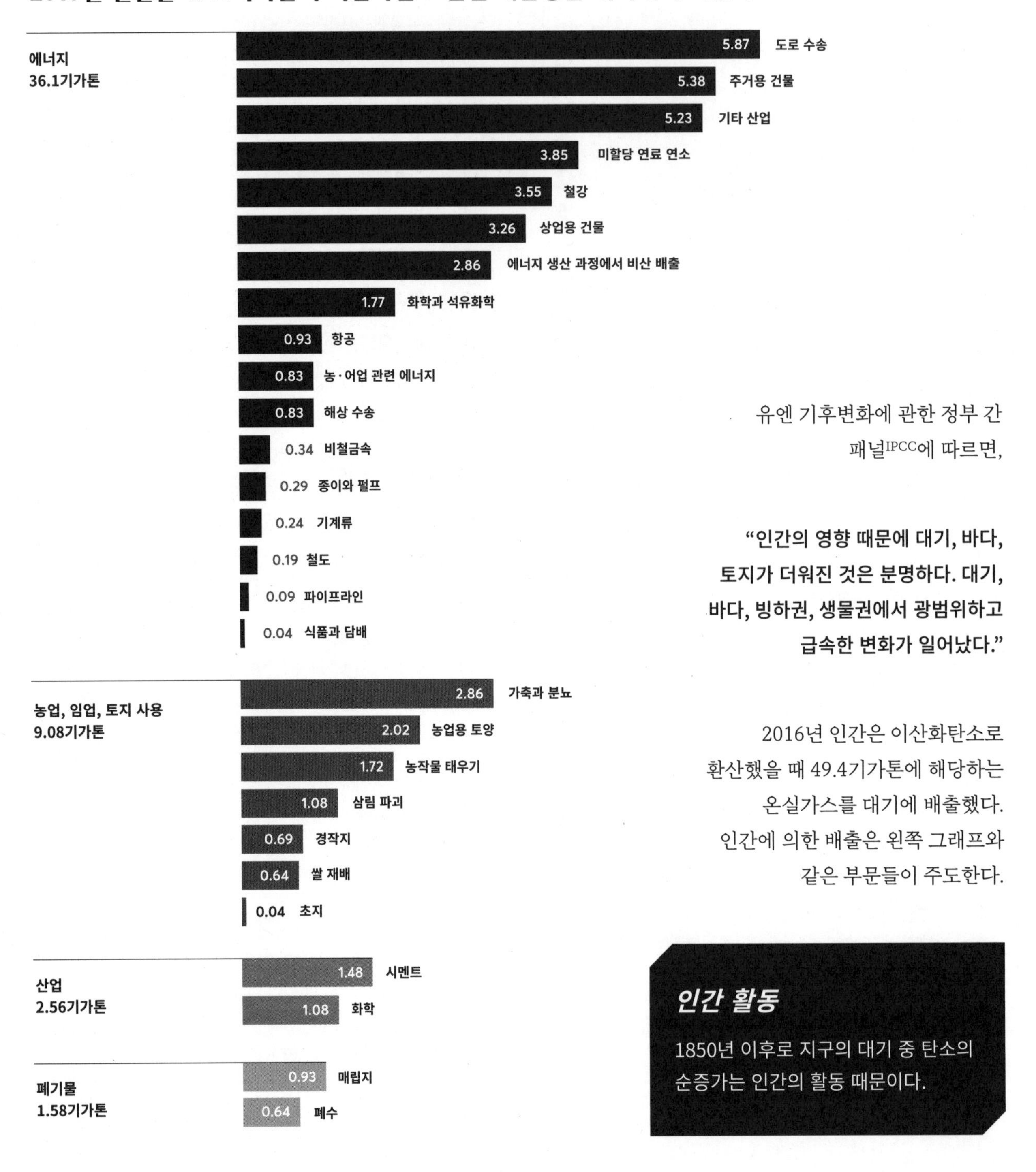

유엔 기후변화에 관한 정부 간 패널IPCC에 따르면,

"인간의 영향 때문에 대기, 바다, 토지가 더워진 것은 분명하다. 대기, 바다, 빙하권, 생물권에서 광범위하고 급속한 변화가 일어났다."

2016년 인간은 이산화탄소로 환산했을 때 49.4기가톤에 해당하는 온실가스를 대기에 배출했다. 인간에 의한 배출은 왼쪽 그래프와 같은 부문들이 주도한다.

인간 활동

1850년 이후로 지구의 대기 중 탄소의 순증가는 인간의 활동 때문이다.

배출량은 이렇게 나뉜다.

*모든 백분율(%)은 배출 총량에서 차지하는 비중이다.
출처: Our World in Data

에너지

73.2%*
36.1기가톤

산업 내 에너지 사용: 24.2%

- **철강(7.2%)**: 철강 제조 과정에서 사용한 에너지 관련 배출량.
- **화학과 석유화학(3.6%)**: 비료, 의약품, 냉매, 석유 및 가스 추출물 등을 제조하는 과정에서 사용한 에너지 관련 배출량.
- **식품과 담배(1%)**: 담배를 제조하고 식품을 가공하는 과정(가령 밀로 빵을 만드는 것처럼 농산물 원재료를 최종 제품으로 전환하는 일)에서 사용한 에너지 관련 배출량.
- **비철금속(0.7%)**: 알루미늄, 구리, 납, 니켈, 주석, 티타늄, 아연, 그리고 놋쇠 같은 합금처럼 철이 거의 들어 있지 않은 금속을 제조하는 데 사용한 에너지 관련 배출량.
- **종이와 펄프(0.6%)**: 나무를 종이와 펄프로 전환하는 과정에서 사용한 에너지 관련 배출량.
- **기계류(0.5%)**: 기계류를 생산하는 과정에서 사용한 에너지 관련 배출량.
- **기타 산업(10.6%)**: 채굴과 채석, 건설, 섬유, 나무 제품, 자동차 같은 수송 장비 등 기타 산업의 제조 활동에서 사용한 에너지 관련 배출량.

수송: 16.2%

여기에는 소량의 전기 차량(간접 배출)뿐만 아니라 화석 연료 연소부터 전력 운송 활동에 이르는 모든 직접 배출물이 포함된다. (이 수치에 "산업 내 에너지 사용"에 해당하는 자동차 또는 기타 운송 장비 제조에서 발생하는 배출은 포함되지 않는다.)

- **도로 수송(11.9%)**: 자동차, 트럭, 화물차, 오토바이, 버스 등 모든 도로 수송에서 휘발유와 경유를 연소하는 데서 발생한 배출량. 도로 수송 배출량의 60%는 여객(자동차, 오토바이, 버스)에서, 나머지 40%는 화물(화물차와 트럭)에서 발생한다. 이는 모든 도로 수송 부문을 전기로 전환하고 완전한 탈탄소 전력 생산으로 이행하면 전 세계 배출량을 11.9% 감축할 수 있다는 뜻이다.
- **항공(1.9%)**: 여객과 화물의 국내외 항공에서 발생한 배출량. 항공 배출량의 81%가 여객 이동, 나머지 19%가 화물 이동에서 발생한다. 여객 항공 배출량의 60%는 해외 이동, 40%는 국내 이동에서 발생한다.
- **해상 수송(1.7%)**: 배에서 휘발유나 경유를 연소하는 데서 발생하는 배출량. 여객 이동과 화물 이동 모두 포함된다.
- **철도(0.4%)**: 철도를 통한 여객과 화물 이동에서 발생하는 배출량.
- **파이프라인(0.3%)**: 연료와 원자재(석유, 가스, 물, 증기 등)를 파이프라인을 통해 국가 내에서 또는 국가 간에 수송해야 할 때가 있다. 이때 에너지 투입이 필요하고, 그 결과 온실가스가 배출된다. 부실하게 만들어진 파이프라인에서 누출이 일어나기도 하는데 이는 "에너지 생산에서 비산 배출" 범주에 속한다.

건물 내 에너지 사용: 17.5%

- **주거용 건물(10.9%)**: 가정에서 전등, 전자제품, 조리, 냉난방 같은 일을 위해 전기를 생산하는 데서 발생한 에너지 관련 배출량.
- **상업용 건물(6.6%)**: 사무실, 식당, 가게 등에서 전등, 전자제품, 냉난방 등에 쓰이는 전기를 생산하는 데서 발생한 에너지 관련 배출량.

미할당 연료 연소: 7.8%

바이오매스, 현장의 열원, 열병합 발전, 원자력 산업, 양수식 수력발전처럼 다른 연료를 가지고 에너지를 생산하는 데서 발생한 에너지 관련 배출량.

비산 배출: 5.8%

- **석유와 가스에서 비산 배출(3.9%)**: 석유와 가스를 추출하고 수송하는 동안, 그리고 파이프가 손상이나 부실 관리 때문에 가끔 돌발적으로 대기에 메탄이

유출되는 것을 말한다. 여기에는 연료 추출 과정에서 돌발적인 누출을 막기 위해 의도적으로 가스를 연소하는 '배기 가스 연소flaring'도 포함된다.

- **석탄에서 비산 배출(1.9%):** 석탄을 캐는 동안 메탄이 돌발적으로 유출되는 것을 말한다.

농업과 어업: 1.7%

농기계와 어업용 선박 등 농업과 어업에서 기계를 사용할 때 발생한 에너지 관련 배출량.

농업, 임업, 토지 사용

18.4%

9.08기가톤

농업, 임업, 토지 사용은 전체 온실가스 배출량 중 18.4%를 직접 배출한다. 냉장, 식품 가공, 포장, 수송 등 전체 식품 시스템은 온실가스 배출량의 약 1/4을 차지한다.

- **초지(0.1%):** 초지의 질이 저하될 때 토양에서 탄소가 빠져나오고 이 과정에서 이산화탄소로 전환된다. 반대로 초지가 (가령 경작지에서) 복원될 때 탄소를 격리시킬 수 있다. 그러므로 초지의 배출량은 초지의 바이오매스와 토양이 잃은 탄소에서 얻은 탄소를 뺀 양을 일컫는다.
- **경작지(1.4%):** 경작지를 어떤 식으로 관리하는지에 따라 탄소는 유실될 수도 있고 토양과 바이오매스 안에 격리될 수도 있다. 이는 이산화탄소 배출량과 흡수량 사이의 균형에 영향을 미친다. (여기에 가축 방목을 위한 토지는 포함되지 않는다.)
- **삼림 파괴(2.2%):** 삼림 피복(삼림으로 덮인 면적)의 변화에서 비롯되는 이산화탄소 순배출량(재조림은 "마이너스 배출"로, 삼림 파괴는 "플러스 배출"로 간주한다)을 말한다. 숲에서 유실된 탄소 저장분과 숲의 토양 내 탄소 저장분의 변화를 근거로 산출한다.
- **작물 태우기(3.5%):** 농민들은 수확이 끝나면 작물 부산물, 즉 쌀, 밀, 사탕수수 등의 작물에서 나온 잔여 식물을 태워서 다음 파종을 준비하곤 한다. 이 과정에서 이산화탄소, 아산화질소, 메탄이 배출된다.
- **쌀 재배(1.3%):** 물을 댄 논은 "혐기성 소화"라고 하는 과정을 통해 메탄을 만들어낸다. 물에 젖은 논의 저산소 환경 때문에 토양 내 유기물질이 메탄으로 전환되기 때문이다.
- **농업용 토양(4.1%):** 합성 질소 비료를 토양에 섞으면 온실가스인 아산화질소가 만들어진다. 여기에는 인간이 직접 소비하기 위한 식품, 동물 사료, 바이오 연료, 그 외 담배와 목화 같은 비식용 작물 등 모든 농산물을 재배하는 농업용 토양에서 배출된 온실가스가 해당된다.
- **가축과 분뇨(5.8%):** 동물(주로 소와 양 같은 반추동물)은 "장 내 발효"라고 하는 과정을 통해 온실가스를 만들어낸다. 소화 시스템 안에 있는 미생물이 음식을 분해할 때 부산물로 메탄이 만들어지는 것이다. 아산화질소와 메탄은 저산소 환경에서 동물의 분뇨가 분해될 때 만들어질 수 있다. 많은 수의 동물을 낙농장, 소 축사, 양돈장, 양계장 같은 한정된 장소에서 관리하면서 분뇨가 큰 무더기로 쌓이거나 오물용 저수지 같은 분뇨 관리 시스템에서 처리될 때 이런 일이 자주 일어난다. 이 배출량에는 가축에서 발생되는 직접적인 배출량만 포함되고 방목지나 사료 재배를 위해 토지 용도를 변경하는 데 따르는 영향은 들어가지 않는다.

직접적인 산업 공정

5.2%

2.56기가톤

- **시멘트(3%):** 시멘트의 성분인 클링커를 만드는 화학적 전환 과정에서 이산화탄소가 발생한다. 시멘트 생산은 "산업 내 에너지 사용"에 해당하는 에너지 투입 과정에서도 탄소를 배출한다.
- **화학과 석유화학(2.2%):** 화학적 과정에서 부산물로 온실가스가 만들어질 수 있다. 가령 냉매로 사용되는 암모니아를 생산할 때, 하수를 정화할 때, 제품을 세척할 때, 플라스틱, 비료, 살충제, 섬유 등의 재료를 생산할 때 이산화탄소가 배출될 수 있다. 화학 및 석유화학 제조업 역시 "산업 내 에너지 사용"에 해당하는 에너지 투입 과정에서 탄소가 배출된다.

폐기물

3.2%

1.58기가톤

- **폐수(1.3%):** 동물, 식물, 인간이 만든 유기물질과 잔여물이 폐수 시스템 안에 모일 수 있다. 이 유기물질이 분해되는 과정에서 메탄과 아산화질소를 만들어낸다.
- **매립지(1.9%):** 매립지는 저산소 환경일 때가 많다. 이런 환경에서 유기물질이 분해되어 메탄으로 전환된다.

🌐013

웹 검색하고 나무도 심고

우리는 에코시아Ecosia와 협업해 온라인 검색의 효과를 높였어요. **www.thecarbonalmanac.org/search**를 방문해서 검색을 할 때마다 나무를 심는 간단한 확장 프로그램을 설치하세요. 무료랍니다. 구글만큼이나 빠르면서 훨씬 손쉬운데, 매일 차이를 만들어요.

심은 나무: 2021년 기준 1억 4300만 그루

이 모든 탄소는 어디로 갈까?

수백만 년 동안 대기 중 이산화탄소 수준은 주기적인 리듬을 타고 오르내렸다. 이산화탄소 수준이 증가하면 식물과 바다가 더 많이 흡수하고 감소하면 더 적게 흡수했다. 그런데 200여 년 전 산업 시대가 시작되면서 이 리듬이 바뀌었다.

인간은 이제 한 해에만 약 340억 톤의 탄소를 만들어내는데, 이는 최근 수십 년 사이에 기하급수적으로 불어난 것이다. 현재 대기 중 이산화탄소 농도는 불과 몇 세기 전의 300ppm보다 크게 늘어난 412ppm이다. 지난 60년 동안 이산화탄소는 과거에 기록된 자연 증가 속도보다 100배 빠르게 증가했다. 선사시대에는 자연적인 요인 때문에 주기적으로 증감이 일어났다. 하지만 오늘날 인간이 만들어내는 이산화탄소는 그보다 훨씬 많다.

인간이 뿜어내는 탄소 중 많은 양이 식물과 바다로 흡수된다. 하지만 전부는 아니다.

탄소의 약 25%는 보통 대기를 통해 바다에 흡수된다. 바다는 전통적으로 상당량의 탄소를 흡수했지만 한계에 다다르고 있다는 증거가 나오고 있다.

30%는 식물과 토양이 흡수한다. 공기 중 이산화탄소의 양이 변하면 식물의 번식력과 생장 속도가 변하게 되고, 일부는 더 빨리 무럭무럭 성장할 것이다. 연구자들은 초지가 처음에 가정했던 것보다 더 많은 양을 흡수할 수도 있다고 추정한다. 하지만 지구의 자연 시스템이 가까운 미래에 이 모든 이산화탄소 증가분을 해결할 수 있으리라는 믿을 만한 증거는 전혀 없다.

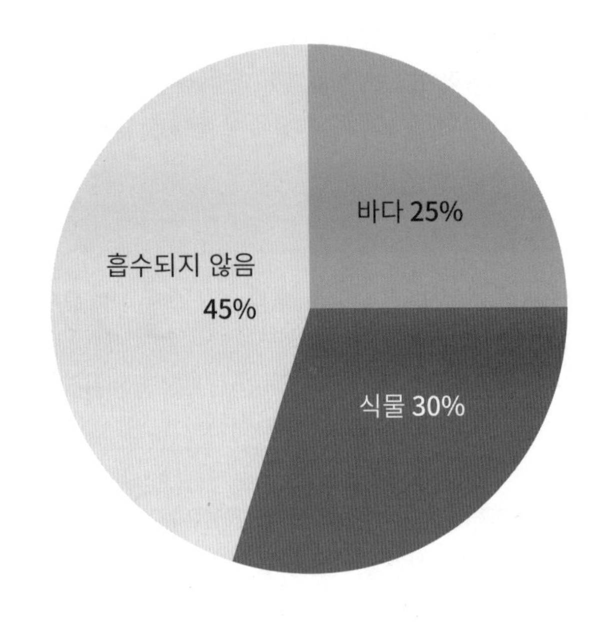

그러면 인간이 만들어낸 탄소의 45%가 대책 없이 방치되는데, 이 때문에 대기의 구성이 바뀌고 기후변화가 일어난다.

지구가 온실가스를 포집하고 저장할 수 있는 능력을 향상시키기 위한 작업이 진행 중이다. 공학자들은 식물, 미생물, 바다가 더 많은 탄소를 저장할 수 있게 하는 기술을 개발하고 있다. 또한 대기에서 직접 탄소를 포집해서 저장하기 위한 노력도 진행 중이다. 탄소 격리는 배출된 이산화탄소를 포집해서 땅속으로 옮기겠다고 약속하는 새로운 과정이다. 그러면 느린 탄소 순환과 비슷하게 탄소 저장이 가능할 수 있다. 하지만 이런 기술은 45%의 대책 없는 탄소를 적절하게 해결하기에는 아직 역부족이고 비싸다.

🌐365

우리가 이 일을 시작한 지 30년이다. 환경과 사회를 무참하게 짓밟는 활동들이 기세등등하게 이어지고 있다. 오늘날 우리 앞에는 사고를 전환해 생명 유지 시스템을 위협하는 행동을 멈춰 세워야 하는 도전 과제가 놓여 있다.

변화를 촉진하기 위해 시민사회와 풀뿌리 운동에 활기를 불어넣을 필요도 있다. 나는 각국 정부가 사회에서 견제와 균형을 유지하는 데 도움을 주는 책임 있는 시민을 육성해 의미 있는 변화를 만드는 시민운동의 역할을 인정할 것을 촉구한다. 시민사회는 권리만이 아니라 책임 역시 포용해야 한다.

더불어 산업과 세계 기관들은 어떤 비용을 치르더라도 경제 정의, 형평성, 생태적 완결성을 확보하는 것이 이윤을 남기는 것보다 더 가치 있는 일임을 인식해야 한다. 극도의 세계 불평등과 지배적인 소비 패턴은 꾸준히 환경과 평화로운 공존을 희생시킨다. 선택은 우리의 몫이다.

마무리할 말을 찾으면서 나는 어머니를 위해 집 옆의 하천에서 물을 길어오곤 했던 내 유년기의 경험을 더듬는다. 그때만 해도 하천에서 길어온 물을 바로 마실 수 있었고, 올챙이를 수천 마리씩 볼 수 있었다. 에너지가 넘치는 검은 올챙이들은 갈색 땅을 배경 삼아 맑은 물에서 꼬물댔다. 나는 부모님으로부터 이런 세상을 물려받았다.

50년이 지난 지금 그 하천은 말라붙었고, 여자들은 항상 깨끗하지만은 않은 물을 구하러 먼 길을 걷는다. 아이들은 자기가 뭘 잃었는지 결코 알지 못할 것이다. 우리가 할 일은 올챙이의 집을 복원하고 우리 아이들에게 아름답고 경이로운 세상을 돌려주는 것이다.

— 왕가리 마타이Wangari Maathai

에너지 생산과 탄소

전 세계 이산화탄소 배출량의 73.2%가 에너지 생산 부문에서 발생한다. 2019년 인간은 16만 테라와트시(TWh) 이상의 에너지를 소비했다. 이는 1950년의 전 세계 사용량보다 8배 더 많은 양이다. 같은 기간에 인구는 3배 늘었을 뿐이지만 에너지 부문의 배출량은 700% 이상 늘어났다.

이 많은 에너지를 생산하는 과정에서 15기가톤 이상의 이산화탄소가 배출되었다. 2019년을 기준으로 저탄소 또는 무탄소 에너지원의 공급량은 전체 에너지 가운데 15.7%밖에 되지 않는다. 나머지는 화석연료다. 생산하는 에너지 단위당 배출량이 많은 세 연료는 석탄, 석유, 천연가스이며, 그중 석탄은 다른 어떤 에너지원보다도 산출물 단위당 온실가스를 많이 배출한다. 지난 10년 동안 석탄 사용량이 늘어나는 속도는 대체 에너지원의 성장 속도를 앞질렀다. 2050년까지 넷제로 배출을 달성하려면 2050년까지 에너지 부문에서 화석연료를 거의 또는 완전히 퇴출시켜야 한다.

🌐020

2019년 에너지원별 전 세계 1차 에너지 소비

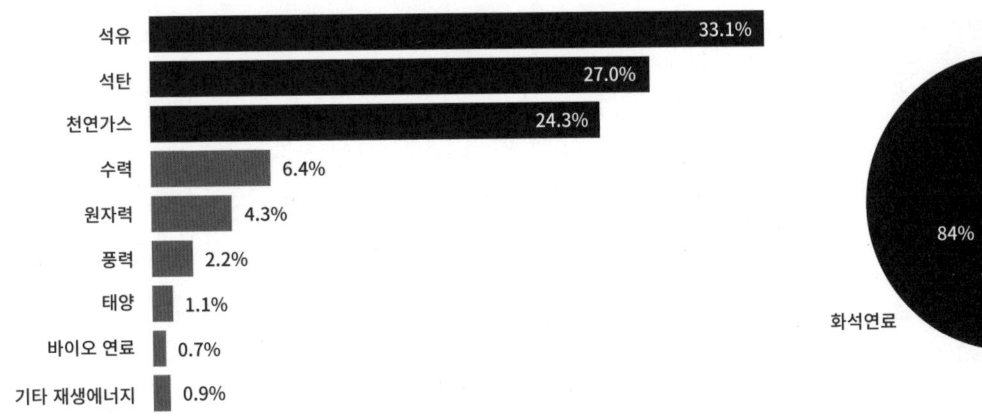

전 세계 에너지 소비

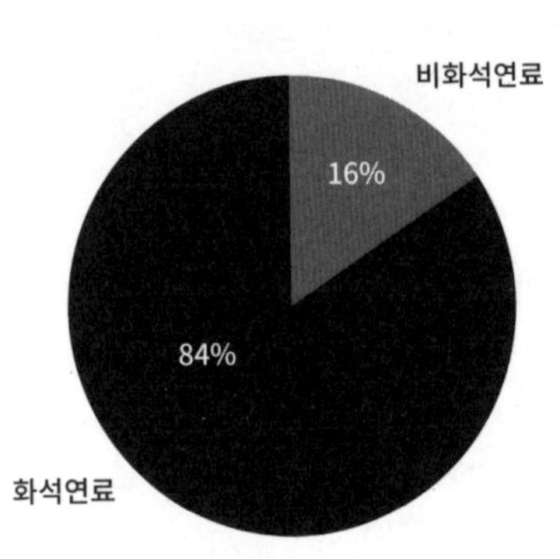

재생에너지와 화석연료

1950~2019년 총배출량(기가톤)

화석연료별 이산화탄소 배출량(기가톤)

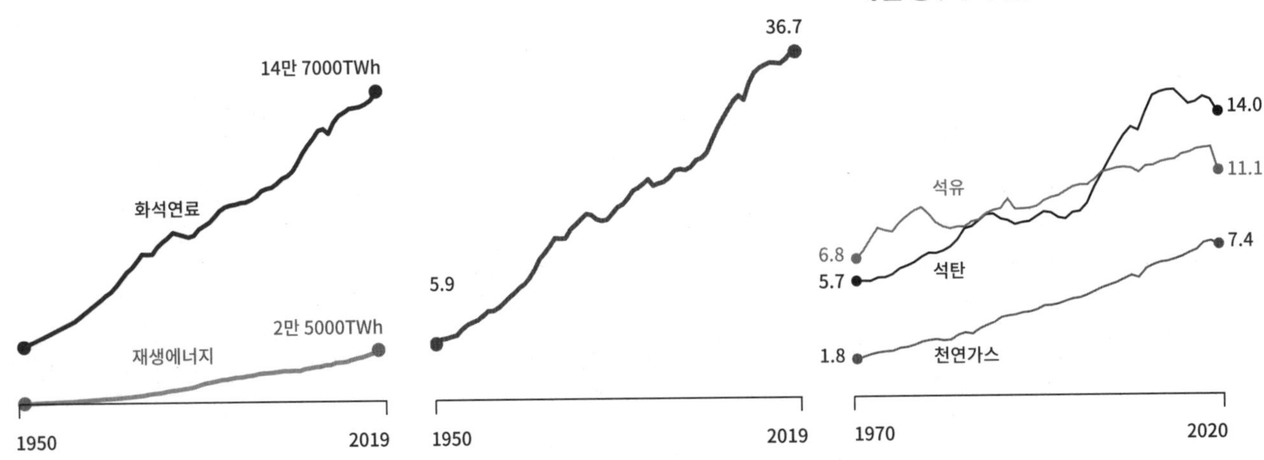

플러그 부하의 에너지 비용

지난 세기에 우리는 건물에 콘센트를 설치하기 시작했다. 콘센트에 플러그를 꽂는 장치들은 한 건물의 전체 에너지 소비에서 50% 이상을 차지하기도 한다. 이 장치들이 사용하는 에너지를 플러그 부하라고 한다. 플러그 부하는 전기 소비와 탄소 배출량 가운데 상당한 비중을 차지한다.

인터넷에 장치를 더 많이 연결할수록 플러그 부하는 계속 늘어난다. 일부 장치들은 효율성이 높아지고 있긴 하지만 "대기 모드"로 있어야 하다 보니 각 장치의 에너지 소비량이 늘어날 때가 더 많다.

대기 전력 소비량은 일반적으로 전원이 꺼져 있거나 주 기능을 수행하지는 않을 때 기기와 설비가 사용하는 전기다. 흡혈귀 전력, 유령 전력이라고도 한다.

대기 전력 소비량은 시간이 흐르면서 감소하고 있다. 예를 들어 21세기가 막 시작될 무렵 미국에서는 비디오카세트 녹화 · 재생기VCR가 실제로 녹화나 재생을 할 때보다 대기 상태일 때(가령 12:00라는 숫자를 번쩍이며 무섭게 빛날 때) 전기를 더 많이 사용했다. 뉴질랜드에서는 전자레인지가 음식을 조리할 때보다 시계와 키패드에 동력을 공급하는 대기 모드일 때 전기를 더 많이 소모했다.

많은 제조업체들이 이를 디자인 문제로 인식하고 대응에 들어갔다. 지난 20년 동안 특정 제품에서 대기 전력 소비를 줄이는 데 상당한 진전이 있었다. 가령 2000년에 2W 이상이던 휴대폰 충전기의 대기 전력 소비량이 지금은 0.3W 이하로 떨어졌다.

2000년에는 전 세계적으로 사용되는 핸드폰 수가 7억 4000만 대뿐이었지만 2020년에는 83억 대라는 점을 감안할 때 이 단 한 기기의 소비량 감축은 탄소의 관점에서 대단히 중요하다.

⊕362

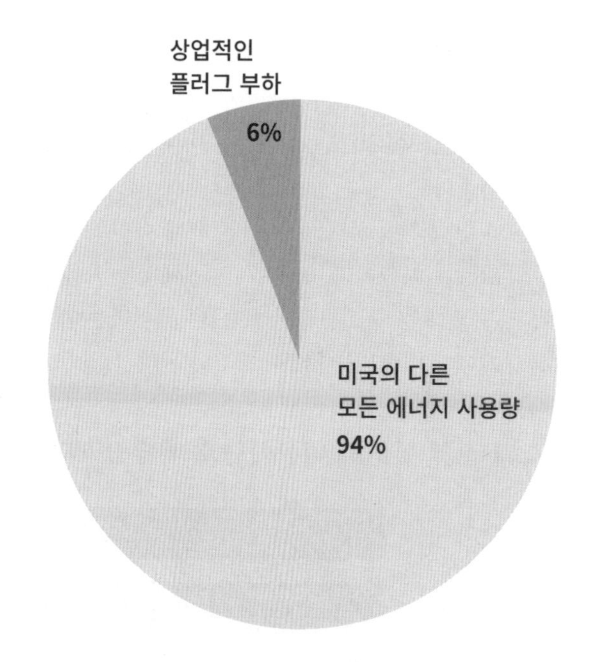

태양에너지를 공유하기

방글라데시에서는 600만 가구에 태양광 발전 시스템이 있지만 5000만이 넘는 가구에는 전기를 얻을 신뢰할 만한 방법이 전혀 없다. 혁신적인 "태양 공유" 모델은 태양에너지를 생산하는 가정이 이웃과 그 에너지를 공유하고 경제적 여력이 없는 사람들에게 필요할 때 깨끗한 전기를 제공한다.

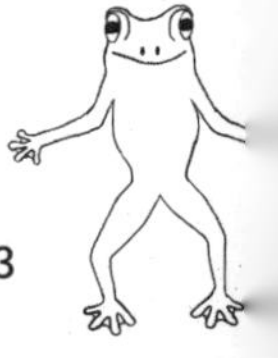

가장 친환경적인 건물은 이미 존재하는 건물이다. - 칼 엘레판테Carl Elefante

건설의 탄소 부채

전 세계적으로 건물이 차지하는 총면적은 특히 개발도상국에서 증가하는 인구를 수용하기 위해 2060년까지 두 배로 늘어날 것으로 예상된다. 기본적으로 건설 부문은 향후 40년 동안 매달 뉴욕시 만큼의 면적을 추가로 잠식할 것이다.

2050년까지 모든 건물을 제로 탄소로 만들겠다는 유엔의 목표를 달성하려면 건설 부문의 직간접 배출량에 영향을 미치는 모든 산업에서 혁신이 필요하다. 하지만 건물 기후 추적자Buildings Climate Tracker의 연구는 이 목표를 실행하려는 노력이 2016~2019년 사이에 사실상 퇴보했음을 보여준다.

건물과 건설 부문에서는 연간 전 세계 이산화탄소 배출량의 38%가 배출된다. 이 중 74%는 에너지 사용과 관련이 있고 26%는 구조물을 세우는 데 들어가는 재료와 건설 단계에서 배출되는 탄소에서 비롯된다.

내재 탄소

내재 탄소는 자재를 제조해서 현장으로 운반하고 철거와 건축을 진행하는 등의 건설 단계에서 발생하는 이산화탄소 배출량을 말한다.

시멘트와 강철은 건축자재 가운데 가장 많은 내재 탄소를 배출하는데, 전 세계 시멘트 수요의 50%와 강철 수요의 30%가 건축과 건설 부문에서 발생한다.

미국의 역사 보존을 위한 내셔널 트러스트National Trust for Historic Preservation는 최신의 에너지 효율 기법으로 건설된 새 건축물이 건설 과정에서 발생한 탄소 배출량을 상쇄하려면 최소 10년에서 80년이 걸린다고 밝혔다. 그러므로 건설 부문 배출량 저감의 핵심은 기존 건물의 효율을 향상시키는 것이다.

🌐021

제조와 건설 부문의 이산화탄소 배출량(메가톤)

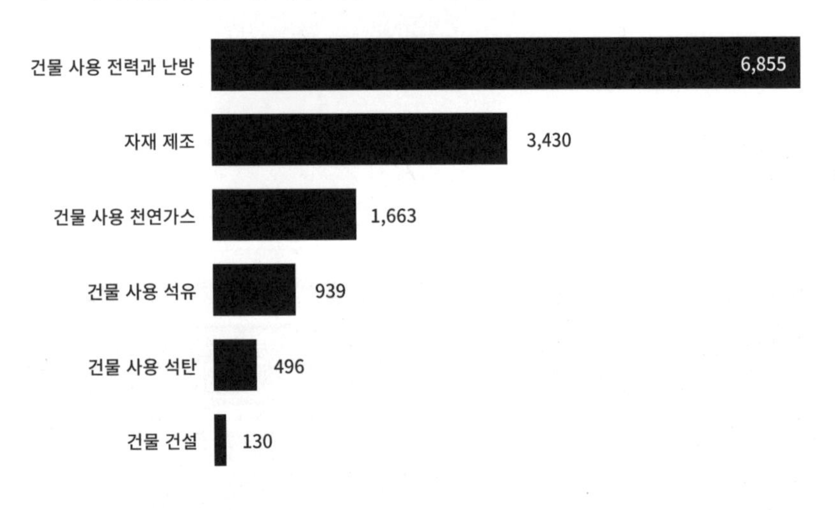

시멘트와 이산화탄소

전 세계 시멘트 산업은 연간 이산화탄소 2.8기가톤을 배출한다. 이는 중국과 미국을 제외한 그 어떤 나라의 배출량보다 많고, 매년 인위적으로 발생하는 총 탄소 배출량의 약 4~8%를 차지한다.

에너지 관련 배출량

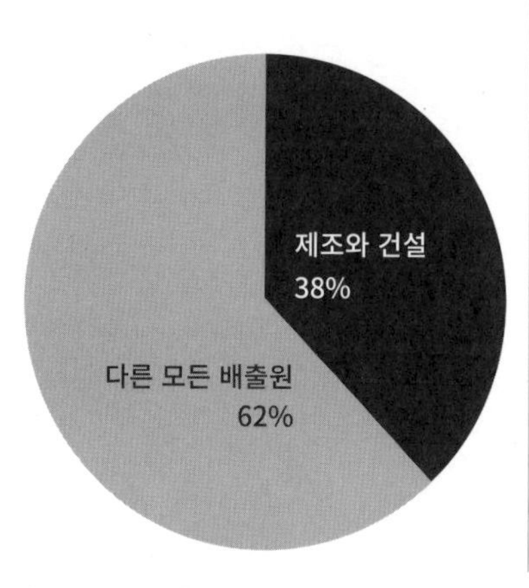

건물 기후 추적자의 연구

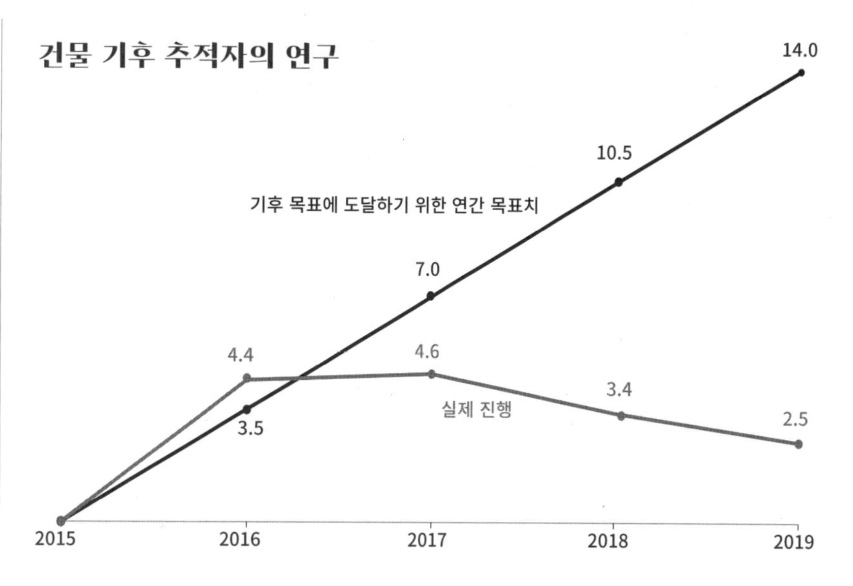

집의 토대인 지구가 건강하지 않으면 집이 다 무슨 소용인가?

— 헨리 데이비드 소로Henry David Thoreau

"집의 에너지 효율을 높이더니 계속 저러네."

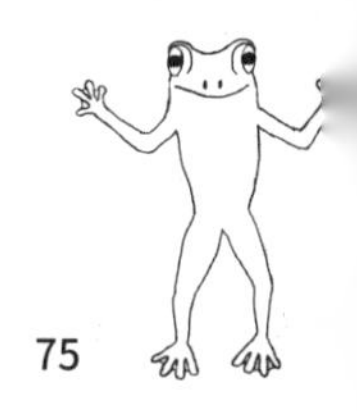

농업과 축산업이 기후변화에 미치는 영향

지구에서 인구의 대다수가 먹는 식품은 산업적 농업 부문에서 공급되어 전 세계 수송망을 통해 유통된다. 전 세계 탄소 배출량의 상당 비율(20% 이상)이 식량 생산, 그중에서도 특히 육류와 유제품 생산의 직접적인 결과다.

매년 식량 생산으로 온실가스 13.6기가톤이 만들어진다. 그 이유로 육류 생산과 관련된 다음 세 요인을 꼽을 수 있다.

- 방목지를 만들기 위해 탄소를 흡수하는 숲과 동식물의 서식지를 파괴한다.
- 탄소를 유발하는 비료로 식물을 재배한다.
- 소와 양이 소화 과정에서 박테리아로 음식물을 분해해 그 부산물로 다량의 메탄이 배출된다.

치즈버거 하나가 기후에 미치는 영향은 일반 자동차를 20km 이상 운전하는 것과 같다.

식량 생산에서 비롯되는 배출량 가운데 약 61%가 육류와 유제품을 얻기 위해 키우는 가축에서 발생한다. 가축은 전 세계적으로 최대의 메탄 배출원 중 하나다. 온실가스인 메탄은 이산화탄소에 비해 수명은 짧지만 대기에 머무는 동안 지구온난화를 유발하는 힘이 80배 이상 강력하다.

쇠고기가 문제야

농업에서 최대의 온실가스 배출원은 쇠고기다. 쇠고기 1kg이 생산될 때마다 이산화탄소 30kg이 배출된다.

육류와 유제품 산업이 매년 배출하는 0.115기가톤의 메탄은 3.5기가톤의 탄소와 온난화 효과가 동일하고 유럽연합에서 1년간 배출하는 이산화탄소 배출량과 맞먹는다. 메탄은 오존과 스모그를 만들어서 공기 질을 떨어뜨리는 데에도 결정적인 역할을 한다.

치즈버거의 탄소발자국

6도 뉴스SixDegrees News에 따르면 치즈버거의 탄소 발자국은 이산화탄소 환산량으로 4kg이다. 이 가운데 0.5kg은 경유가, 0.9kg은 전기가, 2.6kg은 소가 배출한다.

휘발유 3.8L가 뿜어내는 이산화탄소는 8.8kg이다. 따라서 치즈버거 하나는 휘발유 1.9L와 배출량이 같다.

⊕022

도시 열섬

도시는 낮에 열을 가뒀다가 밤에 다시 뿜어내는 아스팔트와 콘크리트 같은 재료로 만들어진다. 도시를 설계하는 방식은 이 열을 가둘 것인지 흩어질 수 있게 할 것인지에 영향을 미친다.

도시에서 온실가스와 햇빛은 이미 뜨거운 공기와 상호작용을 일으켜 도시 열섬을 만들어낼 수 있다. 이 때문에 공기가 훨씬 더 정체되어 오염물질이 더 많이 갇히게 된다. 이렇게 열기가 대기오염을 악화할 때 지상 오존ground-level ozone이 생성되는데, 이 지상 오존은 더 많은 오염 물질을 가두어 온실효과를 가속화하고 기온을 상승시킨다.

날씨가 더워지면 사람들은 실내로 들어가서 에어컨을 틀고, 그러면 악순환이 계속된다. 에어컨은 에너지를 많이 소비하기 때문에 발전소의 배출량을 증가시킬 뿐만 아니라 이산화탄소보다 환경에 미치는 부정적인 영향이 1000배 이상인 수소불화탄소HFCs를 누출한다.

이는 도시의 오염이 열을 가두고 그에 따라 냉방 수요가 증가하면 오염과 지구온난화가 악화되어 다시 열을 가두는 온실가스가 더 많이 배출되는 결과가 초래된다는 뜻이다. 이 모든 일이 꼬리를 물고 이어지면 도시는 점점 더워지고 동시에 공기 질은 나빠진다.

열이 도시의 오염에 이렇게 복합적인 영향을 미치는 걸 보면 1.5°C라는 숫자가 기후변화와 배출량 감축의 시급성을 이해하는 데 왜 중요한지를 알 수 있다. 오염의 정도가 클수록 날씨는 점점 더워지고 더 많은 생태계가 돌이킬 수 없을 정도로 손상된다.

⊕359

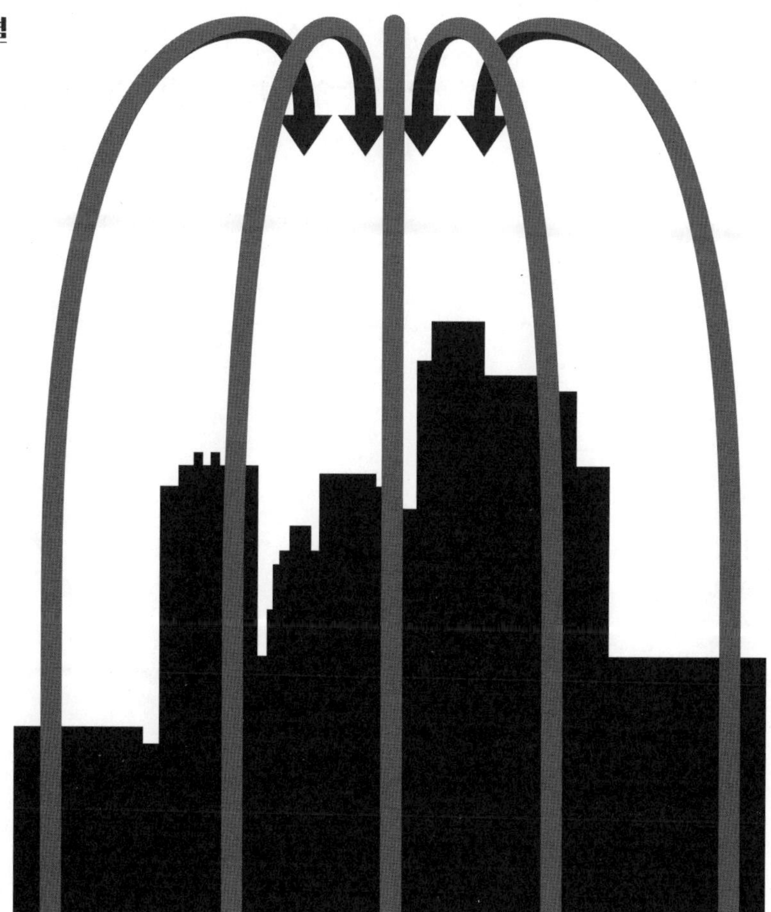

도시에서 공장과 수송 과정에서 발생하는 오염, 그리고 콘크리트와 아스팔트 같은 물질은 열을 가둔다.

시원하게 생활하려고 사용하는 에어컨은 더 많은 열기와 수소불화탄소를 배출한다.

해결책으로는 나무 많이 심기, 지붕과 도로의 색 밝게 하기, 기계의 효율성 늘리기가 있다. 이 중 어느 하나만이 아닌 모두를 실행해야 한다.

플라스틱의 생애 주기

2020년 전 세계적으로 3억 6700만 톤의 플라스틱이 제조되었다. 식품 포장, 컴퓨터 케이스, 의류, 물병에 이르기까지 플라스틱은 매일 사용된다. 전 세계 플라스틱 생산량은 2000년 이후로 50% 이상 늘어났다.

플라스틱 1kg은 생산되어 폐기될 때까지 약 6kg의 이산화탄소를 만들어낸다. 이는 2020년에 생산된 모든 플라스틱이 2.2메가톤의 이산화탄소를 배출할 것이라는 뜻이다.

플라스틱은 생애의 시작부터 끝까지 탄소를 뿜어낸다. 석유 같은 원재료 상태에서도, 그리고 폐기 후 소각할 때도 탄소를 배출한다.

추출

대부분의 플라스틱은 석유, 천연가스, 석탄과 같은 형태의 화석연료로 만들어진다. 이런 재생 불가능한 원료는 땅속에서 추출할 때 온실가스를 뿜어낸다. 2018년 미국의 플라스틱 산업과 석유화학 산업을 위한 석유와 천연가스 생산에서만 이산화탄소 환산량으로 7200만 톤 이상의 탄소가 배출되었다.

제조와 사용

플라스틱의 원재료는 작은 알갱이 형태인 플라스틱 펠릿Fellet으로 정제되고, 이 펠릿을 이용해 최종 제품이 제조된다. 펠릿을 제조하는 과정에서 많은 온실가스가 배출된다.

일회용 플라스틱은 전체의 50% 가까이를 차지한다. 즉 전체 플라스틱 제품의 절반 가까이가 사용 직후 쓰레기통으로 간다는 걸 알고 만들어진다는 뜻이다.

생애의 끝

플라스틱 제품은 사용이 끝나면 버려지거나 재활용된다. 1950년 이후로 전 세계에서 버려진 플라스틱 가운데 재활용된 것은 9%뿐이고, 79% 이상이 매립지, 소각장, 자연환경으로 간 것으로 추정된다.

최소한 매년 1400만 톤의 플라스틱이 바다로 흘러들고, 표층수부터 심해에 이르기까지 전체 바다에서 발견되는 쓰레기 중에 플라스틱이 80%를 차지한다.

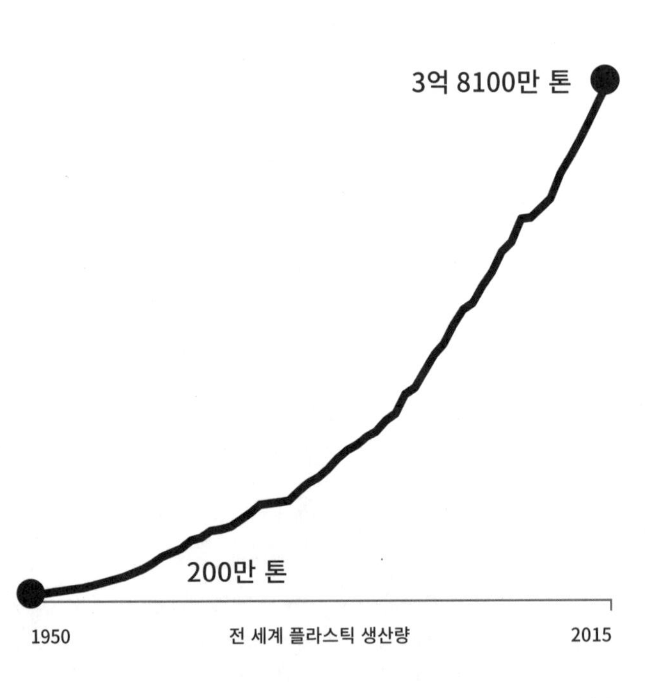

플라스틱의 진짜 비용

플라스틱은 처리나 재활용이 어렵지만 플라스틱과 관련해 발생하는 온실가스는 대부분 생애 주기의 마지막이 아닌 출발점에서 만들어진다. 플라스틱 관련 탄소 배출량의 91%는 제조 공정에서 발생한다.

전체 플라스틱의 약 절반이 천연가스에 함유된 화학물질인 에탄으로 만들어진다. 에탄을 수집하려면 수압파쇄 시추장치fracking drill를 건설해야 하는데 이 과정에서 대대적으로 삼림이 파괴된다. 미국에서만 추출을 위해 1920만 에이커의 숲이 파괴되어 1.9기가톤의 이산화탄소 배출량이 발생하고 연간 650만 톤의 탄소를 흡수하는 나무들이 사라진 것으로 추정된다. 시추장치가 한번 가동하면 추출 과정에서 많은 이산화탄소와 메탄이 배출된다.

추출된 에탄은 에탄 분해 시설로 옮겨 에틸렌으로 정제된다. 이 과정에서 매년 전 세계적으로 2억 6000만 톤 이상의 이산화탄소가 배출되는데 이는 전 세계 총배출량의 약 0.8%에 해당한다. 에탄 분해 시설에서는 발암물질을 포함한 다른 오염물질도 만들어진다.

그다음 에틸렌 분자가 화학적인 결합을 통해 길쭉한 줄 모양의 폴리머polymer가 되고, 이를 펠릿 형태의 폴리에틸렌PET 수지로 만든다. 이 펠릿이 플라스틱 제품을 만드는 시설로 팔려서 운반된다. 폴리에틸렌 생산 과정에서 매년 전 세계적으로 배출되는 이산화탄소는 5억 톤에 이르는 것으로 추정된다. 폴리염화비닐PVC, 폴리에틸렌, 고밀도 폴리에틸렌HDPE을 비롯한 전체 플라스틱의 총배출량은 8억 6000만 톤으로 추정된다.

⊕346

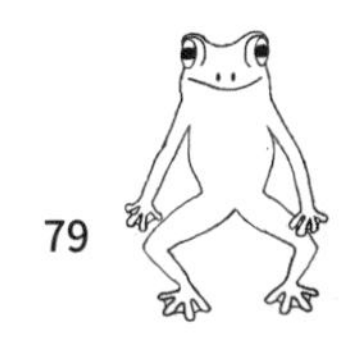

글로벌 위트니스Global Witness는 셸오일Shell Oil의 탄소포집 프로젝트가 지난 5년간 포집한 탄소보다 이 프로젝트를 위해 배출된 탄소가 더 많다고 밝혔다.

더스트볼: 전 세계 농민들을 위한 교훈

1930년대에 더스트볼Dust Bowl(북미 대초원 서부 지대에서 일어나는 대규모 모래 폭풍)은 환경과 경제, 사회에 매우 파괴적인 영향을 미쳤다. 하지만 이는 다음 세 가지 중대한 변화로 이어지기도 했다.

- 토양과 자연을 보존하는 실천이 늘어났다.
- 농지 관리 활동과 농업정책 결정에 정부가 관여했다.
- 대기와 기후 활동, 그리고 이런 사건이 사회와 인간의 이주에 미치는 영향에 대해 더 깊이 있는 연구를 진행했다.

이 특별한 재난은 1930년대 내내 북미 대평원 지역에 영향을 미쳤다. 영향권 안에는 미국의 주 10개와 캐나다의 주 3개가 있었다. 이 재난은 특정한 기후 재난을 다루는 새로운 방법을 알려주었을 뿐만 아니라 어째서 250만 명에 달하는 사람들이 일자리를 찾고 굶주림을 면하기 위해 다른 지역으로 이주해야 했는지를 설명한다.

수년간 이례적으로 비가 적게 내리고 흔치 않게 잦은 강풍으로 침식이 심해지면서 일련의 거대한 모래 폭풍이 빚어졌다. 1934년 5월 대평원에서 발원한 이런 폭풍 중 하나는 하루 만에 시카고에 600만 톤의 모래를 퇴적시킨 뒤 워싱턴과 보스턴 등 동부 해안의 주요 도시를 향해 이동했다.

오늘날의 전문가들은 이렇게 처참한 사태가 일어난 데는 자연적인 원인과 인위적인 원인이 모두 있었다는 데 의견을 모은다. 소작농들의 부실한 토양 및 자원 관리 관행 때문에 강풍과 강수량 감소의 영향이 더 악화되었던 것이다.

모래 폭풍과 가뭄이 1930년대 중반까지 이어지면서 이 지역의 많은 작물들이 제대로 자라지 못했고 농민들은 굶주렸으며 수천 명이 집을 압류당했다. 가장 타격이 심한 카운티(미국의 행정구역 단위)에서는 인구의 20%가 그 지역을 떠났다. 많은 이들이 인접한 카운티나 주로 이동했지만 캘리포니아처럼 먼 곳까지 간 사람들도 있었다.

> 우리를 지혜롭게 만드는 것은 과거에 대한 회상이 아니라 미래에 대한 책임감이다.
>
> — 조지 버나드 쇼George Bernard Shaw

이주한 건 농민들뿐이 아니었다. 미국 농업경제국BAE은 남서부의 주에서 1930년대에 캘리포니아로 이주한 11만 6000가구 가운데 이주 전에 농업에 종사했던 가구는 43%뿐이었음을 확인했다.

더스트볼 재난과 그 이후 빚어진 수백만 명의 이주 사태는 긴 파장을 남겼다. 그 이후 정부가 토지와 토양 관리 행정에 참여하는 일이 많아졌고, 농업 및 대기 과학자들은 토지를 보호하고 꾸준히 생산성 있게 사용하도록 보살피려면 모든 농민이 토양과 물 보존, 윤작, 적절한 방풍 시설 같은 실천을 이행해야 한다는 사실을 배웠다.

⊕337

탄소 불평등, 기후변화, 계급

부유한 이들이 탄소를 더 많이 배출한다. 하지만 그 결과로 나타난 기후변화의 영향은 가난한 이들이 더 크게 받는다.

부자들은 1990년부터 2015년까지 가장 많은 양의 탄소를 배출했다. 하지만 그로 인한 영향을 받을 가능성이 가장 높은 집단은 전 세계의 가난한 사람들이다. 그 이유 중 몇 가지는 다음과 같다.

- 가난한 사람들은 기후변화에 특히 취약한 농업에 많이 종사한다.
- 가정에 비축된 자원이 적으면 자연재해가 식량, 물, 건강에 영향을 미칠 가능성이 높아진다.
- 가난한 지역은 상하수도와 홍수 관리 등 도시 인프라가 상대적으로 열악한 경우가 많다.
- 가난한 사람들이 많이 거주하는 대도시들이 해발고도가 낮은 저지대에 있다.
- 가난한 지역의 의료 서비스 자원이 상대적으로 제한적이다.

⊕357

탄소 불평등

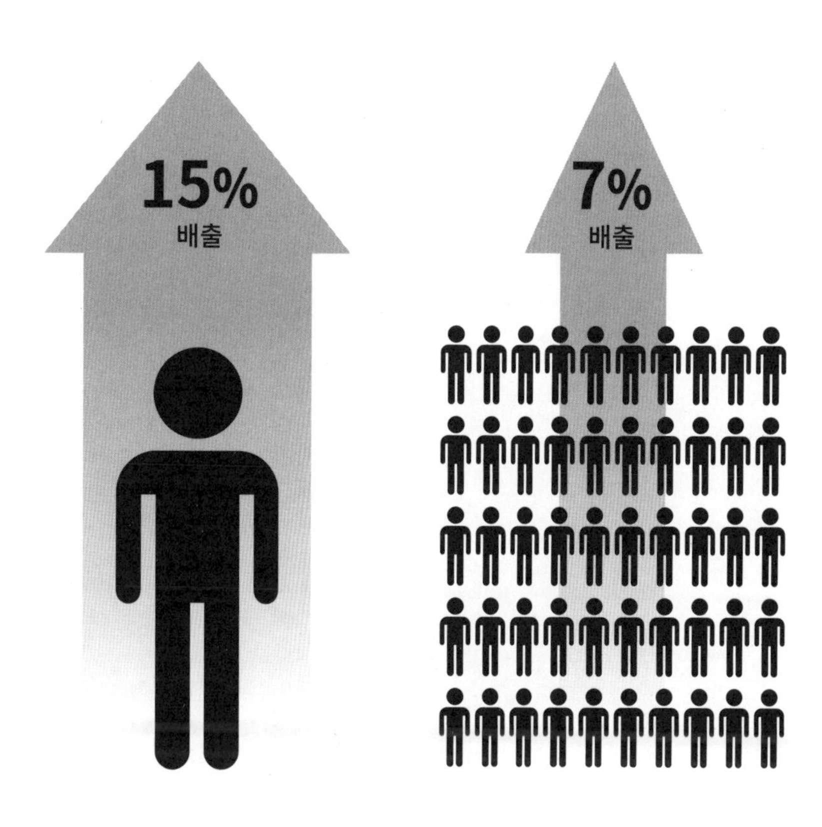

가장 부유한 1%의 인류는 전 세계 배출량의 15%에 책임이 있다. 반면 가장 가난한 50%는 7%에 책임이 있다. 소수의 부자들이 가난한 다수의 두 배 이상을 배출한다.

직접 확인할 수 있어요

이 책은 수천 개의 참고자료를 토대로 쓰였어요. 책의 내용을 그대로 받아들이지 마세요. **http://www.thecarbonalmanac.org/000**(000 자리에 원하는 숫자를 넣어야 해요)에서 확인할 수 있어요. **더 깊이 공부하고, 함께 이야기해요.**

지표면 덮어버리기

패덤 인포메이션 디자인Fathom Information Design은 국가들이 포장도로를 어떻게 설치했는지 보여주는 지도를 만들었다. 지도에 나타난 모든 도로는 지난 200년 동안 만들어진 것이다. 이제 도로는 그 도로가 있는 장소를 규정한다.

⊕375

세계 해상운송의 이산화탄소 배출량

해상운송은 세계화된 경제에서 컨테이너에 담긴 대량의 상품을 옮기는 데 대단히 중요하다. 원유, 철광석, 보크사이트, 석탄 같은 필수 원재료들은 전용 벌크선으로 운반된다. 전문화된 해상운송에는 자동차, 트럭, 중장비 운반 등이 있다. 경유, 휘발유, 액화천연가스 같은 정제 연료도 전용 선박으로 시장까지 이동한다. 전 세계의 공산품 중 많은 양이 대형 컨테이너 선박에 실린 선적 컨테이너에 담겨 운반된다.

전 세계 해상수송 부문은 2018년 1기가톤이 조금 넘는 이산화탄소(전 세계 배출량의 2.51%)를 만들어냈는데, 이는 2012년보다 10% 가까이 늘어난 양이다. 국제해사기구IMO는 현상 유지 시나리오에서 해상운송의 배출량이 2050년에 50%까지 늘어날 것이라고 전망한다.

상업용 벌크선은 우리가 사용할 수 있는 화물 운송 방식 가운데 운송 거리당 온실가스 배출량(t/km)이 가장 적은 형태 중 하나다. 하지만 국제적 해상운송의 특성상 장거리 이동을 하다 보니 이 장점이 상쇄된다.

상업용 해상운송에서 배출되는 온실가스 대부분은 잔류유, 6번 연료유, 중유, 벙커유 사용에서 비롯된다. 벙커유는 석유 정제 과정에서 나오는 저급 부산물이다. 가격이 싸고 에너지 밀도가 높아서 비용 절감을 원하는 해상운송 기업들에게는 이상적이다. 하지만 벙커유는 일반적인 화석연료보다 온실가스를 많이 배출한다. IMO는 해상운송의 잠재적인 탈탄소화 전략을 광범위하게 선정했다. 이 전략들은 다음처럼 분류할 수 있다.

- **에너지 절감 기술:** 엔진 개선, 펌프와 팬 같은 보조 시스템 향상, 화력발전소의 점진적인 혁신, 폐열 재사용, 선체와 프로펠러 디자인 및 유지·보수 개선을 통한 항력water drag 감소, 선박 중량 감소.
- **재생에너지 사용:** (예인 연이나 돛을 이용한) 풍력발전, 태양광 패널 통합하기.
- **대안 연료:** 수소, 암모니아, 합성 메탄, 바이오 메탄, 메탄올, 에탄올.
- **운항 개선:** 운항 속도를 줄여 항력 감소시키기.

선박 위에서 이산화탄소를 포집하는 기술에 대한 연구가 시작되었다. 이 시스템은 연소된 가스에서 이산화탄소를 분리해 정화 후 압축해 액체로 만들고, 다음 항구에서 내려 땅속에 저장한다.

🌐373

수송 방식	이산화탄소 배출량(t/km)	화물 형태
벌크선	4.5	대량의 농산물, 임산물, 광물, 석탄
유조선	5.0	원유
화학제품 운반선	10.1	화학제품
컨테이너 화물선	12.1	대부분의 포장된 상품
액화천연가스선	16.3	천연가스
철도	22.7	다양함
도로	119.7	다양함
미국 항공 화물선(평균)	963.5	다양함

연료 유형	에너지밀도 (GJ/m^3)	연소 온실가스 배출량 (kg CO_2E/GJ)
바이오에탄올*	23.4	2.5
액화천연가스	25.3	54.5
휘발유	34.2	69.6
경유	38.6	70.4
중질유	39.7	74.2

* 바이오 에탄올은 연소할 때 이산화탄소를 배출한다. 이 연료는 땅에서 퍼올리는 게 아니기 때문에 빠른 순환에 속하고 순 배출량으로 간주하지 않는다. 바이오 에탄올의 연소 배출량이 아주 낮은 것은 이 때문이다. 에너지 단위당 밀도가 낮고 상대적으로 비싸서 국제 해상운송에서 사용되는 바이오 연료는 극히 적다(에너지 사용량 기준 0.1%).

요소의 도미노 효과

수년간 경유 트럭, 자동차, 트랙터에서 사용하는 연료에 요소urea가 추가되었다. 요소는 자연에 존재하지만(소변에 포함돼 있다) 대량 생산을 할 때는 무기물 시재료starting material를 가지고 인공적으로 합성할 수 있다. 화학비료를 제조할 때 이 과정이 포함되곤 한다.

2010년 이후로 요소는 경유 트럭의 엔진이 만들어내는 아산화질소를 저감하는 역할을 해왔다. 매년 전 세계적으로 약 2억 2000만 톤의 요소가 생산된다.

공급 사슬 문제와 수요 증가로 요소 부족 사태가 빚어지면서 요소 공급 시스템이 얼마나 취약한지가 드러났다.

- 2021년 8월 허리케인 '이다'가 미국 멕시코만 해안을 초토화시키면서 핵심 정제 시설 가동이 중단되었고 이 때문에 비료 부족 사태가 빚어졌다. 고온과 가뭄으로 작물 수확량이 줄어들었고 전 세계 취약 지역에서 식량 불안이 가중되었다.
- 천연가스 가격이 증가하면서 처음에는 요소 생산이 둔화되었고, 그다음에는 중국이 전기 배급제를 실시하여 공장 생산에 압박이 커졌다. 그 결과 세계 최대 생산국인 중국이 요소 수출을 중단했다.
- 코로나19 팬데믹이 시작된 이후 중국이 요소 수출을 줄였다.
- 인도의 가족 단위 농민들이 쓸 수 있는 비료가 거의 또는 전혀 없다. 일부 경작지는 이미 기후변화의 영향 때문에 작물 수확량이 감소했다.
- 공급이 부족하다 보니 요소 기반 비료의 가격이 높아졌다. 2011년 이후로 이미 최고가에 도달했는데 여기서 더 오르면 식량 불안이 가중될 것이다.
- 화석연료, 특히 석탄과 천연가스가 생산 과정에 사용되기 때문에, 화석연료의 가격이 급등하면서 요소 기반 제품의 가격이 같이 오른다.
- 대한민국과 호주의 일부 트럭 운전사들은 온실가스 저감에 필요한 요소가 없으면 트럭이 무용지물이라는 것을 알게 되었다.
- 인도의 농민들과 대한민국을 비롯한 여러 나라의 트럭 운전사들이 받은 영향은 가족의 생계와 식량 안보에 직접적인 영향을 미친다.

🌐376

자연을 잊어서는 안 된다. 오늘날 전 세계의 모든 자동차와 트럭의 배출량보다 자연 파괴로 발생한 배출량이 더 많기 때문이다. 모든 주택에 태양광 패널을 달고 모든 자동차를 전기 자동차로 바꿀 수 있지만, 수마트라가 불타는 한 우리는 실패할 것이다. 아마존의 거대한 숲이 베이고 불태워지는 한, 부족민과 선주민들의 보호 지역에 침략을 허락하는 한, 습지와 이탄지가 파괴되는 한, 우리의 기후 목표는 요원할 것이다….

— 해리슨 포드Harrison Ford

탄소 기반 취사용 연료의 영향

전 세계 인구의 약 10%가 전기 없이, 26억 명이 안전한 취사용 연료 없이 생활한다. 이런 가정은 나무, 작물 부산물, 숯, 석탄, 똥, 등유 같은 탄소 기반 고체 연료를 이용해 음식을 만들고 난방과 조명을 한다. 이런 취사 시설은 사용자의 건강과 안전을 위협할 뿐 아니라 상당량의 온실가스를 배출한다.

재래식 취사 시설은 전 세계 이산화탄소 배출량의 2.3%를 차지하는 것으로 추정된다. 인도와 중국에 재래식 취사 도구 사용자가 가장 많고, 기후에 미치는 영향도 가장 크다. 하지만 아제르바이잔과 우크라이나 같은 작은 나라들도 기온에 큰 영향을 미친다. 이들 나라에서 배출하는 온실가스는 북극에 쌓인 눈에 영향을 미쳐서 반사에 의한 냉각 효과를 저해하기 때문이다.

🌐606

저소득 국가의 취사용 연료원	
청정한 연료	12%
오염을 유발하는 연료	88%

변화는 가능해요

Thecarbonalmanac.org에 방문해서 **매일의 차이**The Daily Difference 뉴스레터에 가입하세요.
매일 여러 이슈와 실천에 대한 소식을 받고 수많은 이들과 서로 연결되어 중요한 영향을 만들어낼 수 있어요.

모든 게 지구를 희생시키고 희생시킨다. – 마야 안젤루Maya Angelou

단명 기후 오염 물질들

대기오염으로 매년 670만 명 이상의 조기 사망자가 발생한다. 여기에 기여하는 것이 단명 기후 오염 물질들이다.

이 온실가스와 대기 오염원들은 대기 질을 저하시키고 기후에 단기적인 온난화 효과를 유발한다. 단명 기후 오염 물질로는 수소불화탄소, 블랙 카본, 메탄, 지상 오존 등이 있다. 공기 중에서 그을음(블랙 카본)은 눈에 보이지만 다른 오염 물질들은 보이지 않는다.

단명 기후 오염 물질은 몇 주(그을음)부터 20년(메탄과 수소불화탄소)까지 대기에서 짧은 기간 머물면서 공기 질을 저하시키고 기온 상승에 큰 영향을 미친다.

이 작용이 워낙 빠르게 진행되기 때문에 단명 기후 오염 물질을 줄이면 단기적으로 즉각 기후변화가 감소된다. 여러 연구에 따르면 당장 단명 기후 오염 물질들을 줄이면 2050년 이전에 예측된 북극의 온난화가 50% 줄어들고 기후변화가 4°C 줄어들 수 있다.

단명 기후 오염 물질들을 줄이면 해수면 상승 속도를 약 24~50% 늦출 수 있다는 주장도 있다. 또 오존을 줄이면 매년 약 5000만 톤의 작물 손실을 예방할 수 있다.

🌐363

> 전에는 전 세계에서 제일 심각한 환경문제가 생물 다양성 감소, 생태계 붕괴, 기후변화라고 생각했다. 나는 30년간 누적된 양질의 과학으로 이런 문제들을 해결할 수 있으리라고 생각했지만, 내가 틀렸다.
> 제일 심각한 환경문제는 이기심, 탐욕, 무관심이다. 그리고 이 문제를 해결하려면 영적이고 문화적인 전환이 필요한데, 우리 과학자들은 그 방법을 알지 못한다.
>
> — 거스 스페스Gus Speth

봉화를 올리다: 호주가 전 세계에 보내는 경고

호주 대륙에는 매년 산불 철이 있다. 2008년 호주 정부는 변화가 있으리라는 경고를 받았다. 가너 리뷰Garnaut Review는 이렇게 예측했다. "최근 산불 철에 대한 추정은 산불 철이 더 빨리 시작해서 약간 늦게 끝나고 전반적으로 더 강해질 것임을 시사한다. 그 영향력은 시간이 지나면서 증가하겠지만 2020년까지는 직접 관찰 가능할 것이다."

이 추정은 정확했다. 2019년은 호주가 1910년 기록을 시작한 이래로 가장 덥고 건조한 해였다. 2019년의 산불 철은 예년보다 이른 9월에 시작해서 더 늦은 2020년 3월에 끝났고, 역사상 최악의 자연재해를 일으켜 세계를 충격에 빠뜨렸다. 초대형 산불이 걷잡을 수 없이 일어나 새로운 기후 시스템이 만들어졌다. 검은 우박, "불의 소용돌이", 그리고 마른 번개를 만들어 훨씬 많은 산불을 일으킨 화재적운까지. 3400채의 주택과 수많은 건물이 불에 탔다. 대대적인 대피로 수천 명이 목숨을 구했지만 전부는 아니었다. 9명의 소방수(호주인 6명, 미국인 3명)를 포함해 33명이 목숨을 잃었다.

한 번도 산불이 일어난 적 없었던 오래된 우림과 국립공원, 세계유산 지역을 비롯한 호주 삼림의 21%에서 화재가 맹위를 떨쳤다. 이 때문에 광범위하게 서식지가 파괴되어 호주의 야생 동식물이 회복 불가능한 피해를 입었다.

다음은 산불의 경로에 있던 약 30억 마리의 동물이다.

- 코알라 6만 1000마리
- 웜뱃 100만 마리
- 캥거루와 왈라비 500만 마리
- 박쥐 500만 마리
- 고슴도치와 하늘다람쥐 3900만 마리
- 토종 쥐 5000만 마리
- 그 외 토종 포유류 1억 4300만 마리
- 파충류 24억 6000만 마리
- 소와 양 10만 마리

호주 정부는 연기 흡입에서 비롯된 의료 서비스 비용으로만 19억 5000만 호주달러〔약 1조 8000억 원〕를 지출한 것으로 추정되었다.

2019~2020년에도 북극, 아마존, 캐나다, 그린란드, 인도네시아, 러시아, 미국 등 전 세계에서 산불이 더 많이 발생했다. 유엔 환경프로그램UNEP의 니클라스 하겔버그Niklas Hagelberg는 "지구의 기온이 꾸준히 상승하면서 초대형 산불이 새로운 일상이 될 것"이라고 경고했다.

🌐343

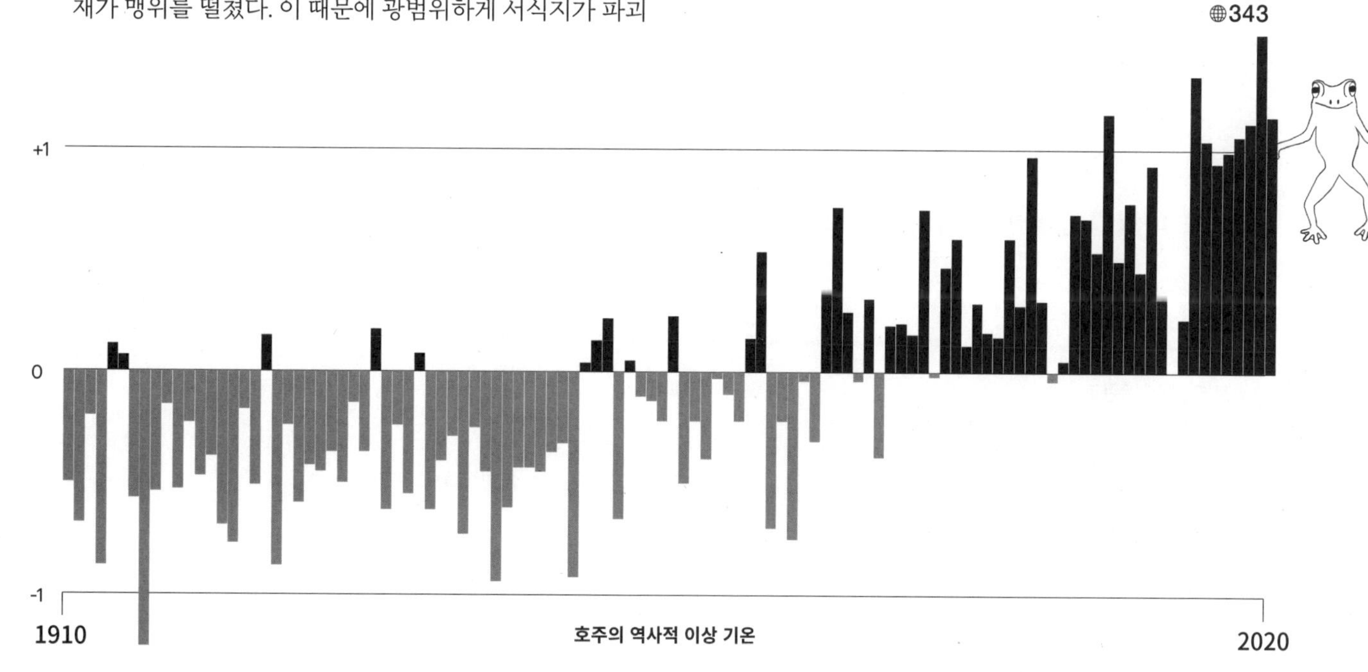

호주의 역사적 이상 기온

인공지능을 연구하는 회사 오픈에이아이OpenAI는 인간의 텍스트를 학습하는 최신 언어 모델을 훈련시키는 데 1287MWh를 소비했다. 이는 2020년 미국의 평균적인 가정 120세대가 사용한 것과 거의 같은 양이다.

디지털 활동과 탄소

컴퓨터는 소음이 심하지도 배기가스를 배출하지도 않지만 모두 전기를 사용하고 전기를 생산할 때는 종종 탄소가 만들어진다.

다음 표는 크고 작은 디지털 활동과 장비의 전기 소비량을 비교한 것이다.

⊕340

소규모 디지털 활동의 전기 소비량

1시간 동안 활동	전기 소비량	동일한 소비량(1시간 동안 LED 전구 사용 개수)	CO_2 배출량(kg/kWh)
스마트폰 충전	3.68 Wh	0.67개	0.00142
노트북 사용	45 Wh	8.18개	0.0174
넷플릭스 스트리밍(2019년 전체 시청 장비 평균)	77 Wh	14개	0.0297
Xbox X로 포트나이트 게임	148 Wh	26.91개	0.057
플레이스테이션5로 포트나이트 게임	216 Wh	39.3개	0.069
데스크톱 컴퓨터 사용	330 Wh	60개	0.127

대규모 디지털 활동의 전기 소비량(2020년 기준)

단위	전기 소비량	동일한 소비량	CO_2 배출량(10억 kg/kWh)
비트코인 네트워크	66.91 TWh	뉴질랜드 총소비량의 170%	25.797
구글 글로벌 네크워크	15.139 TWh	뉴질랜드 총소비량의 39%	5.837

종이 재활용

2022년 예상 종이 생산량은 4억 1600만 톤이다. 이 수치는 온라인 쇼핑 부문의 포장 수요 때문에 앞으로 계속 증가할 것으로 예상된다. 플라스틱 포장재를 쓰지 않으려는 움직임 때문에 대체재인 종이 사용량이 늘었다.

재활용되는 종이는 크게 세 형태로 나뉜다. 제지 공장에서 모은 종이 조각인 '공장 파지', 인쇄소나 창고에서 만들어지는 '소비자 사용 전 폐지', 가정에서 만들어지는 '소비자 사용 후 폐지'다. 종이를 재활용하려면 먼저 잉크를 제거해야 한다. 이 기술은 1700년대 말 독일의 법률가 유스투스 클라프로트Justus Claproth가 발명했다.

종이에 대한 팩트

- 종이 펄프의 40%가 나무(목재 셀룰로오스)에서 온다.
- 전 세계에서 베어진 나무의 35%가 종이 생산에 사용된다.
- 신문지 1톤을 재활용하면 목재 약 1톤을 아낀다.
- 복사 용지 1톤을 재활용하면 목재 약 2톤을 아낀다.

종이-탄소 연결고리

종이 섬유에는 탄소가 들어 있다. 이 탄소가 분해될 때 메탄이 대기로 배출된다. 종이를 재활용하면 탄소를 더 오래 종이 안에 가둬둘 수 있다. 새 종이는 섬유의 수명 때문에 대여섯 번 재활용하면 더 이상 재활용할 수 없다. 유럽연합에서는 전체 종이 폐기물의 70% 이상이 재활용된다. 미국은 약 68%를, 인도에서는 약 30%를 재활용한다.

재생지에 대한 팩트

- 재생지는 새 종이보다 대기오염을 74% 더 적게 유발한다.
- 재생지를 만드는 데는 에너지가 40% 더 적게 들어간다.
- 재생지를 사용하면 매립지로 가는 종이 폐기물을 줄일 수 있다.
- 재생지를 사용하면 물 오염을 35% 줄일 수 있다.

⊕372

비트코인 거래는 전기를 뉴질랜드보다 훨씬 많이, 그리고 전 세계 구글 사용보다 4배 이상 많이 사용한다.

나무를 몇 그루 심어야 할까?

- 미국에서 이루어지는 온라인 쇼핑에서 발생하는 배출량을 상쇄하려면 나무 **15억** 그루를 심어야 한다.
- 스팸 메일과 관련된 배출량을 상쇄하려면 나무 **16억** 그루를 심어야 한다.
- 2019년 미국인이 사용한 데이터 소비에서 비롯된 배출량을 상쇄하려면 나무 **2억 3100만** 그루를 심어야 한다.
- 약 2조 건에 달하는 연간 구글 검색에서 비롯되는 배출량을 상쇄하려면 나무 **1600만** 그루를 심어야 한다.

⊕340

토양에는 대기보다 3배 이상 많은 탄소가 들어 있다. 경작 등의 인간 활동 때문에 이 탄소가 50% 이상 줄어든 것으로 추정된다.

휘발유 동력 낙엽 청소기의 기후 비용

미국의 잔디밭 면적은 4000만~5000만 에이커에 달한다. 이 중 주거지가 40%를 차지한다. 호주, 캐나다, 영국에서도 잔디밭은 흔하지만 잔디밭을 보유하고 관리하는 데 미국만큼 요란을 떠는 나라는 없다.

잔디밭을 유지하는 데는 기후 비용이 따르는데, 최악의 범인 중 하나가 휘발유를 사용하는 낙엽 청소기다. 캘리포니아 대기자원위원회CA Air Resources Board는 휘발유 동력 낙엽 청소기가 자동차보다 더 많은 오염을 유발한다고 지적한다.

기가스에는 스모그를 유발하는 탄화수소와 아산화질소, 그리고 일산화질소와 미세먼지가 들어 있는데, 이 모두가 인체에 해로운 영향을 끼친다. 아산화질소는 온실가스로서 영향력이 이산화탄소보다 300배 이상 강력하다.

미국에 있는 100여 개 도시와 마을이 휘발유 동력 낙엽 청소기를 금지하거나 사용을 제한했다. 많은 사람들은 전기 낙엽 청소기로 바꾸는 중이다. 전기 낙엽 청소기가 완벽한 해결책은 아니지만(많은 전기가 여전히 화석연료 발전소에서 생산된다) 영향은 훨씬 적다.

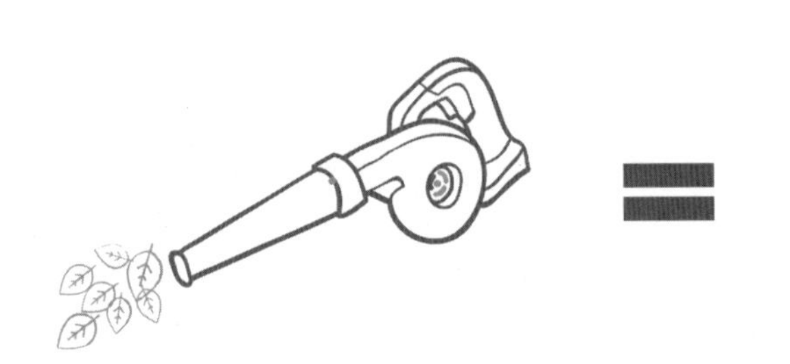

낙엽 청소기 1시간 사용

도요타 캠리Camry 자동차 1770.278km 운전

2011년의 한 연구는 낙엽 청소기를 한 시간 사용할 때 포드 F150 SVT 랩터 픽업트럭보다 299배 더 많은 발암성 탄화수소가 배출된다는 사실을 보여주었다.

소비자들이 사용하는 대부분의 낙엽 청소기는 2행정 엔진을 사용한다. 이 엔진에는 별도의 윤활 시스템이 없어서 연료를 석유와 섞어 써야 하는데, 엔진이 사용하는 연료의 약 30%가 완전히 연소되지 않아서 독성 오염물질로 배출된다.

뉴욕주 환경보존부DEC에 따르면 이렇게 만들어진 배

많은 원예가들이 낙엽 청소기와 갈퀴 사용을 완전히 중단하고 낙엽을 그 자리에 놔둘 것을 권장한다. 낙엽은 분해되어 토질을 향상시키고, 겨울에는 새와 다른 야생동물의 먹이인 곤충과 꽃가루 매개자들의 안식처를 제공한다.

⊕034

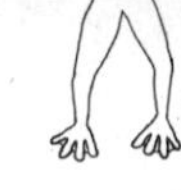

야외용 난방기로 실외 공간 데우기

야외용 프로판 난방기와 쏜살처럼 달리는 트럭은 배출량이 동일하지만, 야외용 난방기에는 트럭에 있는 배출물질 여과/저감 장치가 없다.

대부분 저녁에 가동되지만 가끔 점심시간에도 쓰이는 야외용 난방기 한 대를 가동하면 연간 4톤의 이산화탄소가 배출되는 것으로 추정된다. 이는 평균적인 가정에서 만들어지는 이산화탄소 총량의 약 2/3에 달한다. 평균적인 식당의 야외 식사 공간은 6대에서 12대의 야외용 난방기를 돌리기 때문에 환경에 미치는 영향이 어느 정도일지 가늠해볼 수 있다.

전 지구적 팬데믹에 대한 해법으로 야외 활동이 늘면서 2020년 야외용 프로판 난방기 수요가 3배 이상 증가했다. 전 세계적으로 2020년에 3억 6540만 대가 거래되었고 2026년에는 5억 3560만 대로 증가할 것으로 추정된다.

2019년에 야외용 프로판 난방기는 전 세계 난방기 시장에서 약 57%를 차지했고, 전기 난방기가 36%로 그 뒤를 이었다. 평균적으로 야외용 가스 난방기 또는 프로판 난방기는 연간 이산화탄소 3400kg, 전기 난방기는 연간 500kg에 달하는 이산화탄소를 내뿜는다.

2019년 야외용 난방기가 가장 많이 판매된 지역은 북미(49%)였고, 유럽(34%)과 아시아태평양(15%) 지역이 그 뒤를 이었다. 이 지역들은 꾸준히 시장에서 지배적인 비중을 차지할 것으로 예상된다.

일부 유럽국가들은 야외용 난방기 사용을 규제하고 있다. 프랑스에서는 코로나19 때문에 전국적인 금지 조치의 시행을 연기했지만 2022년부터 시행 중이다. 그리고 리옹 같은 일부 프랑스 도시들은 이미 야외용 난방기를 금지하는 지자체령을 발행했다. 한 전국 규모의 연구에 따르면 프랑스에서 야외용 난방기는 연간 50만 톤의 이산화탄소를 배출한다.

🌐360

구글 "야외용 난방기" 검색량(2017~2022년)

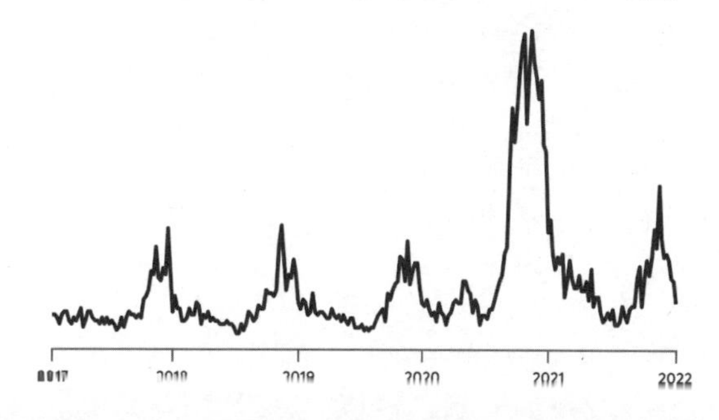

야외용 난방기

우산형 난방기 또는 버섯형 난방기라고도 한다. 야외용 난방기는 난방기 부근의 야외 공간에 열복사를 만들어내는 복사열 장치다. 대부분 연료로 천연가스나 프로판가스를 사용하지만 전기 난방기도 있다.

시나리오

행동하기로 (또는 행동하지 않기로)
마음먹으면 어떤 일이 일어날까?

IPCC의 다섯 가지 시나리오

그 어느 때보다 미래 예측이 시급하다. 수천 명에 달하는 기후 과학자와 경제학자들이 힘을 모아 견실한 컴퓨터 모델을 만들고 테스트를 거쳐 앞으로 한두 세대 뒤에 지구가 어떤 모습일지 추정해왔다.

기후변화에 관한 정부 간 패널IPCC은 지금의 기후 관련 과학 지식, 즉 과거와 현재와 미래의 위험과 가능성을 평가하고 이에 대한 합의를 도출하는 전 세계의 자발적인 과학자들로 구성되어 있다.

이들은 일련의 보고서를 발행했고 2050년과 그 이후 지구의 상태에 대한 다섯 가지 시나리오를 도출했다. 이 시나리오들은 온실가스 배출량, 토지 이용, 대기오염 물질에 대한 기후의 반응을 측정하는 복잡한 계산을 토대로 삼는다.

경제성장, 인구, 온실가스 배출량에 대한 미래의 궤적은 지구의 평균기온 증가를 유발할 것으로 예상된다.

이 시나리오의 이름은 이런 공통의 사회경제적 경로 Shared Socioeconomic Pathways(SSP)를 바탕으로 1부터 5까지 숫자가 매겨지는데, 숫자가 커질수록 결과는 더 부정적이다.

다섯 가지 시나리오

온난화는 모든 시나리오에서 일어나지만 다음 측면에서 상당한 차이가 있다.

- 날씨의 강도
- 해수면 상승
- 눈과 얼음의 감소
- 향후 정책과 실천

이 시나리오들은 시간이 흐르면서 문제가 어떻게 악화하는지를, 그리고 당장의 행동 변화가 향후 몇 년 동안 얼마나 큰 영향을 줄 수 있는지를 보여준다.

IPCC가 내놓았던 과거의 추정치는 지나치게 낙관적이었음이 증명되었다. 가장 최근 보고서에서는 지구의 평균 기온 상승이 1.5°C를 넘을 것으로 예상되는 시기가 10년 앞당겨질 것으로 예측했다. 그렇지만 이 보고서가 출간된 이후 수집된 데이터는 그 짧은 기간 동안 예상보다 더 많은 온난화가 진행되었음을 보여준다.

⊕033

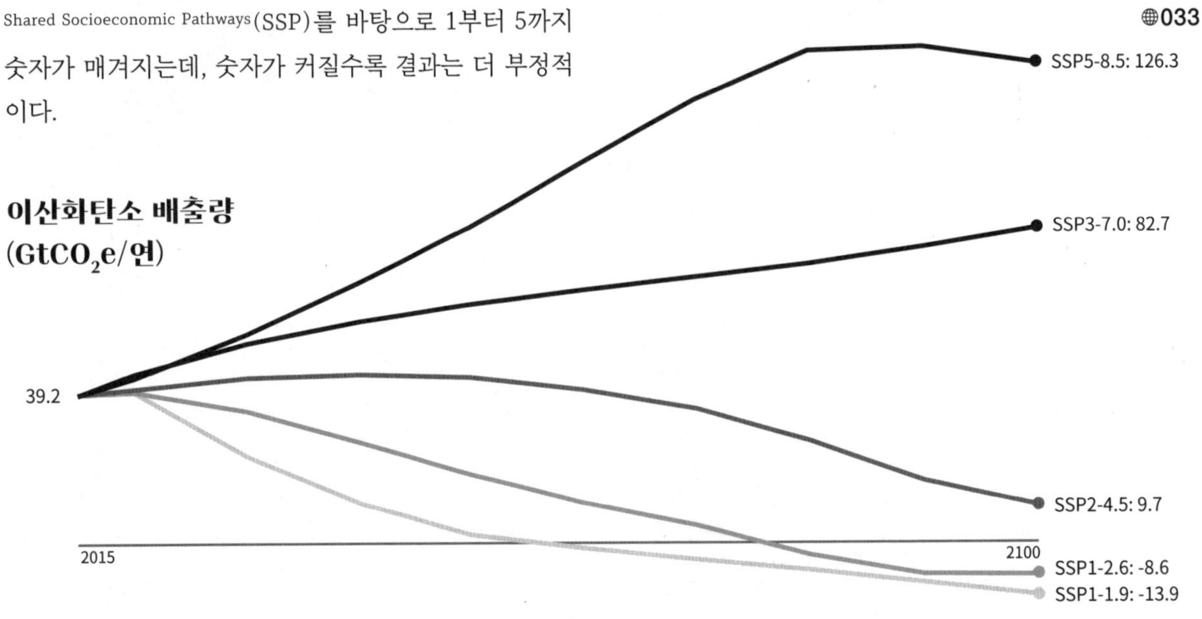

시나리오	기온 변화	설명
#1 아주 낮은 배출량 (SSP1-1.9)	1.4°C	세계 이산화탄소 배출량이 2050년경 넷제로Net-Zero에 도달한다. 이는 평균기온을 산업화 이전보다 (최대) 1.5°C 높은 수준으로 유지하고 2100년 전에 1.4°C 수준으로 안정화한다는 파리협정의 목표를 충족시키는 것이다. 지속 가능한 실천들이 빠르게 채택되어 경제성장과 투자에 변화가 일어난다. 기후변화의 영향이 다른 시나리오에 비해 상당히 낮은 강도와 속도로 느껴진다.
#2 낮은 배출량 (SSP1-2.6)	1.8°C	전 세계 이산화탄소 배출량이 크게 줄어들었지만 2050년까지 넷제로에 도달하기에는 충분하지 않다. 2100년 말에는 평균기온이 1.8°C 더 높은 수준에서 안정화된다.
#3 중간 배출량 (SSP2-4.5)	2.7°C	지속 가능한 실천을 향한 진전이 더디고, 역사적인 추세와 유사하다. 이산화탄소 배출량이 현재 수준에 머문다. 이번 세기 말까지 넷제로에 도달하지 못한다. 2100년이면 평균기온이 2.7°C 상승한다.
#4 높은 배출량 (SSP3-7.0)	3.6°C	배출량과 기온이 꾸준히 상승해서 현재의 거의 두 배에 이른다. 국가들은 경쟁력과 더 강고한 안보, 식량 공급에 대한 의식 향상 쪽으로 이동한다. 2100년이면 평균기온이 3.6°C 상승한다.
#5 아주 높은 배출량 (SSP5-8.5)	4.4°C	2050년까지 이산화탄소 배출량이 두 배가 된다. 에너지 소비량 증가와 화석연료 개발이 경제성장에 동력을 공급하지만…. 2100년이면 세계 평균기온이 4.4°C 상승한다.

IPCC 시나리오

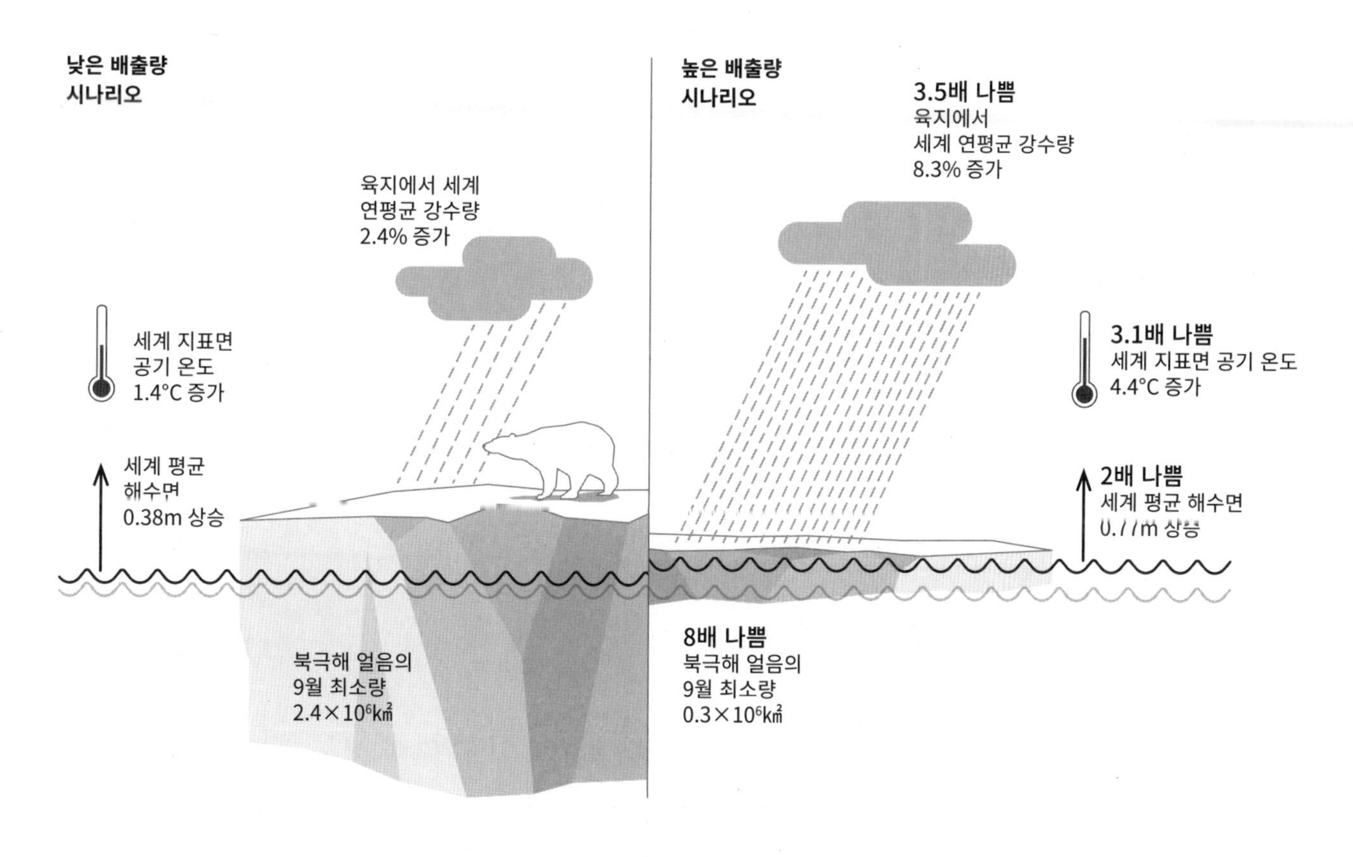

다섯 시나리오 이해하기

앞으로 나아가기 위해서는 집단적인 실천을 했을 때 어떤 결과가 있을지 반드시 확인해야 한다. IPCC 시나리오는 우리 앞에 무엇이 놓여 있는지를 분명하게 보여준다.

IPCC 보고서는 우리에게 배출량을 기온 1.5°C 상승 수준으로 제한할 재정적 수단과 기술적 역량, 그리고 과학적 이해가 있다는 걸 보여주는 한편 과감한 실천과 정치적 의지가 반드시 필요하다는 점을 분명히 한다.

아이들

기후 관련 질병으로 인한 짐의 90%를 5세 이하의 아이들이 짊어진다.

0.5°C의 온난화는 큰 차이를 만든다

관심 영역	시나리오 1	시나리오 2	차이
지구온난화: 세계 평균 표면 기온이 산업화 이전 수준보다 상승한다	1.5°C	2°C	0.5°C 높음
심각한 폭염: 5년에 1번 이상 심각한 폭염에 노출되는 세계 인구	14%	37%	2.6배 나쁨
해수면 상승: 2100년까지 해수면 증가로 매년 위험에 처하는 세계 인구	6900만 명	7900만 명	1000만 명 많음
북극 해빙량: 북극해에서 '얼음 없는 여름'이 발생하는 빈도	100년에 한 번	10년에 한 번	10배 나쁨
생물 다양성 감소(척추동물): 서식지가 절반 이상 줄어드는 척추동물	4%	8%	2배 나쁨
생물 다양성 감소(식물): 서식지가 절반 이상 줄어드는 식물	8%	16%	2배 나쁨
생물 다양성 감소(곤충): 서식지가 절반 이상 줄어드는 곤충	6%	18%	3배 나쁨
생태계 변화: 생태계 변화의 타격을 받는 전 세계 지역	7%	13%	1.9배 나쁨
산호초 감소: 오늘날과 비교했을 때 산호초의 감소량	70~90%	99%	1.2배 나쁨
농작물 수확량 감소: 농작물 수확량 감소에 노출되는 세계 인구	3500만 명	3억 6200만 명	10.3배 나쁨

시나리오 1

산업화 이전 기온보다 1.5°C 높은 수준에서 지구온난화를 유지한다는 파리협정의 목표에 도달하는 유일한 시나리오.

이 시나리오에서는 극단적인 날씨가 더 자주 일어나지만 최악의 기후변화는 피한다. 건강이 위협을 받고 기후가 변하는 것은 여전하지만 다른 시나리오보다는 상당히 낮은 수준이다. 하지만 기온 상승을 1.5°C로 제한하려면 에너지, 토지, 사회 기반 시설, 수송, 산업 시스템 등에서 유례없는 전환이 필요할 것이다.

기온 상승을 1.5°C로 제한하려면 에너지, 토지, 사회 기반 시설, 수송, 산업 시스템 등에서 유례없는 전환이 필요할 것이다.

시나리오 2

이 낮은 배출량 시나리오에서는 2030년 직후에 1.5°C를 돌파하지만 2100년까지 산업화 이전 시기 기준 기온 상승을 2°C 이하로 억제하는 수준에 머문다는 파리협정의 목표에 도달할 수 있다.

전 세계 온실가스 배출량이 시나리오 1만큼 크게 감축되지만 속도가 그만큼 빠르지는 않아서 2050년 이후에야 넷제로 배출에 도달한다. 시나리오 1에서처럼 재조림, 탄소 포집 등의 수단으로 대기에서 이산화탄소를 제거해야 할 것이다.

0.5°C의 기온 상승은 큰 차이로 보이지 않을 수 있다. 하지만 IPCC 보고서는 0.5°C의 기온 상승으로 인간과 자연 시스템에 부정적인 영향이 크게 늘어날 것임을 분명히 밝힌다.

가령 폭염, 화재, 홍수, 가뭄 같은 극도로 더운 날씨 사건들의 강도와 빈도가 늘어나고 때로는 동시에 벌어질 수 있다. 여기에 해수면 상승과 해양 산성화까지 더해지면 인간과 다른 종의 서식지가 감소할 뿐만 아니라 작물 수확량과 어획량이 줄어들어 이용 가능한 식량이 감소할 것이다. IPCC는 시나리오 2에서는 시나리오 1에 비해 최대 수억 명 이상이 추가로 기후 관련 위험의 부정적인 영향을 받게 될 것이라고 추정한다.

시나리오 3

정치적 · 경제적 힘 때문에 단기간 내에 빠르고 극적인 행동을 취하기 어렵다고 가정하는 시나리오다.

누적 이산화탄소 배출량은 세계 표면 기온 증가와 거의 선형적인 관계를 갖기 때문에, 지금으로부터 불과 10년도 남지 않은 2030년대 초에 1.5°C 상승에 도달할 수 있다.

이 시나리오에서는 2050년까지 온실가스 배출량이 감소하지 않고, 그 결과 이번 세기 말에는 기온 상승 수준이 약 2.7°C에 달할 것으로 예상된다.

기온이 산업화 이전 수준보다 2.5°C 높았던 마지막 시기는 300만 년보다 더 이전으로 추정된다.

온난화에는 지역적 편차가 있을 것이다. 평균적으로 온난화는 바다보다는 육지에서, 남반구보다는 북반구 고위도 지역에서 더 크게 일어날 것이다. 남극에 비해 북극이 온난화에 더 민감해서, 산업화 시대 이후로 북극은 다른 지역보다 두 배 더 빠르게 온난화가 진행되었다.

강수량이 증가할 것이다. 지구온난화가 1.5°C를 초과하는 모든 시나리오에서는 특히 육지에서 강수량이 늘어날 것으로 예상된다. 세계 평균 표면 기온이 1°C 상승할 때마다 전 세계 평균 강수량은 1~3% 증가할 것으로 예상된다.

전반적인 강수량은 증가하겠지만 위도에 따른 지역적인 차이가 있을 것이다. 고위도와 습한 열대 지역에서는 강수량이 증가하겠지만 지중해, 아프리카 남부, 호주 일부, 남아메리카 같은 아열대 지역 일부를 비롯한 건조 지역에서는 감소할 것이다.

고위도와 습한 열대 지역에서는 강수량이 증가하겠지만 건조 지역에서는 감소할 것이다.

북극해의 얼음이 녹을 것이다. 기온이 1.5°C 이상 상승하는 모든 시나리오에서 이번 세기 말에는 9월에 북극해에 얼음이 사실상 전혀 없을 가능성이 높아진다. 기온 상승 폭이 2°C에 도달하면 이 시나리오는 거의 확실해진다.

지구 표면 기온 상승으로 거대 빙하가 점점 빨리 사라지고 전 세계 평균 해수면이 상승하게 되는데, 시나리오 3~5에서는 21세기 내내 해수면 상승의 속도가 빨라질 것으로 예상된다. 배출량 증가로 바다가 탄소를 더 많이 흡수하기 때문에 이 시나리오에서는 해양의 산성화도 더 심해진다. 일부 시스템은 돌이킬 수 없을 정도로 변화를 겪게 된다. 지속적인 지구온난화는 다음 변화를 영구적으로 유발할 가능성이 있다.

- 해수면 상승
- 대륙빙하 유실
- 영구동토층 탄소 배출

시나리오 4

이 시나리오는 전 세계 기후변화가 악화되면 국제 협력이 흔들릴 거라고 가정한다. 각국은 힘을 모아 문제를 해결하기보다는 내부로 시선을 돌려 국익, 주로 에너지와 식량 안보에 주력하게 된다.

단기적인 비상사태를 해결하려고 화석연료에 크게 의존하다 보니 온실가스 배출량이 꾸준히 증가한다. 2100년에 이르면 이산화탄소 배출량이 거의 두 배로 늘어서 연간 80기가톤을 초과한다. 대기오염 통제가 제대로 이루어지지 않고 이산화탄소를 제외한 온실가스 배출량 역시 꾸준히 늘어서 온난화가 악화된다.

기온이 치솟는다. 각국이 기후 약속을 지키지 않기 때문에 21세기에 기온이 2°C까지 늘어날 수 있고, 앞으로 10년 이내에 1.5°C 문턱을 넘을 수 있다.

강수량과 가뭄이 대폭 증가한다. 기온 상승이 2°C를 초과하는 시나리오(시나리오 4와 5)에서는 세계 평균 강수량이 1995~2014년에 비해 2.6% 증가한다.

바다가 변화를 겪는다. 세계의 바다 표면 기온이 이번 세기 말에는 2.2°C 상승한다. 바다의 수온 상승은 최대의 해류 시스템인 대서양 자오면 순환에 영향을 줄 수 있다. 대서양 자오면 순환이 정지할 경우 몬순의 이동, 유럽과 북미의 강수량 감소 등 그 파장이 심각할 수 있다. 그리고 이 정지는 영구적일 수 있다.

대서양 자오면 순환이 정지할 경우 몬순의 이동, 유럽과 북미의 강수량 감소 등 그 파장이 심각할 수 있다. 그리고 이 정지는 영구적일 수 있다.

바다의 수온 증가는 주로 열팽창 때문에 세계 평균 해수면 증가로 이어진다. 기온 상승이 2°C를 넘는 모든 시나리오에서는 남극대륙의 빙하가 붕괴할 가능성이 높다. 그러면 2100년경 세계 평균 해수면이 최소한 1m 오르고, 2m 이상 오를 것이라는 예상도 있다.

시나리오 5

이 시나리오에서는 점점 심각해지는 기후 비상사태에도 불구하고 화석연료 개발과 에너지 사용의 강도가 훨씬 더 높아질 것이라고 예상한다. 그 결과 온실가스 배출량이 크게 증가한다. 연간 이산화탄소 배출량이 2050년이 되기 전에 두 배로 늘고 이번 세기 말이 되기 전에 120기가톤을 넘는다.

재생에너지 기술이 향상되고 이를 점점 많이 받아들이게 되면 이 시나리오의 개연성이 떨어진다. 하지만 탄소 순환 피드백이 대기 중 이산화탄소 농도에 영향을 미치고 그에 따라 도미노처럼 연쇄반응을 일으켜 이런 상황에 도달할 수 있다. 그리고 세계 표면 기온이 10년 이내에 1.5°C 이상 상승할 것으로 예상되는데, 단기적인 실제 온난화가 과거의 추정치를 넘어섰다는 점을 감안하면 개연성이 떨어진다고 해서 얕잡아 봐서는 안 된다.

이 시나리오에서는 1.5°C 증가가 2027년 정도로 아주 빠른 시일 내에 일어날 가능성이 대단히 높다. 수십 년 내에 2°C 증가에 도달할 수 있고 이번 세기 말에 이르면 전에는 상상도 하지 못했던 4.4°C 상승이 일어날 수도 있다. 인류는 이런 기후 조건에서 살아본 적이 없다.

다른 시나리오와는 달리 이 시나리오는 강력한 수준의 대기오염 통제를 상정하고 중·장기적으로 메탄을 제외한 오존 전구물질ozone precursor이 감소한다고 추정한다. 메탄은 2027년까지는 증가할 것으로 추정한다.

다른 시나리오에서처럼 전반적인 온난화가 진행되면서 지역 간 온난화 추이의 차이가 커질 것으로 예상된다. 가령 1995~2014년의 기온에 비해 아마존강 유역의 열대 육상 지역 일부는 8°C까지, 그 외 다른 열대 육상 지역은 6°C까지 증가할 수 있다.

강수량이 크게 증가한다. 온난화가 진행되면서 강수량이 많을 때와 적을 때의 차이가 더욱 커질 것으로 예상된다. 대륙빙하가 사라지고 해수면과 기온이 상승한다. 그린란드와 남극대륙에 있는 가장 큰 대륙빙하가 유실되어 해수면이 상승한다. 대륙빙하는 만들어지는 데 오랜 시간이 걸리지만 녹는 건 빠르기 때문에 큰 덩어리가 한번 사라지면 돌이킬 수가 없다.

바다가 점점 열을 많이 흡수하고 더 따뜻해지기 때문에 해수가 팽창한다. 약 1m의 해수면 상승은 해안 지역, 섬, 홍수에 취약한 지역에 거주하는 약 10억 명의 삶에 영향을 미칠 수 있다.

웹 검색하고 나무도 심고

www.thecarbonalmanac.org/search를 방문해서 검색을 할 때마다 나무를 심는 간단한 확장 프로그램을 설치하세요.

우리가 던져버려 없앨 수 있는 것은 아무것도 없다. 우리는 그저 우리의 문제를 다른 사람에게 떠넘길 뿐이다.

— 사이먼 시넥Simon Sinek

약 1m의 해수면 상승은 해안 지역, 섬, 홍수에 취약한 지역에 거주하는 약 10억 명의 삶에 영향을 미칠 수 있다.

🌐039

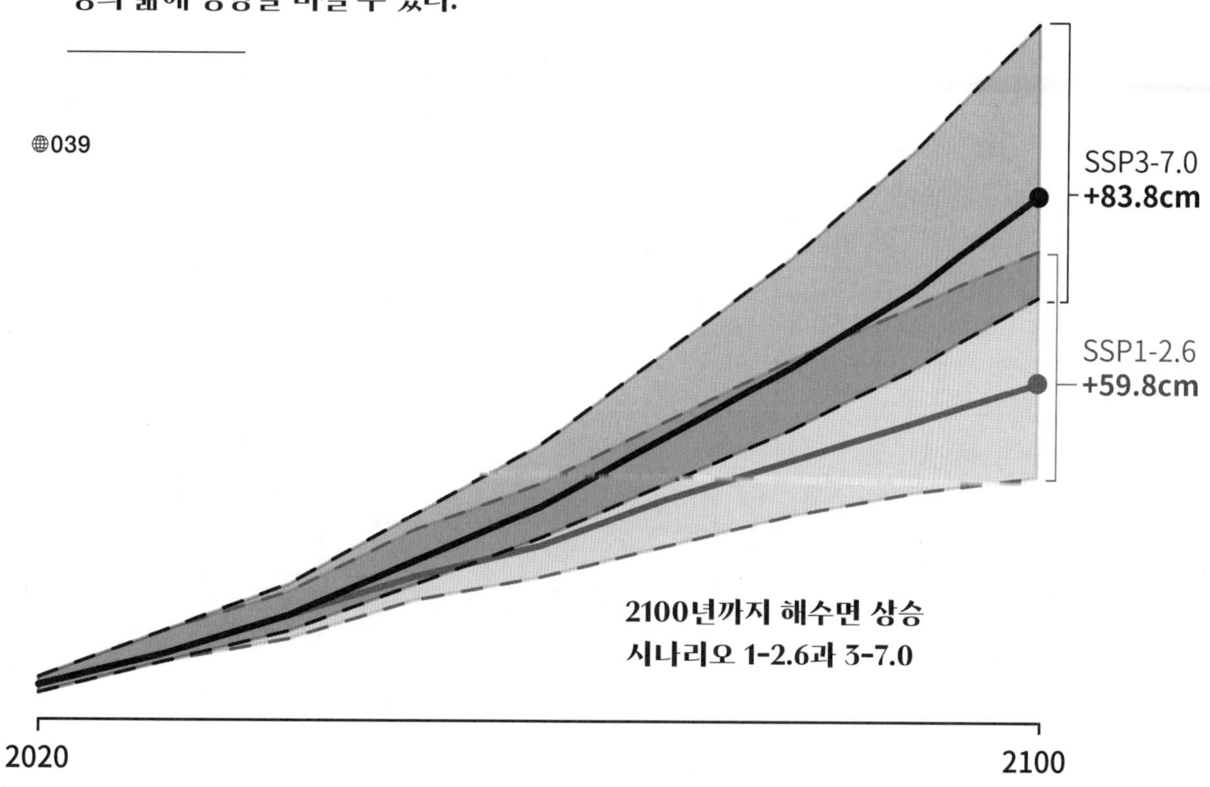

2100년까지 해수면 상승 시나리오 1-2.6과 3-7.0

10년, 50년, 100년, 1000년에 한 번 일어나는 기후 사건

가능성이 얼마나 되는가?

기후 문제의 위험을 설명하는 방법 중 하나는 어떤 사건이 얼마나 자주 일어나는지를 이야기하는 것이다. 가령 댐에 있는 최고 수위선은 저수지가 평균 10년에 한 번 도달할 가능성이 있는 수준을 보여준다.

기후변화는 이런 추정들을 뒤엎는다. 10년에 한 번 일어나던 폭염은 기온이 4°C 증가하는 시나리오에서는 10년에 9번 일어날 수 있다.

1970부터 2019년까지 50년간 기후, 날씨, 또는 물 피해와 관련된 재난이 매일 평균 한 건 있었다. 인명 피해와 경제적 손실의 측면에서 상위 10대 재난 중에는 가뭄, 폭풍, 홍수, 극단적인 기온이 있었다. 세계기상협회World Meteorological Society 사무총장에 따르면 기후변화가 재난의 빈도와 강도를 높이고 있다.

10년에 한 번 일어나는 사건

IPCC는 역사적으로 10년에 한 번 일어날 가능성이 있는 세 유형의 사건을 검토한다.

1. 육지에서 극단적인 고온
2. 육지에서 아주 많은 일일 강수량
3. 건조지역에서 농업과 생태계에 영향을 미치는 가뭄

네 시나리오(1°C 상승, 1.5°C 상승, 2°C 상승, 4°C 상승) 모두에서 이런 사건들은 10년 이내에 더 자주 일어날 가능성이 있다.

10년에 한 번 일어나는 폭염의 빈도 증가

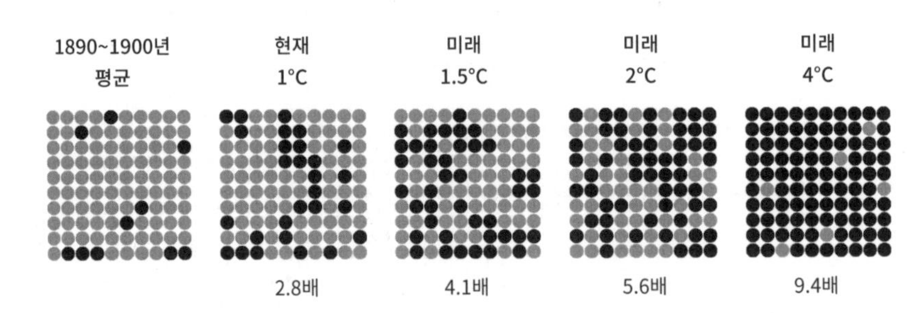

높은 배출량 시나리오에서는 폭염이 거의 매년 일어날 수 있다. 4°C 지구온난화 시나리오에서는 폭염으로 5.1°C 더 더워질 수 있다.

50년에 한 번 일어나는 사건

IPCC는 역사적으로 50년에 한 번 일어나는 육지에서의 극단적인 고온을 검토했다. 역사적으로 50년에 한 번 일어났던 극단적인 폭염은 낮은 배출량 시나리오와 중간 배출량 시나리오에서는 10년에 한 번 빈도로 일어날 것으로 예상된다. 4°C 상승 시나리오에서는 이런 폭염으로 인해 5.3°C까지 더 더워질 수 있다.

10년에 한 번 일어나는 강수의 빈도 증가

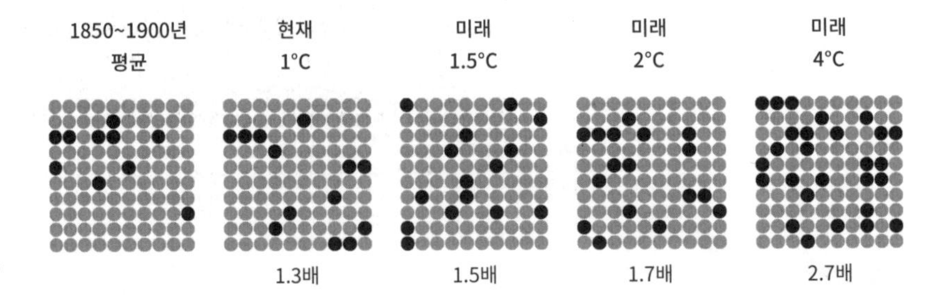

4°C 배출량 시나리오에서는 강수로 30.2% 더 습해질 수 있다.

> 어려운 일은 아직 쉬울 때 계획을 세우고, 커다란 일은 아직 작을 때 행하라…. 무리에게 닥치는 최악의 재앙은 주저함에서 비롯된다.
>
> — 손무孫武

10년에 한 번 일어나는 가뭄의 빈도 증가

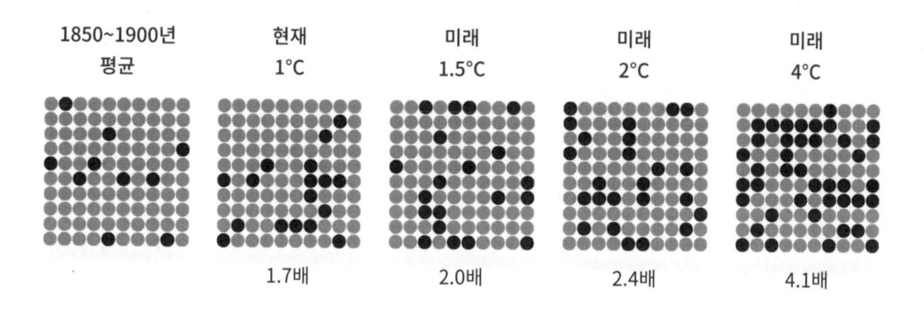

4°C 배출량 시나리오에서는 토양 습도수분 함량의 표준편차 하나에 의해 가뭄의 강도가 높아질 수 있다. 2°C 배출량 시나리오에서도 가뭄과 폭염 같은 기후 사건들이 동시에 일어나서 산불, 식량 불안, 수질 문제 같은 다른 기후 관련 비상사태의 위험을 증가시킬 수 있다.

50년에 한 번 일어나는 폭염의 빈도 증가

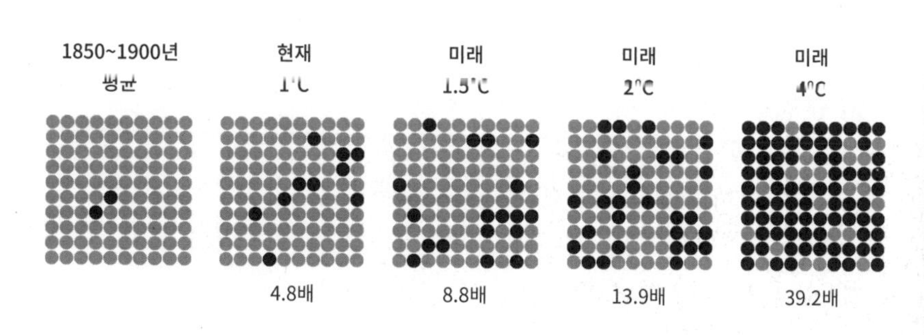

100년, 1000년에 한 번 일어나는 사건

"한 세기에 한 번"으로 여길 법하던 폭우가 최근 호주에서 여러 차례 일어나 큰 홍수를 일으켰다. 2021년 여름 중국에서 내린 폭우는 1000년에 한 번 일어나는 수준의 큰 홍수로 이어졌다. 사흘 동안 617mm의 비가 내렸는데, 이는 해당 지역의 연평균 강수량에 육박했다. 그 외에도 독일(2021년)에서, 그리고 미국에서 허리케인 플로렌스(2018년), 허리케인 하비(2017년), 열대성 폭풍 이멜다(2019년)가 있었던 기간에 1000년에 한 번 일어나는 수준의 홍수가 있었다.

⊕680

노르웨이는 전기 자동차로 간다

2021년 노르웨이에서 판매된 신차 중에서 재래식 휘발유나 경유 엔진을 이용하는 차는 8%뿐이었다.

대서양의 해류 변동

대서양 자오면 순환

우리는 바다가 큰 호수라고 생각할 때가 많다. 하지만 바다는 서로 교차하는 거대한 강들의 집합으로 보는 쪽이 더 정확하다. 대서양에 있는 이 '거대한 강'을 대서양 자오면 순환이라고 한다. 그런데 이 현상은 시나리오 4와 5에서 교란이 일어날 가능성이 높다.

멕시코만류는 이 대서양 자오면 순환에 속한다. 이 만류는 아마존강보다 초당 100배 이상 많은 양의 물을 실어 나른다.

멕시코만류는 따뜻한 물을 카리브해 북쪽에서 북아메리카 동부 해안을 따라 이동시켜 대서양을 건너게 한다. 이 따뜻한 물은 둘로 갈라져 한쪽은 그린란드와 영국으로 향하고 다른 한쪽은 아프리카 서해안을 따라 원을 그리며 남쪽으로 내려간다. 영양물질이 풍부한 난류는 바다 표면을 따라 북쪽으로 밀려 올라가고, 한류는 북아메리카와 남아메리카의 동부 해안을 따라 남쪽으로 내려온다.

아일랜드는 캐나다의 북극곰 서식지와 위도가 같다. 멕시코만류의 따뜻한 물이 없었다면 아일랜드는 훨씬 추웠을 것이다.

수천 년간 이 안정된 시스템이 서유럽과 북아메리카 동해안의 온화한 기온을 책임졌다. 그리고 지금, 이 시스템은 변화의 기로에 서 있다.

순환이 느려지고 마침내 붕괴한다면

최근 과학자들은 멕시코만류의 지난 2000년간 유속을 모델로 만들었다. 이들의 관찰에 따르면 최근 160년 동안 대서양 자오면 순환이 15% 느려졌다. 이 둔화는 이미 기후 교란을 일으키고 있다.

과학자들이 관찰한 감속의 대부분은 지난 50년 동안 일어났고 이는 이산화탄소 배출량 증가와 빙하의 융해 때문에 해수의 온도가 따뜻해진 것과 관련이 있다. 과학자들은 대서양 자오면 순환이 이번 세기에 45%까지도 느려질 수 있다고 예측하며, 이 순환이 돌이킬 수 없을 정도로 붕괴되어 전 세계에 큰 기후 교란을 일으킬 것을 우려한다.

해수면 상승

멕시코만류의 유속이 느려지면 적도의 해수가 더 따뜻해지고 해수면이 상승한다. 이 따뜻한 물은 대서양을 건너 유럽으로 이동하는 대신 북아메리카 동해안을 따라 머물 것이다.

2009년 초부터 15개월 동안 대서양 자오면 순환이 30% 느려져서 뉴욕부터 뉴펀들랜드까지 해수면이 10cm 상승했다. 미국 메인만에서는 바다의 온도가 지난 10년 동안 크게 올랐다. 이런 수온 변화 때문에 이 지역의 대구 어획량이 40% 감소했다. 동시에 적도의 표층수 온도가 올라간다는 것은 허리케인이 더 빈번하고 강해진다는 뜻이다.

대서양 자오면 순환이 무너지면 북아메리카 동해안 전체가 상당한 해수면 상승에 타격을 입을 것이다. 수백만 명이 터전을 잃고 상업적인 어종에서부터 바다거북과 바다소 같은 위기종에 이르기까지 해양 생명체들의 중요한 서식지가 파괴될 것이다.

빙하의 융해

남극대륙에 이어 세계에서 두 번째로 큰 대륙빙하인 그린란드의 빙하가 녹으면서 대서양 한가운데 과학자들이 말하는 "차가운 물 덩어리cold blob"가 생겼다. 일각에서는 이 차가운 물 덩어리가 멕시코만류의 흐름이 둔화하는 징후이자 원인이라는 이론을 제시한다.

대서양의 차가운 물 덩어리는 날씨에도 영향을 미치고 있다. 과학자들은 매섭게 추운 겨울, 여름의 폭염, 가뭄은 차가운 물 덩어리 때문에 표층 수온와 습도가 바뀐 데 원인이 있다고 지적한다.

지질학적 기록에 따르면 마지막으로 일어난 대서양 자오면 순환의 급변으로 아프리카 북부 전역에 심각한 가뭄이 일어났고 1000년 동안 대서양 주변의 해안 지역들의 온도가 빙하기 수준으로 곤두박질쳤다.

⊕683

가장 큰 피해를 입는 건 누구일까?

기후가 빠르게 온난해질수록 가뭄, 홍수, 폭염, 해수면 상승, 해양 산성화 같은 극단적인 날씨 시나리오들이 인간의 생계와 가정에 미치는 영향이 커진다. 이런 영향의 정도는 적응과 완화 계획을 이행할 수 있는 각국의 능력에 크게 좌우될 것이다.

한 나라의 대응 능력은 대체로 그 나라의 경제적 능력에 달려 있다. 기후변화는 모든 사람에게 영향을 미치지만, 가장 큰 타격을 입는 사람들은 기후변화에 가장 적게 기여했고 그 영향을 완화할 경제적 능력이 제일 부족한 이들이 될 것이다.

GDP가 가장 높은 북반구 나라들 가운데 대부분(15개국 중에서 13개국)은 남반구에 있는 나라들과 비교했을 때 1인당 온실가스 배출량이 매우 높다.

가령 방글라데시와 미국을 비교해보자.

	인구	가계소득 (2018)	1인당 탄소 배출
방글라데시	1억 6000만	1698달러	0.5
미국	3억 2700만	6만 3062달러	15.2

방글라데시의 인구는 미국 인구의 절반이지만 1인당 탄소 기여도는 미국의 4% 미만이고 1인당 소득은 미국의 3% 미만이다.

게다가 방글라데시는 저지대에 위치해서 해수면 상승의 타격이 특히 크다. 2050년이면 방글라데시인 1800만 명이 삶터를 떠나야 할 것으로 추정된다. 경작지로 사용되던 토지는 해수면 상승으로 물에 잠기고, 토양의 염도가 상승해서 작물과 식수가 피해를 입으며, 열대성 폭풍 또는 하천제방의 침식 때문에 주택이 주기적으로 파괴될 것이다.

아직 자기 집에 살 수 있는 이들도 집을 고치거나 피해를 예방하는 데 들어가는 돈이 늘고 있다. 기온 상승이 1.5°C에서 멈춘다 해도 2100년 이후로 해수면은 계속 상승할 것으로 예상되기 때문에 방글라데시인들은 상대적으로 더 많은 피해를 입을 것이다.

IPCC는 "지구온난화가 1.5°C 이상 진행될 때 악영향을 상대적으로 더 크게 받을 위험"이 있는 이들로 다음 인구 집단을 지목했다.

- 사회적 취약 계층
- 일부 선주민
- 농업과 해변에 생계를 의지하는 지역사회

그리고 상대적으로 위험이 더 높은 지역을 다음과 같이 지목했다.

- 북극 생태계
- 건조 지역
- 군소 도서 개발도상국
- 최빈 개발도상국

또 유엔은 여성이 기후변화에 특히 취약하다고 지목해다. 빈곤한 13억 명 가운데 70%가 여성이다. 여성들이 돌봄 노동과 농사를 책임지기 때문에 식량과 물 부족은 여성들에게 특히 타격을 입힌다.

이 책의 내용을 그대로 받아들이지 마세요.

http://www.thecarbonalmanac.org/681에서 이 글의 원자료, 관련 링크, 그리고 업데이트된 내용을 확인할 수 있어요.

더 깊이 공부하고, 함께 이야기해요.

바다의 산성도

역사적으로 바다의 기본 수소이온농도(pH)는 늘 8.2 수준을 유지해왔다. 이산화탄소 배출량이 늘어나면서 이 pH가 감소하고 있다. pH는 로그 척도이기 때문에 pH가 1만큼 감소했다는 것은 바다의 산성도가 10배 더 높아졌음을 의미한다. 아래 그래프가 보여주듯 서로 다른 시나리오는 바다의 산성도에 아주 다른 영향을 미칠 수 있다. 첫 두 시나리오는 장기적으로 현재 수준으로 약간 되돌아오는 모습이지만 다른 세 시나리오는 계속 아래로 향한다.

환경의 목소리를 포함하지 않은 민주주의는 실패할 것이다. 공존에는 환경이 필요하다.

— 올라도수 아데니케Oladesu Adenike

바다의 산성도는 왜 높아질까?

바다는 인간이 배출한 전체 이산화탄소의 약 3분의 1을 흡수한다. 이 이산화탄소는 물과 반응해서 탄산을 만들어내고 이 탄산은 바닷물의 산성도를 바꾼다. 이산화탄소 증가는 산성도 증가와 같다.

산성도가 높아진 바다의 의미

첫째는 산호와 조개 형성의 감소다. 이산화탄소 배출에서 비롯해 생성된 탄산은 골격과 껍질을 만드는 데 사용되는 합성물질인 탄산염을 만들려는 산호와 조개 같은 해양 생물들과 경쟁을 벌인다.

산호와 갑각류는 해양생태계에 반드시 필요하기 때문에, 이들이 고통받기 시작하면 그들에게 의지하는 생명체들도 고통받게 된다. 다른 해양 생물들 역시 호흡, 석회화, 광합성, 재생산이 pH 변화에 민감하기 때문에 영향을 받을 수 있다.

⊕679

해양 산성화

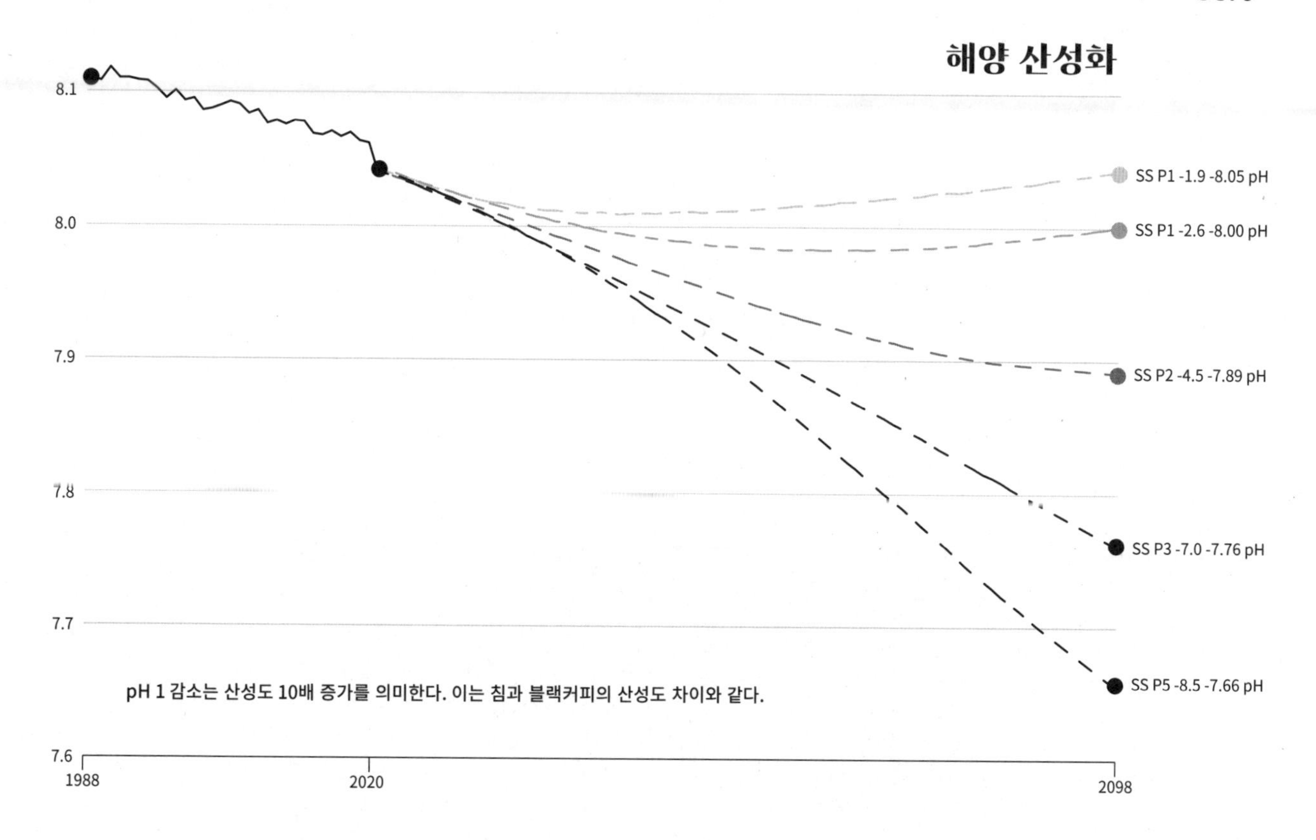

영향

기후는 우리 주변의 만물에
영향을 미친다

해안 공동체를 향한 위협

세계 인구의 40% 이상이 해변에서 100km 이내에 거주한다. 대도시 주민 10명 중 8명이 여기에 살고 있다. 기후변화의 영향이 점점 눈에 드러날 정도로 심각해지고 있는데도 많은 해안에서 인구가 계속 늘고 있다. 인구밀도가 높은 지역의 기후변화와 지리적 변화는 해안의 주민들이 제일 빠르고 심각한 기후변화에 영향받을 것임을 의미한다.

강력한 허리케인, 강수량 증가, 점점 짧아지고 따뜻해지는 겨울은 홍수의 가능성과 영향을 증가시킨다. 이 홍수는 지하수에 염수가 침입하는 속도를 높여 식수와 농업용수를 오염시키는 한편 염도 증가에 민감한 수중 생태계와 생태 자원에 실존적인 위협을 가할 수 있다.

해상운송은 국제무역의 80%를 차지하고 전 세계에서 연간 14조 달러의 소득을 창출하는 것으로 추정된다. 해수면 상승은 항구를 위협하고, 중요한 사회 기반 시설을 취약하게 만든다.

해양 산성화, 수온 상승, 산호의 백화현상은 어업을 위험에 빠뜨리고, 오염된 유출수는 유독성 조류 증식을 활성화시켜 해안 인근에서 물고기의 떼죽음을 유발하고 죽음의 구역을 만들 수 있다. 관광업처럼 해안 공동체에 중요한 다른 산업들 역시 위협을 받는다.

⊕601

도쿄
뭄바이
뉴욕
상하이
로스앤젤레스
콜카타
부에노스아이레스
라고스
방콕
베네치아
바스라
자카르타
로테르담
호찌민

일부 지역은 해수면 상승과 기후변화의 영향에 특히 취약하다. 이 도시들은 중대한 도전 과제에 직면해 있다.

인구 증가

기후변화를 유발한 힘 중 하나는 인구 증가였다. 1900년에 세계 인구는 15억 명이었다. 현재는 그 5배 이상이다.

하지만 1950년대 이후로 대부분의 국가에서 합계출산율(가임기 여성 1인이 낳을 것으로 예상되는 자녀의 수)이 감소했다. 이번 세기 말이면 여성 한 명당 출산하는 자녀가 전 세계 평균 2.1명 미만으로 떨어질 것으로 예상된다. 이는 인구를 일정하게 유지하는 데 필요한 출산율이다.

세계 인구는 2100년경에 109억 명에 도달해 정체될 것으로 예상된다. 이렇게 증가하는 인구의 대부분은 사하라 이남 아프리카에서 발생할 것으로 예상(26억~38억 명으로 추정)된다.

두 번째 중요한 추이는 세계 인구의 고령화다. 중위연령(전체 인구를 연령 순으로 나열할 때 한가운데 있는 사람의 연령)은 2020년 31세에서 2050년 38세로 상승할 것이다. 70세 이상 인구는 같은 기간에 6%에서 17%로 크게 증가할 것이다. 이런 변화의 속도와 규모는 유례가 없다.

이런 수치가 기후변화에 미칠 영향을 판별하기는 쉽지 않다. 늘어나는 인구를 먹여 살리려면 더 많은 자원이 필요하지만, 인구 증가의 대부분은 현재 발전 수준이 낮은 나라에서 일어날 것이다.

⊕581

세계 합계출산율(여성 1인당 신생아 수)

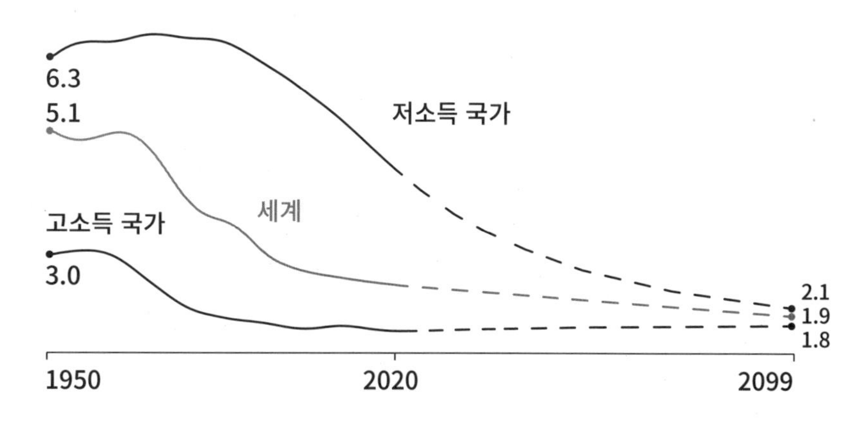

세계 인구 증가 추정치

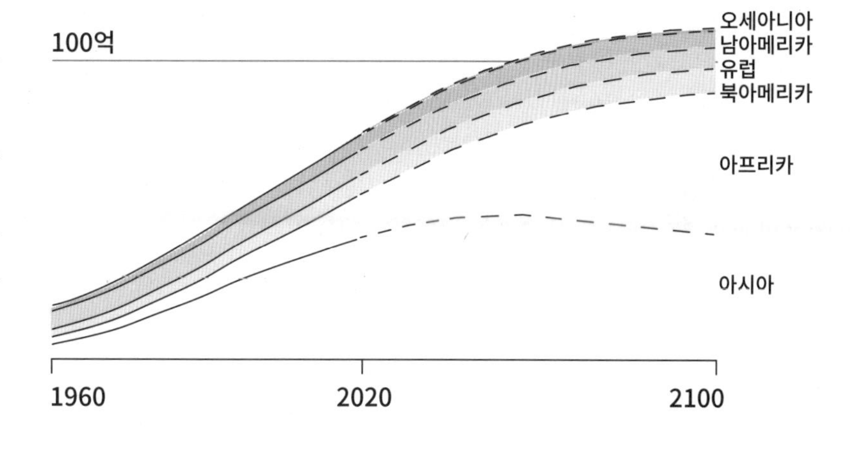

내가 보기에 진짜 문제는 인간의 마음이다. 마음은 행동을 조종하고, 믿음과 가치는 우리가 이 세상을 바라보는 방식을 결정하며, 이는 다시 우리가 이 세상을 대하는 방식을 결정하기 때문이다. 우리가 인간이 우주의 중심이라고, 모든 것이 인간을 중심으로 돌아간다고 여기는 한 우리는 우리가 만드는 위험을 보지 못할 것이다. 그걸 보려면 우리의 삶과 안녕이 자연의 풍요에 의지하고 있음을 인식해야 한다.

— 데이비드 스즈키David Suzuki

거주 불가능한 땅을 떠나는 인간

기후변화 때문에 날로 지구상의 많은 지역들이 거주 불가능한 땅이 되고 있다. 너무 적거나 많은 비, 폭염과 가뭄의 확대, 해수면 상승 같은 기후 스트레스 요인 때문에 사람들이 어쩔 수 없이 집과 생계를 등지고 떠난다.

기후변화는 이미 국가 내에서, 그리고 국경을 넘어 기후 이주를 유발하고 있다. 국제단체인 내부 이주 모니터링 센터Internal Displacement Monitoring Center의 통계는 매년 기후 관련 사건(지진과 화산폭발 같은 지구물리학적 사건도 포함)으로 평균 2270만 명이 터전을 옮긴다는 사실을 보여준다. 호주의 싱크탱크인 경제평화연구소Institute for Economics and Peace는 기후변화와 분쟁 때문에 2050년이면 10억 명 이상이 강제 이주를 해야 할 수도 있다고 밝힌다.

환경으로 인한 이주민의 대다수가 농업과 어업 같은 기후 민감 부문에 생계를 의지하는 농촌 지역 출신이다. 작물의 재배 조건과 시기가 크게 바뀌면서 농민들은 갈수록 작물 수확에 의지하기가 어려워지고 소득도 줄어들었다. 이와 비슷하게 해수면 상승과 수질 변화 같은 요인은 어자원 고갈의 직접적인 원인이다.

해수면 상승으로 인구밀도가 높은 해안 지역이 타격을 입는 곳에서는 도시를 떠나는 기후 이주 역시 일어나고 있다. 도시화와 무분별한 개발이 늘면서 폭염이 증가해 열대야가 지속되며, 폭우로 인한 홍수 역시 늘어날 것이다. 이 모든 요인들 때문에 해안 도시를 떠나는 이주가 가속화될 것이다. 2020년 9월부터 2021년 2월까지 6개월 동안 기후 재난으로 1000만 명 이상이 터전을 잃었다. 이 중 약 60%가 아시아인이다.

부유한 나라들은 이미 기후 이민자에게 국경을 닫아걸고 있어서 이주자들이 살 수 있는 장소가 점점 줄어들고 있다.

⊕068

2020년 날씨 관련 이주민

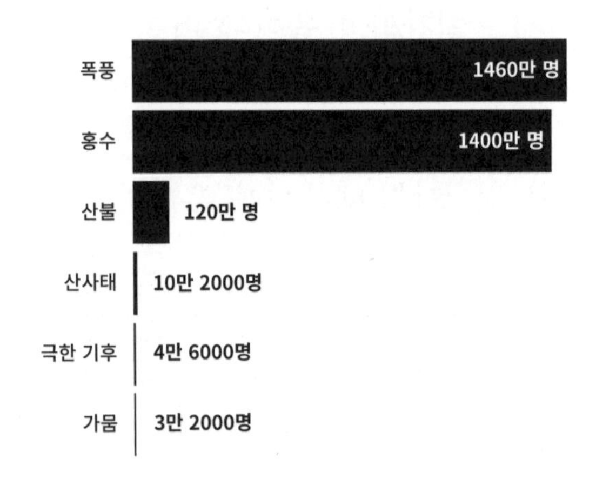

2019년 재난으로 새로운 이주가 가장 많이 발생한 5개국

기후변화가 선주민에게 미치는 영향

> 우리는 모두 이 하나의 공기를 들이쉬고, 같은 물을 마신다.
> 우리는 모두 이 하나의 지구에서 살아간다. 지구를 보호해야 한다.
> 그렇게 하지 않으면 큰 바람이 와서 숲을 파괴할 것이다.
> 그러면 당신은 우리가 느끼는 두려움을 느낄 것이다.
>
> — 라오니 메투크티레Raoni Metuktire

선주민들은 온실가스를 가장 적게 배출하는데도 기후변화의 타격을 가장 심하게 받는다. 전 세계에서 일어나는 변화 때문에 이들의 생계와 건강이 위협받고 있다.

고향이 어디든 최소 90개국에 거주하는 3억 7000만 명의 선주민들이 다음 이유 때문에 매우 심각한 위협에 직면한 것으로 추정된다.

- 오랜 전통과 자연과의 밀접한 관계
- 식량과 생계를 야생 동식물과 천연자원에 상대적으로 많이 의존함
- 정치적·제도적 주변화의 역사
- 사회경제적으로 곤궁한 환경에서 살 가능성이 높음
- 질병에 상대적으로 취약함
- 양질의 의료 서비스에 접근하기가 어려움

기온 상승과 배출량 증가의 결과는 선주민들의 공기, 식량, 물에 악영향을 미친다. 깨끗한 공기와 물, 그리고 선주민들이 먹을 수 있는 식량이 감소하는 것은 다음 상황과 직결되어 있다.

- 해수면 상승
- 표층수의 오염
- 쌓인 눈의 감소
- 산불 증가
- 가뭄 증가
- 해충과 감염성 질병의 증가

전통적인 토지는 선주민의 건강과 안녕의 대들보와 같다. 기후변화의 직접적 영향 때문이든 기후변화의 영향을 완화하려는 정부의 조치 때문이든, 이런 토지가 받는 영향은 선주민의 건강과 안녕에 부정적인 타격을 입힐 수 있다. 전통적인 식량과 천연 의약품에 미치는 영향 외에도 전통 의례를 수행하는 능력 역시 영향을 받는다.

북극의 툰드라와 아마존 분지부터 아프리카의 사바나, 태평양의 도서 해안 지역에 이르기까지, 전통적인 터전에서 어쩔 수 없이 떠나야 하는 기후 이주의 경험은 여러 세대에 걸쳐 그 땅에서 살아온 많은 선주민들에게 트라우마를 남긴다. 기후변화가 이런 공동체에 미치는 영향은 환경적이면서 동시에 문화적이다.

⊕595

바닷가에서

육싱의 해인 지역과 비디에서 이루어지는 인간 활동은 전 세계 GDP의 약 3분의 2를 차지하지만, 유출수, 오염, 남획은 이 중 많은 자원들을 위험에 빠뜨리고, 해수면 상승과 폭풍 해일은 바다와 가까운 도시와 다른 사회 기반 시설들을 위협한다.

인종, 공정함, 기후

채굴 경제와 산업화는 식민 지배와 노예제와 관련된 오랜 역사가 있다. 기후변화의 영향에 관한 모든 논의는 계급, 인종, 신분제의 역학 관계에 대한 인정과 함께 이루어져야 한다. 토지 강탈, 삼림의 대대적인 남벌, 산업 노동의 위계질서 모두가 지금 우리 눈앞에 있는 기후 관련 문제들을 만들어낸 주요인들이다.

오늘날 미국에서는 독성 폐기물 처리장 인근에 사는 사람들의 56%가 유색인종이다. 이는 인구 비율보다 두 배 가까이 많은 수치다. 또한 2014년의 한 연구에 따르면 미국인 중 비백인은 백인보다 38% 더 높은 이산화질소 수준에 노출되었다.

데이터를 보면 미국에서 가장 부유한 10%는 평균적인 미국인보다 4배 이상 많은 온실가스를 배출하지만 기후변화와 오염의 영향은 가난한 사람들에게 훨씬 많이 집중된다.

세계 차원에서 보면, 과거 산업화를 먼저 이루고 식민 지배를 했던 나라들이 세월이 흐르면서 환경에 많은 비중의 탄소를 내뿜은 반면, 가난한 나라들은 기후변화의 공격에 시달릴 가능성이 훨씬 높다.

기후 재난이 닥칠 때 보통 가장 많은 피해를 입는 것은 가장 가난한 집단이고 복구에 들어가는 자원은 결코 균등하게 할당되지 않는다.

기후정의동맹Climate Justice Alliance 같은 집단들은 각 나라가 신기술과 복원력 있는 기반 시설에 투자할 때 정의와 공정함을 염두에 두고 영향과 투자를 배분하지 않는다고 주장한다. 이들은 산업화와 희소성이라는 발판 위에 선 추출 경제에서 공정과 풍요 위에 선 회복 경제로 이행해야 한다고 촉구한다. 이들이 기준으로 삼을 것을 제안하는 가치로는 다음과 같은 것들이 있다.

- 경제 통제력을 공동체로 이전
- 풍요와 일자리의 민주화
- 생태적 복원 증진
- 인종 정의와 사회적 공정 추구
- 대부분의 생산과 소비 재할당
- 문화와 전통 복원

⊕584

나는 최악의 음식, 최악의 의료 서비스, 최악의 대우를 받다가 자유를 쟁취한 뒤에 결국 석유화학 산업 같은 것들에 둘러싸인 땅을 얻은 사람들에 대해 생각한다.

— 엘리자베스 옘피어Elizabeth Yeampierre

터전을 잃은 인간 공동체

기후변화는 역사상 최대의 이주 물결을 일으킬 것으로 보인다. 2050년이면 기후변화가 농업 생산성, 수자원, 사회불안에 미치는 영향 때문에 2억 명 이상이 기후 난민이 되거나 국내 이주자가 될 것으로 추정된다.

기후변화를 유발하는 온실가스를 대기에 제일 많이 뿜어내는 집단은 북반구 나라들이지만 대규모 흉작, 홍수와 가뭄의 반복, 기근을 비롯한 피해는 남반구 사람들에게 가장 크게 쏠린다. 이런 공동체들은 미래에도 가장 큰 피해를 겪을 가능성이 아주 높다. 일부 추정에 따르면 2100년이면 몇몇 기후대는 몇 시간 이상 바깥에 서 있기 힘들 정도로 더워질 수 있다.

해수면이 상승하면 많은 도서 공동체들이 위험에 처하게 될 것이다. 태평양과 인도양에 있는 작은 섬 가운데 해발고도가 5m 이하인 지역이 11~15%이다. 해수면이 0.5m만 상승해도 해발고도가 낮은 섬에서 120만 명이 터전을 잃고, 2m 상승할 경우 2150만 명이 터전을 잃을 수 있다.

기후변화는 사회적 소요와 정부의 불안정을 유발함으로써 이주를 낳을 수도 있다. 고대 메소포타미아 문명의 발원지인 '비옥한 초승달 지대'는 2007년~2010년에 유례가 없는 가뭄을 겪었고 이는 대대적인 도시 이주와 실업으로 이어졌다. 이 때문에 아랍의 봄과 시리아 전쟁을 비롯한 이후의 많은 위기가 일어났다.

⊕602

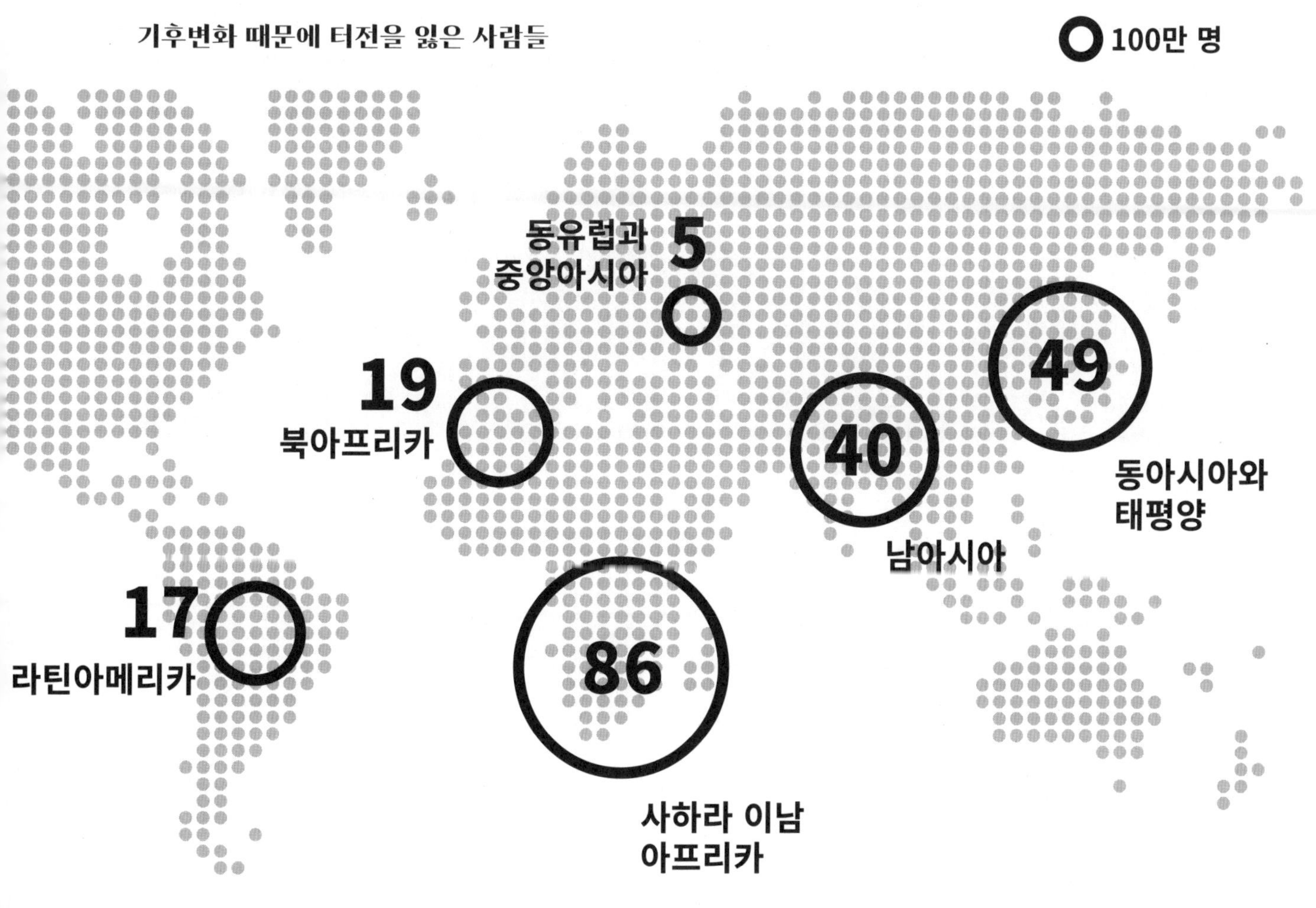

하천은 매년 10조 갤런의 물을 이동시키고, 200억 톤의 침전물을 바다로 옮긴다.

2020년 코로나19 대봉쇄와 기후

대봉쇄와 기후

2020년 코로나19 바이러스가 전 세계로 확산하자 각국은 대봉쇄Lockdown에 들어갔다. 데이터는 지구에서 인간 활동이 감소했을 때 환경에 어떤 영향을 미치는지를 단적으로 보여주었다.

공기 질

각 도시는 최근 수십 년 동안 볼 수 없었던 최고의 공기 질을 기록했다. 평소에는 산업과 생산 활동 때문에 공기 질이 형편없는 인도와 중국 같은 나라에서 파란 하늘을 볼 수 있었다.

2020년 코로나19 봉쇄와 기후

2019년 12월 말 이산화질소 배출량

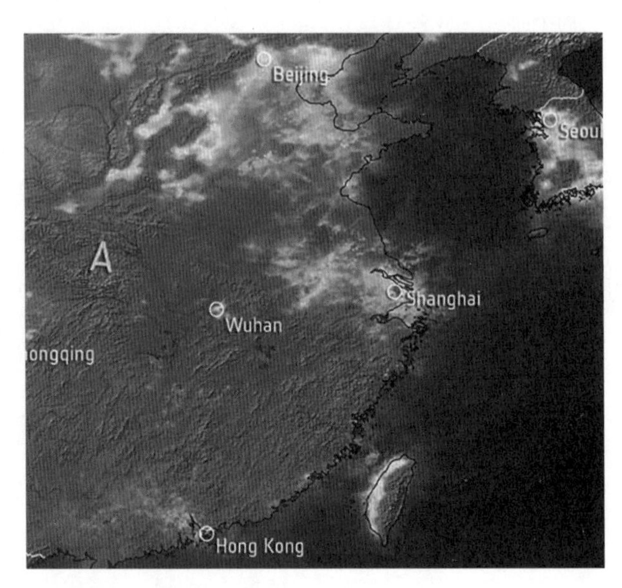

2020년 2월 초 이산화질소 배출량

2020년의 데이터는 다음 사실을 보여준다

- 중국 전역에서 이산화질소가 12% 감소했다.
- 인도의 6개 주요 도시에서 이산화질소가 31.5% 감소했다.
- 일일 지표 기온이 1°C 하락했다.
- 야간 기온이 2°C 하락했다.
- 동남아시아 전역에서 통행과 에너지 생산으로 발생하는 유해한 공기 부유 입자가 40% 감소했다.

중국, 유럽, 북아메리카는 팬데믹 첫해에 배출량이 줄고 공기 질이 향상된 반면 스웨덴 같은 나라들은 공기에 유해한 이산화황, 질소산화물, 일산화탄소, 오존을 포함한 초미세먼지(PM2.5)의 양이 이미 적었기 때문에 그 정도로 큰 개선은 없었다. 도로에 차량이 줄어들고 많은 산업 활동이 중단되면서 평시에 환경에 배출되던 온실가스가 사라졌다.

뉴욕, 샌프란시스코, 밀라노, 베네치아, 바르셀로나 같은 세계 도시들에서 대기 질 향상이 관측되었다.

강

대봉쇄로 인도 전역에서 2020년 3월부터 9월까지 대규모 산업 시설이 가동을 중단했다. 이 기간에 강의 수질과 수량이 눈에 띄게 향상했다.

- (폐수와 하수가 유입되는) 갠지스강의 수질이 12% 개선되었다.
- 뭄바이 지역의 계곡과 하천에 수질오염 물질 유입이 50% 감소했다.
- 인도 중부와 남부의 크리슈나강, 코베리강, 카르나타카강이 수십 년 전 수질을 회복했다.
- 중국의 자체적인 수질 지표를 기준으로 했을 때 중국 전역에서 측정한 모든 하천이 개선되었다.
- 베니스의 탁한 운하 물이 깨끗해지고 몇 년 만에 처음으로 물고기가 노니는 모습이 포착되었다.
- 템즈강 중앙부에 즐비하던 선박 대신 갈매기, 가마우지, 바다표범이 자리를 잡았다.

바다

바다는 지구 표면의 3분의 2 이상을 차지한다. 대봉쇄 기간에 선박의 운항이 줄었다. 크루즈 산업은 완전히 중단되어 크루즈선에서 쏟아져 나오던 97만L의 중수와 11만 L의 하수(폐수)가 매일 바다로 버려지지 않게 되었다.

이탈리아의 해안경비대Coast Guard는 지하수 생태계가 스스로 생기를 되찾았다고 밝혔다. 수질이 개선되면서 장어, 물고기, 산호가 마음껏 생명력을 뽐낼 수 있게 되었고 고래와 돌고래가 많아졌다.

2020년 태국, 필리핀, 브라질, 플로리다, 갈라파고스제도, 인도에서 대대적인 거북이 산란 활동이 있었다. 인간 활동이 사라지자 버려진 해변에서 보금자리를 만들 수 있었던 것이다.

식습관

대봉쇄 기간에 식품 장보기, 재활용, 폐기 습관 역시 변화가 일었다. 영국의 비영리단체인 폐기물 및 자원 액션 프로그램WRAP은 다음의 사실을 확인했다.

- 63%가 식료품 장을 보는 빈도가 줄었다.
- 41%가 장보기 목록 만들기 및 냉장고와 식품 저장실 확인하기 등 장을 보기 전에 계획을 세웠다.
- 40%가 전보다 창의적으로 음식을 만들었다.
- 35%가 '사용 기한best by date'을 확인하기 시작하고 거기에 따라 조리법을 선택했다.
- 30%가 남은 식재료를 완전히 소비했다.
- 10명 중 7명이 대봉쇄가 끝난 뒤에도 이런 행동 중 한 가지 이상을 유지했다.

음식물 쓰레기에 대한 자가 보고

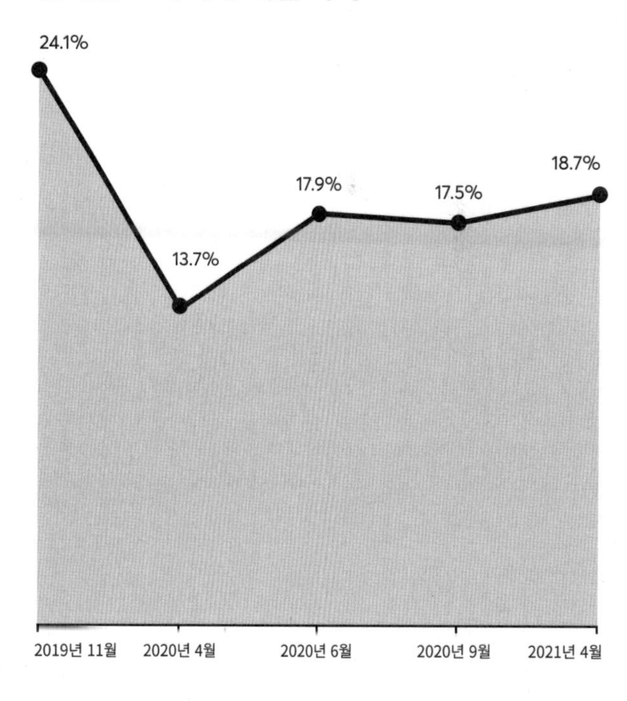

음식물 쓰레기가 대봉쇄 기간에 50% 가까이 줄었다. 그리고 여전히 팬데믹 이전 수준보다 낮게 유지되고 있다.

⊕586

식량 생산과 이용 가능성

기온이 증가하면 식용작물들이 생존의 한계에 부딪힐 수 있다.

이산화탄소 농도, 강우 패턴의 변화, 극단적인 날씨 사건들은 식물의 생육에 영향을 미친다. 이 때문에 이미 가루받이, 수확량, 작물의 영양학적 질이 바뀌고 있다.

기온이 온난해지면 식물은 평소보다 일찍 개화할 수 있고, 그러면 식물과 가루받이 매개자의 시기가 서로 어긋나 가루받이와 열매 맺기에 영향을 준다. 미국에서는 가루받이 매개자에 의지하는 100여 종의 중요 작물들이, 전 세계적으로는 더 많은 수의 작물들이 부정적인 영향을 받을 가능성이 있다.

너무 덥거나 추워서 식물이 잘 자라기 힘들 때의 기온을 흉작 온도failure temperature라고 한다. 미국에서는 농무부가 콩, 밀, 쌀, 수수, 옥수수, 대두 같은 중요 식용작물의 흉작 온도를 정리해놓았다. 옥수수, 밀, 쌀, 대두는 전 세계 칼로리 소비량의 4분의 3을 차지한다. 미국은 전 세계 옥수수와 대두의 약 3분의 1을 생산한다.

다음은 이런 전 세계 식용작물의 흉작 온도다.

- 콩 32°C
- 밀 34°C
- 쌀, 수수, 옥수수 35°C
- 대두 39°C

이산화탄소 농도 증가 역시 식물의 생장에 변화를 일으켜 영양소의 함량에 영향을 줄 수 있다. 식용작물을 연구하는 과학자들은 대기 중 이산화탄소 증가 때문에 일부 작물에서 아연과 철분이 줄어들어 영양학적 질이 감소했다고 밝혔다.

598

“이 순간부터 절망이 끝나고 전략이 시작된다.”

“국민총생산GNP은 대학살의 고속도로를 닦는 대기오염, 담배 광고, 구급차를 셈에 넣는다. 문을 잠그는 특수 자물쇠와 그걸 부수는 사람들을 가두는 감옥을 셈에 넣는다. 정신없이 마구잡이로 사라지고 있는 자연의 경이와 붉은 삼목의 파괴를 셈에 넣는다.

네이팜탄을, 핵무기를, 도시의 소요를 진압하기 위한 경찰의 무장 차량을 셈에 넣는다. 휘트먼의 소총과 스펙의 칼*, 아이들에게 장난감을 팔기 위해 폭력을 미화하는 텔레비전 프로그램을 셈에 넣는다.

하지만 국민총생산은 아이들의 건강을, 아이들이 받는 교육의 질을, 아이들이 놀면서 만끽하는 즐거움을 감안하지 않는다. 시의 아름다움이나 결혼 생활의 견실함, 공적인 토론의 지성, 공무원들의 정직함을 포함하지 않는다.

우리의 위트와 용기를, 지혜와 배움을, 공감과 나라에 대한 헌신을 측정하지 않는다. 다시 말해 국민총생산은 인생을 가치 있게 만드는 것들을 제외한 모든 것을 측정한다.”

— 로버트 F. 케네디Robert F. Kennedy

〔*휘트먼과 스펙은 미국의 대량 살인범이다.〕

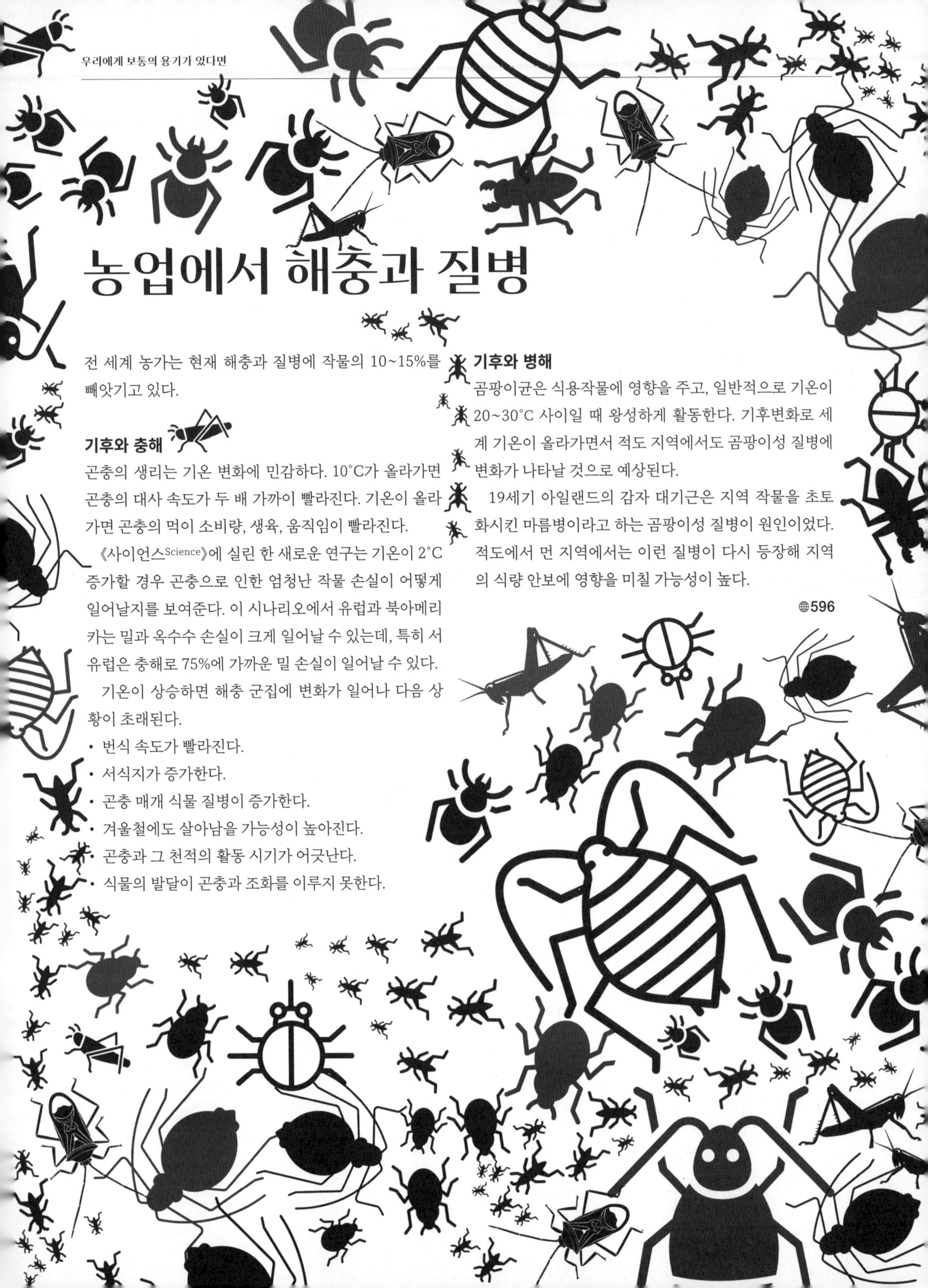

농업에서 해충과 질병

전 세계 농가는 현재 해충과 질병에 작물의 10~15%를 빼앗기고 있다.

기후와 충해

곤충의 생리는 기온 변화에 민감하다. 10°C가 올라가면 곤충의 대사 속도가 두 배 가까이 빨라진다. 기온이 올라가면 곤충의 먹이 소비량, 생육, 움직임이 빨라진다.

《사이언스Science》에 실린 한 새로운 연구는 기온이 2°C 증가할 경우 곤충으로 인한 엄청난 작물 손실이 어떻게 일어날지를 보여준다. 이 시나리오에서 유럽과 북아메리카는 밀과 옥수수 손실이 크게 일어날 수 있는데, 특히 서유럽은 충해로 75%에 가까운 밀 손실이 일어날 수 있다.

기온이 상승하면 해충 군집에 변화가 일어나 다음 상황이 초래된다.

- 번식 속도가 빨라진다.
- 서식지가 증가한다.
- 곤충 매개 식물 질병이 증가한다.
- 겨울철에도 살아남을 가능성이 높아진다.
- 곤충과 그 천적의 활동 시기가 어긋난다.
- 식물의 발달이 곤충과 조화를 이루지 못한다.

기후와 병해

곰팡이균은 식용작물에 영향을 주고, 일반적으로 기온이 20~30°C 사이일 때 왕성하게 활동한다. 기후변화로 세계 기온이 올라가면서 적도 지역에서도 곰팡이성 질병에 변화가 나타날 것으로 예상된다.

19세기 아일랜드의 감자 대기근은 지역 작물을 초토화시킨 마름병이라고 하는 곰팡이성 질병이 원인이었다. 적도에서 먼 지역에서는 이런 질병이 다시 등장해 지역의 식량 안보에 영향을 미칠 가능성이 높다.

🌐596

식량 불안

지구상에서 20억 명 이상이 식량 불안에 시달리거나 안전하고 영양가 있는 음식을 충분히 얻지 못하고 있다. 대기 중 이산화탄소 농도 증가는 기온 증가, 홍수, 토질 저하를 유발한다. 그 결과 수확 작물의 영양학적 질과 양, 그리고 가축의 생산성 역시 줄어든다.

전략국제연구센터CSIS는 평균기온 1°C 증가가 작물 수확량 10% 감소와 상관관계가 있다고 밝힌다. 폭염은 완전한 흉작을 유발할 수 있다. 부실한 토지 관리, 삼림 파괴, 가축의 과잉 방목은 날씨 관련 영향을 악화하고 식품 시스템이 받는 위협을 증가시킨다.

식량 부족이 꾸준히 늘어나면 굶주림과 영양실조가 더 만연해진다. 고갈된 땅, 작물과 가축을 키울 수 없는 땅을 떠나는 대량 이주 역시 늘어날 것이다.

평균기온 1°C 증가는 작물 수확량 10% 감소와 상관관계가 있다.

날씨 사건들의 빈도와 강도가 늘어나면 세계의 식량 공급 안정성이 하락할 것으로 예상된다. 이 상황은 저소득 국가에서 가장 높고(58%) 고소득 국가에서는 가장 낮을(11%) 것으로 예상되지만 세계 모든 나라에서 식량 불안이 꾸준히 지속될 것이다.

⊕067

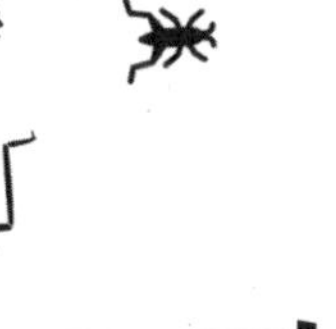

토질 저하

토질 저하란 생명을 부양하는 토양의 물리적, 화학적, 생물학적 질이 감소하는 것을 말한다. 산업혁명과 공장제 농업이 등장하기 이전과 비교했을 때 오늘날에는 지구상에 있는 전체 토지 가운데 75% 이상이 고갈되었다. 과학자들은 2050년에 이르면 이 수치가 90%에 달할 수 있다고 예상한다.

매년 전 세계에서 유럽연합 절반 크기의 땅(418만㎢)이 생산성과 회복력 저하를 겪는다. 세계에서 이 타격이 가장 심한 지역은 아프리카와 아시아다.

암석과 토양이 무너져 비와 바람에 의해 유실될 때 토양은 침식을 통해 질이 저하된다. 이 과정은 자연 상태에서도 일어나지만, 극단적인 날씨 사건들은 이를 더 악화시킨다.

해안 지역에서는 해수면이 상승하면서 인근 토지가 사라진다. 남은 땅은 염분과 다른 오염물질이 증가해 불모지가 될 수 있다.

토질 저하는 다음과 같은 일 때문에 일어나기도 한다.

- 농업 활동
- 가축 방목
- 삼림 파괴
- 도시화 증가

오늘날 토질 저하의 영향을 어떤 식으로든 겪은 사람들은 32억 명에 달한다. 토질 저하 때문에 이용 가능한 식량 공급원이 줄어들었고 이는 종종 이주의 증가로 이어진다.

⊕069

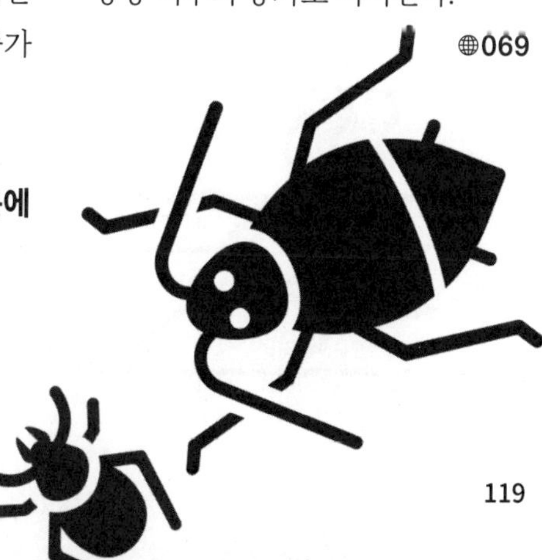

토양 유실

우리 발 밑에 있는 갈색 흙은 전 세계 생물 다양성의 4분의 1 이상을 품고 있고 깨끗한 물을 공급하는 데 반드시 필요하다. 찻숟가락 하나 분량의 토양에는 수십억 마리의 미생물이 산다. 지구의 토양은 대기보다 세 배 많은 탄소를 머금고 있는 것으로 추정된다.

토양의 중요성

전 세계 식량 공급의 95%가 토양에 의지한다. 토양은 생물 대부분의 생사를 가른다. 기후가 2°C 따뜻해지면 토양은 2300억 톤 이상의 이산화탄소를 뿜어내고, 이는 지구 전체에 돌이킬 수 없는 기후변화를 급작스럽게 유발할 수 있다.

문제

1분에 축구장 30개 면적의 토양이 다음 이유로 침식되거나 질이 나빠진다.

- 농업용 화학 물질
- 삼림 파괴
- 과잉 방목

⊕579

살충제 사용

제2차 세계대전 이후로 대형 화학 회사들은 식품 산업을 확장의 발판으로 삼았다. 미국에서는 이후 50년 동안 살충제 사용이 10배 늘어났지만 작물 손실은 두 배 가까이 많아졌다. 살충제는 전 세계 수억 에이커의 땅에서 건강한 토양을 만들어내는 유기물질을 중독시킨다. 가령 살충제를 뿌린 땅 안의 지렁이는 정상 체중의 절반 수준으로 자라고, 살충제가 닿지 않은 지렁이만큼 효율적으로 번식하지 못한다.

풍력발전

육상 풍력 터빈이 건설에 들어간 에너지를 상쇄하려면 6개월 동안 전력을 생산해야 하고, 그다음부터는 24년의 수명이 다할 때까지 100% 무탄소 전기를 생산한다.

대규모 태양광발전

인도 바들라Bhadla에는 세계 최대의 태양광발전 단지가 있다. 이 단지는 다른 많은 화력발전소나 원자력발전소보다 많은 2245MW를 생산한다. 사막에 설치된 이 패널은 물을 사용하지 않고 작동하는 로봇에 의해 청결하게 유지된다.

주요 작물의 수확량 감소

유엔 식량농업기구FAO에 따르면 2020년에 8억 1100만 명에 달하는 사람들이 굶주림에 시달렸다.

세계 평균기온 상승으로 가뭄과 홍수가 빈번해져 식량 공급량이 줄어들 수 있는데, 점점 강력해지는 자연재해와 병충해의 영향까지 더해지면 작물 수확량이 더욱 감소할 수 있다. 기후변화가 수확량에 미치는 영향에 대해서는 광범위한 예측이 나와 있다. 세계에서 가장 중요한 작물인 옥수수는 24%까지 감소할 것으로 예측된다. 두 번째로 중요한 작물인 밀은 온난화가 1.5°C일 때는 14%, 2°C일 때는 무려 37% 감소할 수 있다. 대두는 2°C에서 10~12% 줄어들 수 있다.

지금의 세계는 피해를 받지 않은 지역에서 공급을 끌어와서 특정 지역에서 일어나는 가뭄이나 흉작에 대처할 수 있다. 수출의 87%를 차지하는 세계 4대 옥수수 수출국은 미국, 브라질, 아르헨티나, 우크라이나다. 지리적으로 멀리 떨어져 있는 이 네 나라는 역사적으로 흉작 시기가 서로 겹치지 않았다. 하지만 이제는 이 모든 지역들이 2°C 상승 시나리오에서는 8~18%, 4°C 상승 시나리오에서는 19~47%까지 수확량이 감소할 것으로 예상된다. 2°C 상승 시나리오에서는 네 곡창지대 모두가 동시에 수확이 감소할 위험이 7%다. 4°C 상승 시나리오에서 이 위험은 86%까지 치솟는다.

⊕600

사람들은 "지속 가능성"보다는 풍요를 위해 노력했다. 내가 보기에 지속 가능성은 천연자원이 결국 사라지기 전까지, 아니면 산업이 충분히 얻을 만큼 얻고 나서 그다음 단계로 넘어가기 전까지 천연자원이 살아 있게 유지하는 것을 의미한다. 풍요를 위해 노력하는 것은 당신의 손자 손녀들이 당신만큼 열심히 일할 필요 없게 하는 것이다. 우리가 이 정원을 물려줄 때 그들에게 필요한 모든 걸 이미 갖추고 있게 만드는 것이다.

— 조 마틴Joe Martin

치즈버거 한 개의 탄소 발자국은 팔라펠 피타 샌드위치 9개 또는 피시 앤 칩스 6접시의 탄소 발자국과 같다.

식량 가격 폭등

식량의 가격은 수요와 공급의 변화에 좌우된다. 일반적으로 수요는 안정적이지만 공급에 변동이 있을 수 있다. 가뭄과 홍수는 작물의 생산성을 하락시키고 농장의 생산량이 줄어들면 식량 이용 가능성이 위태로워져서 가격이 올라간다. 마케팅과 포장 비용의 변화도 마찬가지다.

가격 폭등

행성 지구

영수증: 6631
날짜: 20220630
계산원: 그레타 제임스

품목	성장	가격
옥수수	↓12%	↑90%
쌀	↓23%	↑89%
밀	↓13%	↑75%
기타 작물	↓08%	↑83%

계
세금

총계

현금
기후변화 **아직 늦지**
않았어요

감사합니다
우리 함께 지구를 구해요

2030년이 되면 10대 주요 작물 중 9가지의 성장률이 정체되거나 감소하기 시작할 것이다. 기후변화가 최소한 부분적인 원인으로 작용해 작물의 평균 가격이 상당히 오를 것으로 예상된다.

무역도 중요한 요인이다. 영국은 식품의 약 40%를 수입한다(바나나, 차, 커피, 버터, 양고기 등). 다른 나라 대부분도 식량 공급을 무역에 의존한다. 미국은 캐나다와 멕시코 등에서 식량을 수입한다. 이런 나라들 간의 수출입에 쓰이는 선박 운송용 컨테이너와 석유 비용 역시 식량 가격에 추가된다.

기후변화는 식량 가격 급등에 기름을 끼얹는다. 2021년 평균 식량 가격은 근 50년 만에 최고였다. 가령 커피 가격은 브라질의 서리, 홍수, 가뭄 때문에 30% 올랐다. 이 때문에 커피의 소비자 가격도 계속 올라갔다.

이미 소비자들은 빵과 파스타 가격 상승을 겪었다. 듀럼밀durum wheat의 최대 공급국인 러시아, 미국, 캐나다에서 가뭄이 일어나 생산량이 줄어들었기 때문이다. 과일과 채소, 특히 토마토는 플로리다와 캘리포니아의 기후변화 관련 문제 때문에 가격이 오르고 있다.

전 세계는 몇 차례 식량 가격 폭등을 경험했다. 1973년에는 세계 석유 위기와 가뭄 때문에 식량 가격이 올랐다. 2008년에는 정책적인 이유로 연료용 옥수수 재배량이 늘었고 이로 인해 동물 사료 가격이 상승한 호주와 미국에서 가뭄이 일어나고 석유 가격까지 오르면서 식량 가격 인플레이션 현상이 있었다. 2021년에는 1973년과 비슷한 수준의 식량 가격 폭등이 있었는데, 이번에는 극단적인 날씨가 더 중요한 역할을 했다.

식량 가격 증가는 소득과 관계없이 모든 사람에게 영향을 미치지만 양상은 서로 다르다. 저소득 가정에서 식량 가격은 굶주림으로 귀결되는 직격탄이다. 고소득 가정에서는 식량 가격이 오르면 건강을 해치는 식사와 비만이 증가한다.

⊕599

기온 상승의 경제학

기후변화가 현재의 예상 경로를 벗어나지 않으면 이번 세기 중반에 세계는 전체 경제적 가치의 10% 이상을 유실하게 된다. 파리협정과 2050년 넷제로 배출이라는 목표에 도달하지 못하면 광범위하고 중대한 경제적 영향이 생길 수 있다.

여기에는 다음과 같은 사항이 포함된다.

- 인간의 건강과 생산성 손실
- 사회 기반 시설과 재산 피해
- 농업, 임업, 어업, 관광업의 피해
- 전력 생산의 안정성이 하락하고 에너지 수요가 증가함
- 물 공급이 스트레스를 받음
- 무역과 공급 사슬 교란

지난 20년 동안 극단적인 날씨 때문에 50만 명이 목숨을 잃고 3.5조 달러가 유실된 것으로 추정된다. 2017년 경제학자들을 대상으로 실시한 설문조사에 따르면 기후변화로 인한 미래의 피해는 "연간 전 세계 GDP의 2%에서 10% 또는 그 이상"에 이를 것으로 추정된다.

반대로 기후변화에는 비즈니스 기회와 긍정적인 경제적 잠재력도 있다. 탄소 정보 공개 프로젝트Carbon Disclosure Project에 따르면 **세계 최대 기업 500곳 가운데 225곳이 기후변화가 2.1조 달러 이상의 새로운 비즈니스를 만들어낼 수 있다고 믿는다.**

긍정적인 경제적 잠재력으로는 다음과 같은 것이 있다.

- 재생에너지 해법, 회복력 있는 친환경 건물, 에너지 효율성
- 전기 대중교통 수단을 비롯한 하이브리드 자동차와 전기 자동차 생산
- 친환경 기반 시설 건설
- 회복력 있는 해안의 기반 시설
- 탄소 포집 격리와 포집된 이산화탄소의 사용
- 식물성 식품 활성화와 농업
- 북극해 얼음이 녹으면 새로운 무역용 해상수송 항로가 열리고, 석유와 가스를 시추할 수 있는 곳이 많아진다.
- 말라리아와 뎅기열 같은 질병으로 의약품 수요 증대
- 전 세계에서 분쟁이 일어나 민간 보안 서비스와 민간 용병업체의 소득 증대
- 고온에 내성이 있는 새로운 작물이 생명공학 기업에 의해 개발
- 극단적인 날씨 때문에 더 많은 위성과 레이더 기술이 필요하게 될 것

⊕604

기온 상승의 경제적 비용(GDP 감소치)

지역	+0~2.0 °C 파리협정 목표치	+2.0 °C 가능성 있는 범위	+2.6 °C 가능성 있는 범위	+3.2 °C 심각함
북아메리카	-3.1%	-6.9%	-7.4%	-9.5%
남아메리카	-4.1%	-10.8%	-13.0%	-17.0%
유럽	-2.8%	-7.7%	-8.0%	-10.5%
중동과 아프리카	-4.7%	-14.0%	-21.5%	-27.6%
아시아	-5.5%	-14.9%	-20.4%	-26.5%
오세아니아	-4.3%	-11.2%	-12.3%	-16.3%

이산화탄소가 작물의 영양에 미치는 영향

모든 식물은 화학물질과 영양성분의 독특한 혼합물로 이루어져 있는데, 이 물질을 이오놈ionome이라고 한다. 이 영양물질은 토양에서 비롯되지만, 대기 중 이산화탄소 수준에 의지해 탄소가 풍부한 당과 다른 탄수화물을 만들어낸다.

대기 중 이산화탄소가 증가하면 식물 안에서 탄수화물과 과당이 더 만들어지지만 동시에 이오놈에 들어 있는 영양물질이 줄어든다. 이로 인해 아연과 철분 등 식물성 미량 영양소 함량이 크게 줄어들 수 있다.

작물 가운데 60%의 종이 곤충의 공격을 물리치는 데 도움을 주는 시안 배당체cyanogenic glycoside 분자를 만들어낸다. 이산화탄소 농도가 증가하면 이런 분자가 더 많이 만들어져서 시안화물cyanide로 분해될 수 있다. 중요 작물인 카사바는 이미 시안 배당체 수준이 높아진 것으로 알려졌다.

쌀과 밀 같은 주식 작물이 가장 큰 어려움에 처할 것이다. 이런 작물은 전 세계에서 20억 명 이상을 먹여 살린다. 이런 작물의 탄수화물 함량이 증가하면 비타민 같은 다른 영양물질이 감소할 위험이 있다. 중국, 일본, 호주에서 실시된 연구에 따르면 이산화탄소 농도가 높은 환경에서 재배한 쌀은 단백질, 철, 아연 함량이 크게 줄어든다.

🌐569

홍수

전 세계적으로 홍수의 빈도가 크게 늘었다. 1998년 이후로 큰 홍수를 겪은 나라로는 앙골라, 호주, 브라질, 벨기에, 베넹, 캐나다, 중국, 콩고, 독일, 인도, 인도네시아, 이탈리아, 모잠비크, 나미비아, 뉴질랜드, 필리핀, 르완다, 튀르키예, 미국이 있다.

미국의 많은 해안 지역에서는 만조 홍수가 50년 전에 비해 3~9배 더 빈번하다. 전 세계 해수면 높이의 변화가 이 홍수의 유일한 이유는 아니지만 최악의 사건 일부에 상당한 영향을 미쳤다.

홍수의 세 종류

- **하천 홍수:** 폭우가 오거나 상류에서 눈이 예기치 않게 녹아서 하천이 범람하고 제방을 무너뜨린다.
- **해안 홍수:** 극단적인 날씨로 바닷물이 내륙으로 밀려들어 폭풍 해일이 해안의 범람을 유발하고 해수가 토양에 유입될 수 있다.
- **돌발 홍수:** 도시와 비도시 모두에서 아주 짧은 기간 동안 폭우가 내려 예기치 못한 홍수가 일어날 수 있다.

홍수는 왜 일어나는가

기온이 올라가면 공기에 흡수되는 수분의 양이 늘어난다. 이는 다음 이유 때문에 더 많은 홍수로 이어진다.

- 일부 지역에서 총 강수량 증가한다.
- 단시간에 퍼붓는 강수량이 늘어난다.
- 눈이 빨리 녹는다.
- 육지에 상륙하는 폭풍이 더 강력해진다.

🌐566

해수면 상승(1880~2020년)

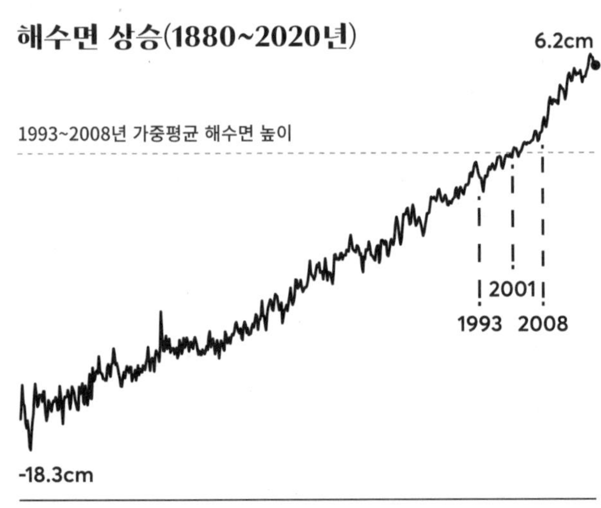

홍수로 범람한 오염수와 쓰레기

인간은 노아의 방주 때부터 큰 홍수에 대한 이야기를 해왔고, 뉴스에서 홍수의 여파를 확인하는 데 익숙하다. 하지만 홍수로 범람한 물에는 다음을 비롯한 예기치 못한 쓰레기와 오염물질이 들어 있을 수 있다.

- 인간과 동물의 폐기물
- 가정 및 산업 폐기물과 살충제 등 화학물질
- 의료 폐기물
- 크롬, 수은, 비소 같은 발암성 화합물
- 손상된 전선
- 금속이나 유리 같은 날카로운 물체
- 흙탕물 속에 몸을 숨긴 작은 뱀과 설치류

홍수 쓰레기

홍수 쓰레기에는 가구, 건축자재, 자동차, 나무, 돌 같은 것들이 들어 있어서 지역 폐기장에서 제대로 처리하지 못하고 설치류와 미생물이 증식하는 온상이 될 수 있다.

가령 2021년 7월 벨기에 동부에서 일어난 홍수로 9만 톤에 달하는 쓰레기가 쌓였고 이 때문에 8km에 달하는 고속도로가 폐쇄되었다.

홍수와 인간의 건강

홍수는 여러 방법으로 인간의 건강에 영향을 미칠 수 있다.

- 감염이나 파상풍 같은 피부질환
- 콜레라, 대장균, 살모넬라 감염 같은 위장 질환, 그 외 간염 같은 물 매개 질환
- 말라리아 같은 모기 매개 질병
- 쓰레기를 치우다가 생기는 부상
- 청소하는 동안 먼지와 곰팡이 균 흡입

야생 동식물과 가축에 미치는 영향

홍수는 다음 방식으로 야생 동식물과 가축에 영향을 미칠 수 있다.

- 농장과 목장 파괴
- 서식지가 물에 잠겨 동물들이 죽음
- 육지와 해양 동식물이 오염된 홍수에 노출
- 피해 지역의 생물 다양성 감소
- 생태계가 회복 불가능할 정도로 손상
- 물고기 산란 장소 파괴와 서식지 이동

환경에 미치는 영향

홍수의 탁도와 침전물은 조류의 과잉 증식을 유발함으로써 수질 악화를 초래할 수 있다. 홍수는 사람들이 손상된 물건 대신 새로운 제품을 구입하게 함으로써 오염에 간접적으로 기여하기도 한다. 이 경우 탄소 발자국이 있는 금속, 플라스틱, 그 외 여러 재질의 폐기물이 늘어난다.

⊕588

(사람이 살지 않는 지역에서) 홍수의 장점

인간의 개입이 크지 않은 환경에서는 홍수가 자연스러운 사건에 속하고 다음을 통해 이익을 제공한다.

- 토지에 영양물질 공급, 세사silt의 퇴적으로 토양 비옥도 증진
- 지하수자원 보충
- 영양물질을 토양에서 수중 서식지로 이동
- 종의 확산에 기여

맑은 날의 홍수

미국의 남동부 대서양과 멕시코만 연안에 있는 도시들은 이미 "맑은 날의 홍수"를 경험하고 있다. 조수가 평균보다 60cm 이상 높아지면 하늘에 구름이 없는데도 도로와 빗물 배수관이 범람할 수 있기 때문이다.

미국 애리조나주의 마리코파 카운티는 골프 코스에 물을 대기 위해 하루에 3억L의 물을 사용한다.

물 스트레스

현재 23억 명 이상이 물 스트레스가 있는 나라에서 살고 있다. 물 스트레스는 물 수요 증가와 담수 공급의 감소 때문에 빚어진 불균형을 말한다. 2050년이면 세계 인구의 절반 이상인 약 50억 명이 물 스트레스를 겪을 것으로 예상된다.

지역의 물 스트레스 수준은 재생 가능한 천연 수자원의 현황을 반영한다. 물 스트레스는 공공 용수 공급, 관개, 산업 수요 같은 환경 흐름 요건environmental flow requirement을 평가하여 계산한다. 모두 건강한 생태계를 유지하는 데 필수적이다.

물 수요 증가

세계에서 물 스트레스가 제일 심한 17개국 가운데 12개국이 세계 인구의 4분의 1이 거주하는 중동과 북아프리카에 있다. 이 국가들은 매년 평균 80% 이상의 물 공급 계획을 철회한다.

인구 증가와 기온 상승은 전 세계에서 물 수요를 꾸준히 증가시킨다. 제조업 역시 2000년부터 2050년 사이에 수자원 수요를 두 배로 늘릴 것으로 예상된다.

물 공급 감소

물 공급 감소의 원인은 다음과 같다.

- **가뭄**: 공기가 뜨거워지면 물과 토양 모두에서 증발이 증가하여 가뭄의 빈도와 강도가 높아진다. 2000년 이후로 가뭄은 29% 증가했다.
- **눈 덩어리snowpack의 감소**: 기온이 상승한다는 것은 눈이 줄고 비가 많아진다는 뜻이다. 그러면 하천과 개울에 담수를 추가하고 식수를 공급하는 눈 덩어리가 줄어든다. 1915년 이후로 미국 서부의 눈 덩어리는 21% 감소했다. 여러 추정에 따르면 미국의 시에라네바다산맥은 2100년이면 이런 눈 덩어리 가운데 30~64%를 잃을 수 있다.

물 오염

전 세계적으로 세 명 중 한 명이 안전한 식수에 접근할 길이 없다. 물 오염은 다양한 상황 때문에 빚어진다.

- 폭우가 오면 지표면 유출수 때문에 오염물질이 호수와 하천으로 이동한다. 오염물질들은 사람, 물고기, 야생 동식물에 해롭다.
- 비료 유출수는 조류 증식을 부추겨 물의 산소 수준을 감소시키고, 그러면 처리 비용이 늘어나거나 아예 처리 불가능한 물이 된다.
- 수온이 올라가면 용해 가능한 산소가 줄어들고 수중 시스템의 생존 능력이 낮아지며 물의 이용 가능성과 어획량이 감소한다.
- 해수면 상승은 담수를 보유한 암석층(대수층)을 염수로 오염시키고, 이 물을 사용하려면 비싸고 에너지 집약적인 담수화 과정이 필요하다.

강수량 변화

해수의 온도 변화는 대기 순환 패턴, 날씨 패턴, 강수의 위치를 바꾼다. 강수의 예측 불가능성과 강도가 함께 증가하면 홍수가 유발되고 유출수 오염 가능성이 높아질 수 있다.

⊕587

물 스트레스를 받는 나라

저수량 미달 위험 추정치를 확장해 국가별로 비교하기 위해 표준화한 스트레스 지수

순위	이름	스트레스 지수	순위	이름	스트레스 지수
1	바레인	5.00	17	마케도니아	4.70
1	쿠웨이트	5.00	18	아제르바이잔	4.69
1	카타르	5.00	19	모로코	4.68
1	산마리노	5.00	20	카자흐스탄	4.66
1	싱가포르	5.00	21	이라크	4.66
1	아랍에미리트	5.00	22	아르메니아	4.60
1	팔레스타인	5.00	23	파키스탄	4.48
8	이스라엘	5.00	24	칠레	4.45
9	사우디아라비아	4.99	25	시리아	4.44
10	오만	4.97	26	투르크메니스탄	4.30
11	레바논	4.97	27	튀르키예	4.27
12	키르기스스탄	4.93	28	그리스	4.23
13	이란	4.91	29	우즈베키스탄	4.19
14	요르단	4.86	30	알제리	4.17
15	리비아	4.77	31	아프가니스탄	4.12
16	예멘	4.74	32	스페인	4.07

우리는 흙, 땅, 식량, 나무, 물, 새를 위해 싸우고 있다. 우리는 생명을 위해 싸우고 있다.

— 그레고리오 미라발 Gregorio Mirabal

모래 폭풍

이 세상은 점점 덥고 건조해지고 있다. 사막화, 강풍의 증가, 폭염의 영향이 결합하면서 모래 폭풍이 점점 흔한 일이 되고 있다.

'시로코' 또는 '하부브'라고도 불리는 모래 폭풍은 예측이 불가능하고 큰 파괴를 몰고 올 수 있다. 바짝 마른 땅에서 모래, 먼지, 쓰레기를 끌어올려 형성된 움직이는 장벽과도 같은 모래 폭풍은 폭이 수 킬로미터에 높이는 수백 미터에 달하기도 한다.

모래 폭풍은 역사적으로 중동과 북아프리카에서 가장 흔하다. 지금은 1990년대 이후로 빈도가 두 배로 늘어난 미국에서도 점점 일상이 되고 있다.

전 세계에서 늘어나는 모래 폭풍은 갈수록 기후변화와의 관계가 커지고 있다. 미국 해양대기청NOAA은 기후변화에서 비롯된 바다 온도의 증가와 미국 남서부의 모래 폭풍 증가 사이에 관계가 있음을 확인했다. 태평양의 수온이 상승하면서 그 일대에서 바람이 더 많이 만들어지고, 그러면 토양이 건조되는 속도가 빨라진다.

폭풍이 지나고 난 뒤 모래는 몇 시간씩 또는 며칠씩 공기 안에 머물러 있다가 다른 지역으로 이동할 수 있다. 이 모래는 인간의 건강에도 부정적인 영향을 미친다. 가령 흙을 매개로 한 곰팡이 균 때문에 밸리열valley fever이 발생하거나 호흡기 문제 때문에 집중 치료실 방문자 수가 늘어날 수가 있다.

전 세계 국가의 77%가 모래 폭풍의 직접적인 영향을 받는다. 23%는 모래 폭풍 유발 지역으로 여겨진다. 이는 새로운 모래 폭풍을 유발할 정도로 건조하다는 뜻이다.

⊕075

우리는 항상 향후 2년간 일어날 변화를 과대평가하고 향후 20년 동안 일어날 변화를 과소평가한다. 마음 놓고 무대책에 빠져들지 말자.

— 빌 게이츠 Bill Gates

잔디에 그렇게까지?

미국 가정은 평균적으로 **하루에** 물 1450L를 사용한다. 미국 남서부 같은 건조 지역에서는 이 물의 무려 60%를 잔디에 물을 주는 데 사용한다. 미국의 전체 물 사용량은 하루 340억L에 달하는데, 이는 물 250만L가 담긴 올림픽 규모 수영장 1만 3600개를 채울 수 있는 양이다.

열 가뭄

가뭄과 폭염은 서로를 증폭시킬 수 있다. 폭염이 도미노 효과를 일으켜 심각한 가뭄으로 이어지기도 하고, 거꾸로 가뭄이 폭염을 일으키기도 한다.

가뭄과 폭염이 결합하면 다음 결과를 초래할 수 있다.

- 식물, 인간, 다른 동물이 쓸 수 있는 물 부족
- 상당한 농업 손실과 이로 인한 식량 불안 증대
- 대기오염 증가
- 산불의 빈도, 강도, 범위 확대

너무 오랫동안 강수량이 부족할 때 가뭄이 일어난다. 정상 범위를 넘어서는 더운 날씨가 며칠에서 몇 주 동안 이어지는 현상인 폭염은 가뭄의 영향을 고조시킨다. 이런 "열 가뭄"은 두 극단적인 날씨가 각각 일어날 때보다 더 큰 피해를 안긴다.

가뭄은 토양에서 수분을 제거하고, 그러면 증발량이 줄어든다. 그 결과 지표면 냉각이 줄어들어 폭염의 영향이 배가된다. 폭염은 물 수요를 증가시키고, 그러면 가뭄의 영향이 더 악화된다.

기후가 변하면서 열 가뭄이 점점 흔해지고 있다. 오늘날 가뭄은 170년 전의 유사한 가뭄보다 4°C 더 덥다.

열 가뭄은 미국 남서부와 캐나다 일부, 유럽, 북아프리카 등 세계 곳곳에서 일어난다.

⊕076

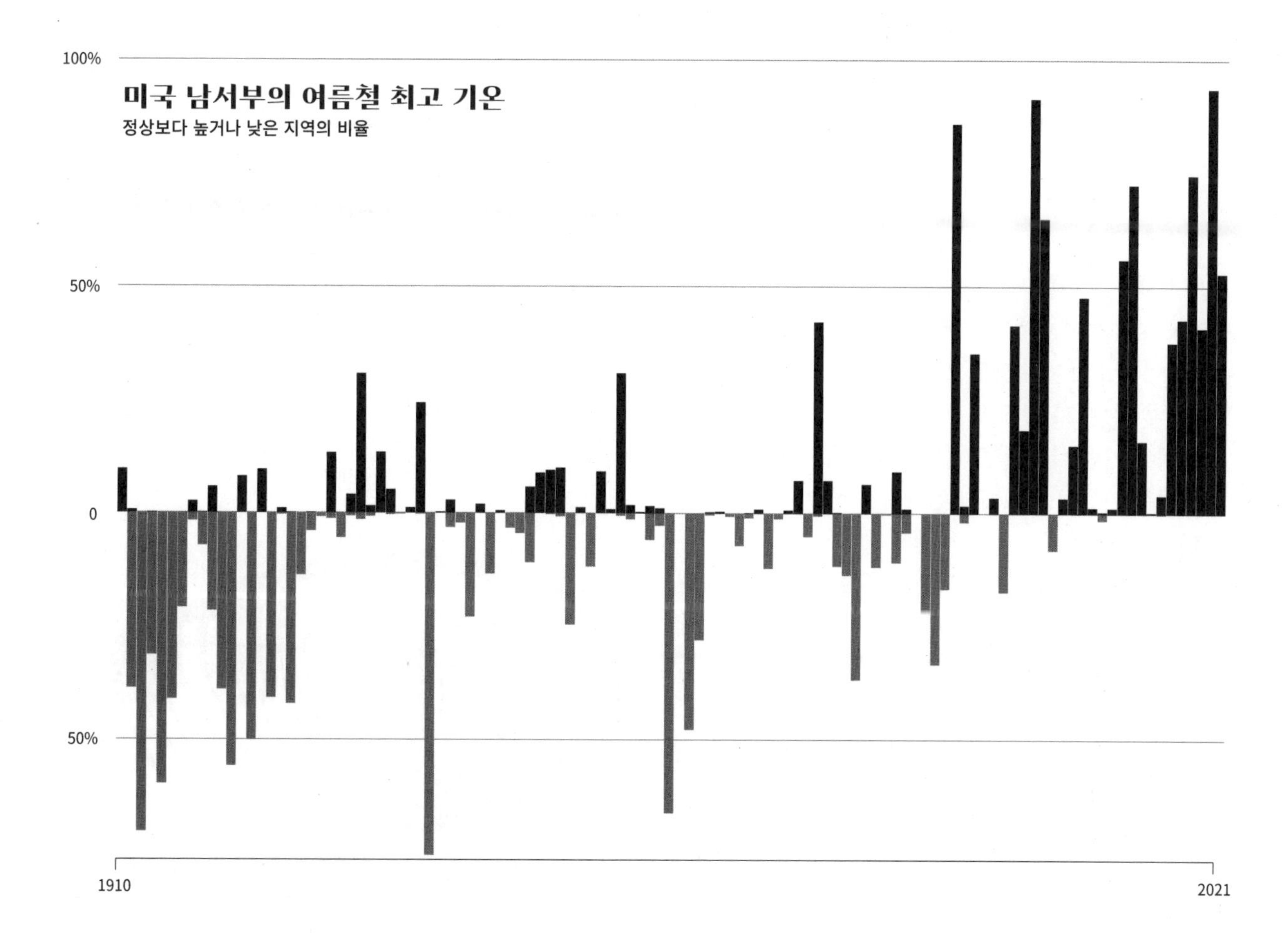

사막화

비옥한 땅이 사막이 되는 것을 사막화라고 한다. 사막이 된 땅에서는 과거에 자라던 식물들이 더 이상 살지 못한다. 이 변화는 돌이킬 수 없다고 여겨진다.

토양이 건조해지면 폭염의 강도가 증가하고, 그러면 토양이 더 심하게 마른다. 토지를 덮고 있던 식생이 점점 줄어들면 대기로 배출되는 이산화탄소가 늘어나고, 그러면 세계 평균기온이 올라간다.

종종 도미노 효과 때문에 역사적으로 비옥했던 땅이 사막으로 변하는 돌이킬 수 없는 과정이 시작되기도 한다.

사막화는 생물 다양성 감소로도 이어진다. 야생 동식물은 생태계의 이런 변화에 빠르게 적응하지 못해서, 그 사이를 침입 종이 비집고 들어온다.

토양이 건조하다는 것은 모래 폭풍이 증가한다는 의미이기도 하다. 그로 인해 인간의 건강, 개방된 수원, 수송과 에너지 기반 시설이 큰 피해를 입을 수 있다. 모래 폭풍은 강수 가능성을 크게 떨어뜨려서 한 지역의 건조함을 더욱 악화한다.

가뭄과 폭염이 동시에 일어나면 산불 위험이 커진다. 날씨가 건조하고 따뜻해지면 불은 더 빠르고 격렬하게 타오를 기회를 얻는다. 질이 나빠진 토지는 수분과 영양물질을 적게 갖고 있어서 산불 확산에 기여한다.

사막화는 전 세계에서 일어나고 있고 5억 명의 인구에 피해를 입힌다. 오늘날 그 영향은 미국 남서부, 북아프리카, 중국 북부, 러시아, 브라질의 북동쪽에서 감지된다. 브라질 북동부에서는 사막화가 이미 세계에서 가장 인구밀도가 높은 건조 지역에 사는 5300만 명을 위협하고 있다. 2050년이 되면 건조 지역, 반건조 지역, 건조 아습윤 지역에서 살아가는 사람이 43% 늘어난 40억 명에 이를 것으로 예상된다. 2100년이면 건조 지역은 지구 육지 표면의 50% 이상을 차지할 것으로 예상된다. 그때는 호주 일부, 북아프리카, 미국 서부, 남아메리카 북동부는 인간이 거주할 수 없는 상태가 될 수 있다.

⊕066

이해력이 있고 비통해하는 타인과의 유대를 통해 진정한 안도를 느낄 수 있다.

— 마가렛 클라인 살라몬 박사Dr. Margaret Klein Salamon

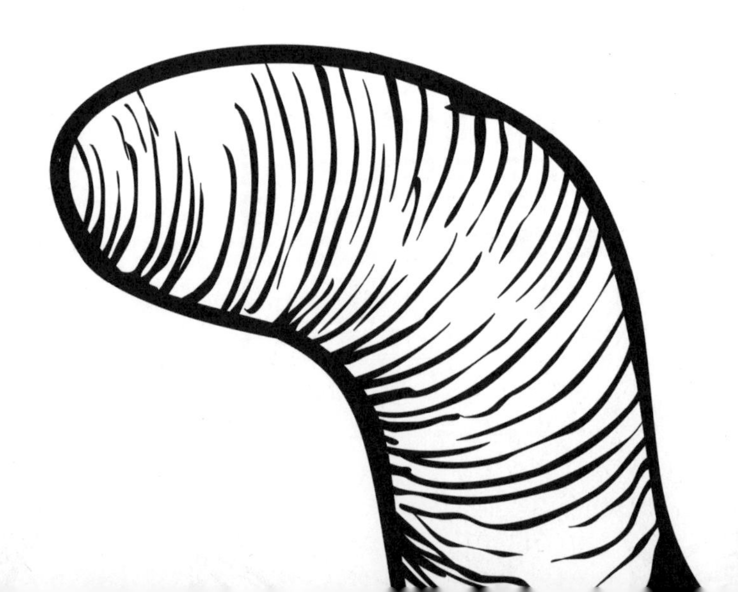

습지와 늪의 유실

해안 습지는 해안가에 거주하는 전 세계 24억 명에게 없어서는 안될 천연 기반 시설을 제공한다. 해수면이 상승하면 이런 습지들은 바다에 잠식될 것이다.

습지란 무엇인가?

습지에는 염습지, 해초지, 맹그로브mangrove 같은 지구상에서 탄소 밀도가 매우 높은 생태계 일부가 포함된다. 미국 해양대기청NOAA은 습지를 일반적인 다섯 유형으로 분류한다.

- 연안 습지(바다)
- 하구 습지(강어귀)
- 하천 습지(강)
- 호수
- 늪

습지는 왜 중요한가?

- 습지는 전 세계가 소비하는 담수의 대부분을 제공한다.
- 습지는 유출수가 바다로 흘러 들어가기 전에 불순물을 여과한다.
- 습지는 천연 스펀지 기능을 해서 홍수로 넘친 물을 흡수해 사람, 재산, 기반 시설, 농업이 피해를 입지 않도록 보호한다.
- 이탄 지대는 숲보다 두 배 많은 탄소를 저장한다.
- 습지에는 미국의 위기 종 중 3분의 1 이상이 서식하고, 그 외 많은 종이 습지에 의지해 살아간다.

습지와 늪이 "물에 잠기고" 있다.

해수면 상승 때문에 해안의 습지가 물에 잠기고 있다. 1900년 이후로 전 세계 습지의 약 64%가 유실되었는데, 35%가 1970년부터 2015년 사이에 사라졌다. 남부 캘리포니아는 이미 염습지의 4분의 3을 잃었고 캘리포니아와 오리건 전역의 염습지는 2100년이면 완전히 사라질 수 있다.

습지가 사라지면 어떻게 될까?

- 해안 지역이 허리케인과 태풍의 피해를 더 크게 받는다.
- 만조가 더 자주 일어난다. 잦은 만조는 낮은 지대에 있는 도시의 도로들이 물에 잠기는 "맑은 날"의 범람을 일으킨다.
- 담수의 질과 공급량이 감소한다.
- 탄소 배출로 대기 중 온실가스가 더욱 증가한다.
- 습지에 의존하는 동물이 멸종한다.

세계 습지대의 13~18%가 '람사르 협약'의 중요한 습지 목록에 올라 있는 보호 지역이다.

⊕080

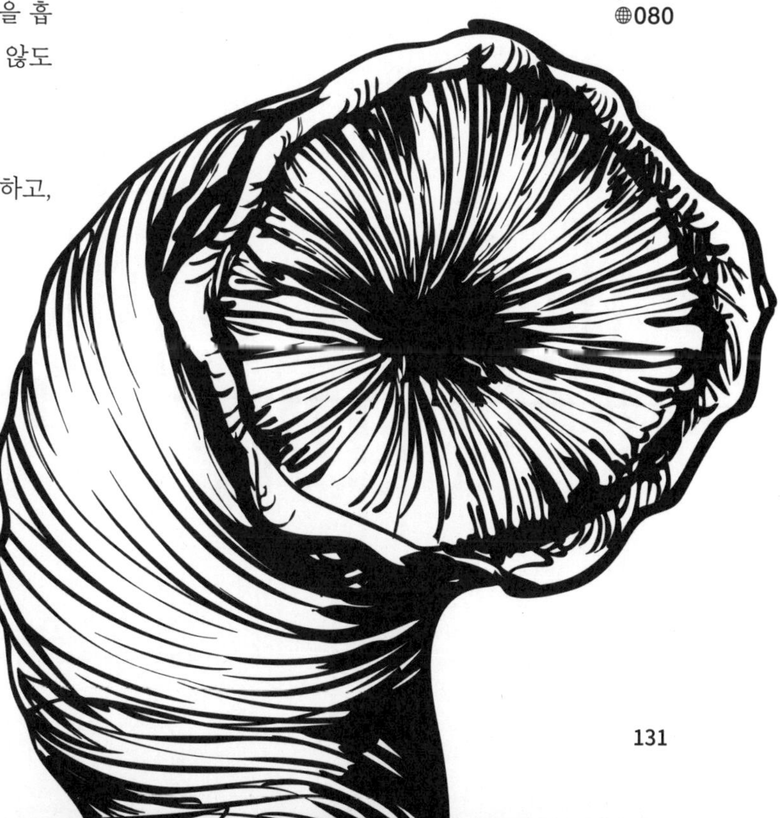

2021년 유럽에서 처음으로 전기 자동차가 경유 자동차보다 많이 팔렸다.

극단적인 강수량

전 세계에서 집중적인 폭우와 기록적인 강수일의 수가 늘고 있다. 지난 세기에 미국에서는 일일 50mm 이상의 강수를 동반한 폭풍이 20% 늘어났다. 이와 유사한 추이가 전 세계에서 확인되었다.

집중 호우의 결과

공학자들은 지역에서 일반적인 최대 강수량을 처리할 수 있도록 호수, 배수 시스템, 도로를 설계한다. 정상 범위보다 심한 폭우가 내릴 경우 그 지역의 기반 시설이 감당하지 못할 수 있다.

수백 년간 건조했던 오래된 호수 바닥 위에 세워진 지역에 폭우가 내리면 개발지와 기반 시설이 금세 물에 잠길 수 있다.

억수같이 내리는 비가 일상이 되고 있다

- 2015년 12월 인도 첸나이에서는 24시간 동안 494mm의 비가 내렸다. 평시 우기의 한 달 동안 강수량이 하루 만에 내린 셈이다.
- 2021년 7월 극심한 폭우가 중국 허난성을 강타해 돌발 홍수가 일어났고 302명의 사망자와 177억 달러의 피해가 발생했다. 5일 동안 총 강수량은 720mm로, 이 도시의 연평균 강수량보다 많았다.
- 독일 서부와 벨기에 동부 역시 2021년 7월 이미 흠뻑 젖은 땅에 극심한 폭우가 내려서 홍수와 산사태가 일어나 200명 이상의 사망자가 발생했다.

🌐574

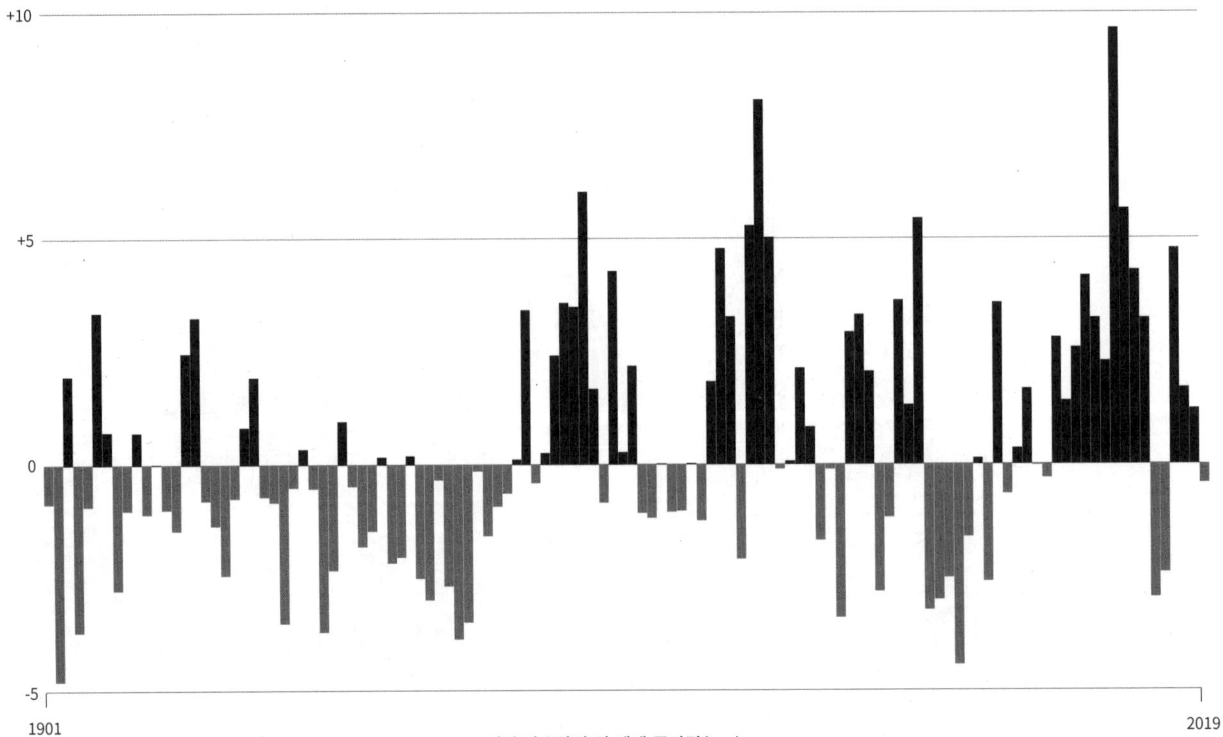

연간 강수량의 전 세계 증가량(cm)

산불

> 내 장소 감각은 6월 30일 뭉게뭉게
> 피어오르는 연기를 타고 올라갔다.
> 내 할머니는 내게 당신의 할머니가
> 우리가 여기서 아주아주 오래 살았다고
> 말해주었다고 했다. 나는 생태계의 변화를
> 보았다. 물이 줄어드는 걸 보았고, 나무들이
> 가뭄과 고온과 사투를 벌이는 걸 보았다.
> 나는 이제 날씨 얘기를 꺼내지 못한다.

— 패트릭 미첼Patrick Michell, 카나카 바 인디언Kanaka Bar Indian 족장이자 캐나다 리튼 주민. 리튼은 2021년 태평양 북서부의 기록적인 폭염으로 하루 만에 화마에 삼켜졌다.

캐나다 브리티시컬럼비아주에 있는 미첼 족장의 고향을 집어삼킨 큰 산불이 점점 흔해지고 있다. 세계 기온 상승으로 걷잡을 수 없는 산불을 유발하는 건조하고 덥고 바람이 많은 날씨가 잦아지고, 이는 다시 기후변화를 가속화한다. 지구에서 가장 유능한 탄소 흡수원인 숲, 목초지, 이탄 지대, 초원의 일부가 불에 타서 거대한 탄소 배출원이 되는 것이다.

2020년의 캘리포니아 산불은 91메가톤 이상의 이산화탄소를 배출했다. 캘리포니아주의 전력 생산 과정에서 배출되는 1년치 평균 배출량보다 30메가톤이 더 많은 양이다. 같은 기간 호주, 아마존, 시베리아에서 일어난 산불은 1기가톤이 넘는 탄소를 배출했다.

이 사이클이 탄력을 받으면 "초대형 산불megafire"이라고 하는 훨씬 파괴적인 산불이 일어나 다음의 결과를 야기한다.

- 높이가 60m에 달하는 불길을 만들어낸다.
- 화재운fire cloud, 마른벼락, 화재 토네이도 등 고유한 날씨 시스템을 만들어낸다.
- 마을 전체를 집어삼킨다.
- 지역 경제를 초토화한다.
- 지역의 생물 다양성을 감소시킨다.
- 사방으로 수백에서 수천 킬로미터에 걸쳐 공기를 오염시킨다.

탄소 배출을 크게 줄이지 않으면 산불이 날 수 있는 "화재 고위험" 일수가 이번 세기 중반이면 전 세계적으로 35% 늘어날 수 있다. 가장 취약한 지역으로는 아프리카 남부, 호주 남동부, 지중해, 미국 서부 등이 있다.

583

생물 다양성은 무엇인가?

너무 작은 생물은 눈에 잘 안 보이지만 그렇다고 해서 중요하지 않은 것은 아니다.

지구상의 모든 생명 가운데 약 25%가 흙 안에 있다. 한 컵의 흙에는 지구상에 있는 인간만큼이나 많은 수의 미생물이 산다. 그리고 인간 한 명의 몸 안에는 38조 개의 박테리아가 살고 있다.

생물 다양성은 지구에 사는 모든 생명체의 다채로움을 가리킨다. 사진이나 동물원에서 볼 수 있는 "사랑스러운" 포유류뿐만 아니라 다음 분류를 아우르는 모든 생명체의 다채로움 말이다.

- 동물
- 식물
- 미생물
- 바이러스
- 곰팡이 균

생물 다양성 감소의 영향

지구상의 생명체들은 수십억 년에 걸쳐 진화해왔다. 이 과정에서 많은 종이 다른 종과 상호 의존하게 되었다.

생물 다양성 감소는 생태계 내부의 섬세한 균형을 무너뜨려 한 종의 멸종이 다른 종의 감소로 이어지는 도미노 효과를 유발할 수 있다. 예를 들어 2009년 이후로 산호가 14% 줄어들어 바다의 생물 다양성이 급감했다.

생물 다양성 감소는 생태계 내부의 섬세한 균형을 무너뜨릴 수 있다.

생물 다양성 감소는 인간에게 다음과 같은 더 직접적인 위험을 가할 수도 있다.

- 이용할 수 있는 깨끗한 물의 감소
- 어류의 군집 감소로 인한 식량 부족
- 산소, 식물성 의약품, 식량 등 숲에서 얻을 수 있는 자원의 감소
- 천연자원과 생태 관광에 의존하는 지역사회의 생계 수단 상실
- 가루받이 감소 때문에 다양하고 건강한 작물이 감소

생물 다양성 감소와 기후변화

기후변화는 생물 종들이 서식지를 이동하거나 생활 주기를 바꾸거나 새로운 물리적 형질을 개발함으로써 적응하도록 압박한다. 적응하지 못한 종은 소멸한다. 기후변화는 전체 멸종 위기 종 가운데 약 20%를 위협한다.

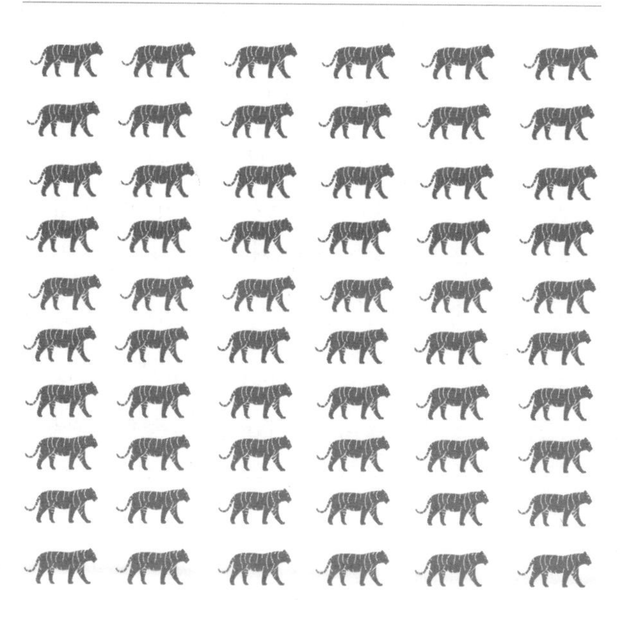

이 그림에서 호랑이 한 마리는 60마리의 야생 호랑이를 나타낸다. 야생의 성체 호랑이는 3200~3600마리밖에 남지 않았다.

기후변화는 다음을 통해 생물 다양성 감소를 부추긴다.

해양 온난화와 산성화

산호는 수온 상승에 취약하다. 해양이 산성화되면 얕은 바다에서 갑각류와 산호가 껍질과 단단한 골격을 만들기 힘들어진다.

지구온난화

온난화는 생명체의 서식 환경에 변화를 일으켜 장기적으로 생태계를 바꿔놓을 수 있다. 1990년대 이후로 증발량이 증가해 세계적으로 식생 지역의 59%에서 갈변증이 일어나고 생장률이 감소했다는 사실이 확인되고 있다.

날씨의 악화

화재, 폭풍, 가뭄의 강도와 빈도가 증가하면 생물 다양성 역시 영향을 받는다.

호주에서는 기후변화로 2019~2020년에 산불이 더 격해져서 9만 7000㎢에 달하는 숲과 주변 서식지를 파괴했다. 그 때문에 해당 지역에서 멸종 위기 종의 수가 그 이전 산불에 비해 14% 증가했다.

기후변화의 다른 요인들도 생물 다양성 감소를 부추긴다

- 농지로의 전환 때문에 전 세계 생물 다양성 감소의 70%가 일어났다.

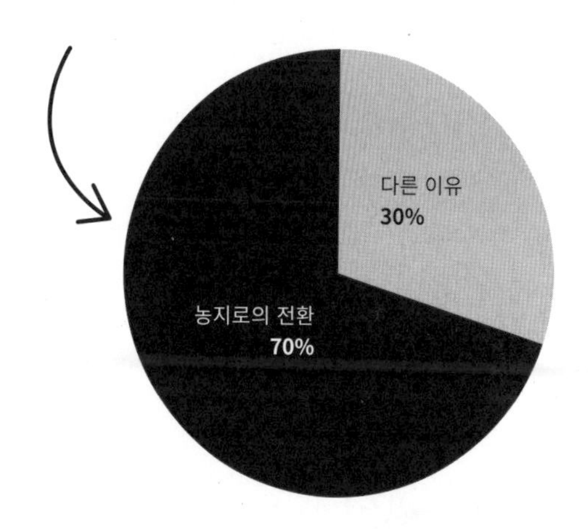

- 단일 경작과 살충제는 작물과 (가루받이 매개자를 포함한) 곤충의 다양성을 감소시켜 멸종을 부른다.
- 삼림 파괴로 숲에서 살던 동물 종들이 서식지를 잃고 새로운 터전을 찾지 못해 멸종할 때 생물 다양성 감소가 직접적으로 일어난다.
- 도시화와 도로 건설은 주로 서식지 감소와 파편화를 유발해 생물 다양성을 감소시킨다. 2000년 45만㎢인 전 세계 보호 지역 인근의 도시 토지 면적은 2030년에 이르면 세 배 이상 늘어날 것으로 예상된다.
- 사막화는 생물 다양성 감소의 원인이자 결과다.

⊕074

숲에 미치는 영향

나무 한 그루가 거느리는 유기체의 수는 **230만**에 달하고…

지구 표면의 약 3분의 1을 덮고 있는 숲은 식물, 야생동물, 인간에게 다음과 같은 광범위한 이익을 제공한다.

- 물과 공기 정화
- 숲의 나무와 토양에 탄소를 저장함으로써 기후 조절
- 쉼터와 안전한 서식지
- 의약품의 원재료 제공
- 생물 다양성의 보고
- 숲 속이나 숲 인근 주민들의 생계 수단
- 목재와 종이
- 심신의 건강을 도와주는 장소
- 미래 세대의 나무들에게 씨앗을 제공

나무 한 그루가 거느리는 미생물, 곤충, 새, 포유류 등의 유기체의 수는 무려 230만에 달한다. 또 세계 인구의 약 25%인 16억 명이 생계를 숲에 의지하고, 육지 생물 다양성의 80%를 숲에서 찾을 수 있다.

인위적인 원인과 자연적인 원인에서 비롯된 기후변화는 온난화를 유발하고 이 때문에 점점 많은 나무들이 죽는다. 극도의 폭염으로 인한 가뭄이 더 길고 강해진다. 이 때문에 숲이 곤충과 질병에 약해지고, 그러면 더 많은 나무들이 죽는다.

덥고 건조한 환경에서 죽은 나무가 늘어나면 숲은 걷잡을 수 없는 산불에 더 취약해진다. 불길이 숲의 토양 안으로 깊이 번지면 그 안에 있는 씨앗이 파괴되어 숲에 장기적인 피해를 입히기도 한다.

숲은 불이 나면 이산화탄소를 흡수하는 대신 배출하게 되고, 그러면 기후변화 문제가 더 가중된다. 2010년부터 2020년 사이에 캘리포니아에서만 나무 1억 620만 그루 이상이 죽었다. 기후변화 관련 스트레스가 주 원인인 것으로 보인다.

⊕077

…숲은 전 세계 인구의 약 25%인 **16억 명**을 부양한다.

지상 오존

북반구에서는 지상 오존이 10년마다 5%씩 증가했다.

오존(O_3)은 산소 원자 3개로 구성된 기체다. 자연 상태에서 발생하지만 인위적으로 형성되기도 한다. 오존은 대기의 두 층에 있다.

- **성층권 오존**은 상층 대기에서 자연 발생하고 생명에 반드시 필요하다. 이 유형의 오존은 인간을 태양의 해로운 자외선 일부에서 막아주는 보호 층을 이룬다.
- **대류권 오존이라고도 부르는 지상 오존**은 인간이 만들어낸 해로운 오염물질이자 스모그의 핵심 성분이다.

지상 오존은 대기오염 물질이 햇빛과 뒤섞이면서 일어난 결과다. 차량, 산업용 발전소, 정제시설, 화학 공장에서 나온 배출 물질에서 생성된 질소산화물이 휘발성 유기화합물과 결합할 때 지상 오존이 발생한다.

지상 오존은 농도가 70ppb(part per billion, 10억 분의 1) 이상일 때 인체에 해롭다. 일반적으로 더운 계절이 더 위험하지만, 겨울에도 높은 수준에 도달할 수 있다. 오존은 공기에 떠 있기 때문에 바람을 타고 먼 거리를 이동할 수 있다. 따라서 농촌 지역도 높은 오존 수준에 취약하다.

지상 오존을 흡입하면 인체에 해로울 수 있다. 천식 등의 호흡기 질환이 있는 사람들은 부정적인 영향을 받을 위험이 더 높다.

오존에 많이 노출되면 민감한 식물 역시 부정적인 영향을 받을 수 있다. 오존은 식물이 호흡하는 동안 잎의 기공으로 들어가 조직을 태우는 식으로 식물에 피해를 준다.

🌐570

오존 증가는 광합성을 저해한다

광합성은 지구상에 있는 모든 생명의 근간이자 식량 순환의 시작점이다. 광합성이 진행되는 동안 식물은 인간과 동물이 들이마시는 산소를 배출한다.

하지만 대기오염은 식물에 피해를 주고 광합성 속도를 지연시킨다. 오염물질은 산업 시설, 차량의 배기가스, 유증기, 화학용제에서 발생한다. 이 오염물질은 질소산화물(NOx)과 휘발성 유기화합물(VOCs)이라는 형식을 띤다.

질소산화물과 휘발성 유기화합물은 햇빛과 화학반응을 거쳐 지상 오존을 만들어낸다.

NO_x+VOC_s+햇빛 → 지상 오존

많은 식물이 지상 오존을 흡수한다. 오존이 식물 조직에 들어가면 광합성이 느려지고 성장이 제한되어 질병, 곤충, 혹독한 날씨의 피해에 더 취약해진다.

광합성의 감소는 식물이 이산화탄소를 인간이 마실 수 있는 산소로 바꾸는 활동이 줄어든다는 뜻이기도 하다.

대기오염의 증가와 광합성 감소의 함의는 쉽게 상상할 수 있다. 동물계 전체에 섭취할 수 있는 식물성 물질이 줄어들고, 산소로 바뀌는 이산화탄소가 줄어들며, 대기오염과 온실가스의 상승작용이 늘어날 것이다.

그래서 지상 오존이 다른 모든 대기오염 물질을 더한 것보다 식물에 더 많은 피해를 준다고 말하기도 한다.

🌐364

이 책의 내용을 그대로 받아들이지 마세요.

http://www.thecarbonalmanac.org/364에서 이 글의 원자료, 관련 링크, 그리고 업데이트된 내용을 확인할 수 있어요.

이탄 지대에 미치는 영향

육지 최대의 천연 탄소 저장소는 습지와 늪이라고도 알려진 이탄 지대다. 유엔 환경프로그램UNEP은 전 세계의 이탄 지대가 숲보다 두 배 이상 많은 이산화탄소를 저장하고 있다는 사실을 밝혀냈다.

이런 습지는 육지 표면의 3%를 차지하고, 매년 0.3기가톤 이상의 이산화탄소를 흡수해 저장한다. 이는 지구상에 있는 다른 모든 식생이 저장하는 것보다 많은 양이다. 전 세계 이탄 지대 300만여㎢에는 전체 토양 내 탄소의 42%인 550기가톤 이상의 탄소가 들어 있다.

이탄 지대는 대부분의 나라에 있지만 가장 넓은 면적을 보유한 지역은 러시아, 캐나다, 인도네시아, 알래스카다. 지구상의 모든 이탄 지대가 지도에 나와 있지는 않다. 물에 젖은 상태가 지속되어 식생의 분해가 지연될 때 이탄 지대가 만들어진다. "이탄"이라고 하는 죽은 식물성 물질로 된 밀도 높은 토양은 수천 년에 걸쳐 형성되고 두께가 수 킬로미터에 달할 수 있다. 적도에서 먼 이탄 지대는 나무가 없는 산성 습원이 많고 적도에 가까운 이탄 지대는 대부분 열대림 아래의 소택지다.

손상된 이탄 지대는 저장된 탄소를 내뿜는데, 이는 인간이 만들어낸 전체 이산화탄소 배출량의 5% 수준에 달할 수 있다. 만약 최북단의 이탄 지대에 있는 영구동토가 녹으면 모든 인간의 배출량보다 네 배 더 많은 이산화탄소가 배출될 가능성이 있다. 적도 가까이에서는 인도네시아의 이탄 화재로 매일 1600만 톤에 가까운 이산화탄소가 배출되기도 했다. 이는 미국 경제 전체의 일일 배출량보다 많은 양이다.

기온 상승과 가뭄의 증가는 더 큰 피해를 초래할 수 있다. 물이 빠진 이탄 지대는 매년 1.9기가톤의 이산화탄소를 배출한다.

◍084

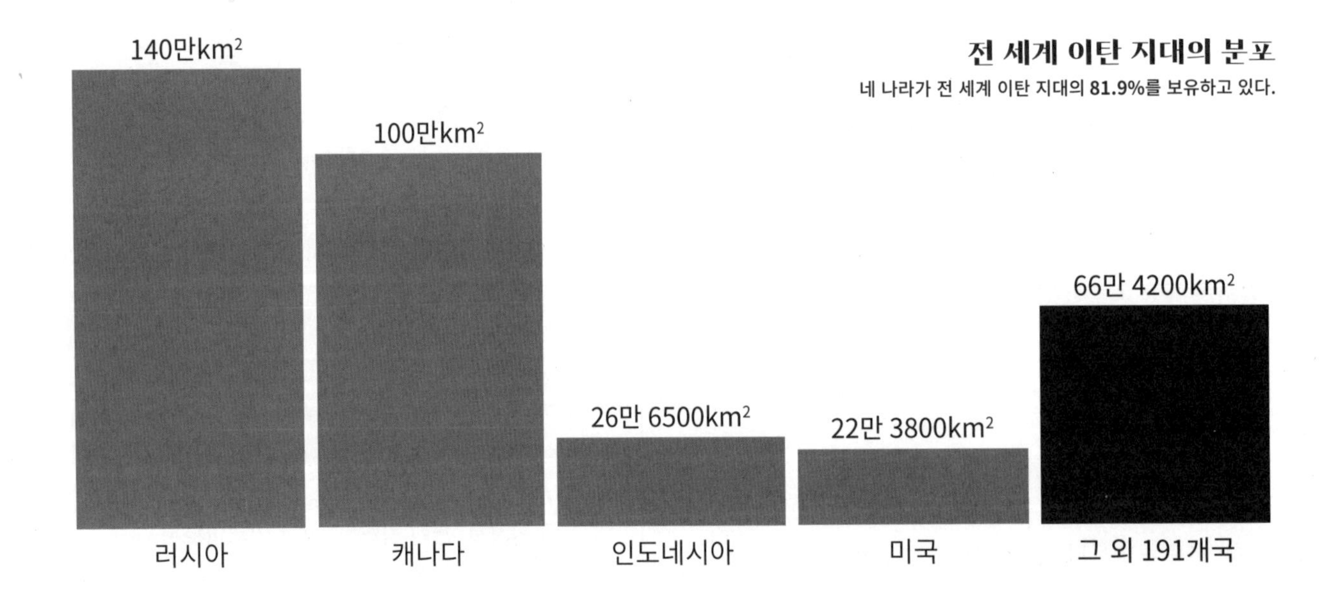

전 세계 이탄 지대의 분포

네 나라가 전 세계 이탄 지대의 **81.9%**를 보유하고 있다.

이건 언제냐의 문제가 아니다. 지금 당장의 문제다. 누구냐의 문제가 아니다. 우리의 문제다. 그리고 비용 문제가 아니다. 이는 생존의 필수 요건이다.

— 패트릭 오디에Patrick Odier

탄소와 바다

바다는 숨을 쉰다.

우리 눈에는 전혀 보이지 않지만 바다의 표면은 대기와 상호작용을 통해 이산화탄소를 흡수하고 배출한다.

인간이 뿜어낸 이산화탄소 가운데 약 4분의 1을 바다가 흡수한다. 수백만 년 동안 바다는 완충지대 역할을 하면서 공기 중에 탄소가 많으면 흡수하고 적으면 내보냈다. 산업혁명 이전의 역사적 수치는 0보다 약간 더 많은 순 흐름을 보여주는데, 이는 바다에서 대기로 배출된 이산화탄소가 더 많았다는 의미이다. 오늘날의 바다는 더 이상 그렇지 않다.

바다는 숨을 쉰다.

바다와 대기는 꾸준히 교류하기 때문에 인간이 대기로 뿜어낸 이산화탄소 중 일부는 지속적으로 바다에 흡수될 것이다. 이 과정은 기온 상승 때문에 바다의 물 순환과 탄소 흡수 능력이 둔해질 때까지 계속 이어질 것이다.

바닷물은 따뜻한 물이 위로 올라갔다가 식으면 다시 내려가는 식으로 순환한다. 표층수는 이산화탄소를 흡수하고 나서 깊은 바다로 내려가고 그 자리에 아직 노출된 적이 없는 해류가 밀려 들어온다. 하지만 대기가 더워지면 이 순환이 변한다.

첫째, 표층수의 이산화탄소 흡수 능력이 떨어진다. 대기 중 이산화탄소가 증가할 때 전통적으로 바다는 이산화탄소를 더 많이 흡수했지만 수온이 상승하면 이산화탄소 분해 능력이 감소한다.

둘째, 바다의 표면 온도가 증가하면 바람과 해류가 바닷물을 혼합하기 어려워지고, 바닷물에 층이 만들어진다. 그 결과 밑바닥에서 탄산염이 풍부한 물이 위로 올라오지 못하고 그 자리에 머물게 된다. 이 물들이 뒤섞이면서 위아래로 순환하지 않으면 탄산염 침전물이 늘어난다.

깊은 바닷물에는 보통 탄산염이 풍부한데, 이는 석회암이나 해저의 죽은 해양 유기물에서 생성된다. 해류는 전통적으로 이 탄산염을 바다 표면까지 끌어 올려서 바다가 더 많은 탄소를 흡수할 수 있게 하는 한편, 해양 생물들이 살아갈 수 있는 환경을 마련해주었다. 바다 표층수의 온도가 점점 올라가면 바닷물에 층이 형성되어 탄소를 흡수하기가 어려워질 것이다.

순환 속도가 한번 감소하고 나면 표층수가 이산화탄소를 흡수하는 능력이 둔해지다가 완전히 멈춰버릴 수 있다. 해수 내 탄소 포화도가 절정에 달하면 대기 중에 더 많은 이산화탄소가 남고, 그러면 기온 상승이 더 가속화되어 지구온난화가 심해질 것이다.

⊕676

비트코인 하나를 채굴하는 과정에서 191톤의 탄소가 배출된다. 이는 똑같은 가치의 금을 채굴할 때보다 13배가량 많은 양이다.

산호초의 백화와 감소

산호초는 해저의 1% 미만에서 발견되지만, 바다의 생물 다양성 가운데 25% 이상이 이 산호초에 의지한다. 이런 산호초 생태계가 기후변화 때문에 전 세계적으로 위협받고 있다.

산호초는 해저의 1% 미만에서 발견되지만, 바다의 생물 다양성 가운데 25% 이상이 이 산호초에 의지한다.

최소한 5억 년 전에 지구상에 처음으로 등장한 산호초는 오늘날 전 세계에서 5억 명 이상을 직접 부양한다. 이 가운데 다수가 개발도상국에 살고 있다.

산호초는 수천 종의 물고기, 연체동물, 갑각류를 비롯한 여러 해양 생물의 집이다. 산호초에 의지하는 어장은 매년 산호초가 만들어내는 2.7조 달러의 가치 중에서 작은 일부에 해당한다.

인간이 유발한 기후변화는 다음 결과로 이어진다.

- 바다의 온도 상승
- 해양 산성화
- 폭풍의 빈도와 강도 증가

이 모든 기후변화의 영향이 산호초를 위험에 빠뜨린다.

대기에 있는 여분의 이산화탄소 가운데 약 3분의 1을 바다가 흡수해서 전체 pH 수준을 낮추고 석회화를 감소시키는 것으로 추정된다. 바다의 수온이 상승하면 대대적인 산호 백화 현상이 일어나고 산호초 안에서 감염성 질병이 퍼진다.

수온이 상승하면 산호 폴립polyp이 스트레스를 받아서 그 안에 사는 황록공생조류zooxanthellae를 내쫓는다. 이 조류는 산호가 여러 빛깔을 띠게 하고 산호에 먹이를 제공하기 때문에, 이 조류가 떠나면 산호는 하얗게 "백화"하게 된다. 백화한 산호는 죽은 것은 아니지만 심한 스트레스 상태다. 그래서 질병에 걸리거나 폭풍에 부러지기 쉽고, 그 결과 죽을 가능성이 높다.

남획, 해양과 육지의 오염, 해안 개발은 이미 전 세계의 산호초에 스트레스를 안겼다. 여기에 바닷물의 온도와 산성도를 높이는 인간에 의한 기후변화까지 더해져 전 세계 산호초는 점점 줄어들고 있다. 길게 군집을 이루어 산호초의 해양 생태계를 지탱하는 종의 무려 3분의 1이 멸종 위기 상태다.

🌐592

> 산호초를 보호하는 것이 생태계를 보호하는 것이다.
>
> — 린지아신Chiahsin Lin

화석연료

세계 화석연료 투자 철회 실천 데이터베이스Global Fossil Fuel Divestments Commitments Database에 따르면, 39조 2000억 달러의 자산을 가진 1500여 개 대형 기관이 공개적으로 화석연료에 대한 투자에서 손을 떼고 있다.

해안선 침식

해안선은 계속 변한다. 해안은 역동적이고 바다와 지형이 상호작용할 때 약간의 해안선 침식은 자연스러운 현상이다.

마지막 빙하기 이후 해수면이 120m 상승해 오늘날의 해안선이 만들어졌다. 기후변화로 해수면 상승이 빨라지면 전 세계 해안선이 갈수록 큰 타격을 입을 것이다. 더 강력한 허리케인과 폭풍 전선이 폭풍해일을 일으켜 해안 지역을 집어삼키고 형태를 바꿔놓을 것이다. 해안 침식은 이미 생물 다양성에 피해를 입히기 시작했다.

모래 해변은 전 세계에서 얼음이 없는 해안선의 31%를 차지한다. 이 해변들은 특히 해안선 후퇴 때문에 위협을 받고 있어서, 이 중 많은 수가 1년에 0.5m의 속도로 침식되고 있다. 4%의 해변은 1년에 5m 이상의 침식이, 2%의 해안에서는 1년에 10m 이상의 침식이 일어난다. 전반적으로 이번 세기 말이면 세계에서 가장 취약한 모래 해변의 절반이 기후변화 때문에 완전히 사라지게 될 것이다. 해안선 침식이 점점 빨라지면 내륙지역의 홍수도 더 잦아질 것이다.

전반적으로 이번 세기 말이면 세계에서 가장 취약한 모래 해변의 절반이 기후변화 때문에 완전히 사라져버릴 것이다.

폭풍해일이 점점 잦아지면 해안 지역이 피해를 입고 사람들은 내륙으로 옮겨가야 할 것이다. 부유한 지역사회는 적응력을 높일 수 있는 회복 대책과 홍수 완화 기술을 이행할 여력이 있을 수 있지만, 해안 지역에 생계를 의지하는 사람들은 심한 타격을 입을 것이다. 해발고도 10m 이하에서 거주하는 사람은 6억 명이고, 해안선 100km이내에 거주하는 사람은 전 세계 인구의 40%다.

⊕078

바다는 산업혁명이 시작된 이래로 이미 인간이 배출한 온실가스가 유발한 과도한 열의 90% 이상을 흡수함으로써, 그리고 매년 세계 수송 부문에서 배출되는 것과 거의 맞먹는 양의 탄소를 흡수함으로써 우리를 기후변화의 최악의 영향에서 지켜주었다.

— 피터 드 메노컬Peter de Menocal

웹 검색하고 나무도 심고

우리는 에코시아Ecosia와 협업해 온라인 검색의 효과를 높였어요. **www.thecarbonalmanac.org/search**를 방문해서 검색을 할 때마다 나무를 심는 간단한 확장 프로그램을 설치하세요. 무료랍니다. 구글만큼이나 빠르면서 훨씬 손쉬운데, 매일 차이를 만들어요.

심은 나무: 2021년 기준 1억 4300만 그루

영구동토가 녹으면 어떻게 될까

북극권 인근의 단단하게 언 땅을 "영구동토"라고 한다. 지면의 기온이 2년 이상 0°C 이하일 때 영구동토가 만들어진다. 북반구 육지의 약 15%가 영구동토다. 영구동토는 러시아, 캐나다, 알래스카, 아이슬란드, 히말라야, 스칸디나비아에서 볼 수 있다.

영구동토 안에는 부패 단계가 다양한 많은 양의 죽은 동식물이 파묻혀 있다. 이 냉동 물질에는 질소, 탄소, 이산화탄소, 메탄이 들어 있다.

영구동토에는 약 1500기가톤의 탄소가 들어 있는데, 이는 인간이 산업혁명 이후로 배출한 총량보다 네 배 많은 양이다.

영구동토에는 약 1500기가톤의 탄소가 들어 있는데, 이는 인간이 산업혁명 이후로 배출한 총량보다 네 배 많은 양이다.

기후변화로 세계 기온이 증가하면서 영구동토가 녹고 있다. 그러면 따뜻해진 토양 안에서 미생물이 활발해져 탄소를 먹어 치우고 이 과정에서 이산화탄소와 메탄을 배출한다. 토양 안에 얼어 있던 이산화탄소와 메탄 기포 또한 토양이 부드러워지면서 배출된다.

극지방은 세계 평균보다 2~3배 빠르게 온난해지고 있어서 이미 산업화 이전보다 기온이 2°C 높다. 이 급격한 증가는 2050년이면 여기서 두 배로 더 늘어날 것으로 예상된다.

극도의 고온과 관련된 산불이 점점 잦고 강력해진다. 이 산불은 탄소가 풍부한 땅을 점점 집어삼키고 연소를 통해 대기로 더 많은 이산화탄소를 내보내기 때문에 해빙, 온실가스 배출, 북극 온난화의 순환이 가속화된다.

영구동토가 녹으면 오랫동안 저장되어 있던 온실가스가 배출되어 전 세계 기후변화가 더 강력해지기 때문에 지구 전체의 기후 시스템이 영향을 받는다.

⊕486

극지방에서는 더 빨라요

극지방은 세계 평균보다 2~3배 빠르게 온난해지고 있다.

줄어드는 빙하

22만 개에 달하는 전 세계 빙하의 반 이상이 줄어들거나 사라지고 있다. 지난 20년 동안 진행된 해수면 상승의 최소 21%가 녹고 있는 빙하 때문이다.

빙하는 전 세계 대륙의 10%를 덮고 있을 뿐이지만 전 세계 담수의 70%가 그 안에 들어 있다. 2000년부터 2019년까지 매년 빙하에서 약 2670억 톤의 얼음이 사라졌다. 이 해빙수는 대부분 바다로 흘러든다.

전 세계 해빙수의 83%가 7개 빙하 지역에서 만들어진다. 이 중 4분의 1이 만들어지는 알래스카는 빙하의 밀집도가 높고 기온이 급격하게 상승하며 강설량이 줄고 있다.

빙하의 얼음은 수천 년 전에 만들어졌다. 빙하는 한때 모든 대륙에 있었지만 마지막 빙하기가 끝난 뒤 지금의 빙하가 남았다. 이제는 주로 북극과 고도가 높은 산꼭대기에서 볼 수 있다.

수천 년 전부터 얼어 있던 얼음 위에 매년 눈이 내리고 다져져서 빙하가 커진다. 추운 날씨에 진행되는 이 과정은 따뜻한 날씨에 빙하가 녹아 유실하는 해빙수의 양을 상쇄한다. 그런데 강설량이 감소하고 기온이 증가하면서 빙하 크기의 균형이 무너졌다.

미국 서부, 남아메리카, 인도, 중국에서는 매년 여름철 빙하에서 흘러내린 물이 수억 명에 달하는 인간과 인근 생태계에 물을 공급한다. 빙하가 작아지고 사라지면서 이런 지역의 사람들과 동식물의 서식지가 위험에 처했다.

연간 빙하의 유실량(기가톤)

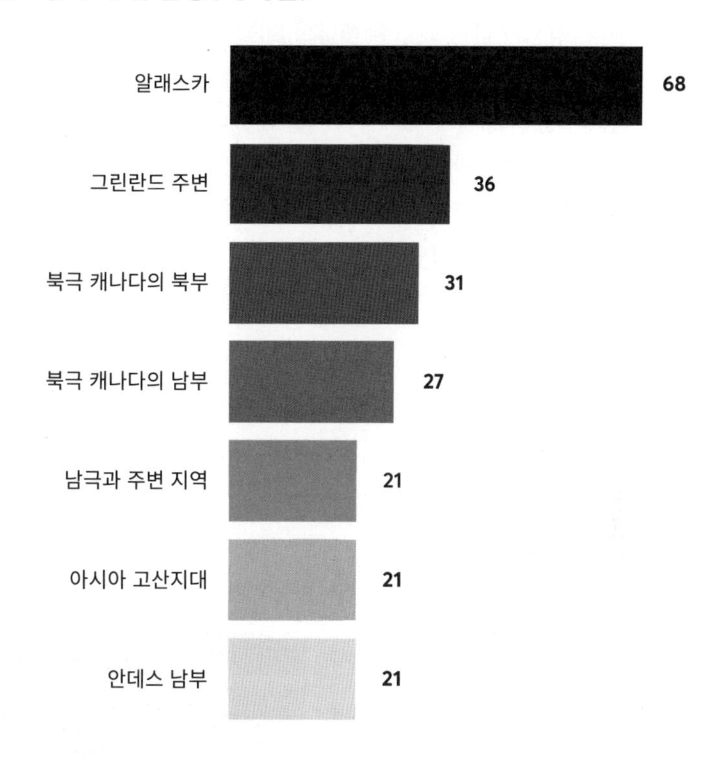

수천 년 전부터 얼어 있던 얼음 위에 매년 눈이 내리고 다져져서 빙하가 커진다.

수천 년간 밝은 눈과 얼음에 부딪힌 태양복사의 90%가 반사되어 우주로 되돌아갔다. 하지만 눈과 얼음이 녹으면서 점점 넓어지는 바다의 색이 진해진 맨 땅이 이제는 더 많은 복사를 흡수하고 그걸 대기에 열의 형태로 배출한다. 이 때문에 기온이 상승한다. 이렇게 순환에 변화가 생기면서 훨씬 많은 얼음이 녹게 된다.

미국의 글레이셔 국립공원이 만들어진 1910년에는 이곳에 150개의 빙하가 있었다. 지금은 30개 미만의 빙하가 남았고 그마저도 대부분 3분의 2 크기로 줄어들었다. 2050년이 되면 이 공원에 있는 빙하는 전부는 아니어도 대부분 사라질 것으로 예상된다. 1912년 이후로 킬리만자로산에 있는 눈의 80%가 사라졌다. 히말라야 동부와 중부에 있는 빙하의 대부분은 2035년이면 사라질 것으로 예상된다.

⊕593

눈과 녹고 있는 북극 얼음

북극해의 얼음은 극지방의 낮은 기온을 유지해 지구의 기후를 조절한다. 얼음의 밝은 표면은 햇빛의 80%를 반사해 다시 우주 공간으로 내보내는 보호벽 역할을 한다. 하지만 북극해의 얼음은 10년에 13%씩 줄어들고 있다.

이 보호벽이 사라지면 증발량이 늘어나고, 그러면 늘어난 수증기가 대기로 유입되어 비, 습기, 눈이 된다. 이 때문에 더 극단적인 날씨가 발생한다.

연구자들에 따르면 겨울철 북극해 얼음이 1㎡ 사라질 때마다 증발량이 70kg 증가했다. 이는 "동쪽에서 온 야수"라고 하는 독특한 날씨 사건을 일으키는 데 기여했는데, 2018년에 내린 이 역사적인 폭설로 유럽의 많은 지역이 꼼짝 못하게 되었고 이탈리아 로마에는 기록적인 눈이 쌓였다. 북극에서 남쪽으로 이동하는 수증기는 노르웨이, 러시아, 스발바르 제도 사이에 있는 바렌츠해의 따뜻한 부동 수면에서 비롯된 독특한 지구화학적 특징을 포함했다. ⊕572

해양 폭염

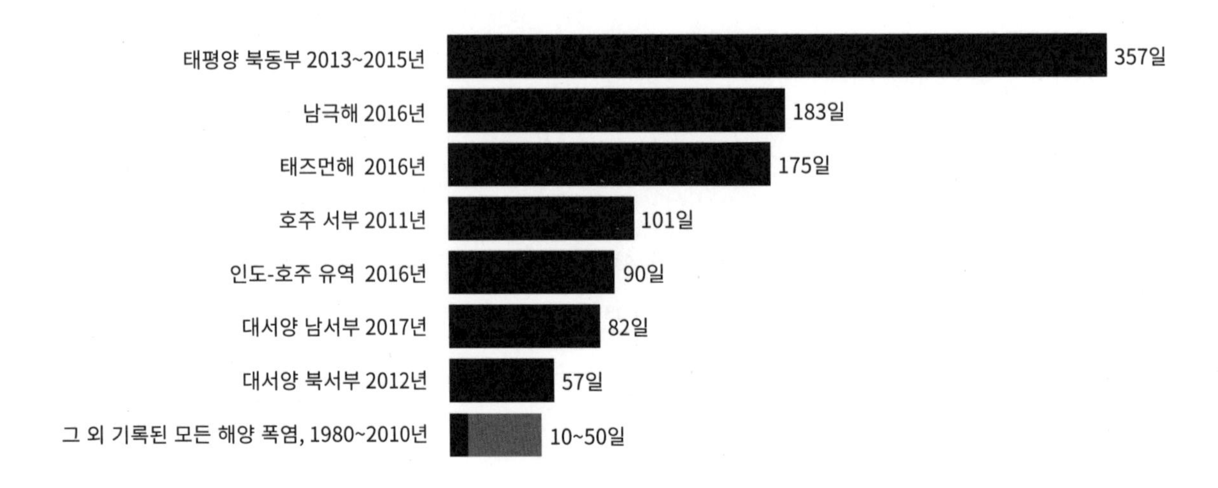

육지의 폭염은 알아채기는 쉽지만 견디기가 어렵다. 그런데 폭염은 탁 트인 바다에서도 일어날 수 있고 육지와 비슷하게 위험한 영향을 미칠 수 있다.

수온이 비정상적으로 따뜻해지는 해양 폭염은 인간에게는 잘 감지되지 않을 때가 많다. 해양 폭염의 조건을 갖추려면 지속 기간이 5일 이상이어야 하고, 기록 온도가 연중 해당 시기의 30년 측정치의 상위 10% 이내여야 하며, 특정 지역에서 발생해야 한다.

해양 폭염은 수중 동식물에 변화를 일으켜 지역의 생물 다양성에 피해를 줄 수 있다. 수온이 따뜻해지면 조류가 증식하기 쉬워지므로 해양 폭염은 종종 조류 증식을 유발한다. 하지만 일부 조류는 해양 유기물의 발달, 신경, 생식 능력에 해로운 영향을 줄 수 있는 독성 물질을 만들어낸다.

전 세계적으로 바다는 꾸준히 따뜻해지고 있고 지난 40년 동안 3만 건 이상의 해양 폭염이 일어났다. 해양 폭염은 국지적인 현상이고 며칠간 지속될 뿐이지만, 그 짧은 기간에 막대한 피해를 유발할 수 있고 회복하는 데 오랜 시간이 걸리거나 아예 회복 불가능할 때도 있다. 최근에는 해양 폭염의 지속 기간이 길어지고 있다. ⊕573

허리케인, 태풍, 사이클론

대기 중 탄소 수준이 증가하면서 지구의 기온이 상승하고 있다. 이 때문에 수증기의 양이 늘어나 대기 중 습도가 높아진다. 대기는 1°C 더워질 때마다 7% 더 많은 습기를 머금는다. 이를 클라지우스-클라페이롱 관계라고 한다.

바다에서 물이 증발할 때 열이 물에서 공기로 이동한다. 폭풍이 따뜻한 바다 위를 지날 때 더 많은 수증기와 열을 흡수한다. 그러면 바람이 더 강해지고 강수량과 홍수가 증가한다. 지금의 허리케인은 산업혁명 이전보다 4~9% 더 많은 비를 뿌린다.

기후변화는 허리케인을 증폭하고, 지상에 상륙한 허리케인의 힘을 더 오래 지속시켜 더 많은 피해를 입힐 것이다.

2017년 허리케인 하비Harvey가 왔을 때 강수량이 15~38% 증가한 것은 지구온난화 때문이었다. 이는 클라우지우스-클라페이롱 한계인 7%보다 두 배 이상 많은 양이다.

기온이 3~4°C 증가할 경우 허리케인이 몰고 오는 비는 무려 33%까지 증가하고 풍속은 94km/h 더 빨라질 수 있다.

1975년 이후로 동아시아와 동남아시아를 강타하는 태풍은 약 15% 더 강력해졌다. 4등급과 5등급 폭풍은 3배 가까이 많아졌다.

전 세계 기온이 2~3°C만 올라도 폭풍은 더 강력해질 것이다. 2011년에 호주를 강타했던 사이클론 야시Yasi 같은 폭풍은 비를 35% 더 많이 뿌릴 것이다. 2004년 마다가스카르를 강타한 사이클론 가필로Gafilo 같은 폭풍은 40% 더 많은 비를 뿌릴 수 있다. ⊕567

세계 기후 관련 재난

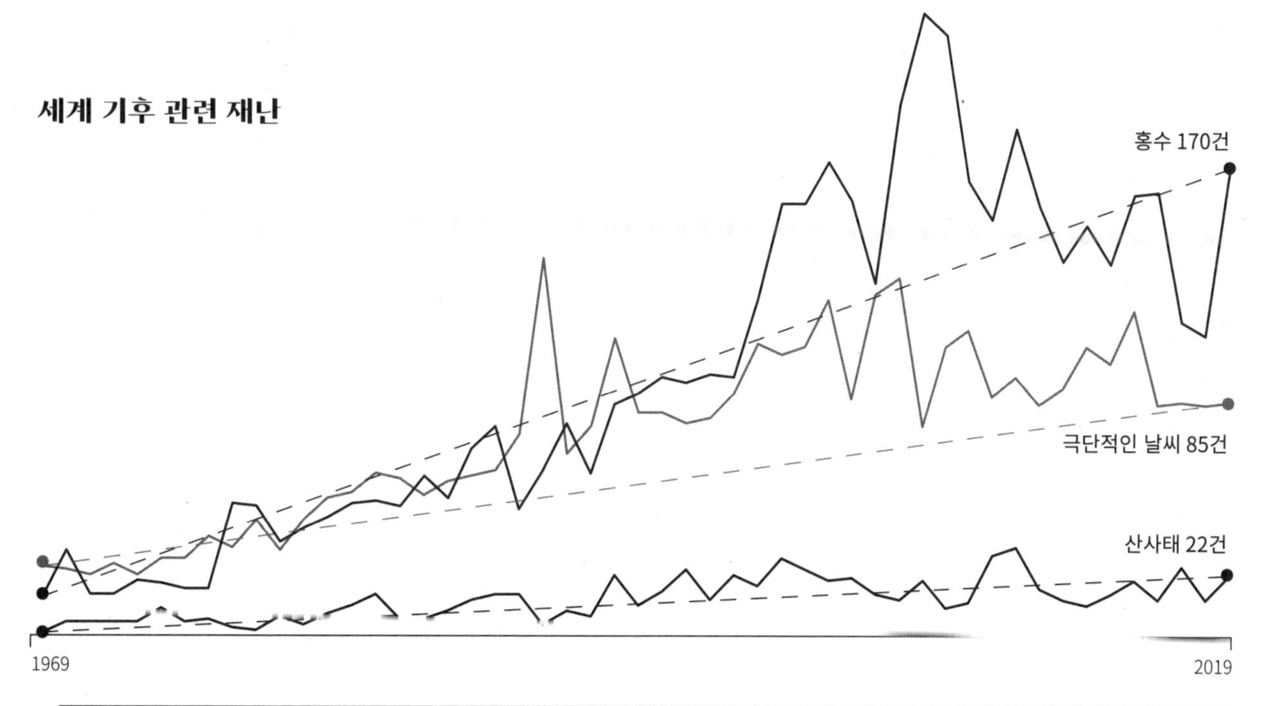

1잔의 커피

유네스코 수자원 교육센터에 따르면, 차 한 잔을 만들 때는 34L의 물이 필요한 데 비해 커피 한 잔을 만들어내려면 약 148L의 물이 필요하다.

에너지 생산과 인간의 건강

화석연료 연소가 유발하는 대기오염으로 2018년 전 세계에서 870만 명의 사망자가 발생했다. 이는 그해 사망자 다섯 명 중 한 명꼴이다.

글로벌 탄소 프로젝트Global Carbon Project는 2021년 화석연료 배출량이 36.4이산화탄소기가톤(GtCO2)에 이를 것으로 추정한다.

이 가운데 25%인 약 9.1기가톤은 전기와 열 생산에서 발생할 것으로 추정된다. 전기와 열을 생산하기 위한 석탄, 천연가스, 석유 연소는 전 세계 온실가스 배출원 가운데 가장 많은 비중을 차지한다.

여러 연구에 따르면 화석연료 연소 때문에 피할 수 없게 된 대기오염과 심장병, 호흡기 질환, 심지어 시력 상실 사이에는 상관관계가 있다.

2018년의 한 연구는 전 세계 사망자의 약 20%가 화석연료 연소에서 비롯된 질병이 원인임을 보여주었다.

⊕605

대기오염으로 인한 전 세계 사망자

만성 폐쇄성 폐질환	40%
(천식 같은) 하기도 감염	30%
뇌졸중	26%
허혈성 심장병	20%
당뇨병	20%
신생아 사망	20%
폐암	19%

전 세계 인구의 약 90%가 위험할 정도로 심한 대기오염 속에서 호흡을 한다.

건강에 미치는 영향: 개요

2021년 세계보건기구WHO는 기후변화를 "인간 앞에 놓인 가장 큰 단일한 건강 위협 요인"이라고 표현했다. 오늘날 많은 사람들이 대기오염, 극단적인 날씨, 식량 불안, 질병, 정신건강을 해치는 스트레스 유발 인자 같은 요인들 때문에 건강 악화를 경험한다. 매년 이런 환경적인 문제 때문에 1260만 명이 사망하는 것으로 추정된다. 이는 매년 전 세계적으로 네 명 중에 한 명의 사인이 환경적인 요인이라는 뜻이다.

대기 중 이산화탄소 수준의 증가는 대기오염, 기온 상승, 해수면 상승, 그리고 홍수, 산불, 폭염, 가뭄 같은 점점 늘어나는 극단적인 날씨 사건들에 기여하는데, 이 모두가 부상과 사망의 직접적인 원인이다. 또한 이런 요인들은 우울증과 불안 같은 정신질환의 발발 위험 역시 높일 수 있다.

생태계 변화는 농업 생산량 감소로도 이어져 많은 사람들을 영양실조의 위험에 빠뜨린다. 기후변화는 말라리아와 천식 등의 여러 건강 문제를 직간접적으로 악화한다.

⊕062

숨쉬기가 힘들어요

2050년이면 실외 대기오염이 전 세계 환경 관련 사망의 첫 번째 원인이 될 것이다.

고온과 건강

지난 10년간 극단적인 기온으로 전 세계에서 16만 6000명 이상이 목숨을 잃었다. 기온 상승은 모든 인간에게 영향을 미치지만 고령자, 신생아와 어린이, 임신부, 야외 육체노동자, 운동선수, 빈민 등에게 특히 더 취약하다.

전 세계적으로 지난 15년 동안 열파에 노출된 사람은 1억 2500만 명이었다. 밤낮으로 기온이 높은 기간이 길어지면 몸이 받는 스트레스가 늘어난다. 외부 환경의 열과 신체 기능에서 유발된 내부의 열이 합쳐지면 체온이 올라갈 수 있다. 이렇게 급속하게 체온이 올라가면 온도를 조절하는 몸의 능력이 영향을 받아서 많은 건강 문제가 유발될 수 있다.

극도의 고온으로 인한 입원과 사망은 고온에 노출되고 불과 며칠 뒤, 또는 바로 그날 일어날 수도 있다. 고온은 심혈관, 호흡기, 신장 질환뿐만 아니라 당뇨 관련 질환 등과 같은 만성질환을 악화할 수 있다.

⊕063

극도의 고온에 노출되었을 때 건강에 미치는 영향

간접 영향

사고

졸도
업무 중 사고
부상과 중독

전염과 확산

음식과 물 매개 질병
해양 조류 증식

기반 시설 파괴

전력
물
수송
생산성

의료 서비스

구급차 호출 수가 늘어나고 대응 시간이 느려짐
입원자 수 증가
의약품 보유량에 영향

직접 영향

온열 질병

탈수
열경련
열사병

입원

뇌졸중
호흡기 질환
당뇨병
신장 질환
정신 질환

사망의 가속화

호흡기와 심혈관 질환
기타 만성질환(정신 질환, 신장 질환)

산불의 장기적인 영향: 연기의 영향

전 세계에서 산불 때문에 오렌지색으로 변한 하늘이 이제는 낯설지 않은 풍경이 되었다. 하지만 산불 연기에 노출됐을 때 특히 어린이들에게 (그리고 태아들에게) 그 영향이 오래갈 수 있다는 사실은 요즘에야 분명해지고 있다.

산불 연기에는 다음과 같은 유해 물질이 들어 있다.

- 이산화탄소
- 일산화탄소
- 질소산화물
- (포름알데히드와 벤젠 같은) 휘발성 유기화합물

산불의 연기에 들어 있는 유해 물질 중 인간의 건강에 가장 위험한 것은 PM2.5라고도 하는 초미세 먼지다.

초미세 먼지에 노출될 경우 눈이 충혈되어 따끔거리고, 목이 아프고, 숨쉬기가 힘든 증상이 즉시 일어날 수 있다. 또한 초미세 먼지는 폐 깊은 곳까지 들어와 장기적인 피해를 입힐 수 있다.

초미세 먼지는 인간의 머리카락 한 가닥의 폭의 30분의 1정도로 작다. 그래서 몸에서 걸러지기가 어렵다.

산불의 연기에 들어 있는 모든 성분 중에서 인간의 건강에 가장 위험한 것은 PM2.5라고도 하는 초미세 먼지다.

연구에 따르면 PM2.5에 노출되면 어린이의 폐 발달이 방해를 받아 천식 같은 만성 폐 질환을 유발하고 악화할 수 있다. 동물 연구는 미세한 입자들이 혈관을 타고 뇌 조직으로 넘어갈 수도 있음을 보여준다. 몇몇 연구는 엄마가 임신 중에 연기에 노출되었을 때 아이의 출생 시 체중에 (그리고 성인이 되었을 때의 건강에도) 악영향이 있음을 보여주었다.

🌐085

야생이 사라진 미래에는 내가 청년이 아니라서 다행이다.

— 알도 레오폴드Aldo Leopold

새로운 고대 세균

과학자들은 영구동토의 돌발적인 해빙으로 사향소, 순록, 둥지를 트는 새에 치명적인 병원균이 다시 살아나고 있는 게 아닌가 의심한다. 시베리아 순록과 캐나다 사향소의 떼죽음은 한동안 동면 상태에 있다가 기온 상승으로 다시 살아나 자유를 만끽하고 있는 병원균과 관련이 있는 것으로 보인다.

음식과 물, 그리고 설사병

전 세계에서 설사로 목숨을 잃는 어린이가 매일 2000명을 웃돈다. 1년이면 80만 명에 달한다. 설사는 전 세계에서 어린이 사망 원인 가운데 두 번째이고 5세 이하 어린이의 영양실조를 유발하는 첫 번째 원인이다.

설사병은

- 고령자와 5세 이하 어린이에게 가장 치명적이다.
- 탈수를 통해 직접 사망을 유발한다.
- 영양실조를 유발하고 면역력과 회복력을 떨어뜨려서 간접적으로 사망을 유발한다.

설사병과 기후변화

대부분은 오염된 음식과 수원을 통해 설사병에 걸린다. 연구에 따르면 기후변화는 설사병의 확산을 가속화한다. 여기에는 주로 다음 세 요인이 있다.

1. 기온 상승

음식은 기온이 올라가면 더 빨리 상한다. 설사병을 유발하는 병원균이 더 빨리 증식하고 오래 살기 때문이다. 기온이 1°C만 증가해도 설사 때문에 병원을 찾는 어린이 환자가 3.8% 늘어난다.

2. 강수 증가

폭우가 내리면 위생 상태가 열악한 지역의 박테리아와 바이러스 오염원이 상수원으로 쓸려 들어간다. 그러면 설사병에 노출되는 일이 많아진다. 가령 엘니뇨가 중간 규모나 강력한 규모로 발생했을 때 어린이 설사 환자가 4% 증가했다.

3. 가뭄 증가

가뭄이 발생하면 사람들이 사용할 수 있는 건강한 수원이 줄어든다. 그러면 오염된 물을 마시거나, 씻는 데 쓰거나, 작물에 주거나, 음식을 준비하는 데 쓸 수 있다. 페루에서 수행한 한 연구에 따르면 건기에 설사 환자가 1.4% 증가했다.

⊕589

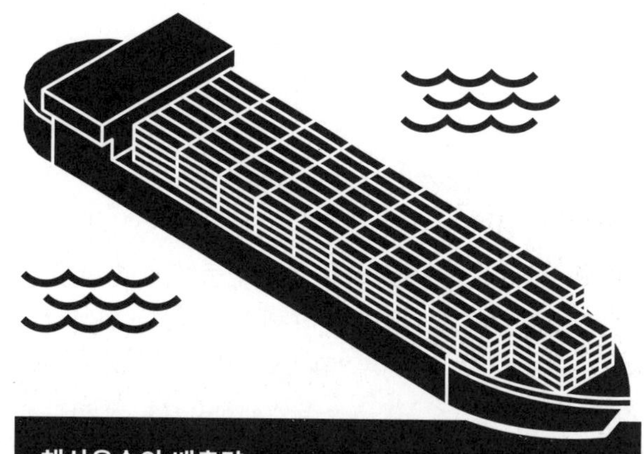

해상운송의 배출량

연구에 따르면 2015년 전 세계의 화물선 9만 척이 뿜어낸 온실가스로 인한 오염으로 6만 명이 목숨을 잃었다.

세계 최대 규모의 컨테이너 선박 한 척은 자동차 5000만 대만큼의 오염물질을 배출할 수 있다.

세계 최대의 선박 15척은 지구상에 있는 7억 6000만 대의 자동차 전체가 유발하는 오염과 맞먹는 온실가스를 뿜어낸다.

배출된 질소산화물과 산화황은 암과 천식을 유발하는 것으로 알려져 있다.

해상운송에서 사용하는 저질 연료에는 트럭과 승용차용 경유보다 2000배 많은 황이 포함돼 있다.

설사와 어린이 사망률

설사는 전 세계에서 어린이 사망 원인 가운데 두 번째를 차지하고, 5세 이하 어린이의 영양실조를 유발하는 첫 번째 원인이다.

세계 관광업의 영향

저가의 자동차 여행과 비행기 여행 기회가 많아지면서 전 세계 관광 수요가 크게 늘어났다. 관광업은 이동 이외에도 숙박, 서비스, 쇼핑을 위해 에너지를 사용한다.

관광업의 탄소 발자국은 인간이 만들어낸 전 세계 탄소 배출량의 8%를 차지한다. 이 배출량의 절반 가까이가 수송 때문에 만들어진다. 국내 관광에서는 주 이동 수단이 자동차고 그 다음이 비행기다. 해외여행은 거리에 관계없이 주로 비행기로 이동한다.

1950년에 비행기를 이용한 관광객은 2500만 명이었다. 68년 뒤인 2018년 비행기 관광객 수는 56배 늘어난 14억 명이다.

2030년에는 온실가스가 25% 늘어나고 관광업 때문에 수송과 관련한 이산화탄소가 2기가톤 발생할 것으로 예상된다.

⊕072

해수면 상승의 비용

해수면 상승은 주로 전 세계 해안 도시의 경제에 많은 부정적인 영향을 미칠 것으로 예상된다. 세계 인구의 44%는 해변에서 150km 이내에 거주한다.

세계 인구의 44%는 해변에서 150km 이내에 거주한다.

해수면 상승은 다음과 같은 경제적 영향을 일으킨다.

- 2100년에는 홍수 피해액이 전 세계에서 한 해에 14조 달러에 달할 수 있다.
- 2100년까지 적응 활동이 없을 경우 해안의 범람이 유발한 직접적인 연간 피해액이 전 세계 GDP의 0.3~9.3%에 이를 수 있다.
- 항구, 발전소, 송전선, 석유 정제소, 하수 처리 시설, 통신 케이블, 고속도로가 모두 해안선 가까이에 건설되어 있다. 향후 20년 동안 해수면 상승을 걱정할 필요가 없는 곳으로 주요 기반 시설을 이동시키는 비용이 미국에서만 4000억 달러가 넘을 것이다.

⊕603

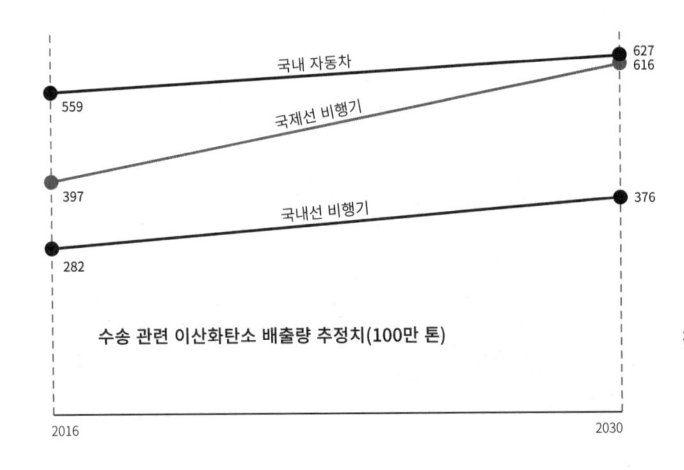

수송 관련 이산화탄소 배출량 추정치(100만 톤)

전 세계 관광업에서 발생하는 탄소 배출량

탄소 수출입의 영향

슈퍼마켓에서 코스타리카산 바나나를 고르고 중국산 스마트폰으로 전화를 거는 일이 가능해진 것은 국제무역 때문이다.

상품과 서비스가 생산국과 소비국 사이에서 움직일 때 탄소 배출량도 함께 움직인다.

인간 활동에서 비롯된 전체 이산화탄소 배출량의 약 25%가 수출입을 통해 한 나라에서 다른 나라로 '흘러간다.' 이런 흐름이 제품별, 나라별로 고르게 분배되지 않으리라는 점은 쉽게 예상할 수 있을 것이다.

철강, 시멘트, 화학물질 같은 상품들은 국경을 넘는 전체 탄소 흐름의 약 절반을 차지한다. 나머지 절반은 자동차, 옷, 산업용 기계류와 장비 같은 반제품이나 완제품 안에 들어 있다. 바나나는 전 세계 탄소 흐름에서 생각보다 큰 비중을 차지하지 않는다.

2014년 미국은 3억 5200만 톤의 이산화탄소를 수입했고 중국은 13억 6900만 톤의 이산화탄소를 수출했다.

잘사는 나라들은 국경을 넘어 탄소를 수입하기 때문에 연소 같은 더러운 일을 다른 나라에 떠넘긴다고 볼 수 있다. 이 흐름을 추적하면 각국 정부로 하여금 탄소 배출량을 합당한 수준으로 책임지고 제한하게 하기가 더 쉬워질 것이다.

⊕578

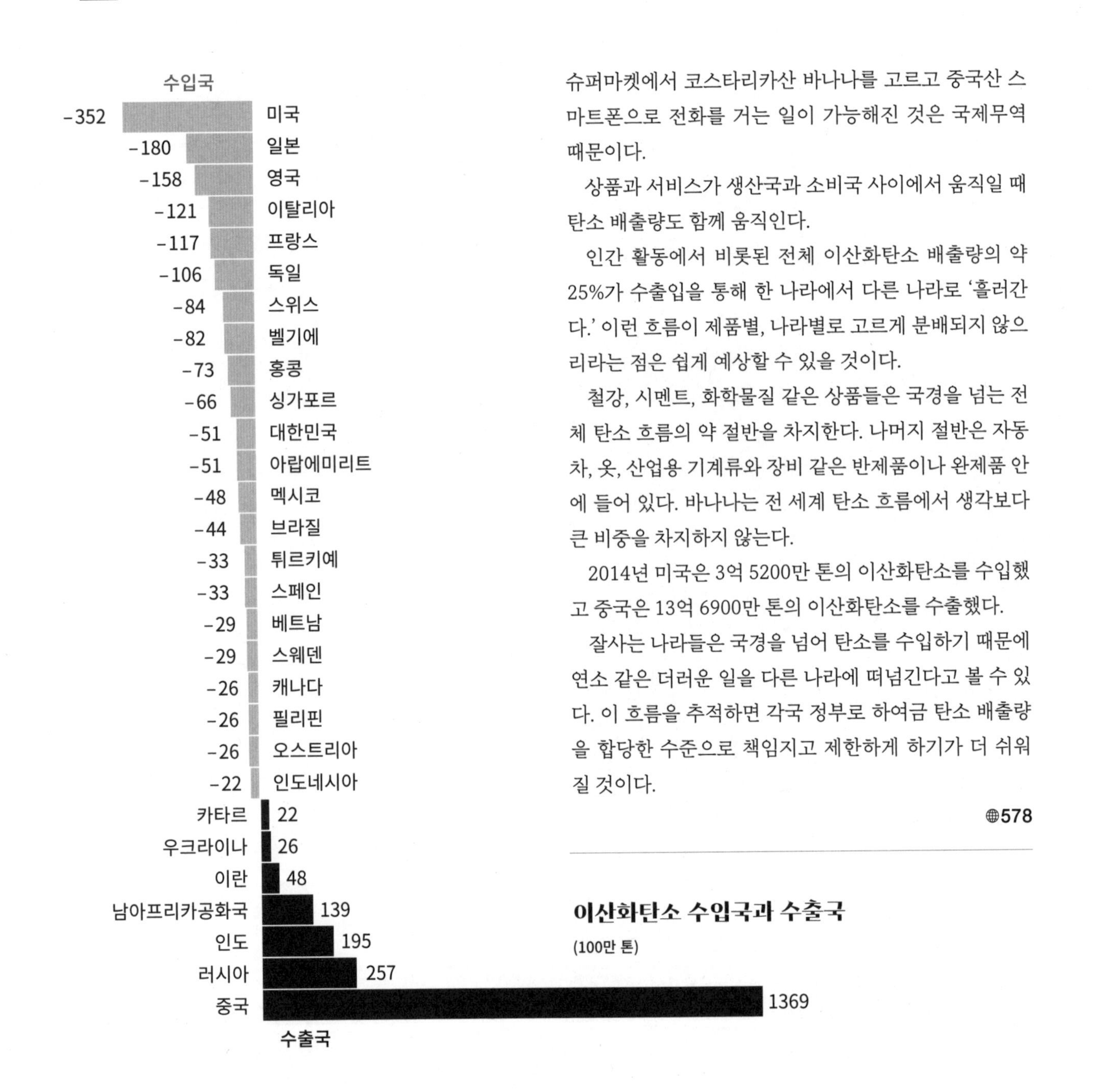

이산화탄소 수입국과 수출국

(100만 톤)

민간 우주여행의 영향

민간 우주여행의 영향은 아직 상대적으로 낮지만 갈수록 점점 커질 것이다.

2020년 민간 우주여행 관련 발사가 114번 이루어졌다. 이 수치는 2030년이면 한 해에 360번으로, 미래에는 한 해에 1000번까지 늘어날 것으로 예상된다. 우주여행 기업 버진갤럭틱Virgin Galactic의 CEO는 매년 우주 공항에서 최소 400편의 로켓을 발사하겠다는 포부를 밝혔다.

우주여행은 화석연료를 연소하기 때문에 탄소 발자국이 크다. 로켓 엔진은 그을음을 만들어내는데, 이 그을음은 너무 가벼워서 몇 년 동안 대기 상층부에 머물 수 있는 미세한 탄소 입자로 이루어져 있다. 이 그을음은 지표면에서 10km 위에 있는 성층권과 50km 위에 있는 중간권을 오염시킨다. 그을음은 자외선을 흡수하고, 그로 인해 성층권이 더워질 수 있다.

높은 등급의 등유를 연료로 사용하는 로켓은 온실가스와 함께 오존층을 파괴하는 염소와 산화알루미늄을 배출한다. 버진갤럭틱에서 보유한 우주선 중 하나인 'VSS 유니티'는 탄소 기반 고체 연료, 수산기말단 폴리부타디엔HTPB, 아산화질소로 이루어진 혼합 연료를 사용한다. 스페이스X의 재사용 가능한 로켓인 '팔콘Falcon' 시리즈는 액체 등유와 액체 산소를 이용해 우주선 크루드래곤Crew Dragon을 궤도로 쏘아올릴 것이다. 스페이스X의 팔콘 헤비가 몇 분 동안 배출하는 이산화탄소의 양은 평균적인 휘발유 자동차를 200년 이상 몰았을 때의 배출량과 같다.

⊕082

상업용 우주비행선 탑승객 1명분의 이산화탄소 배출량은 장거리 비행기에 탑승한 승객 1명분의 배출량인 1~3톤보다 50~100배 더 많을 것으로 추산된다.

생태 불안

기후변화는 인간의 정신건강에 부정적인 영향을 미치고 있다. 생태 불안은 아직 진단 기준이 확립된 질병은 아니지만 널리 퍼진 상태다. 최근의 연구에 따르면 성인의 약 70%와 어린이의 85%가 크고 작은 생태 불안을 경험한다.

영국심리치료협회UK Council for Psychotherapy의 사라 니블록Sarah Niblock은 "생태 불안은 기후변화의 위협에 대한 완전히 정상적이고 건강한 반응"이라고 밝혔다. 즉 생태 불안은 주의를 기울이고 몸을 움직이라는 감정의 신호인 것이다. 이는 스트레스 반응이며 따라서 개개인이 대응 준비에 들어갈 수 있도록 설계된 생존 기제다.

무엇이 최고의 대응인가?

미국정신의학협회APA, 예일대학교 기후 연결 이니셔티브 Yale University's Climate Connection Initiative, 그리고 전 세계 심리학자들이 마련한 지침은 생태 불안을 해결하기 위한 실천 계획으로 요약할 수 있다.

다음 단계들은 생태 불안에 직면한 개인의 안전과 주체성 감각을 키워주고 눈앞의 도전에 대처하기 위한 회복력을 기르는 데 도움을 줄 수 있다.

1. 이렇게 느껴도 괜찮다고 인정한다.

생태 불안을 경험하는 것은 지극히 정상이다. 다른 사람들도 같은 기분을 느낀다. 이 사실을 인정함으로써 자신에게 연민과 친절과 이해심을 발휘하는 연습을 한다.

2. 이야기를 통해 "침묵의 악순환"을 깬다.

대다수가 생태 불안을 겪고 있지만 미국에서는 성인의 64%가 기후변화를 전혀 또는 거의 토론주제로 삼지 않는다. 이는 기후변화와 생태 불안에 관한 "침묵의 악순환"(연구자들이 부르는 표현이다)을 부른다. 생태 불안과 관련된 감정은 허심탄회하게 털어놓았을 때 더 나아지고 더 잘 관리할 수 있다.

기후변화와 감정에 대한 대화는 어려울 수 있다. 이때 "능동적인 듣기" 전략을 고민해보면 좋다. "기후변화와 관련해 들은 뉴스 중 가장 충격적이었던 건 뭐였어?"나 "어떤 기분이야? 마음이 어때?" 같은 질문은 능동적인 듣기와 짝을 이루어 대화의 물꼬를 트는 데 유용할 것이다.

3. 자기 돌봄을 실천한다.

심리학자들은 스트레스의 부정적인 영향을 건강하게 물리칠 수 있는 세 전략을 권장한다.

- 잘 자기
- 더 많이 움직이기
- 건강하게 먹기

수면 부족은 낮 시간의 스트레스를 관리하는 능력에 가장 큰 타격을 줄 수 있으므로, 잘 자는 것은 아주 중요한 출발점이다. 미국에서 성인의 3분의 1 이상이 규칙적이고 충분한 수면을 취하지 못한다. 생태 불안을 느끼는 사람들도 마찬가지일 것이다. 규칙적으로 가벼운 산책이라도 하면 좋다. 운동은 수면의 질을 높이고 스트레스를 직접 물리치는 데 유익하다. 실제로 적당한 육체 활동은 스트레스 수준을 크게 줄인다는 사실이 확인된 바 있다. 마지막으로 다양하고 영양가 있는 식단은 생태 불안과 관련된 문제를 해결하는 데 더 많은 육체적 에너지를 제공할 수 있다.

4. 네트워크를 강화한다.

감정에 대한 토론이 성공하려면, 그리고 자기 돌봄을 성공적으로 실천하려면 든든한 관계망이 있어야 한다. 대면 관계든 온라인상의 비대면 관계든, 가족, 친구, 이웃

등과 신뢰를 갖고 정기적으로 접촉해 탄탄한 사회적 네트워크를 구축하기 위해 노력한다.

5. 기후변화의 도전에 적극적으로 맞서는 실천에 참여한다. 마지막으로, 선제적인 실천이 정신건강에 유익하다는 점을 유념한다. 이 책을 읽는 것 외에도 당신이 할 수 있는 실천은 많다. 당신의 실천은 단기적으로 지역사회에서 기후변화의 영향에 대비하는 것뿐 아니라, 장기적으로 전 세계에 영향을 줄 수 있다. 이때 자신에게 맞는 속도를 찾는 것이 중요하다. 스스로 부담을 갖지 않고, 꾸준히 지속할 수 있는 실천을 만들어보라.

필요하면 전문적인 도움을 구한다
당신이나 주변 사람이 생태 불안 때문에 일상생활, 노동, 안전에 상당한 지장을 받고 있다면 전문 심리 상담이나 정신의학, 또는 지역자치단체나 국가 부처에서 운영하는 24시간 전화 상담 서비스를 이용하는 것도 좋다.

⊕252

손을 잡아요

1973년 이후로 인도의 농촌 지역 오디샤의 교사 안타르야미 사후Antaryami Sahoo는 공공장소에 나무 1만 그루를 심었다. 그리고 학생들과 함께 2만 그루를 더 심었다. 사후는 “서로 손을 잡으면 놀라운 일이 벌어질 수 있다”고 말한다.

우리는 생각하고 이해하는 방식을 바꿔야 합니다. 지구가 단지 환경이 아니라는 걸 깨달아야 합니다. 지구는 우리 밖에 있는 무언가가 아닙니다. 마음을 모으고 호흡을 하고 몸을 응시하면 당신이 지구임을 깨닫게 됩니다. 당신의 의식이 지구의 의식이기도 함을 깨닫게 됩니다. 주위를 둘러보세요. 당신이 보는 것은 환경이 아니라 당신 자신입니다.

— 틱낫한Thich Naht Hanh

해법

우리가 원하는 세상 만들기

기후변화를 해결하는 49가지 방법

폴 호켄Paul Hawken은 전 세계 전문가들과 함께 팀을 꾸려 기후변화를 해결할 수 있는 수백 가지 방법에 순위를 매겼다. 그 가운데 영향력이 큰 순서로 49가지를 정리했다. 더 자세한 내용은 drawdown.org를 참고하라. 시나리오 1과 2 아래의 숫자는 지금부터 2100년까지의 예상 누적 이산화탄소 감축량(기가톤)을 나타낸다.

시나리오 1은 기온이 2100년까지 2°C 상승한다고 가정한다. **시나리오 2**는 2100년까지 1.5°C 상승한다고 가정한다. 각 해법은 해당 국가의 맥락과 경제, 생태, 사회, 정치적 상황에 따라 차이가 있을 수 있다.

⊕245

해법	부문	시나리오 1	시나리오 2
음식물 쓰레기 감축	식량, 농업, 토지 이용	90.70	101.71
의료와 교육	의료와 교육	85.42	85.42
채식 위주의 식단	식량, 농업, 토지 이용	65.01	91.72
냉매 관리	산업/건물	57.75	57.75
열대우림 복원	토지 흡수원	54.45	85.14
육상 풍력발전	전기	47.21	147.72
대안 냉매	산업/건물	43.53	50.53
대단지형 태양광발전	전기	42.32	119.13
개량형 청정 조리용 스토브	건물	31.34	72.65
분산형 태양광발전	전기	27.98	68.64
임간 축산	토지 흡수원	26.58	42.31
이탄 지대 보호와 재습지화	식량, 농업, 토지 이용	26.03	41.93
토질이 저하된 땅에 나무 심기	토지 흡수원	22.24	35.94
온대림 복원	토지 흡수원	19.42	27.85
집광형 태양광발전	전기	18.60	23.96
단열	전기/건물	16.97	19.01
관리형 방목	토지 흡수원	16.42	26.01
LED 조명	전기	16.07	17.53
다년생 주식 작물	토지 흡수원	15.45	31.26
수목 간작	토지 흡수원	15.03	24.40
재생 농업	식량, 농업, 토지 이용	14.52	22.27
보존 농업	식량, 농업, 토지 이용	13.40	9.43
버려진 농경지 복원	토지 흡수원	12.48	20.32
전기 자동차	수송	11.87	15.68

다층 혼농임업	토지 흡수원	11.30	20.40
해상 풍력발전	전기	10.44	11.42
고성능 유리	전기/건물	10.04	12.63
메탄 소화조	전기/건물	9.83	6.18
개선된 쌀농사	식량, 농업, 토지 이용	9.44	13.82
선주민의 토지 사용권	식량, 농업, 토지 이용	8.69	12.93
대나무 생산	토지 흡수원	8.27	21.31
대안 시멘트	산업	7.98	16.1
하이브리드 자동차	수송	7.89	4.63
차량 공유	수송	7.70	4.17
대중교통	수송	7.53	23.40
스마트 온도 조절기	전기/건물	6.99	7.40
건물 자동화 시스템	전기/건물	6.47	10.48
지역난방	전기/건물	6.28	9.85
효율적인 항공	수송	6.27	9.18
지열발전	전기	6.19	9.85
삼림 보호	식량, 농업, 토지 이용	5.52	8.75
재활용	산업	5.50	6.02
조리용 바이오 가스	건물	4.65	9.70
효율적인 트럭	수송	4.61	9.71
효율적인 해상운송	수송	4.40	6.30
고효율 열 펌프	전기/건물	4.16	9.29
다년생 바이오매스 생산	토지흡수원	4.00	7.04
태양열 온수기	전기/건물	3.59	14.29
초지 보호	식량, 농업, 토지 이용	3.35	4.25

양털을 포장재로

유럽에서는 매년 20만 톤 이상의 양털이 버려진다. 지속 가능한 보호용 포장재로서 잠재력이 풍부한 이 양털을 사용하면 전 세계 비닐 에어캡 수요의 120%를 충당할 수 있다.

친환경 시늉, 재활용 연극

많은 지자체와 조직들이 재활용의 효과를 크게 향상시켰다. 하지만 환경에 대한 소비자 관심이 점차 홍보에 반영되면서 일부 기업들은 자신들이 하는 친환경 노력의 효과를 부풀리기도 한다. 모든 녹색 실천이나 재활용 광고가 정직한 것은 아니다.

플라스틱처럼 재활용이 어려운 제품을 만들어서 돈을 버는 산업은 재활용의 실효성에 관해 오해를 조장한다. 이미 거대하고 계속 커지고 있는 재활용 산업 스스로도 그 효과를 부풀린다.

일부 기업들은 자신들이 제공하는 상품과 서비스가 환경에 미치는 영향을 실제로 크게 줄였다. 하지만 뒤로는 해로운 관행을 숨기면서 겉으로는 환경을 아끼는 시늉만 하는 기업들도 있다.

재활용

미국 환경청에 따르면 2018년에 재활용이 이루어진 도시 고체 폐기물은 6300만 톤을 넘었다. 재활용률은 1960년 이후로 꾸준히 증가해서 1990년 28%였던 종이와 판지의 재활용률은 2018년 68%, 1990년 20%였던 유리의 재활용률은 2018년에는 25%로 늘어났다.

쓰레기 종류별 재활용률

플라스틱은 좀처럼 재활용되지 않는다.

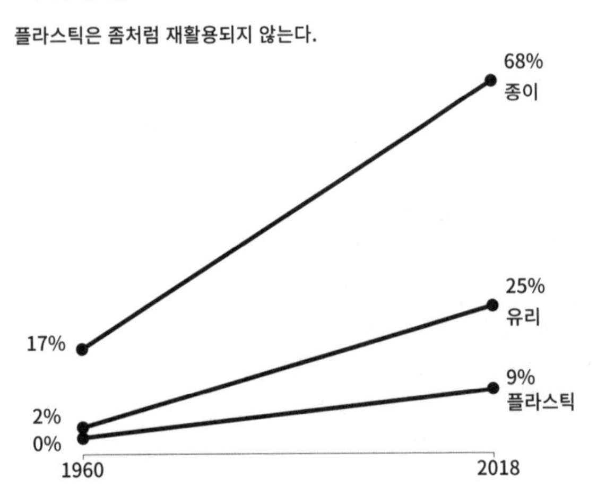

재활용 산업과 재사용 산업은 68만 1000여 명에게 일자리를 제공하고 378억 달러 이상의 임금을 지불한다. 미국 최대의 재활용 기업인 웨이스트 매니지먼트Waste Management는 1년 총수입이 150억 달러다. 재활용 산업에서는 공기업이 핵심적인 역할을 한다.

친환경 시늉

친환경 시늉greenwashing은 실제 영향은 별로 없지만 겉으로만 지속 가능성을 내세우는 일종의 눈속임이다. 가정과 직장에서 유행하는 일회용 커피와 티백을 생각해보라.

생분해가 가능한 여과지와 주전자로 커피를 만들어 나눠 마시던 사무실에 작은 일회용 플라스틱 캡슐 커피가 들어오면서 환경에 미치는 영향이 커졌다. 지속 가능 커피 회사인 할로Halo는 2018년 600억 개의 커피 캡슐이 생산되었고, 1분마다 만들어지는 3만 9000개의 캡슐 중에서 2만 9000개가 매립지로 간다고 추정했다.

일부 커피 캡슐 회사들은 자발적인 재활용 프로그램에 착수했지만 큰 효과가 있다는 증거는 전혀 없고, 오히려 이런 프로그램들은 애초에 이런 제품이 존재해야 하는가라는 더 근본적인 질문을 덮어버린다.

플라스틱 재활용은 친환경 실천으로 홍보되지만 실상은 그렇지 않다. 분리배출을 얼마나 잘하나와 관계없이 실제로 재활용되는 플라스틱은 10% 미만이다.

플라스틱을 분리수거 함에 넣으면 무슨 일이 일어날까? 31%가 매립지로 향하는 것으로 추정되고 대다수는 소각된다.

플라스틱은 종류가 워낙 많아서 분류하기가 매우 어렵다. 완벽하게 분류하더라도 대부분은 재활용되지 못한다. 결국 몇 세대 뒤에나 분해되는 플라스틱을 그냥 내다 버려야 한다.

플라스틱이 재활용 함에 뒤죽박죽 섞여 들어가면 '오염'이 일어나고, 그 안에 든 쓰레기를 통째로 소각하기도 한다. 이런 소각 시설을 "폐기물 에너지" 발전소라면서 지속 가능한 쓰레기 처리 방법으로 홍보하는 경우가 있다. 사실 이런 시설은 비닐봉지나 플라스틱 병처럼 수명이 짧은 화석연료를 태우는 것일 뿐이다.

지역의 소각 시설들은 플라스틱 쓰레기를 "공급 원료"라고 부르며 어떻게든 확보하려고 혈안이다. 다른 연료에 비해 저렴하기 때문이다. 이런 발전소에서 생산된 전기에 '지속 가능한 에너지' 또는 '녹색 에너지'라는 잘못된 이름이 붙기도 한다. 사실 지역 소각 시설은 온실가스를 석탄 화력발전소보다 많이 배출한다.

미국 환경청의 한 연구에 따르면 이런 소각 시설에서 생산된 전기는 kWh당 이산화탄소 1.36톤을 만들어낸다. 석탄 화력발전소의 이산화탄소 배출량은 kWh당 1.02톤이다.

2019년에 플라스틱 생산과 소각으로 500MW 용량의 석탄 화력발전소 189기와 같은 양의 온실가스가 만들어졌다.

⊕089

미국의 여러 산업별 노동력 규모

미국에서 재활용 산업에 고용된 인력은 100만 명이 넘는다.

바이오 플라스틱

플라스틱은 제조 과정에서 탄소를 배출하고, 폐기 과정에서도 매립되거나 소각되어 환경에 피해를 입힌다.

전통적인 플라스틱은 화석연료에서 뽑아낸 기다란 사슬 모양의 폴리머polymer 분자로 만든다. 폴리머 사슬은 쉽게 분해되지 않는다. 미생물에 의한 생분해가 불가능하다는 뜻이다.

그런데 폴리머 사슬 분자는 자연계에도 존재한다. 다당류(녹말과 셀룰로오스)와 단백질(글루텐, 젤라틴), 지질(지방, 기름)이 여기에 해당한다. 이런 폴리머를 가지고 플라스틱을 만들 수 있다.

바이오 플라스틱은 생분해가 가능하다. 분해 시간과 방법은 천차만별이다. 분해 효소가 필요한 것도 있고 고온이어야 하는 것도 있다. 어떤 바이오 플라스틱은 물에서 분해된다.

바이오 플라스틱은 다음 특징 때문에 전통적인 플라스틱보다 지속 가능하다.

- 재생 가능 원료를 사용한다.
- 생분해가 가능할 때가 많다.
- 독성 물질이 적다.

하지만 이런 바이오 플라스틱도 생산이 늘면 여러 문제가 생긴다. 대규모 바이오매스 생산은 토지와 수자원을 놓고 식량 생산과 경쟁 관계이고, 화석연료 기반 비료가 필요할 수도 있다.

🌐256

패스트 패션과 탄소

1890년 리바이스Levi's는 501라인 청바지를 팔기 시작했다. 지금도 그 청바지는 판매 중이다.

하지만 대부분의 패션은 이런 식이 아니다. 스타일은 빠르게 바뀌고 생산자는 경쟁적으로 시장에 새로운 아이디어를 내놓아 소비자를 유혹한다. 2000년부터 2014년까지 전 세계에서 1인당 옷 구매량은 60% 증가했고 옷 한 벌을 입는 기간은 7년 정도였다. 어떤 옷은 고작 7~8회 착용하고 버려진다.

패션 산업은 계속 많은 옷을 찍어내고, 이들은 얼마 쓰이지 못하고 버려진다.

의류는 재활용이 어렵다. 컨설팅 회사인 맥킨지앤드컴퍼니McKinsey & Co.에 따르면 "매년 옷 5벌이 만들어질 때마다 3벌이 매립지로 가거나 소각된다."

패션 산업은 수백만 킬로그램의 섬유와 의류 폐기물을 칠레 같은 나라에 수출이라는 이름으로 떠넘긴다. 게다가 화석연료로 만든 폴리에스테르 같은 원료를 점점 많이 사용하는 추세다.

전 세계 의류 생산은 2000년 이후로 두 배 이상 늘었다. 일부 패스트 패션 브랜드는 전통적인 '가을/겨울 시즌', '봄/여름 시즌' 대신 일주일 단위로 컬렉션을 출시한다.

이런 의류 생산과 폐기 과정에서 전 세계 온실가스의 4%가 배출되는데, 이는 프랑스, 독일, 영국 경제의 배출량을 모두 합한 것과 같은 양이다. 이 배출량에는 제조, 운반, 판매되지 않은 옷의 소각이 포함된다.

🌐101

탄소 배당금과 탄소 요금

시장경제는 시장의 힘에 반응한다. 가장 직접적인 두 힘은 세금과 지급금이다. 사람들은 보통 저렴한 물건을 구매하고, 비싼 물건을 피한다.

이와 함께 국가별 기후 정책의 차이를 조율하는 문제를 고려해야 한다.

어떤 나라가 탄소세를 도입할 경우 국민들에게 재정부담이 발생하고, 세금을 부과하지 않는 다른 나라의 산업에 비해 국내 산업의 경쟁력이 하락한다. 자국 산업이 탄소세라는 추가적인 부담을 짊어지면 그런 세금을 내지 않는 외국 기업에 밀려날 수 있다.

탄소세를 부과하면 기업들은 혁신을 하거나 해외로 이전할 수 있다. 기업은 혁신의 비용이 너무 크다고 판단되면 생산 시설을 해외로 이전할 수 있는데, 노동 보호 정책이 실시되었을 때 일부 산업에서 이런 일이 일어났다.

이런 가능성 때문에 각국은 탄소세 부과를 주저한다. 세금을 부과하지 않는 나라에 산업을 빼앗기는 "탄소 누출" 현상을 원치 않기 때문이다.

국경 탄소 조정

떠오르는 대안 중 하나가 국경 탄소 조정이다. 이 방법은 다자간 협정을 체결하지 않은 상태에서 탄소 사용을 줄이면서도 탄소 누출 문제를 해결하고자 한다. 이 방법을 시행할 경우 탄소세를 부과하는 나라는 탄소세를 부과하지 않은 해외 제품에 관세를 부과할 수 있다. 그러면 국내 제품과 해외 제품이 동일한 탄소 요금을 짊어지고, 그러면 수출 산업들이 탄소 사용을 줄여야 할 이유가 생긴다. 이 방식은 "우리 나라에서 물건을 팔고 싶으면 생산지가 어디든 제품의 탄소 발자국을 줄이라"는 신호를 보낸다.

탄소 가격제

역사적으로 화석연료가 사용된 것은 인간의 건강과 환경이 치르는 비용을 감안하지 않아서 상대적으로 가격이 저렴했기 때문이다.

탄소 가격제는 처음부터 건강과 환경 비용을 가격에 포함시키고, 시장을 통해 무엇을 소비하고 무엇을 연소할 것인가에 관해 현명한 선택을 유도하려는 것이다.

탄소 요금과 세금, "배출권 거래제", 탄소 상쇄 같은 장치들은 경제적 인센티브로 탄소 사용을 줄이는 혁신적인 이행에 박차를 가할 수 있다. 온실가스 배출에 재정적인 비용을 추가로 부과하는 이런 장치들은 각 산업이 탄소 집약도를 낮추면서 계속 제 기능을 할 수 있게 해준다.

탄소 배당금

그럼 요금이나 세금을 통해 거둬들인 돈으로는 뭘 할까? 한 가지 방법은 직접 모든 가정에 배당금을 지급하는 것이다. 기후 리더쉽 의회 탄소 배당금 계획Climate Leadership Council Carbon Dividend Plan은 2023년 연소로 배출된 이산화탄소 1톤당 44달러의 세율로 세금을 걷어서 각 가정에 1년에 한 번 지급(약 2000달러)하자고 제안한다. 2025년이면 이 세금은 톤당 79달러로 증가하고 가정에 돌아가는 배당금 역시 증가할 것이다.

탄소세로 걷은 돈은 분기마다 개인에게 공평 "탄소 배당금"으로 돌아갈 수 있다. 평균적인 개인은 늘어난 에너지 비용을 지불하고, 그만큼을 돌려받을 것이다. 탄소를 헤프게 쓰는 사람은 더 많은 탄소세를 내고, 신중하게 쓰는 소비자는 더 많은 배당금을 받을 것이다. 미래를 위한 자원Resources for the Future의 한 분석에 따르면 이 단순한 접근법으로 12년간 미국에서 배출량을 27% 줄일 수 있다.

배출권 거래제

배출권 거래제는 탄소세의 대안이다. 행정단위별로 배출한도를 설정하고 기업에 배출 허가권을 발행한다. 허가량을 초과해 배출한 기업은 벌금을 낸다. 기업들은 사용하지 않은 배출 허가권을 다른 기업에 판매할 수 있다. 이론상 이 허가권은 탄소의 실제 가치를 반영할 것이고, 같은 상품을 생산하는 더 저렴한 방법이 발견되는 순간 기업들은 그쪽으로 방향을 바꿀 것이다. 매년 총허가량은 감소하고, 시간이 지나면서 벌금은 더 가혹해진다. 이 방식을 채택한 주요 지역으로는 캘리포니아주와 유럽연합이 있다.

⊕239

도시교통망

도시교통망 덕분에 도시는 교외나 농촌에 비해 에너지 효율이 높다.

노력과 지혜를 모으면 적은 에너지로 더 많은 사람을 이동시킬 수 있다. 미국 노동통계국BLS에 따르면 평균적인 미국인은 교통비로 예산의 약 16%를 지출한다.

룩셈부르크는 2020년 3월 기준 모든 대중교통을 무료로 만들었고, 미국의 일부 도시도 이를 따라 신규 이용자를 끌어들이기 위해 무료 교통수단을 제공한다.

🌐246

로스앤젤레스의 1/4

주차장은 로스앤젤레스 전체 면적의 14%를 차지한다. 그리고 10%는 고속도로와 도로다.

보행자 50명

오토바이 이용자 50명

버스 승객 50명

자동차 36대에 탑승한 50명

```
G O G I V E R Y T I R U C E S N I Q D R A W D O W N Y V T N
X E S W I J J Y G R E N E Y C F R L N F G A F L O S O R E A
H U U E Q U I V A L E N T T C O U J F N N N L B I O M A S S
U Y V A G R E E N Y O I E C F R U O I U B M I B I O F U E L
O W H T N E D K O I S G I F V S R H U K T E F L F S J Q E F
S B Y H S Z E E T R D R S V T E S L W T E S E L D C Y X M E
N F D E Z Y L A E U T E A I S A O H E E M U N I I L C P E D
O F R R T C R V B C T X C T W C Y N A G I O O F O E N O R I
I Y O C I G I U E T U E A N O D E T N A S H I D R A E C T X
S G G H I D T L E H R T E T R C L I V R S N T N E N I A X O
O Z E M O N E E H W I E O O O A M G K O I E A A T F C B E I
R V N I E U H A A O R R E P I R E N N T O E I L S V I F A D
E Z B V D S T S N G P L O R A O U O V S N R D D A O F P N G
Z Z E V I E T D J T E R T W E Z I C R G H G A G P G F O D O
K N O W L E D G E C H S D N Y T E I X N A O R L G K E R F S
B P C F O X G T T T U R G E I T A N E U T R A L L D H C B X
R O A L D E M R N D D I O S A C I R E M A S E G A K N I S T
X U P U E O I A N L N N N P S D E S E R T I F I C A T I O N
G S T O B C O I E E Y A N P O X T E Z I P H G C I T Y C H I
E A U R L C S I E Q R P G G W G C K C Z G F T R E R T O D R
O C R I A B Y R W T G A S E S G E S F F H B X I R A I E F P
T T E N N O I T U L O V E R S U O N E G I D N I W D R C O T
H I C A P N Y B W S S C Y C L E R D I P L A N D D I U O S O
E V L T G S Q D N B J D E R A R F N I C L O C K I N C S S O
R I I E R E P O R T I N G C C P I A C T I V I S T G E Y I F
M S M D G G T G X G J S E Q U E S T R A T I O N Z U S S L N
A M A X R A L L O D A Y X N O I T A T S E R O F E D Y T M D
L V T E G T S E R O F S H N O I T A Z I L I T U E N P E E O
E H E I L O S S C H A N G E C U E P O H G L O B A L A M C O
Y C G R E W O P P O T E N T I A L S N O I S S I M E M B I F
```

어떤 단어가 보이나요? ⊕777에서 정답을 확인하세요.

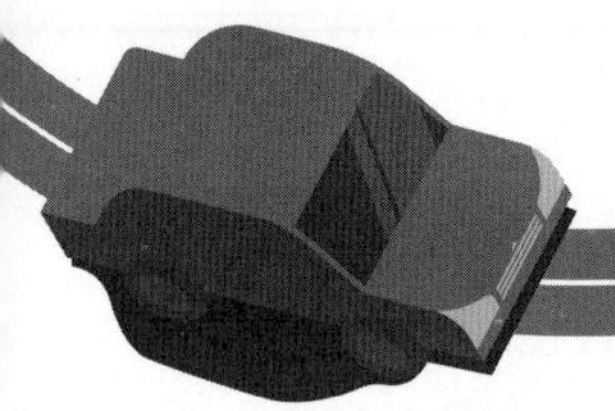

전기 자전거의 성장

전기 자전거는 1890년대(!)에 처음으로 발명되었고 1993년에 야마하가 최초의 현대적인 페달 보조형 전기 자전거를 내놓았다.

현대적인 전기 자전거는 수송의 탄소 집약도를 낮추는 훌륭한 방법이다. 현재 제조와 운반을 모두 포함한 전기 자전거의 탄소 영향은 다른 모든 전기 자동차와 트럭보다 훨씬 낮다.

자전거는 탄소 배출이 적다는 이점도 있지만 기존의 기반 시설을 더 효율적으로 사용한다는 장점도 있다.

- 기존 도로를 그대로 이용할 수 있다.
- 자동차보다 도로 공간이 훨씬 적게 필요하다.
- 배기가스나 소음 공해가 전혀 없다.
- (고사양 전기 자전거도) 자동차보다 훨씬 저렴하다.

코로나19로 전 세계 생활양식이 바뀌면서 2020년과 2021년에 전기 자전거가 큰 인기를 얻었다. 이 기간에 전기 자전거 판매량이 240% 치솟았다.

배출량이 동일할 때 전기 자전거는 자동차보다 96배 멀리 갈 수 있다.

미국에서 자동차의 전체 주행 가운데 절반 이상이 16km미만을 이동한다. 하루에 64km를 이동하는 자동차는 7000kg의 이산화탄소를 뿜어내지만, 전기 자전거의 배출량은 같은 거리를 움직였을 때 그보다 96% 적은 300kg에 불과하다.

⊕234

전기 자동차

전기 자동차는 화석연료에서 동력을 얻는 내연기관 대신 전기 모터와 배터리로 움직인다. 전기 자동차는 배기가스를 배출하지 않아서 제로배출 차량으로 분류된다. 하이브리드 전기 자동차는 내연기관과 전기 모터를 모두 갖고 있다.

전기 자동차는 대형 배터리팩을 공공 충전소나 개인 차고의 콘센트에 꽂아서 충전한다. 전기 자동차는 효율이 대단히 높다. 내연기관은 에너지를 바퀴를 굴리는 힘으로 변환하는 데 12~30%의 효율을 내지만 전기 자동차는 전기에너지의 77%를 변환한다.

전 세계적으로 도로에는 100만 대의 상업용 전기 자동차(즉 트럭)와 1200만 대 이상의 여객용 전기 자동차가 있다. 2015년 이후로 신규 여객용 전기 자동차의 전 세계 비중이 매년 약 50%씩 증가했다. 2020년에는 신규 여객용 전기 자동차가 310만 대 팔렸다. 이는 그 전해보다 67% 늘어난 수치다.

전기 자동차에 대한 예측은 확고하다.

· 2025년이면 전 세계에서 연간 1500만 대가 판매된다.
· 2038년부터 내연기관 자동차 판매가 하락한다.
· 2040년에는 전 세계 신규 차량의 70%가 전기 자동차가 될 것이다.

⊕100

미국에서 10만 명당 전기 자동차 충전소의 수가 많은 주

주	충전소 수
버몬트	125.8
워싱턴 D.C.	88.1
캘리포니아	82.0
하와이	52.5
콜로라도	52.2

10만 명당 전기 자동차 충전소가 가장 많이 늘어난 주

주	2021년 1분기 성장률
오클라호마	52.3%
노스다코타	16.7%
미시건	10.8%
펜실베이니아	10.5%
매사추세츠	9.7%

전기 자동차 대수

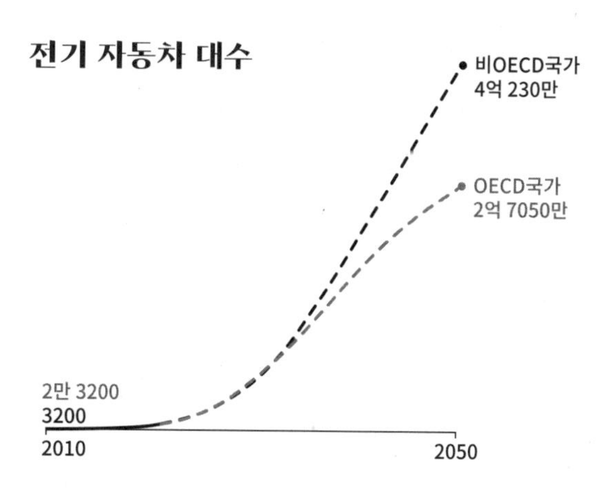

통근을 포함한 수송은 미국에서 두 번째로 큰 온실가스 배출원이다.

회전 교차로는 배출량을 줄이는 데 어떻게 도움이 되는가

'로터리'라고도 부르는 회전 교차로는 섬 하나를 중심으로 일방통행만 가능한 둥근 교차로를 말한다. 여기에는 신호등이 없다.

회전 교차로의 설계 목적은 충돌과 교통 체증 감소다. 그리고 연소를 저감해 탄소 배출량을 줄이는 데도 도움이 된다.

교통 표지판이나 신호등 대신 회전 교차로를 설치할 경우 일산화탄소 배출량 15~45%, 아산화질소 배출량 21~44%, 이산화탄소 배출량 23~34%, 탄화수소 배출량 최대 40%가 감축된다. 전반적으로 연료 소비량이 23~34% 줄어드는 것으로 추정된다.

미국 고속도로안전보험협회IIHS는 2005년의 한 연구를 토대로 미국의 신호등 교차로 10%를 회전 교차로로 전환할 경우 2018년 기준 차량 정체 시간이 9억 8100만 시간 이상, 연료 소비량은 24억 7600만L 이상 줄어들 것이라고 추정한다.

인디애나주 카멀Carmel시 소속 도시공학자였던 마이크 맥브라이드Mike McBride는 버지니아에서 진행한 연구를 근거로 약 10만 명이 거주하는 자기 도시의 회전교차로 하나가 연간 7만 5708L의 휘발유를 절약한다고 추정했다.

마법의 회전 교차로

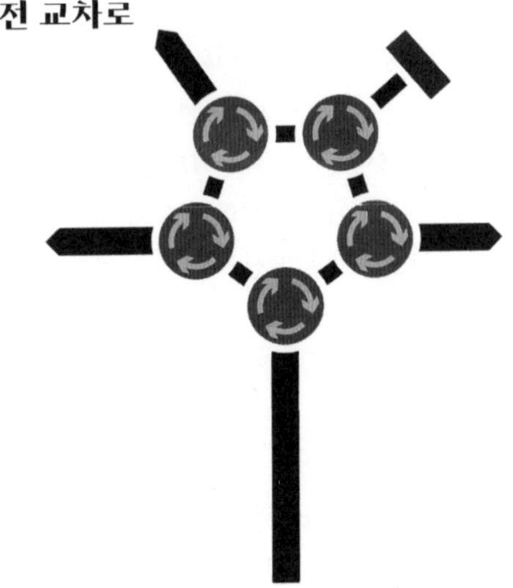

회전 교차로는 그곳을 지나는 자동차와 관련된 장점 외에도, 전기가 전혀 필요하지 않기 때문에 신호등이 있는 교차로보다 더 친환경적이다.

가장 큰 단점은 도로 면적이 더 많이 필요하다는 것과 운전자들이 처음에는 변화를 싫어한다는 점이다.

하지만 이런 형태의 교차로에 익숙해지면 운전자들의 선호는 바뀐다. 한 연구에 따르면 워싱턴주에서는 두 개의 회전 교차로에 대해 건설 전에는 34%가 찬성했지만 사람들이 어느 정도 익숙해진 다음에는 70%가 지지하게 되었다.

⊕230

에너지 효율이 좋은 자동차

수송은 전 세계 에너지 부문 이산화탄소 배출량의 24%를 차지한다. 이 중 약 45%가 자동차, 오토바이, 버스 같은 여객용 차량에서 발생한다. 2021년 미국 에너지효율경제위원회ACEEE는 수천 종에 이르는 자동차 가운데 생애 주기 전반에서 환경에 미치는 영향이 가장 적은 12개 모델을 선정하고 순위를 매겼다.

이 목록은 다음과 같은 면을 고려한다.

- 차량을 만드는 데 들어간 원재료
- 자동차 제조 및 사용과 관련된 배출량
- 폐차 시 차량을 재활용 또는 폐기하는 데서 파생되는 영향

ACEEE는 특히 배기가스, 연비, 차량의 질량, 배터리의 질량과 구성을 주안점으로 살폈고, 오염물질에는 마이너스 점수를 부여했다. 이 모든 정보를 ACEEE가 개발한 공식에 넣으면 차량별 환경피해지수EDX가 나온다.

이 목록에서 "녹색 점수" 100점(또는 환경 피해 지수 0점)을 받은 차는 없었다. 목록에 오른 모든 자동차가 전기차인데, 여기에는 완전한 전기 자동차(EV), 하이브리드(HEV), 플러그인 하이브리드(PHEV) 세 종류가 있다.

EV는 배터리 동력으로만 굴러가는 자동차다. 내연기관이 없기 때문에 하이브리드에 비해 1회 충전으로 갈 수 있는 거리가 더 길다.

HEV는 엔진 모터에 에너지를 저장하는 배터리와 내연기관을 모두 사용한다. 이 배터리는 브레이크를 밟으면 운동에너지를 저장하고 내연기관이 연소하는 연료의 양을 감소시키는 "회생 제동" 방식으로 충전한다.

PHEV도 HEV처럼 내연기관과 배터리를 동력으로 삼는 전기 모터가 모두 있지만, 배터리는 별도로 충전한다. 한 번 충전하면 65km까지 주행할 수 있고 연료 소비를 60%까지 줄일 수 있다.

⊕226

ACEEE 2021년 에너지 효율이 좋은 자동차 순위

(녹색 점수)

1. 현대 아이오닉 일렉트릭 EV(70점)
2. 미니 쿠퍼 SE 하드톱 EV(70점)
3. 도요타 프리우스 프라임 PHEV(68점)
4. BMW i3s EV(68점)
5. 닛산 리프 EV(68점)
6. 혼다 클래리티 PHEV(66점)
7. 현대 코나 일렉트릭 EV(66점)
8. 기아 소울 일렉트릭 EV(65점)
9. 테슬라 모델 3 스탠다드 레인지 플러스 EV(64점)
10. 도요타 RAV4 프라임 PHEV(64점)
11. 도요타 코롤라 HEV(64점)
12. 혼다 인사이트 HEV(63점)

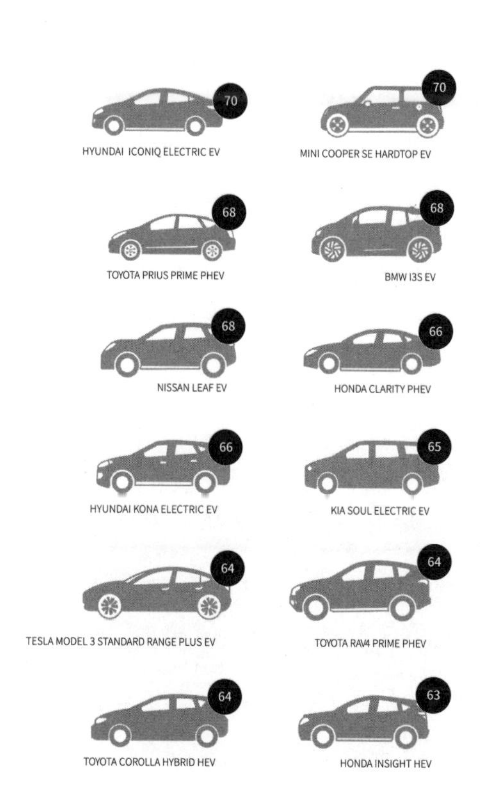

발전 비용의 변화

지난 수년간은 각국 정부가 재생에너지 설비에 보조금을 지급해야 할 정도로 초기 비용 부담이 컸다. 그런데 이제 기술의 진보 덕에 이런 새로운 에너지원의 비용이 크게 하락했다.

신규 에너지원을 개발하는 지역사회가 풍력발전과 태양광발전 시설을 선택하는 일이 점점 늘고 있다. 많은 경우 이제 풍력발전과 태양광발전은 석탄이나 천연가스보다 더 저렴하게 전기를 만들어낼 수 있다. 수력발전도 여전히 안전하고 저렴한 대안이지만 설치할 만한 부지가 거의 없다.

태양광발전과 풍력발전의 에너지 비용은 기술 발전과 규모의 경제 덕에 지난 10년간 꾸준히 하락했다. 2021년 기준, 보조금을 받지 않은 발전소의 초기 비용은 다음과 같다.

- **풍력:** 26달러/MWh
- **태양광:** 28달러/MWh
- **고효율 천연가스**(천연가스 복합 화력발전소)**:** 45달러/MWh
- **석탄:** 65달러/MWh

이 메가와트시(MWh)당 가격은 각 방식의 균등화 발전 비용Levelized Cost Of Energy(LCOE)를 이용해 계산한 것이다. LCOE는 한 발전원에 들어가는 비용을 그 발전원이 만들어낸 에너지로 나눈 값이다.

발전소는 보통 수십 년간 가동한다. 풍력발전과 태양광발전 시설은 주기적으로 유지 관리만 하면 되지만, 가스와 석탄을 이용한 발전은 시기에 따라 하루 단위로 연료 가격이 바뀌기 때문에 비용이 등락을 거듭한다.

237

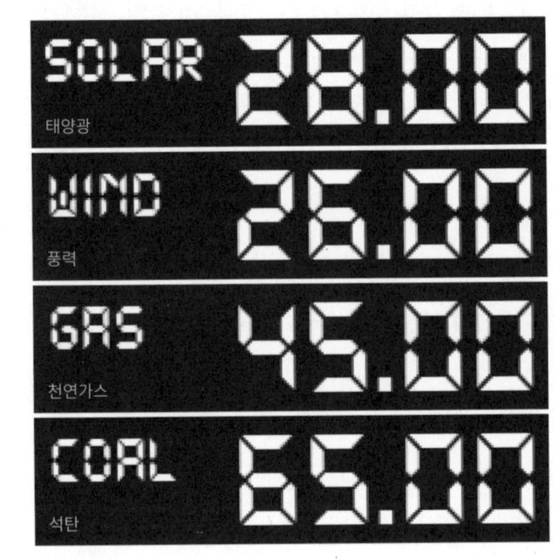

달러/MWh

빠르게 녹고 있는 거대 빙하

남극대륙에 있는 트웨이츠Thwaites 빙하는 크기가 영국만 하다. 1990년대에는 그 가장자리에서 매년 100억 톤의 얼음이 녹아서 사라졌다. 따뜻해진 해수가 동쪽 빙붕 아래로 움직이면서 2020년에는 빙하의 유실 속도가 8배 빨라졌다. 이제는 빙하 전체가 갈라져서 완전히 붕괴할 지경이다. 이 빙하 하나만 녹아도 전 세계 해수면이 65cm까지 상승할 수 있다.

재생에너지의 원금 회수

탄소 기반 연료가 싼 것은 모든 사람이 짊어지는 환경 비용을 포함하지 않고 가격을 낮게 책정했기 때문이다. 화석연료의 가격이 낮은 만큼 석탄이나 천연가스를 사용하는 화력발전소는 원금 회수 기간이 짧다. 즉 만들어낸 전기를 팔면 발전소 건설과 유지에 드는 비용을 금세 뽑을 수 있다.

투자자들은 재생에너지 시설에 투자하면 언제쯤 투자금을 회수할 수 있는지 알고 싶어 한다. 하지만 재생에너지에 대해서는 금융 차원의 원금 회수뿐만 아니라 에너지 차원의 원금 회수 역시 생각해볼 만하다. 화석연료를 이용하는 발전소는 에너지 원금을 영원히 회수할 수 없다. 운영 첫날부터 탄소 마이너스이고, 이는 시간이 지날수록 더 악화된다.

재생에너지도 공짜는 아니다. 태양광 패널을 만들고 터빈을 설치해야 한다. 수력 댐 같은 재생에너지 시설을 건설하려면 에너지가 필요하다(종종 비재생에너지도 필요하다). 그리고 너무 노후해서 해체해야 할 때도 에너지가 들어간다.

다음 표는 발전소를 만드는 데 들어간 에너지가 25년의 가동 기간 동안 마이너스(탄소 배출)에서 플러스(대안과 비교했을 때 절약한 탄소의 양)로 바뀌는 데 필요한 시간을 간략하게 보여준다.

⊕232

300개월(25년) 동안 가동할 때 에너지 회수 기간

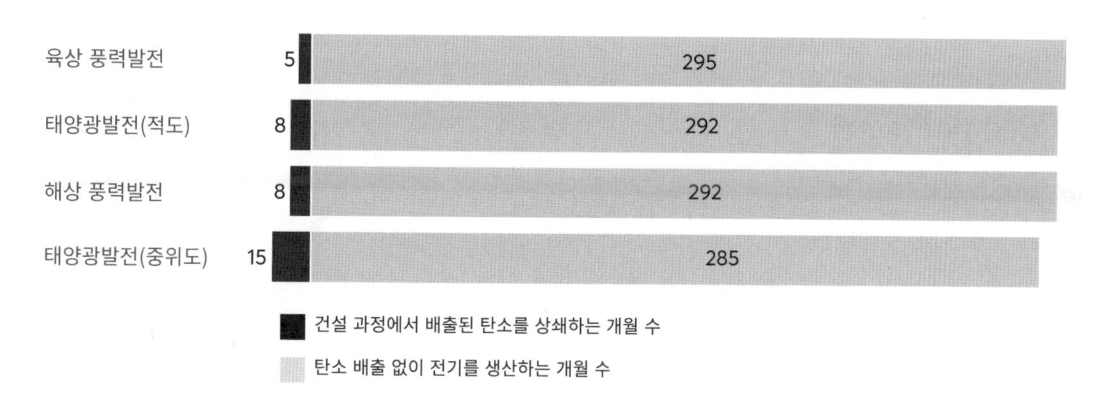

작가 제임스 D. 뉴턴은 발명가이자 사업가인 토머스 에디슨과 자동차 제작자인 헨리 포드, 그리고 타이어 제작자인 하비 파이어스톤의 대화를 이렇게 표현했다.

"우린 소작농처럼 연료로 쓰려고 집 주변 울타리를 잘라내고 있어. 태양, 바람, 조수처럼 고갈되지 않는 자연의 에너지원을 써야 하는데 말이야." 에디슨이 말했다.

파이어스톤은 석유와 석탄과 나무가 영원할 수 없다고 지적했다.

에디슨은 이렇게 대답했다. "태양과 태양에너지에 내 돈을 투자하겠어. 정말 엄청난 에너지원 아닌가! 석탄과 석유가 고갈된 뒤에야 어떻게 해보려고 씨름하지 않으면 좋겠어. 아직 시간이 남았으면 좋겠는데!"

풍력에너지

바람은 수천 년간 에너지원 역할을 했다.

기원전 5000년: 바람이 나일강에서 배를 밀어주었다.

기원전 200년: 중국에 풍력 물 펌프가 등장했다.

기원후 1000년: 중동 사람들이 풍력 펌프와 풍차로 식량을 생산했다.

1200년: 네덜란드가 호수와 늪의 물을 빼기 위해 대형 풍차를 개발했다.

1700년: 미국의 식민지 개척자들이 풍차를 이용해서 곡식을 갈고, 물을 끌어 올리고, 제재소에서 나무를 잘랐다.

1800년: 미국 서부 지역 정착민들과 목장주들이 정착을 위해 풍력 펌프 수천 개를 설치했다.

1800년대 말 ~ 1900년대 초: 소형 풍력 발전기(풍력 터빈)가 폭넓게 사용되기 시작했다.

에너지 생산의 새 시대

요즘은 해상과 육상에 대형 풍력 터빈을 설치해 전기를 생산한다. 현대적인 해상 풍력 터빈 하나는 6MW가 넘는 에너지를 생산해서 수천 가구가 쓸 에너지를 넉넉히 공급할 수 있다.

육상 풍력 단지의 풍력 터빈은 한 기당 평균 1~5MW를 생산한다.

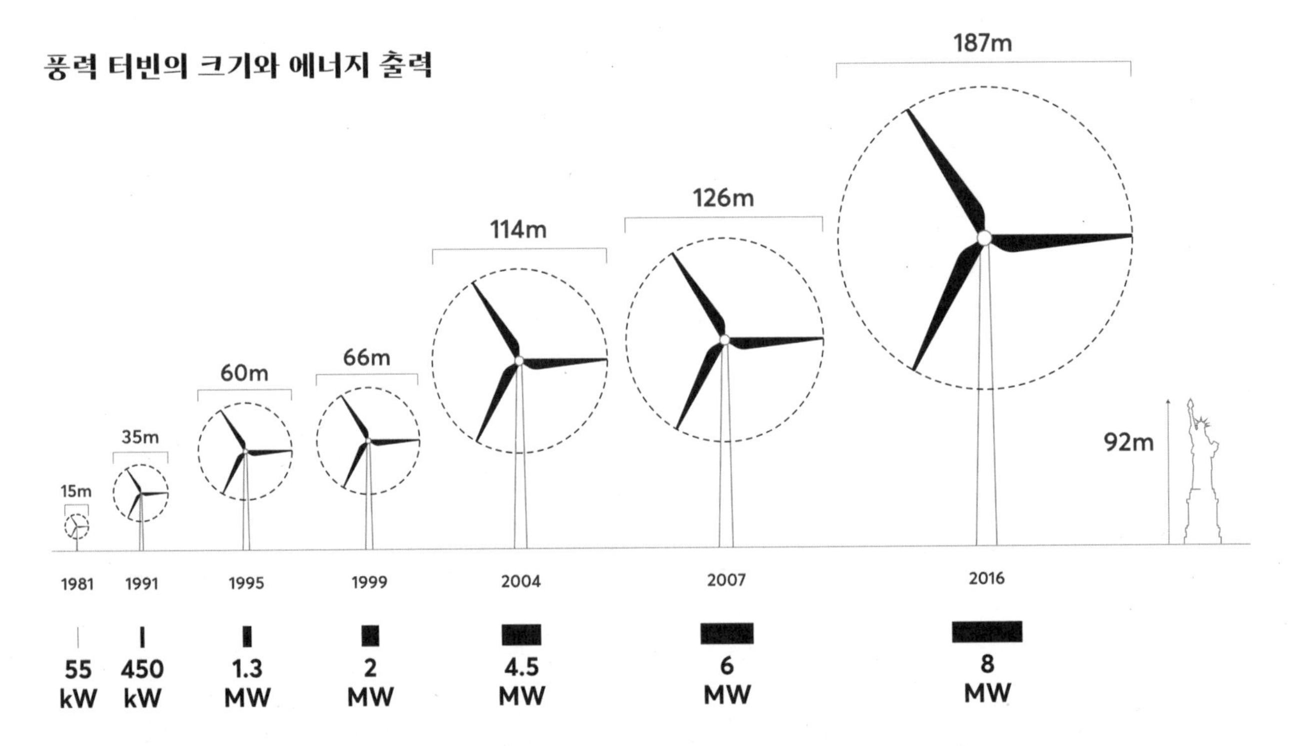

풍력발전은 지구상에서 가장 저렴한 대규모 재생에너지원의 하나다. 2021년을 기준으로 미국에서는 수력발전을 능가하는 가장 큰 규모의 재생에너지원이기도 하다.

처음에는 고무나무를 지키려고 싸운다고 생각했다.
그다음에는 아마존 열대우림을 지키려고 싸운다고 생각했다.
지금은 인류를 위해 싸운다는 걸 이해한다.

— 치코 멘데스Chico Mendes

풍력 터빈의 작동 원리

풍력 터빈은 거꾸로 돌아가는 전기모터라고 보면 된다. 전기에너지로 모터를 돌리는 대신, 바람의 힘이 모터를 돌려서 전기에너지를 발생시킨다. 바람이 불면 프로펠러처럼 생긴 터빈의 거대한 날개가 분당 13~20회 돌아간다.

대단지형 풍력 터빈에서 전기를 생산하려면 풍속이 15km/h 이상은 되어야 한다. 기술과 공학이 발전하면서 터빈의 효율성과 크기가 크게 향상되었다.

풍력발전의 미래

풍력발전은 지구상에서 가장 저렴한 대규모 재생에너지원 중 하나다. 그리고 미국에서는 2021년을 기준으로 수력발전을 능가하는 가장 큰 규모의 재생에너지원이기도 하다.

미국에서 풍력으로 생산된 전기의 비중은 1990년에는 1% 미만이었지만 2020년에는 약 8.4%로 늘어났다. 같은 해 미국에서 대단지형 풍력발전(여기에 농업용 발전을 비롯한 소형 시설은 포함되지 않는다)이 생산한 전기는 33만 7000MW였다.

세계에서 풍력발전의 규모가 가장 큰 나라는 중국이다. 2019년 전 세계 127개국이 풍력으로 총 약 1.42조 kWh의 전기를 만들어냈는데, 이는 미국 전체 에너지 수요의 3분의 1에 해당한다. 전 세계에서 풍력발전은 연간 약 8%의 속도로 늘어나는 중이다.

🌐092

에너지 분포

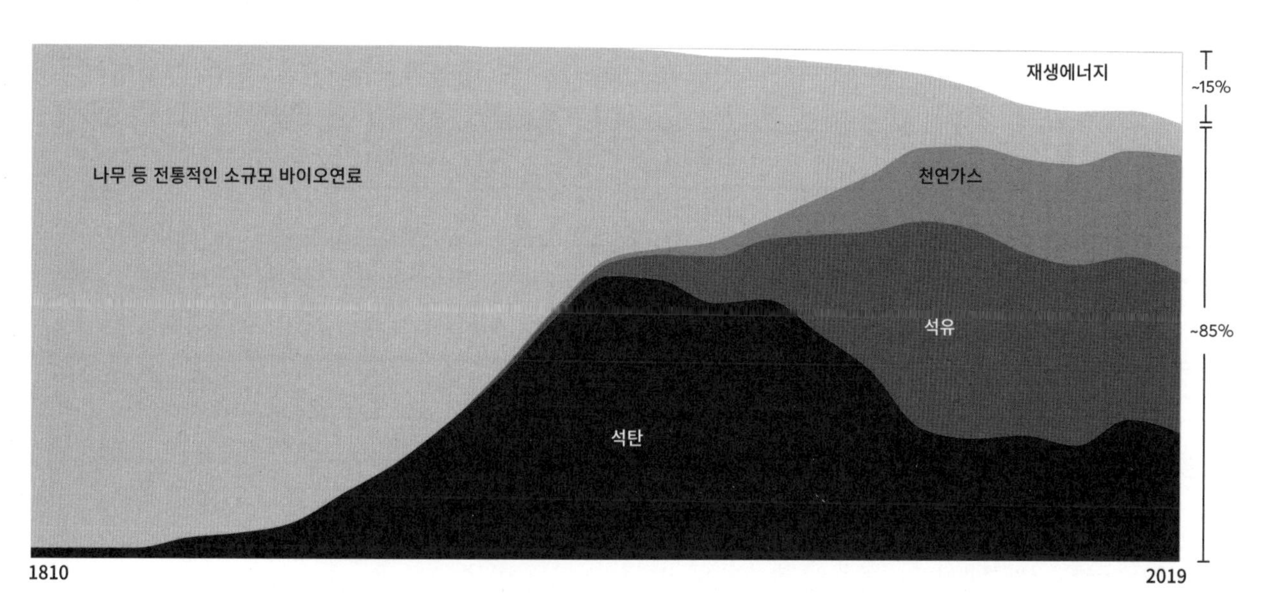

태양에너지

90분 동안 지구 표면에 쏟아진 햇빛에는 전 세계가 1년 동안 충분히 쓸 수 있는 에너지가 들어 있다. 하지만 직사광을 포집할 태양광 패널을 만들고 설치하는 데 따르는 기술적인 문제 때문에 아직은 햇빛만으로 에너지 수요를 충당하지는 못하는 실정이다.

전 세계 전기 생산의 3.1%를 차지하는 태양광은 현재 가장 저렴한 재생에너지원이다. 재생에너지 발전 기술 중에서는 태양광발전이 수력과 육상 풍력 다음으로 세 번째로 규모가 크다.

2020년에 신규 태양광발전소를 가장 많이 설치한 나라는 중국, 미국, 인도다.

태양광발전의 작동 원리

태양광 패널은 햇빛을 전기에너지로 전환한다. 햇빛이 바로 패널을 때릴 수도 있고 거울을 거쳐 패널로 반사될 수도 있다. 이렇게 만들어진 전기는 바로 전력망으로 공급되거나 배터리나 열 저장 장치에 저장된다.

대부분의 태양광 패널은 실리콘으로 만든다. 빛 입자들이 원자에서 전자를 분리시켜 전류가 흐르게 하는 원리를 이용하는 것이다.

한계와 기회

미국의 평균적인 주택은 1년에 약 1만 1000kWh의 전기를 사용한다. 하루로 치면 30kWh 정도다. 일반적인 60셀 태양광 패널은 크기가 약 2m×1m다. 따라서 270~300W 정도의 전기를 생산하려면 1.7㎡가 필요하다.

하루에 태양광이 최고조인 시간이 5시간이라고 가정했을 때, 패널 하나는 하루에 약 1.3kWh를 생산할 수 있

위도별 태양에너지, 3월 중순 기준

지역	에너지
핀란드, 헬싱키(북위 60도)	14.2
프랑스, 파리(북위 48도)	15.5
미국, 샌프란시스코(북위 37도)	16.4
미국, 마이애미(북위 25도)	17.2
인도, 뭄바이(북위 18도)	17.4
태국, 방콕(북위 13도)	17.5
가나, 아크라(북위 4도)	17.6
에콰도르, 키토(0도)	17.7
페루, 리마(남위 12도)	17.6
남아프리카공화국, 프리토리아(남위 25도)	17.2
아르헨티나, 부에노스아이레스(남위 34도)	16.8
뉴질랜드, 웰링턴(남위 41도)	16.1
칠레, 푸에르토 토로(남위 55도)	15.0

한낮에 1m²가 흡수한 태양에너지(kW)

다. 한 가구의 평균 필요량인 30kWh를 맞추려면 패널 24개면 충분하다. 그러면 40㎡ 정도의 지붕이나 땅이 필요하다.

미국에서는 2020년에 약 400억MW의 전기를 생산했다. 이 중 약 60%는 화석연료에서, 20%는 핵발전소에서, 나머지 20%는 주로 풍력발전과 수력발전 같은 재생에너지원에서 만들어졌다. 태양에너지는 2.5%에 그쳤다.

현재의 태양광 패널 기술로 전체 에너지 수요를 충족시키려면 미국은 약 1400만 에이커에 태양광 패널을 가득 채워야 한다.

분배도 고민거리다. 미국에서 가장 볕이 좋은 지역에 태양광발전 단지를 설치하면, 생산된 전기를 사용할 곳으로 이동시켜야 한다. 가령 호주의 노던 준주Northern Territory에서는 발전된 전기의 15%를 해저케이블로 싱가포르에 공급하는 20기가와트(GW)짜리 태양광발전 시설에 대한 계획을 승인한 바 있다.

송전 중에는 전력손실이 일어날 수 있다. 장거리 이동 과정에서 이런 손실을 최소화하려면 기반 시설과 기술이 필요하다.

태양광의 이용 가능성과 각도

태양에너지는 화창한 날에만 생산할 수 있다. 위도, 기후, 태양의 위치, 날씨 역시 지면에 도달하는 태양복사의 양에 영향을 미친다. 가령 겨울에는 태양이 낮게 뜬다. 콜로라도 중부나 모하비 사막처럼 태양복사량이 많은 지역에서는 패널 하나로 1년에 400kWh의 에너지를 생산할 수 있다. 반면 같은 패널이라도 미시건에서는 280kWh밖에 생산하지 못한다. 이보다 더 위도가 높은 유럽 지역에서는 생산량이 훨씬 적어서, 가령 잉글랜드 남부에서는 연간 에너지 생산량이 175kWh 밖에 되지 않는다.

알리아-250 항공기

알리아-250 항공기는 완전히 전기로만 움직이고 수직으로 이륙하며 1회 충전으로 400km를 갈 수 있고 한 시간이면 재충전이 가능하다.

하루에 태양광이 최고조인 시간이 5시간이라고 가정했을 때, 패널 하나는 하루에 약 1.3kWh를 생산할 수 있다. 한 가구의 평균 필요량인 30kWh를 맞추려면 패널 24개면 충분하다. 그러면 40m² 정도의 지붕이나 땅이 필요하다.

태양광발전 기술의 진보

2021년 기준 태양광 패널의 효율성은 11~24%까지 다양하다. 이용 가능한 에너지 가운데 전기로 변환되는 비율이 4분의 1 미만이라는 뜻이다.

여러 실험실에서 변환 효율을 50%까지 높였고, 앞으로 10년 내에 고효율 태양광발전이 상업적으로 이용 가능할 것으로 전망된다. 이것이 실현될 경우 전력 공급에 필요한 토지 면적이 줄어들 것이다.

🌐091

태양에너지로 미국에 전력을 공급하려면 땅이 얼마나 많이 필요할까?

태양광발전 단지에서 1MW의 에너지를 생산하려면 4에이커의 땅이 필요하다. 그러니까 미국에서 태양에너지에만 의존하려면 800만 에이커(모하비 사막 전체보다 작은 면적)가 필요하다. 미국은 석탄 발전과 채굴을 위해 이미 이 정도의 면적을 사용하고 있다.

이를 다른 발전 방식에 쓰이는 토지 면적과 비교해보자. 석탄 때문에 사용하는 면적 외에도, 석유와 천연가스 회사들이 2600만 에이커를 임대하고 있고 옥수수에탄올 생산에 추가로 2200만 에이커를 사용 중이다.

같은 양의 전기를 생산하는 데 필요한 토지 면적은 태양광발전이 수력발전과 풍력발전의 10%에 불과하다.

지구의 전체 에너지 수요를 태양에너지로 충당하려면 약 1억 3500만 에이커의 땅이 필요한데, 이는 프랑스 전체 국토 면적과 비슷하다.

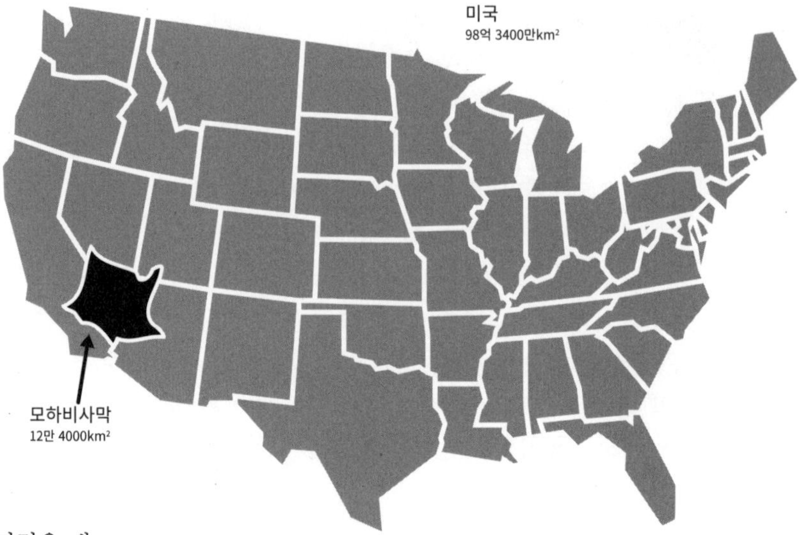

⊕088

5시간이면 이 800만 에이커에 놓인 태양광 패널에서 하루 동안 미국 전체에서 필요한 전기를 충분히 생산할 수 있다.

전기 생산에 필요한 토지

발전 방식	1에이커당 전기 생산량 (GWh) 75년간(누적)	25년간(누적)	1년간 1GWh 생산에 필요한 면적(에이커)[1]	가능한 토지 복구 방식[2]
태양광	25.00	8.33	3 (지속적)	패널을 제거하거나 다른 용도로 사용
핵	16.66	16.66	0.06 (한 번만)	비용이 아주 많이 든다(방사능 문제)
석탄	11.11	11.11	0.09 (한 번만)	비용이 많이 든다(복구율 15% 이하)
풍력	2.90	0.96	26 (지속적)	터빈을 제거하거나 다른 용도로 사용
수력	2.50	0.83	30 (지속적)	댐에서 물을 빼고 복원
바이오매스	0.40	0.13	188 (지속적)	나무를 다시 심는다

[1] 1GWh는 100만kWh다.
[2] 토지를 다른 용도로 함께 사용할 경우 복구가 필요하지 않을 수 있다.

"개인이 할 수 있는 가장 중요한 일은 개인적이지 않은 실천에 참여하는 것이다. 다른 이들과 함께 정책과 경제를 변화시켜 시스템을 실제로 움직일 수 있을 만큼 큰 운동에 합류하라.

이제는 전등 하나, 채식 한 끼로는 시스템을 바꿀 수 없다. 큰 운동에 참여해야 한다. 그리고 각자의 이유를 갖고 실천하라. 도덕적으로 옳으니까, 내 돈을 아낄 수 있으니까, 내가 더 건강해지니까 등등…. '잘은 모르겠지만 해야 할 것 같아서'라는 의무감 때문에 그런 일을 하지는 마라.

우리는 당신이 정책을 움직이는 실질적인 시민이기를 바란다.

최근 몇 년간 우리는 최고의 시민 정신을 보여주지 못했고, 그 결과 숱한 곳에서 그 대가를 치르고 있다. 그중에서도 가장 분명하고 장기적인 피해는 우리가 지구의 물리적 시스템에 가하는 것이다.

내 직감은 그렇다.

역사는 뿌리 깊은 부당한 권력에 맞서는 방법이 사회운동임을 보여준다."

— 빌 맥키번Bill McKibben

태양광발전의 약진

태양광발전 분야에서의 산업 혁신과 생산량의 증가, 공장 규모의 성장, 패널 효율성 향상은 태양광발전 비용을 낮추는 데 기여했다.

그 외에도 페로브스카이트perovskite와 양면 패널 같은 신기술이 태양광발전 기술에 크게 도움을 줄 것으로 기대된다.

태양광발전 위성

지구에는 17만 3000테라와트(TW)에 달하는 태양에너지가 계속 쏟아져 들어온다. 1960년대에 만들어진 인공위성 뱅가드 1호에는 태양에너지를 동력원으로 삼는 태양광 전지가 들어가 있다. 뱅가드 1호는 지금도 지구 궤도를 계속 돌고 있는 제일 오래된 인공위성이다.

태양광발전: 1W당 비용

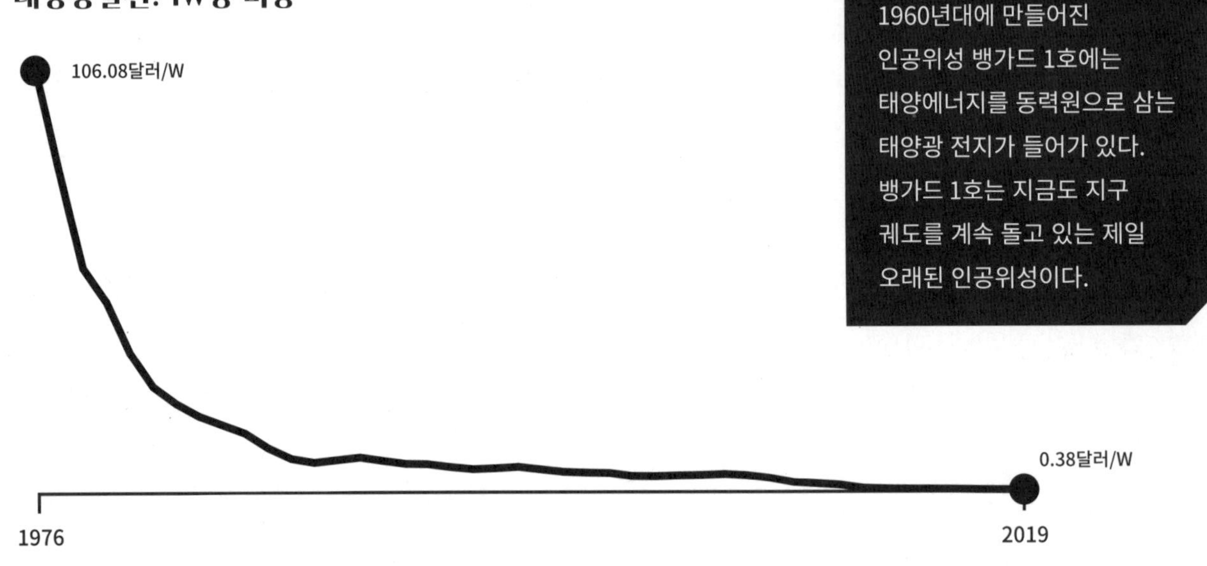

페로브스카이트

태양광 전지는 반도체를 통해 빛을 전기로 변환한다. 지금은 대부분의 전지가 반도체로 실리콘을 사용한다. 페로브스카이트는 실리콘을 대체할 수 있는 새로운 물질이다.

장점	단점
얇다	실리콘 전지보다 내구성이 떨어진다
제조가 간편하다(대량 생산이 가능하다)	제조 과정에 따르는 위험이 모두 확인되지 않았다
태양빛의 스펙트럼에 더 잘 맞는다	환경 문제가 있을 수 있다
더 저렴하다	

양면 패널

일부 지역에서는 반사된 태양복사를 이용할 수도 있다. 패널 양면에 전지를 심어놓으면 에너지 생산량이 10% 이상 향상될 수 있다.

장점	단점
간접 복사를 이용할 수 있다	더 많은 투자금이 필요하다
쓸 수 있는 에너지가 늘어난다	이중 유리가 필요할 수 있다
태양광발전 설비를 적게 설치해도 된다	
장기적으로 전체 비용을 줄일 수 있다	

태양광 사용의 확대

태양광 패널이 점점 저렴해지고 효율성이 향상하면서 물 위, 건물의 측면, 차량 위 등 다양한 장소에서 활용되고 있다.

부유형 태양광발전 단지

태양광발전 단지는 대부분 단단한 땅 위에 있다. 개발 업체들은 태양광 패널을 물에 띄운 구조물 위에 설치하는 방법을 실험 중이다. 이 방법은 도시처럼 공간이 제한적인 곳, 댐과 큰 호수가 가까이 있는 장소에 적용 가능하다.

부유형 태양광발전 단지는 아직 초기 단계로, 2020년에 전 세계에 3GW 용량의 발전소가 설치되었다. 전 세계 태양광 신규 설비는 140GW 정도다. 해결해야 할 과제로는 발전된 전기를 육지로 보내기, 수상 구조물을 안전하게 고정시키기, 구조물에 생명체가 부착하지 않게 하기 등이 있다.

건물 일체형 태양광발전

태양광발전 단지는 보통 거대하고 효율성을 높여야 하기 때문에 도시를 비롯한 거주지에서 멀리 떨어진 장소에 만든다. 그런데 패널 가격이 떨어지면서 건물 통합형 태양광발전BIPV이 시장에서 입지를 다지기 시작했다. 건물 일체형 태양광발전은 창문과 건물 전면부의 일부에 지붕 마감재 대신 태양광 패널을 사용한다.

차량 위 태양광 패널

태양광 전지를 직접 차 위에 설치하는 방식이 테스트 단계에 있다. 다만 차량 위 공간이 협소한 탓에, 현재 기술로는 이렇게 만든 전기를 차량 운행에 사용하기에는 발전량이 충분하지 않다. 현재 개발 중인 자동차로는 작은 패널로 에어컨을 가동하는 도요타의 프리우스, 그리고 일본 도카이대학교에서 완전한 "태양발전 차량"으로 연구 중인 초기 모델인 '챌린저'와 최신 모델인 '스텔라' 등이 있다.

그 외에 개발 중인 기술로는 패널을 노면에 설치한 태양광발전 도로, 반투명해서 유리창으로 사용할 수 있는 인쇄 가능한 태양광 패널printed solar panel(얇아서 다른 물체 위에 부착할 수 있는 패널) 등이 있다.

🌐217

우리에게는 지구온난화에 맞서는 투쟁에서 유리한 고지에 설 수 있는 많은 이점이 있지만, 시간만큼은 우리 편이 아니다. 지구온난화의 정확한 규모를 놓고, 또 지구온난화의 정확한 시간표를 놓고 한가하게 입씨름이나 하기보다는 상승하는 기온과 해수면, 지구온난화가 야기할 온갖 끝없는 골칫거리들 같은 중요한 사실들을 해결해야 한다. 전 세계의 진지하고 믿을 만한 과학자들이 우리에게 시간은 얼마 없고 위험은 거대하다고 경고하고 있다. 이제 가장 의미 있는 질문은 우리 정부가 이 문제를 감당할 수 있는가다.

— 존 맥케인John McCain 미 상원의원

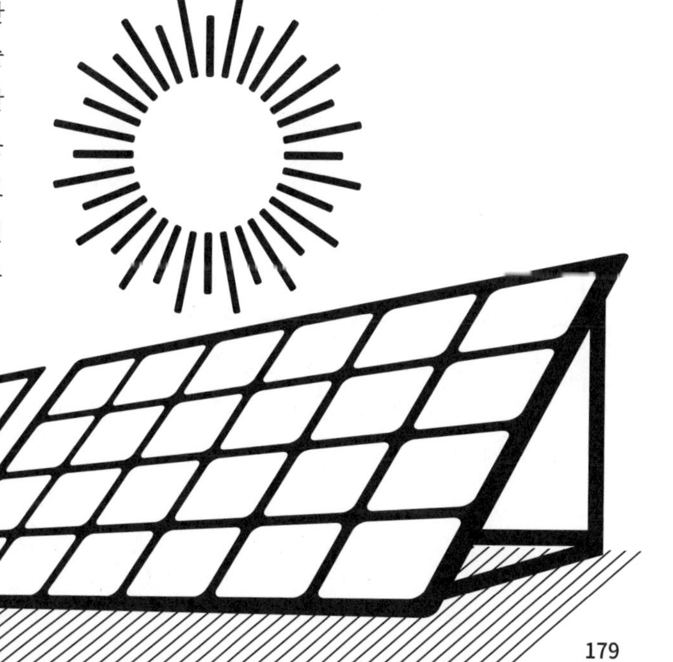

수력발전

재생에너지 가운데 발전량이 가장 많은 수력발전은 전체 전력의 약 16%를 공급한다. 이는 풍력발전의 3배, 태양광발전의 6배에 달하는 양이다. 수력발전은 댐에 저장된 물이나 강물을 사용해 전기를 만들어낸다.

수력발전은 다른 재생에너지에 비해 쉽고 신뢰할 만하며 저렴한 에너지원이다. 가장 오래된 에너지원이기도 하다. 인류는 중국 한나라 시기부터 물을 끌어다 노동에 도움을 받았다.

현재 전 세계에서 수력발전량이 가장 많은 지역은 동아시아와 태평양이고, 브라질과 미국이 그 뒤를 잇는다.

지난 10년 동안 전 세계 수력발전 용량은 66% 늘어났다. 그리고 현재 약 1000개의 댐이 건설 중인데 대부분이 아시아에 있다. 국제에너지기구IEA에 따르면 수력발전량은 2040년까지 추가로 50% 증가할 것으로 예상된다.

세계 최대 규모의 수력발전소는 중국의 싼샤 댐이다. 이 댐은 발전 용량이 2만 2500메가와트(MW)로, 핵발전소 22기 또는 후버 댐 11개에 맞먹는다. 두 번째로 큰 수력발전소는 브라질과 파라과이에 걸쳐 있는 이타이푸 수력발전소다.

물의 움직임은 어떻게 전기에너지로 전환되나

상업적인 수력발전은 19세기 초 잉글랜드에서 개발된 이후로 전 세계에서 사용되었다. 수력발전은 움직이는 물의 힘을 통해 전기에너지를 만들어낸다. 떨어지는 물이 터빈의 날개를 회전시키고, 그러면 발전기가 돌아가서 터빈의 운동에너지가 전기에너지로 전환되는 것이다. 낙차가 크고 터빈을 통과하는 물이 많을수록 발전 용량이 늘어난다.

수력발전이 환경에 미치는 영향

물을 저장하는 댐을 지어서 전기를 생산하는 방식은 환경에 장기적인 영향을 미친다. 댐은 물 저장, 재생에너지 제공, 홍수 예방 같은 긍정적인 기능도 하지만, 댐을 건설하면 수중 생태계와 인위적인 저수지에서 유기물질의 호기성·혐기성 분해가 일어나 메탄과 이산화탄소 같은 온실가스가 배출되는 문제가 있다.

또 댐은 습지와 바다에 있는 탄소 흡수원 파괴, 생태계의 영양물질 감소, 동식물의 서식지 파괴, 빈곤한 마을의 강제 이주를 유발하기도 한다.

⊕095

미래를 예측하는 최고의 방법은 미래를 직접 만들어내는 것이다.

— 앨런 케이Alan Kay

세계 최대 규모의 댐(2019년)

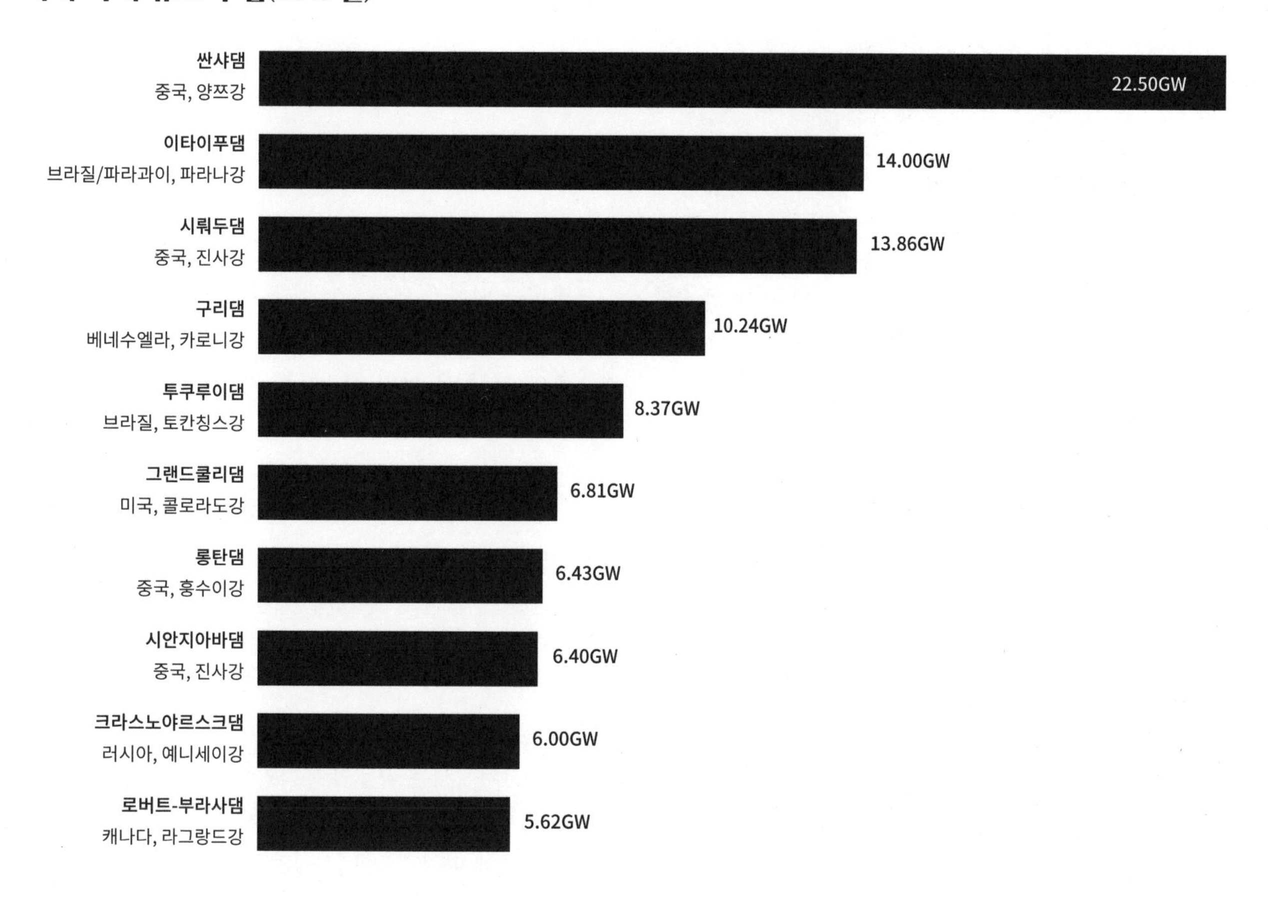

지역별 신규 설비 용량

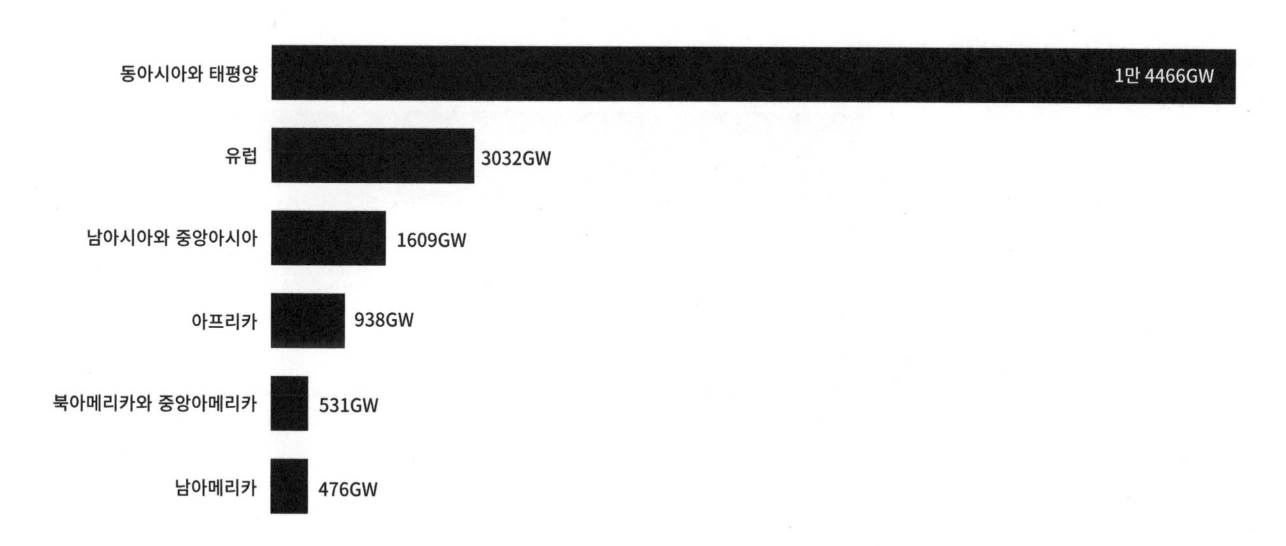

조력발전기는 하루에 22시간까지 전력을 생산할 수 있다.

조력발전

바다의 조수는 의외로 강력한 재생에너지원이다. 조수를 움직이는 힘은 지구의 자전, 그리고 달과 태양의 인력이다.

조수의 움직임은 만조와 간조 때 해변의 수위 차이를 12m까지 만들어낸다. 오르내리는 조수의 운동에너지를 이용해 물속에 있는 터빈의 날개를 돌리면 온실가스를 배출하지 않고 전력을 생산할 수 있다.

조력발전은 아직 전 세계에서 극히 일부의 전기를 생산한다.

조력발전의 역사

인류는 여러 세기 동안 조수와 그 에너지를 이용해왔다. 조력 방앗간tide mill은 물레방아와 유사하다. 밀물이 들어오면 물웅덩이가 채워지고 썰물 때 빠져나가는데 이 물이 물레방아를 돌린다.

고고학자들은 아일랜드 북부 지방의 네드럼Nedrum 수도원 터에서 619년에 쓰인 조력 방앗간 유물을 발견했다. 중세에는 조력 방앗간이 흔했다.

1700년대에는 런던에서만 조력 방앗간 76곳이 활용되었다. 북아메리카(약 300곳), 영국(약 200곳), 프랑스(약 100곳)를 포함해 대서양 연안에서만 조력 방앗간 750곳이 돌아가던 시절도 있었다.

현대 조력발전기의 작동 원리

조력발전기에서는 썰물의 움직임이 물에 잠긴 터빈에 달린 프로펠러처럼 생긴 날개를 회전시킨다. 이 날개는 조수의 강도에 따라 1분에 12~18회 돌아간다. 터빈이 발전기를 돌리는 기어 박스에 동력을 공급하면 전기가 만들어진다.

2019년 전 세계 전력 설비 용량

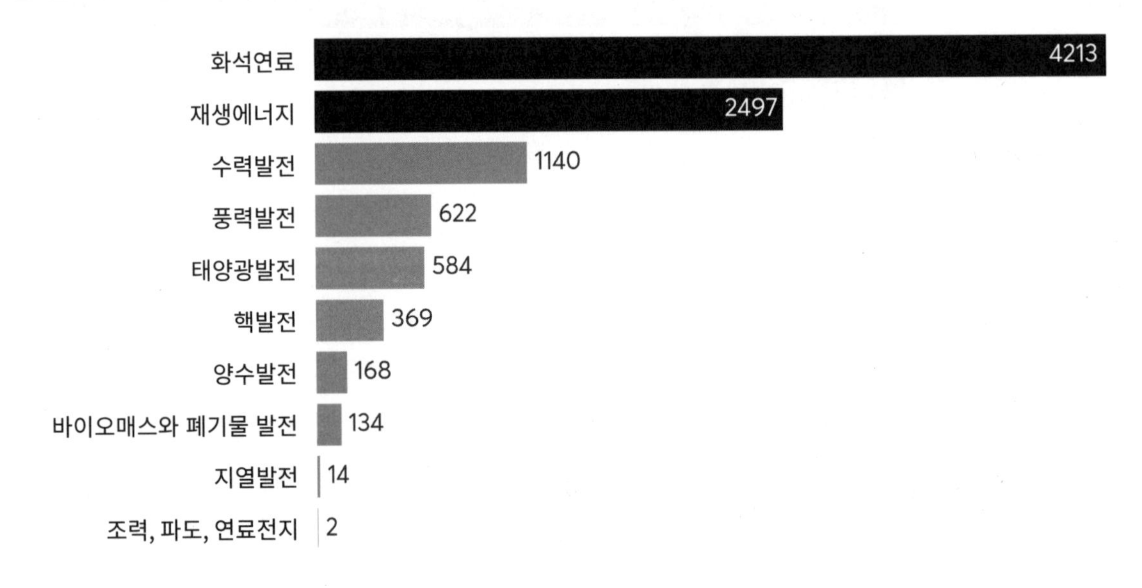

두 땅 사이의 좁은 물길에 터빈을 설치하면 조수의 에너지를 효과적으로 저장할 수 있다. 조수가 밀려 들어올 때는 수위가 더 높은 바깥쪽 물이 물길을 통과해 수위가 낮은 안쪽으로 쏟아져 내리고, 조수가 빠져나갈 때는 반대로 수위가 더 높은 안쪽 물이 물길을 통과해 수위가 낮은 바깥쪽으로 쏟아져 내리기 때문에 낙차를 효율적으로 활용할 수 있다.

조력발전의 현재

세계 최대 규모의 조력발전소는 한국의 시화호 조력발전소다. 시간당 254MW를 생산하는 이 조력발전소는 4만 호 이상의 가구에 전기를 공급할 수 있다. 가동 중인 조력발전소 가운데 두 번째로 큰 곳은 발전 용량이 240MW인 프랑스의 랑스 조력발전소다.

조력발전은 아직 전 세계에서 극히 일부의 전기를 생산할 뿐이지만 조수 자체는 넓은 지역에 퍼져 있고, 영구적이라는 장점을 갖는다.

🌐098

변화는 가능해요

Thecarbonalmanac.org에 방문해서 **매일의 차이**The Daily Difference 뉴스레터에 가입하세요. 매일 여러 이슈와 실천에 대한 소식을 받고 수많은 이들과 서로 연결되어 중요한 영향을 만들어낼 수 있어요.

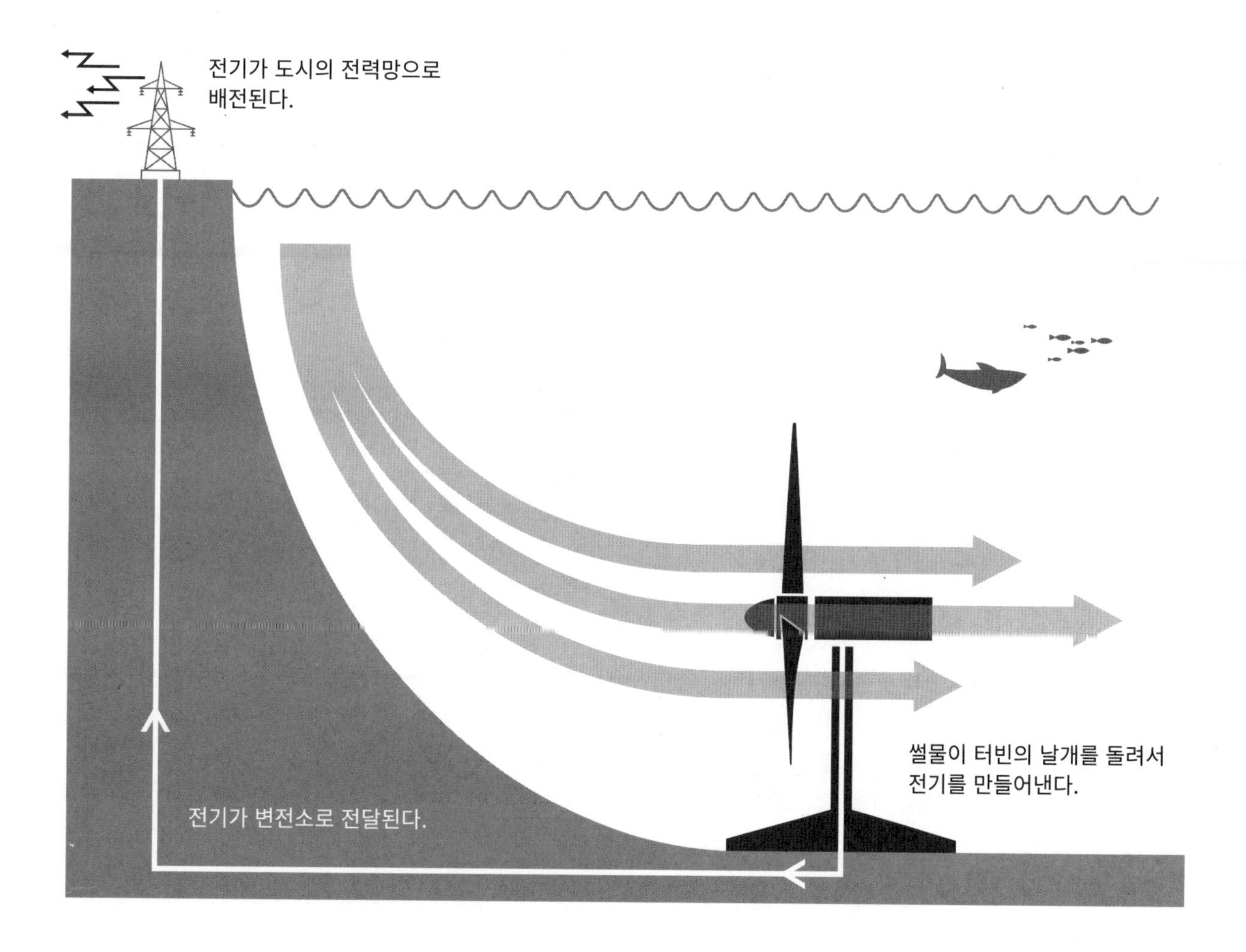

핵분열에너지

전 세계에서 전기의 약 10%를 생산하는 핵분열에너지는 저탄소 전력 공급원 중 발전 용량이 수력발전 다음으로 크다. 핵발전소는 화석연료를 태우지 않기 때문에 온실가스를 배출하지 않는다. 전 세계에서 약 450기의 원자로가 가동 중이다.

핵발전의 사용 정도는 나라마다 편차가 크다. 가령 프랑스는 70% 가까운 전기를 핵발전으로 생산하는 반면, 호주는 핵발전을 전혀 하지 않는다.

핵분열의 작동 원리

원자에서 핵에너지를 얻는 데는 분열과 융합이라는 두 가지 물리적 과정이 있다. 분열은 큰 원자를 하나 이상의 작은 원자로 쪼개는 것이고, 융합은 둘 이상의 가벼운 원자를 결합해 더 무거운 원소를 만드는 것이다. 일반적으로 우리가 알고 있는 핵발전은 핵분열을 이용한다.

핵분열은 우라늄 원자를 쪼개서 열과 증기를 만들어낸 뒤, 터빈을 돌려 전기를 생산한다. 이는 전력망에 공급할 정도의 전력을 만들어내는 가장 효과적인 방법에 속한다.

핵분열 원자로의 유형

모든 핵분열 발전소는 원자를 쪼갤 때 발생하는 열을 가지고 증기를 얻어서 전기를 만든다. 하지만 이 증기는 두 가지 다른 방식으로 사용할 수 있다.

가압수형 원자로는 물에 압력을 가해서 수온을 올리지만 끓이지는 않는다. 원자로의 물과 증기로 바뀌는 물은 서로 다른 관 안에 있고, 서로 전혀 섞이지 않는다.

비등수형 원자로는 핵분열로 뜨거워진 물이 끓어서 증기로 바뀐 뒤 발전기를 돌린다. 이 두 유형의 발전소 모두에서 증기는 다시 물로 응결되어 같은 과정에서 다시 사용할 수 있다.

원자로는 얼마나 안전한가?

핵발전소 사고는 드물지만 체르노빌, 스리마일섬, 후쿠시마에서 실제로 일어난 사고들은 재난을 가져왔다. 하지만 에너지 생산에서 비롯되는 사망률에 대한 연구에 따르면 핵발전은 재생에너지보다 위험도가 낮은 안전한 부류에 속한다.

건설과 연료

화석연료를 연소하는 발전소와는 달리 핵발전소는 가동하는 동안 대기오염을 유발하거나 이산화탄소를 배출하지 않는다. 하지만 우라늄을 채굴하고 정제하는 과정, 원자로 연료를 만드는 과정에는 탄소를 배출하는 에너지가 상당량 요구된다.

핵발전소의 구조물과 시설을 건설하려면 상당한 금속과 콘크리트가 필요하다. 금속과 콘크리트 모두 제조 과정에서 많은 에너지가 들어가고 특히 콘크리트는 주요 탄소 배출원이다.

방사성 폐기물

핵발전과 관련된 중요한 환경 문제는 우라늄 분쇄 찌꺼기, 사용 후 핵연료, 플루토늄 등의 방사성 폐기물이 만들어진다는 것이다. 여기서 발생한 방사성동위원소의 반감기는 아주 길어서 100만 년 이상인 것도 있다. 핵폐기물 통제와 관리는 아직 우리가 해결하지 못한 과제다.

현재 가장 많이 통용되는 핵폐기물 처분 방법은 방사능을 막아주는 철강 실린더나 깊고 안정된 지층에 저장하는 것이다. 이렇게 핵폐기물을 저장하는 방식으로 처리할 경우 방사능이 누출되어 환경 재난을 일으킬 수 있기 때문에 반대 여론이 만만치 않다. 핵폐기물 처리 기술은 아직도 개발 중이다.

핵분열에너지의 미래

핵발전소의 미래는 불투명하다. 전 세계의 약 450개 원자로는 계속 노후되고 있다. 원자로는 평균 사용 기간이 35년이라서 선진국에 있는 핵발전소 가운데 4분의 1이 2025년이면 가동을 중단해야 한다.

후쿠시마 사고 이후 많은 나라가 핵발전의 단계적 폐기를 고민하기 시작했다. 가령 독일은 2022년까지 모든 핵발전 시설을 중단할 것으로 예상된다.

미국에는 95기의 원자로가 가동 중이지만 지난 20년 동안 새로 지어진 원자로는 단 하나였다.

하지만 다른 나라에서는 100여 기의 신규 원자로 설치 계획이 진행 중이고, 중국, 인도, 러시아 주도로 300여 기가 추가로 제안된 상태다. 국제원자력기구IAEA의 추정에 따르면 2019년의 3920억W 수준인 핵에너지 생산량은 2050년이면 7150억W로 두 배가 될 것이다.

⊕093

에너지 생산에서 발생하는 사망자

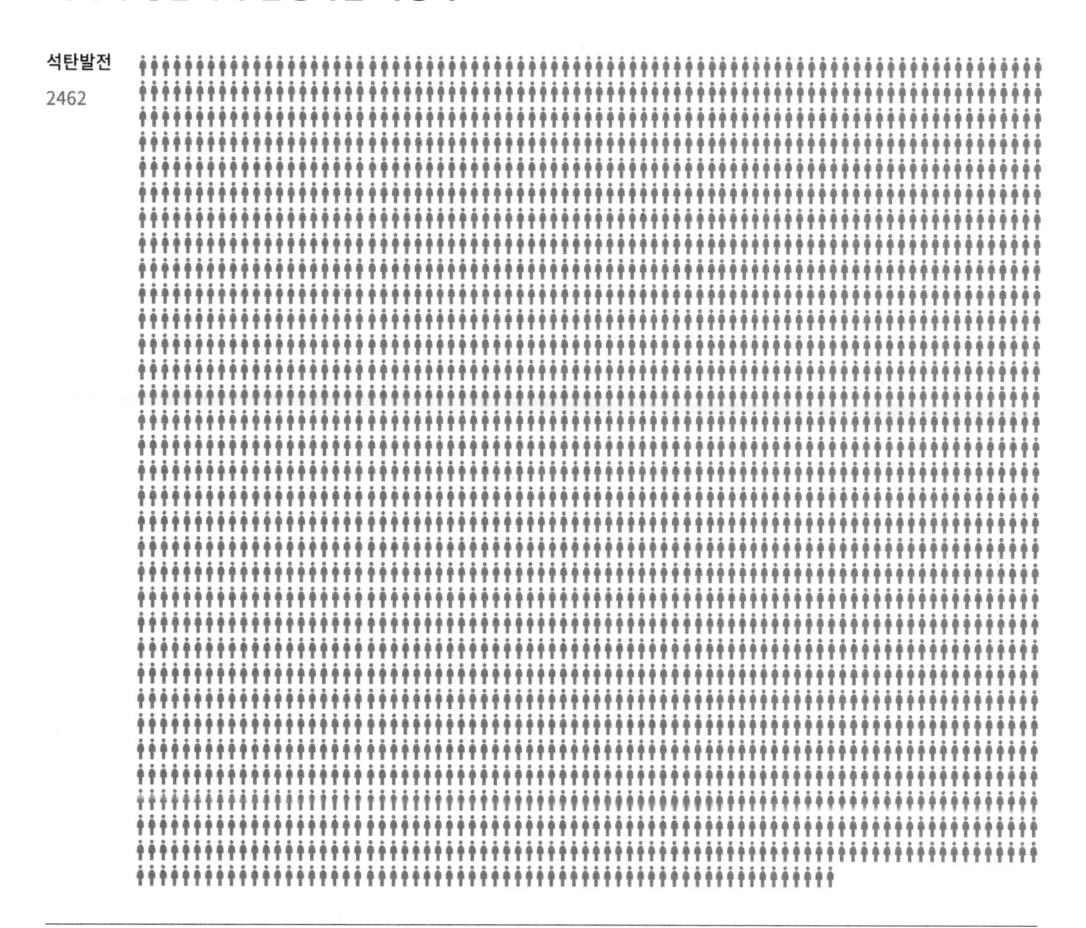

사망률은 100TWh당 사고와 대기오염에 의한 사망자로 계산한 것이다.

핵융합에너지

원자가 핵에너지를 만들어내는 두 방법은 핵분열과 핵융합이다. 전 세계 핵발전소는 핵분열 방식으로 전기를 생산한다. 핵융합은 태양과 별의 에너지원이지만 지구상에서 사용 가능한 에너지 상태로 보관하고 유지하기가 현재로서는 대단히 까다롭다.

태양에서 얻은 영감

영국의 물리학자 아서 스탠리 에딩턴Arthur Stanley Eddington은 1920년대에 최초로 핵융합이 우주의 동력이라고 주장했다. 핵융합은 우주에서 가장 많은 원소인 수소를 가지고 열과 빛의 형태로 에너지를 생산하고, 부산물로 헬륨과 삼중수소를 만든다.

태양이 약 40억 년 동안 꾸준히 사용해온 핵융합은 깨끗하고 안전하고 강력하고 효과적이다. 지구에서는 핵융합의 주원료인 중수소와 리튬을 바다에서 쉽게 얻을 수 있어서, 앞으로 3000만 년 동안 끄떡없을 정도로 충분한 양이 있다. 핵융합을 효과적으로 이용할 수만 있으면 폐기물이 발생하지 않는 순수한 에너지를 끝없이 얻을 수 있다.

핵융합의 원리

원자를 쪼개서 에너지를 얻는 핵분열과는 달리, 핵융합은 두 개의 원자가 결합해서 더 무거운 원소가 만들어질 때 일어난다. 이 과정에서 원자의 질량 가운데 일부가 엄청난 양의 에너지로 전환된다.

핵융합의 과제

지구의 중력은 태양만큼 강력하지 않기 때문에 핵융합로는 핵분열반응을 억제하는 다른 방법이 있어야 한다. 핵융합로를 제대로 가동하려면 태양에서보다 10배 이상 많은 열이 필요하다.

지구에서 핵융합반응을 일으키려면 태양 중심부만큼 강한 열과 압력을 재현해야 하고, 이 열과 압력을 유지시킬 수 있어야 한다. 핵융합반응이 일어나는 곳의 뜨겁고 밀도 높은 플라즈마를 억제할 수 있는 물질이 없기 때문에, MRI 기계에서 사용되는 것보다 훨씬 강력한 자석을 이용해 토카막Tokamak이라고 하는 도넛 모양의 특수한 장치에 플라즈마를 붙잡아두어야 한다. 하지만 안타깝게도 토카막은 그렇게 효율적이지는 않아서 자석 억제 구조물의 성능을 개선하는 연구가 핵물리학자들의 주요 관심 분야다.

진행 중인 핵융합 연구

현재 50여 개국이 핵융합과 플라즈마 물리학을 연구 중이다. 핵융합반응은 많은 실험에서 성공적했지만 아직까지 그 어떤 실험에서도 순 에너지 이득에 도달하지는 못했다.

> 지난 60년 내내, 핵융합발전은 10년의 연구·개발이 더 필요한 상태였다.
>
> — 익명의 물리학자

남프랑스에서는 35개국이 (라틴어로 "길"을 뜻하는) ITER 프로젝트에 공동으로 참여 중이다. 이 프로젝트는 세계 최대의 토카막을 만들어서 핵융합이 탄소를 발생하지 않는 대규모 에너지원으로서 가진 잠재력을 실증하고자 한다.

ITER 프로젝트는 융합로 가동에 들어가는 에너지 투입보다 에너지 산출량이 더 많은 최초의 핵융합 장치가 될 가능성이 있고 지금까지 많은 기록을 세웠다.

중국에서는 반경이 약 7m로 ITER보다 조금 더 큰 실험용 원자로인 CFETR가 만들어질 예정이다. 2020년에 CFETR는 설계와 기술 시범 단계에 있고, 향후 10년 내에 건설에 착수할 예정이다. 초기에는 발전 용량 약 200MW 규모로 시범 운영을 하다가 차츰 확대하여 최종적으로는 최소 2000MW 용량의 융합발전에 700MW의 순 에너지 이득에 도달하는 계획이다.

2021년 투자자들은 핵융합에너지의 가능성에 과거와는 비교할 수 없을 정도로 큰 관심을 보이기 시작했다. 다음 표는 이런 회사와 자금의 규모를 보여준다.

⊕094

핵융합 개발사

이름	투자액(달러)	접근법	위치
애벌랜치에너지	3300만	손바닥 크기의 융합로	미국 워싱턴주, 시애틀
커먼웰스 융합시스템	25억	토카막	미국 매사추세츠주, 케임브리지
ENN에너지연구소	공기업	역장배열	중국 허베이성, 랑팡
퍼스트라이트퓨전	2500만	임팩트관성억제	영국 얀톤
제너럴퓨전	3억 2200만	액체선형압축기	캐나다 브리티시컬럼비아주, 버나비
HB11	480만	레이저보론퓨전	호주 뉴사우스웨일스주, 시드니
헬리온에너지	27억	역장배열	미국 워싱턴주, 레드먼드
록히드마틴스컹크웍스	공기업	소형(트럭 크기) 융합로	미국 캘리포니아주
TAE테크놀로지	9000만	역장배열	미국 캘리포니아주, 풋힐 랜치
토카막에너지	1000만	구체형 토카막	영국 애빙던
잽에너지	5000만	Z 핀치	미국 워싱턴주, 시애틀

탄소는 모든 곳에

일상에서 쓰는 물건 가운데 탄소로 만들어진 것으로는…

립스틱	샴푸	아스팔트	치약
면도 크림	세제	아스피린	태양광 패널
베개 충전재	소프트렌즈	안경	텐트
붕대	식품용 방부제	장난감	파자마
비료	신발	전기담요	핸드크림
비타민 캡슐	심장 판막	체취 억제제	휴대전화

지열에너지

지구의 핵은 뜨겁다. 공학자들은 이 열을 꺼내 사용할 수 있다.

물과 증기를 통해 지표면으로 끌어 올린 지열 에너지는 냉난방에 활용하거나 청정한 재생 가능 전기를 만드는 데 사용할 수 있다.

아이슬란드, 엘살바도르, 뉴질랜드, 케냐, 필리핀 같은 나라에서는 지열 에너지로 상당량의 전기를 얻는다. 아이슬란드는 지열 에너지에서 25% 이상의 전기와 대부분의 난방 에너지를 얻는다.

지열발전에서 세계 선두를 달리는 미국은 35억W 이상을 생산하는데, 이는 약 350만 가구에 전기를 공급할 수 있는 양이다. 미국 외에 지열발전 상위 5개국으로는 인도네시아, 필리핀, 튀르키예, 뉴질랜드가 꼽힌다.

지열발전의 원리

지열발전소는 지열원에서 만들어진 증기를 이용해 전기를 생산한다. 현재 열수hydrothermal를 전기로 전환하는 지열발전 기술에는 다음 세 가지가 있다.

· 건조 증기
· 재증발 증기(플래시 증기)
· 이원 사이클

지열에너지의 장점과 단점

+	−
재생 가능하다	설비 비용이 크다
방해 요소가 없다	모든 부지가 적합하지는 않다
탄소 발자국이 작다	지진을 일으킬 수 있다
청정하다	독성 물질이 배출될 수 있다

세계 최대의 지열발전 단지는 샌프란시스코 북부에 있다. 이곳에는 350개의 지열정well에서 나온 증기로 돌아가는 발전소 22기가 있는데, 약 900MW의 전기를 생산하며 이는 72만 5000가구에 전기를 충분히 공급하고도 남는 양이다.

지열발전소는 토지를 적게 사용한다. 핵발전소는 MW당 5~10에이커, 석탄발전소는 MW당 19에이커를 사용(탄광 면적은 제외)하는 반면, 지열발전소는 MW당 1~8에이커를 사용한다.

지열발전이 환경에 미치는 영향

대부분의 지열 에너지 시설은 배출을 최소화하는 폐쇄 순환식closed-loop 지열 시스템을 사용한다. 이 방법은 땅에서 퍼올린 물을 열이나 전기 생산에 사용한 뒤 다시 바로 지열원으로 돌려보낸다.

개방 순환식open-loop 지열발전소는 증기와 열수를 환경에 배출하기 때문에 수질과 공기 질에 영향을 줄 수 있다. 지하의 지열원에서 퍼 올린 뜨거운 물에는 고농도의 황, 소금, 기타 광물이 들어 있을 때가 많다. 개방 순환식 지열 시스템은 "썩은 달걀" 냄새가 나는 황화수소를 뿜어낸다.

배출된 황화수소는 이산화황(SO_2)으로 바뀌고, 이 과정에서 만들어진 작은 산성의 입자들은 심장 질환과 폐 질환을 유발할 수 있다. 이산화황은 산성비로 이어져 작물에 피해를 입히고 호수와 하천을 산성화한다.

이런 부작용에 유의할 필요가 있긴 하지만 미국의 지열발전소에서 배출되는 이산화황은 이산화황 최대 배출원인 석탄발전소에서 만들어지는 양과 비교했을 때 MWh당 30배 정도 적다.

지열발전소는 지구 안에 있는 지열원에서 물과 증기를 빼내기 때문에 지열원 위의 땅이 시간이 지나면서 가라앉아 지표면이 불안정해질 수 있다. 대부분의 지열발전소는 이 위험을 줄이기 위해 주입정을 통해 사용했던 물을 다시 지구 안에 주입한다.

지열발전소를 가동하는 동안 지진이 증가할 위험도 있

지열발전 설비 용량(MWe), 2020년

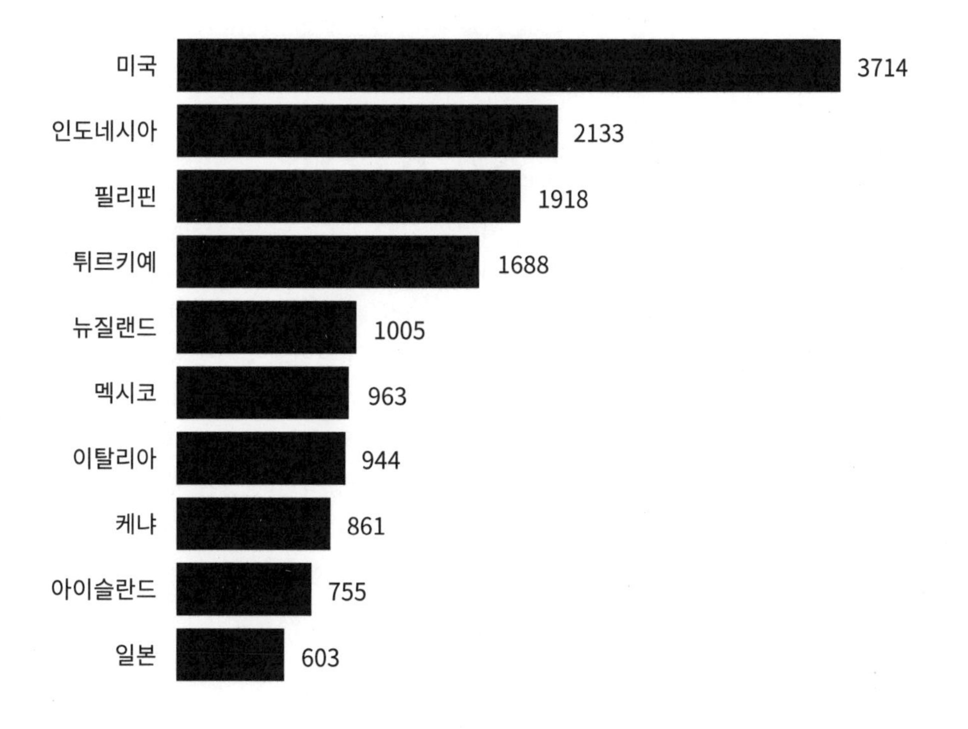

다. 일반적으로 지열발전소는 특히 불안정한 지질학적 "핫스팟" 또는 단층대에서 가까운 곳에 위치한다. 땅속 깊이 시추를 하고 물과 증기를 빼낼 경우 지반이 불안정해질 수 있다.

심부 지열발전

공학자들은 열은 충분하지만 자연 투과가 전혀 없는 곳에서 심부 지열발전EGS을 실험 중이다. 지표 아래에 고압의 유체를 주입하면 기존의 균열이 갈라지면서 투과성이 생긴다. 그러면 새로 균열이 생긴 암석에 이 유체를 순환시켜 열을 지표면으로 전달해 전기를 생산할 수 있다.

🌐097

가치 있는 문제란 당신이 해결에 도움을 줄 수 있는 문제, 당신이 정말로 뭔가를 기여할 수 있는 문제다….
우리가 정말로 뭔가를 할 수 있다면, 어떤 문제도 너무 작거나 하찮지 않다.

— 리처드 파인만Richard Feynman

수소를 이용한 에너지 저장

태양광발전과 풍력발전은 이제 석탄보다 저렴해지고 있긴 하지만 석탄과는 다르게 오래 저장할 수가 없어서 대부분 생산된 현장에서 사용된다. 따라서 재생에너지는 에너지 수요 변화에 대응하기에는 적합하지 않다.

다행히 재생에너지를 수소 안에 장기간 저장했다가 수요가 절정에 달하는 추운 겨울철처럼 에너지 수요가 증가할 때 바로 꺼내 쓰는 방법이 있다.

수소의 저장 용량은 기반 시설을 더 많이 짓지 않고도 늘릴 수 있다. 수소가 파이프에 저장되어 있는 경우 이 관에 압력을 추가하면 저장 용량을 늘릴 수 있다.

재생에너지를 이용해 수소를 생산할 수 있고, 이렇게 만들어진 수소를 활용하면 생산된 에너지를 저장할 수 있다. 이런 공생 관계 때문에 많은 이들이 재생에너지로의 전환에서 수소가 핵심 역할을 할 것이라고 생각한다.

⊕238

"네 날개 풍력발전기는 네잎클로버처럼 행운을 선물한대."

바이오매스와 폐기물 에너지

쓰레기를 태우면 전기를 얻을 수 있다. 이를 폐기물 에너지 또는 도시 고체 폐기물MSW이라고 한다.

2019년 미국은 3100만 톤의 MSW를 태워서 1년 동안 100만 가구에 전력을 공급할 수 있는 130억kWh의 전기를 생산했다.

이 방법은 간단하다. 쓰레기를 소각로에 넣고 태워서 열을 얻는 것이다. 이 열이 물을 끓이고, 증기가 터빈을 돌린다.

가장 일반적인 연료는 바이오매스 또는 식물이나 동물 같은 유기물질로, 다음과 같은 것들이 있다.

- 종이와 판지
- 음식물 쓰레기
- 유리 조각
- 나뭇잎
- 나무
- 가죽 제품

그 외에 플라스틱이나 석유로 만든 다른 합성물질 같은 연소 가능한 비바이오매스 물질을 처리하기 위한 소각로도 있다.

바이오매스 에너지

인류는 나무를 태워 열을 얻고 음식을 조리해왔다. 오늘날 이 과정은 훨씬 정교해져서 식물과 동물에서 유래한 다양한 재료를 사용한다. 일부 소각로는 매립지에서 발생한 가스를 태워 전기를 생산하기도 한다.

이렇게 활용되는 바이오매스는 탄소를 기초로 수소, 산소, 질소, 그 외 소량의 다른 원자들을 포함한다. 바이오매스 안에 있는 탄소는 이산화탄소를 격리하고 있던 식물에서 온 것이기 때문에, 이를 태우면 그 안에 있는 이산화탄소가 다시 대기로 배출된다.

바이오매스를 에너지로 전환하는 방법

- 바이오매스를 태워서 열을 생산하는 직접 연소는 가장 보편적인 방식이다.
- 바이오매스의 열화학 변환은 열분해와 가스화를 활용해 고체, 기체, 액체 연료를 생산한다. 직접 연소보다 복잡한 이 방법은 고온, 고압의 밀폐용기 안에서 바이오매스를 가열한다.
- 에스테르 교환transesterification이라고 하는 화학적 변환법은 식물성 기름, 동물의 지방, 윤활유를 가지고 지방산 메틸 에스터를 만들어서 바이오디젤을 생산한다.
- 생물학적 변환은 에탄올, 바이오가스 또는 바이오메탄을 만들어낸다. 이를 위해 하수처리장과 낙농 시설, 가축 시설에서 혐기성 소화조를 사용한다. 고체 폐기물 매립지에서도 생물학적 변환이 일어날 수 있다. 최종 산물은 전통적인 연료를 바로 대체할 수 있다.

바이오매스 에너지는 탄소 중립적일까?

바이오매스는 이산화탄소를 대기에 배출하지만 빠른 순환에서 최근에 포집된 탄소를 사용한다. 반면 화석연료나 다른 발전원은 수백만 년 동안 누적된 탄소를 배출한다.

기후변화를 해결하는 데 도움을 주려면 일체의 바이오매스 과정은 연료로 전환된 바이오매스를 대신할 수 있는 새로운 식물을 키우는 데도 투자해야 한다.

가령 효율적인 탄소 저장소인 오래된 숲은 다시 만들려면 수십 년 이상이 걸린다. 우림은 한번 베고 나면 다시 조성하기가 매우 힘들고, 홍수, 침식, 그 외의 환경 피해 같은 중요한 문제들도 있다. 또 화석연료로 만든 플라스틱을 소각하는 것은 탄소 중립적이지 않을 수 있다.

⊕096

탄소 중립 연료: 암모니아

탄소 중립 연료는 순(추가적인) 온실가스를 배출하지 않고, 탄소 발자국을 남기지 않는다. 이산화탄소를 유용한 연료로 전환하는 탄소 중립 연료를 이용함으로써 땅속에서 새로운 탄소를 캐내지 않고도 탄소 순환이 지속된다.

탄소 중립 연료는 크게 두 가지로 나뉜다.

- **합성 연료:** 이산화탄소에 화학적으로 수소를 첨가해서 만든다.
- **바이오 연료:** 식물 광합성처럼 이산화탄소를 소모하는 천연 과정을 활용해서 만든다.

합성 연료를 만드는 데 사용하는 이산화탄소는 공기에서 바로 포집하거나, (산업 규모의 용광로에서 연소된) 발전소 연통의 배기가스를 재활용하거나, 바닷물에 녹아 있는 탄산에서 추출할 수 있다. 합성 연료의 일반적인 사례로는 수소, 암모니아, 메탄이 있다.

암모니아 분자는 질소 원자 하나와 수소 원자 세 개가 피라미드 형태를 이루고, 색은 없지만 특유의 쏘는 듯한 냄새가 있다. 자연 상태에서는 특히 수중생물의 질소 호흡에서 발생하는 일반적인 폐기물이다.

암모니아는 전 세계 식량과 비료의 45%에 전구물질precursor을 제공함으로써 필수적인 영양분에 크게 기여한다.

암모니아는 창문과 유리 세정제, 다용도 세정제, 오븐 세정제, 변기 세정제 등 여러 세정 용품과 의약품의 합성에 쓰이는 주요 물질이다. 물을 정화하거나, 플라스틱, 인화성 물질, 섬유, 살충제, 염색약을 제조할 때 쓰는 냉매 역할도 할 수 있다.

같은 부피를 기준으로 암모니아는 액체 수소보다 에너지가 70%, 압축 수소 기체보다는 세 배 가까이 더 많다.

암모니아 생산하기

전통적인 암모니아 생산 방식은 막대한 양의 이산화탄소를 만들어낸다. 화석에너지를 풍력이나 태양광 같은 재생에너지원으로 대체하면 생산 과정에서 발생하는 배출량을 줄일 수 있다. 재생에너지 생산 과정에서는 탄소를 포집해 저장하는 기술을 사용해서 만들어진 이산화탄소 대부분을 따로 격리할 수 있다.

암모니아는 오늘날의 리튬 배터리보다
무게당 에너지가 20배 이상 많다.

우리는 지도자들에게 행동의 책임을 끊임없이 물어야 한다. 기후 부정의에 대해 언제까지고 침묵할 수 없다. 당신의 실천이 중요하다. 아무리 작은 실천도, 아무리 미약한 목소리도 어떤 식으로든 변화를 이룰 수 있다. 미래에 대한 믿음을 잃지 말자.

— 버네사 나카테Vanessa Nakate

암모니아는 오늘날의 리튬 배터리보다 무게당 에너지가 20배 이상 많다.

액체 암모니아는 휘발유처럼 상온에서 대형 탱크에 저장할 수 있어서 프로판가스보다 안전하다. 매년 2억 톤 이상의 암모니아가 생산되어 파이프, 유조선, 트럭을 통해 전 세계로 분배된다.

암모니아를 친환경 연료로 사용하는 데는 현대의 경유 엔진이 그렇듯 고온 연소 과정에서 특징적으로 나타나는 몇 가지 단점이 따른다. 무엇보다 질소가 풍부한 산화 환경에서 질소산화물이 만들어질 가능성이 있어서 배기 과정에서 아산화질소 수준을 낮추는 추가 조치를 해야 한다.

⊕109

연료로서의 암모니아

다음은 암모니아를 연료로 사용하는 세 방법이다.

- 넷제로 배출로 내연기관에서 직접 연소
- 알칼리성 연료전지에서 직접 전기로 전환
- 수소를 추출해 비알칼리성 연료전지에 공급

탄소 중립 연료: 수소

연료는 주방에서든 가스 탱크에서든 우리가 에너지를 필요로 할 때 에너지를 공급한다. 탄소 기반 연료는 석탄이나 석유나 천연가스의 형태로 느린 순환에 저장되어 있던 탄소를 얻고, 이를 연소함으로써 이산화탄소를 배출한다.

반면 탄소 중립 연료는 순(추가적인) 온실가스나 탄소 발자국을 만들지 않는다. 저장되어 있던 탄소를 꺼내지 않고 다른 방법으로 에너지를 얻기 때문이다.

탄소 중립 연료는 크게 두 가지로 나뉜다.

- **합성 연료:** 이산화탄소에 화학적으로 수소를 첨가해서 만든다.
- **바이오 연료:** 식물 광합성처럼 이산화탄소를 소모하는 천연 과정을 활용해서 만든다.

두 경우 모두 이미 존재하는 이산화탄소를 포집한 다음 배출하기 때문에 최종적으로 만들어지는 탄소의 양에는 변화가 없다. 에너지는 연료 안에 저장했다가 필요할 때 사용한다.

합성 연료를 만드는 데 사용하는 이산화탄소는 공기에서 바로 포집하거나, (산업 규모의 용광로에서 연소된) 발전소 연통의 배기가스를 재활용하거나, 바닷물에 녹아 있는 탄산에서 추출할 수 있다. 합성 연료의 일반적인 사례로는 수소, 암모니아, 메탄이 있다.

수소

우주에 가장 많은 원소다. 모든 원자의 약 90%가 수소다. 하지만 지구에는 순수한 형태의 수소가 거의 없어 이를 추출하려면 추가적인 처리가 필요하다.

연료로서의 수소

수소는 다양한 국내외의 원료로 생산할 수 있고, 온실가스를 거의 배출하지 않는다. 일단 생산된 수소는 연료전지 안에서 전력을 만들어내고, 수증기와 따뜻한 공기만 배출한다.

관건은 수소를 안전하고 효율적으로 연소하는 것이 아니라, 효율적으로 만들고 저장하고 배포하는 것이다.

수소 생산

지구에서 수소를 생산하려면 물, 식물, 화석연료 같은 다른 물질에서 수소 원자를 분리해야 한다. 수소의 지속 가능성은 바로 이 과정에서 판가름난다.

오늘날 대부분의 수소는 화석연료에 메탄과 고온 증기에 반응하는 촉매를 사용해 만들어지는데, 이 과정에서 심한 오염이 유발된다. 증기메탄개질steam methane reforming

생명을 위한 행동은 변화를 일으킨다. 자아와 세상의 관계는 상호적이다. 그러니까 먼저 깨달음을 얻거나 구원을 받은 다음 실천을 하는 게 아니라, 우리가 지구를 치유하기 위해 노력하면 지구가 우리를 치유하는 것이다.

— 로빈 월 키머러Robin Wall Kimmerer

이라고 하는 이 과정을 통해 수소와 일산화탄소 그리고 소량의 이산화탄소가 만들어지는데, 주로 석유를 정제하고 비료를 생산할 때 이 방법을 쓴다.

물을 전기분해하는 방법으로도 수소를 생산할 수 있는데, 이때 부산물은 산소뿐이다. 전기분해는 전류를 이용해 전해조 내부에서 물을 수소와 산소로 쪼갠다. 태양광이나 풍력 같은 재생에너지가 전기를 생산할 때 오염물질 없이 발생한 수소를 녹색 수소green hydrogen라고 부른다.

연료전지 전기 자동차

액체 수소 또는 압축 수소는 연료전지 전기 자동차의 동력으로 사용된다. 이 차량은 기존의 내연기관 차량보다 효율성이 두세 배 더 높고 수증기 외에는 배기가스를 전혀 배출하지 않는다.

연료 저장

수소가스 1kg은 휘발유 2.8kg과 맞먹는 에너지를 갖고 있다. 수소는 부피당 에너지 밀도가 낮아서 차량에는 압축 기체나 액체로 저장되어야 기존 차량의 주행 효율을 따라갈 수 있다. 수소를 고밀도로 저장하려면 고압, 저온, 또는 화학적인 과정이 필요하기 때문에 기술적으로 해결해야 할 문제가 남아 있다.

⊕110

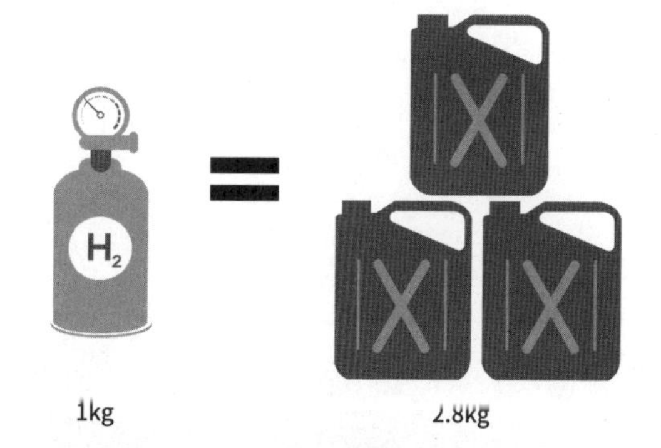

LED의 에너지 절약

LED 등은 형광등보다 에너지를 75% 적게 사용하고 수명이 25배 더 길다. 2025년이면 1년에 LED로 절약하는 에너지가 1000기의 발전소에서 1년에 생산하는 에너지와 맞먹을 것이다.

화석연료가 일자리를 바꾸다

1859년 그들은 펜실베이니아 타이터스빌에서 유전을 발견했다.

회의주의자들이 석유가 없으리라 생각하는 곳에서 석유를 찾는 일을 와일드캐팅wildcatting이라고 한다. 운이 따르면 와일드캐터는 하룻밤에 백만장자가 된다.

유전이 한번 발견되면 힘들고 더럽지만 안정적인 일자리가 만들어진다. 와일드캐터들은 떼돈을 벌고, 유전의 일꾼들에게 후한 임금을 지불하곤 한다.

채굴 경제는 보수가 좋은 일자리 수백만 개를 만들었고, 석유를 퍼 올리고 석탄을 캐는 일을 중심으로 새로운 지역사회와 문화가 만들어졌다.

재생에너지는 효율적이고 깨끗하지만 이와 비슷한 경제적, 문화적 역동성이 없다. 햇빛이 내리쬐거나 바람이 부는 장소를 발견했다고 해서 하룻밤새 부자가 되는 일은 없다. 태양광발전소나 풍력발전소를 설치하고 유지하는 일자리는 더 건강하고 회복력이 있지만, 이는 상당한 문화적 중심 이동을 상징한다. 광부들은 관성이 있어서, 새로운 산업에서 재교육을 받는 데 늘 흔쾌히 동의하지는 않는다.

기존 산업들이 급속하게 중심을 이동하다 보니 화석연료 산업 내부에서 실직에 대한 우려가 일고 있다. 하지만 동시에 재생에너지로의 전환에 속도가 붙을 경우 에너지 생산과 저장 관련 설비와 유지, 에너지 효율성 향상과 에너지 망의 개선에서 새로운 일자리가 만들어질 것이다.

미국에 있는 전체 화석연료 허브 중 25%는 재생에너지 생산에 이상적인 부지이기도 하다.

화석연료 채굴을 중심으로 형성된 많은 지역사회에서는 학력 수준이 낮은 사람들이 고소득 일자리에 취업하고, 세수와 파생 일자리로 경제가 활기를 띤다. 하지만 미국에 있는 전체 화석연료 허브 중 25%는 재생에너지 생산에 이상적인 부지이기도 하다. 이런 지역에 사는 사람들에게 재정 지원과 직업훈련을 제공해 재생에너지 중심의 미래로 부드럽게 이행하자는 계획이 논의되고 있다. 이런 프로그램의 경제적 비용은 다른 사회보장 계획에 비하면 크지 않을 것으로 예상된다.

2020년 미국 노동통계국BLS은 광부가 약 4만 3000명(2010년의 8만 4000명에서 감소)이라는 통계를 내놓았다. 반면 2020년 신규 에너지 발전 용량의 90%가 재생에너지 전력이다.

화석연료 관련 고용 비율(%)

0 20 40 60 80 100

⊕070

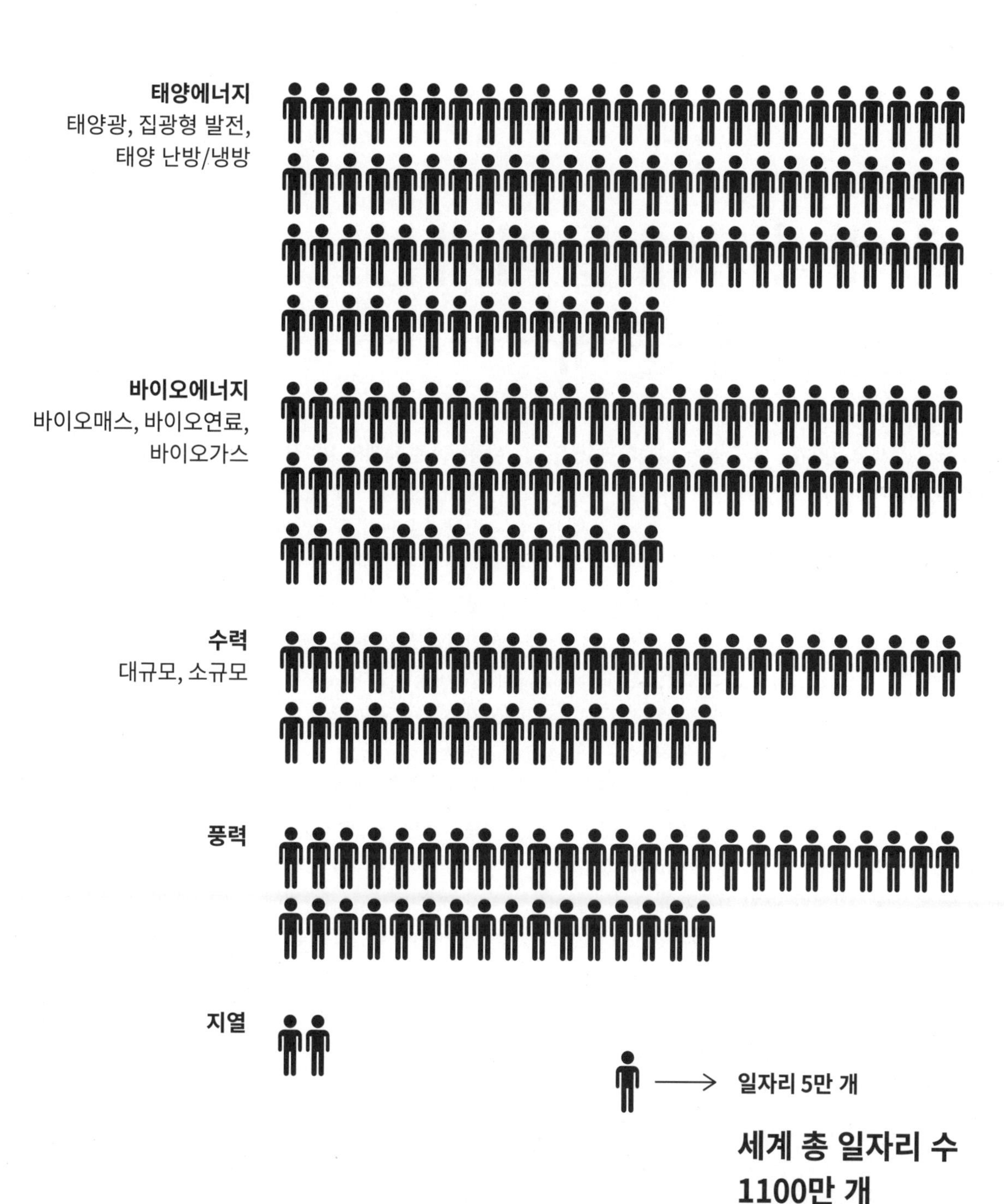

상징적인 건물은 재생에너지로

엠파이어 스테이트 빌딩은 이제 완전히 풍력발전에서만 동력을 얻는다. 이 건물의 전력을 모두 청정 발전원으로 전환할 경우 20만 톤의 이산화탄소 배출이 저감되는데, 이는 1년간 뉴욕시에 있는 모든 택시의 배출량을 합한 것과 같은 양이다.

청정 에너지에 들어가는 핵심 광물의 문제

화석연료에서 재생에너지원으로 중심이 이동하면 필요한 광물도 바뀌게 된다.

광물은 다음 용도에 필요하다.

- 전기 자동차
- 에너지 저장
- 태양광 패널
- 풍력발전 단지

전기 자동차는 내연기관 자동차가 사용하는 광물의 6배를 사용한다. 그리고 육상 풍력발전 단지는 화석연료 발전소가 사용하는 광물의 9배를 사용한다.

신기술에 사용되는 배터리를 만들려면 리튬, 코발트, 니켈, 망간, 흑연이 필요하다. 전기 자동차의 모터에 들어가는 영구자석과 풍력 터빈에는 희토류가 필요하다. 그리고 전력망에는 구리와 알루미늄이 반드시 있어야 한다.

이런 광물에 대한 수요가 앞으로 크게 늘어날 것으로 전망된다. 리튬 수요는 향후 20년 동안 90%까지 증가할 것으로 예상된다. 니켈과 코발트는 60~70%, 구리와 희토류는 40% 이상 늘어날 것으로 보인다. 리튬 하나만 보더라도 2017년에 300억 달러 수준이었던 리튬이온 배터리 시장은 2025년이면 1000억 달러로 커질 것으로 예상된다.

이런 광물들의 생산 수준은 2040년이 되면 두 배로 늘어날 것으로 예상된다. 하지만 2050년까지 넷제로를 달성하려면 현재 생산 수준의 6배가 필요하다. 현재의 공급, 투자, 생산 계획은 속도와 재정 측면에서 모두 부족한 수준이다.

해결해야 할 과제와 취약점으로는 다음과 같은 것들이 있다.

- 광물 자원의 지리적 집중
- 광산 소유권과 통제권의 집중
- 복잡한 공급 사슬
- 광물질 개발과 생산 확대에 긴 시간 소요
- 원광의 질이 하락하면서 채굴에 들어가는 에너지, 비용, 배출량 증가
- 지속 가능하고 책임감 있게 생산된 광물에 대한 수요 증가
- 기후가 광산 운영에 가하는 위험(물 스트레스, 열 스트레스, 홍수) 증가

가령 세계 최대의 코발트 생산국인 콩고민주공화국은 가장 많은 난관과 취약점에 노출되어 있다. 테슬라의 일부 전기차에는 코발트 4.5kg(휴대폰에 들어가는 코발트의 400배)이 들어간다. 그런데 광산의 인권과 환경문제 때문에 새롭게 부상하는 재생에너지 경제에서 콩고민주공화국의 전략적 지위가 위태로울 뿐만 아니라 시민들까지 위협받고 있다. 콩고민주공화국은 자국 내에서 이런 문제를 통제하기 위해 노력 중이다.

한편 포드는 코발트 대체제로 인산철을 사용하는 미국의 발전소와 공정을 개발하기 위해 수십억 달러를 투자하고 있다.

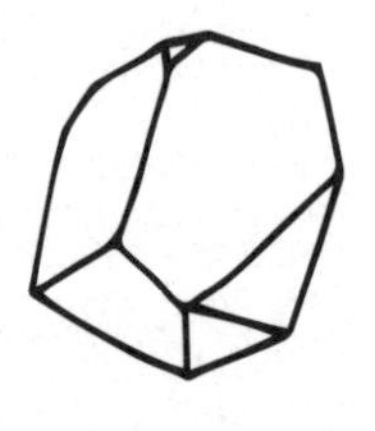

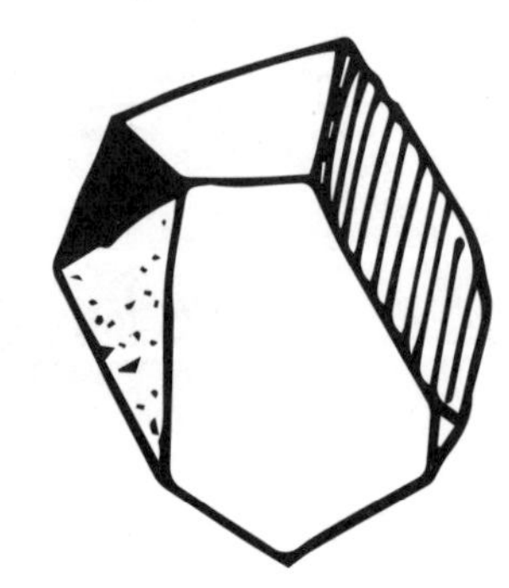

우리는 재생에너지 시대에 유리한 놀라운 잠재력을 갖고 있다. 그걸 우리의 전략적인 금속으로 만들지 않으면 강을 따라 흘러가버릴 것이다. 어떻게 하면 일차적으로 콩고인이, 그리고 아프리카인이 혜택을 누리면서도 전 세계가 이 놀라운 자원을 마음껏 쓰게 할 수 있을까?

— 펠릭스 치세케디Félix Tshisekedi, 콩고민주공화국 대통령

미국 서부 전역에서는 선주민 부족들이 재생에너지 시스템에서 비롯된 난관을 몸소 겪고 있다. 핵심 광물 채취는 인간과 환경에 피해를 입힐 때가 많다. 미국의 오래된 광산법은 사냥, 어업, 채집 권리를 인정하면서도 전통적으로 선주민 공동체와 이들의 토지에 불리했다.

다음은 미국 선주민의 삶에 직접적인 영향을 미친다.

· 태양발전 전력망에서 미래에 사용할 안티모니를 노천 금광에서 채굴

· 표준적인 전력망에 사용할 구리를 노천과 지하 갱에서 채굴

· 전기차 배터리용 리튬 채굴 프로젝트

이런 활동들이 네즈 퍼스Nez Perce 부족, 토호노 오오담Tohono O'odham 부족, 파스콰 야끼Pascua Yaqui 부족, 호피Hopi 부족, 포트맥더밋Fort McDermitt Paiute and Shoshone 부족, 후알라파이Hualapai 부족, 샌카를로스아파치San Carlos Apache 부족의 땅을 위협하고 있다.

⊕264

이 미쳐 돌아가는 세상에서 "성공"의 맛은 달러로, 프랑으로, 루피로, 엔으로 측정된다. 그 모든 값진 원석, 모든 금속, 모든 석유, 바다에 있는 모든 참치, 풀숲에 있는 모든 코뿔소를 포함해 손에 닿는 가치 있는 모든 것을 소비하려는 우리의 욕구는 한이 없다. 우리는 탐욕이 지배하는 세상에서 살고 있다.

이제 인류와 지구의 이익보다 자본의 이익이 더 중요해졌다…. 우리의 미래를 암울하게 만드는 기업에 투자하는 건 어불성설이다. 신께서 창조하신 세상의 관리자인 우리의 역할을 직시하라. 우리는 행동해야 하고, 그 어느 때보다 서둘러야 한다.

— 데스몬드 투투Desmond Tutu 남아프리카공화국 성공회 대주교

석탄에서 태양으로

켄터키주의 폐광 터에 마티키Martiki 태양광발전소가 들어선다. 옛 광부들이 짓고 있는 이 발전소는 3만 3000가구에 전력을 공급할 것이다.

고기에 대한 놀라운 사실

1인분

영국영양협회British Dietetic Association가 제안하는 1인분은 85g로, 카드 한 벌과 비슷한 크기다.

쇠고기에 들어가는 물

식용 소를 키우려면 kg당 1만 5415L의 물이 필요하다. 채소 재배에 필요한 물의 약 48배에 해당한다.

토지 이용

가축을 기르려면 방목지와 사료 생산지 등이 필요하기 때문에 축산업은 전체 농업용 토지 사용량의 80%에 달하는 토지를 사용한다.

실제 소비량

2020년에 미국인은 하루 평균 340g의 고기를 먹었다. 이는 권장 소비량의 네 배다.

가능한 범위 내에서 절약하기

지구상의 모두가 채식주의자가 되면 2050년이면 이산화탄소와 건강상의 피해액 약 1.6조 달러를 절약할 수 있다. 모두가 완전히 비건이 되면 이 수치는 1.8조 달러로 치솟는다.

저렴한 고기

미국의 육류 산업은 매년 380억 달러에 달하는 연방 보조금을 받는다(참고로 과일과 채소 산업이 받는 보조금은 1700만 달러에 불과하다). 맥도날드가 2달러짜리 치즈버거를 팔 수 있는 건 이 때문이다. 전 세계적으로 보조금은 5000억 달러가 넘고, 향후 1조 달러 이상으로 늘어날 것으로 예상된다.

⊕243

당신이 발견했을 때보다 더 나은 세상을 남겨라. 필요한 것보다 더 많이 취하지 마라. 생명이나 환경에 해를 끼치지 않도록 애써라. 해를 끼쳤다면 복구하라.

— 폴 호켄Paul Hawken

식품 손실과 폐기

매년 10억 톤 이상의 식품이 손실되거나 폐기된다. 손실은 식품 가치 사슬food value chain의 초기 단계에 해당하는 생산, 저장, 가공, 분배 과정에서 일어난다. 폐기는 먹을 수 있는 상태인데도 먹지 않았을 때 일어난다.

유엔 식량농업기구FAO는 **전체 식품 생산량 가운데 3분의 1이 손실되거나 폐기된다고 추정했다.** 그리고 이 손실과 폐기 때문에 인간이 배출하는 전체 온실가스의 약 8%에 달하는 이산화탄소 4.4기가톤이 매년 배출된다. 식품 폐기를 하나의 국가로 생각하면, 세계 3위의 온실가스 배출국이 된다.

식품이 폐기될 때마다 거기에 들어간 에너지 역시 같이 폐기된다. 또 버려진 식품이 매립장에서 분해될 경우 해로운 메탄이 만들어진다.

온실가스 배출에 기여하는 정도

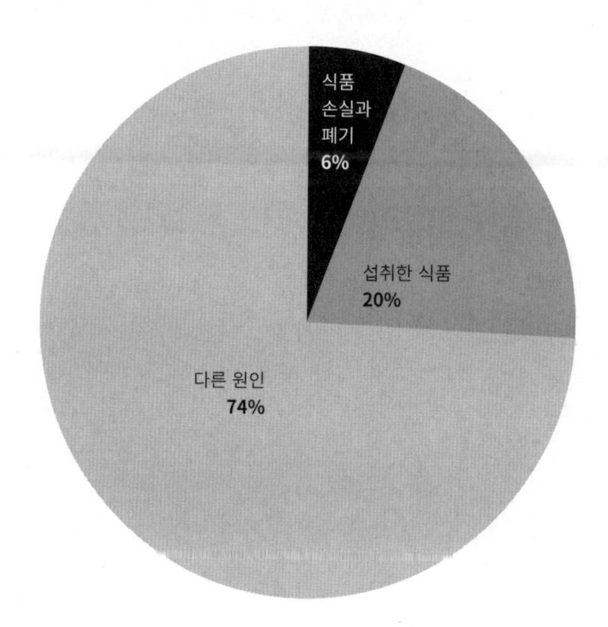

세상의 큰 문제들은 자연의 작동 방식과 사람들의 사고방식의 차이에서 비롯된다.

— 그레고리 베이트슨Gregory Bateson

합성 연료를 만드는 데 사용하는 이산화탄소는 공기에서 바로 포집하거나, (산업 규모의 용광로에서 연소된) 발전소 연통의 배기가스를 재활용하거나, 바닷물에 녹아 있는 탄산에서 추출할 수 있다. 합성 연료의 일반적인 사례로는 수소, 암모니아, 메탄이 있다.

다음은 식품 폐기의 부작용을 줄일 수 있는 여섯 가지 방법이다.

1. 미리 계획을 세워서 탄소 발자국이 적은 식품을 구입하고 폐기물을 줄인다. 장을 보러 가기 전에 남은 식재료를 확인하고, 남은 재료들과 음식을 같이 고려해 식사를 준비한다.
2. 유통기한을 염두에 두고 식사를 준비한다. 마음에 들지 않는 식재료를 사용할 때는 먹을 만큼만 만든다.
3. 너무 많은 양을 차리면 음식과 돈을 낭비할 수 있다. 버려지는 음식이 없도록 1인분의 양을 줄인다.
4. 피클로 만들거나 찌개를 끓이거나 냉동을 해서 음식을 보관한다.
5. 냉장고와 저장실을 자주 확인하고 가장 오래된 재료를 먼저 사용해서 쓰레기가 발생하지 않게 한다. 쓰레기가 발생했을 때는 음식이 매립지에서 썩을 때 만들어지는 해로운 메탄을 줄이기 위해 가정에서 퇴비로 만든다.
6. 소셜미디어에서 또는 가족이나 친구들과 음식물 쓰레기를 줄이고 식재료를 아낄 수 있는 요리법과 팁을 공유한다.

🌐031

이 표시는요

이 책은 수천 개의 참고자료를 토대로 쓰였어요. 책의 내용을 그대로 받아들이지 마세요. http://www.thecarbonalmanac.org/999(999 자리에 원하는 숫자를 넣어야 해요)에서 확인할 수 있어요. **더 깊이 공부하고, 함께 이야기해요.**

농업을 탄소 흡수원으로 활용하기

인류가 농경을 시작한 이후로, 농업 때문에 토양에서 배출된 탄소는 133기가톤에 달하는 것으로 추정된다.

재생 농법을 활용하면 작물의 영양 밀도가 높아지고 농민들의 생산성과 수익성도 향상된다. 전통적인 경작법에 현대적인 기술을 이용한 재생 농법은 식량 생산 시스템의 일부를 탄소 흡수원으로 탈바꿈해 이산화탄소를 흡수할 수 있다. 이 농법은 식량 시스템을 강화해 불안정한 기후에 대한 대응력을 높이고 다음 방법으로 탄소 함량을 회복한다.

- **탄소 경작:** 윤작, 다양한 피복작물 활용, 비료 사용을 최소화하거나 아예 사용하지 않는다.
- **탄소 목장:** 철저한 계획에 따라 가축을 돌아가며 방목해 초지를 복원한다. 분뇨는 토양과 그 안에 사는 미생물에게 영양물질을 공급한다.

재생 농법은 기후변화에 가장 큰 영향력을 미칠 수 있는 해법으로 손꼽힌다. 지금의 성장 속도면 2050년까지 이 방법으로 이산화탄소를 23.15기가톤까지 감축할 수 있을 것으로 예상된다.

🌐218

뉴욕시에서
제일 높은 건물

59.4KM³

이산화탄소 133기가톤은 얼마나 되나?

이산화탄소 133기가톤은 맨해튼 전체 무게의 1330배에 달한다. 한 변이 59.4km인 정육면체 모양의 석탄이라고 생각하면 된다. 이 높이는 맨해튼 길이의 2.72배이고, 뉴욕시에서 제일 높은 건물보다 136.57배 더 높다.

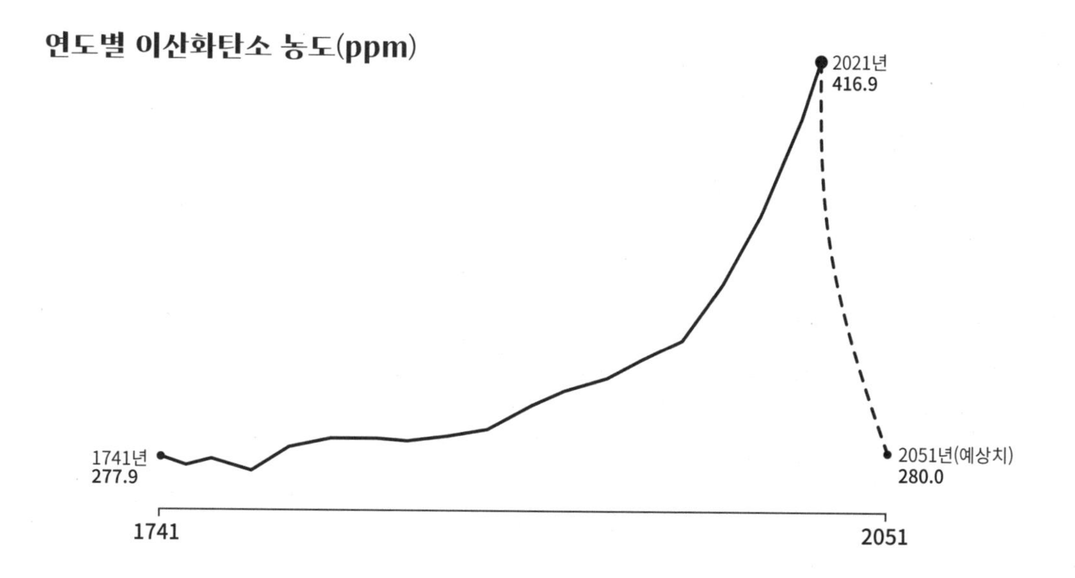

식물성 식품 위주의 식습관

모든 사람이 미국의 식습관을 따를 경우 지구상의 거주 가능한 모든 땅을 농경지로 전환해도 38%가 부족하다.

축산업은 전 세계 농경지의 약 80%를 차지하지만, 칼로리 공급량으로 보면 20%에도 못 미친다. 만약 모든 사람이 남아시아나 사하라 이남 아프리카, 일부 라틴아메리카 국가처럼 식물 위주의 식습관을 채택할 경우 과거 육식을 위해 사용되던 땅에서 전 인류를 먹여 살릴 식량을 재배할 수 있다.

육류와 동물성 식품 소비량이 많은 나라는 가축과 사료 생산에 많은 공간을 할애해야 한다. 반면 채소, 곡물, 해산물 중심의 식문화를 가진 나라들은 적은 토지를 필요로 한다.

🌐099

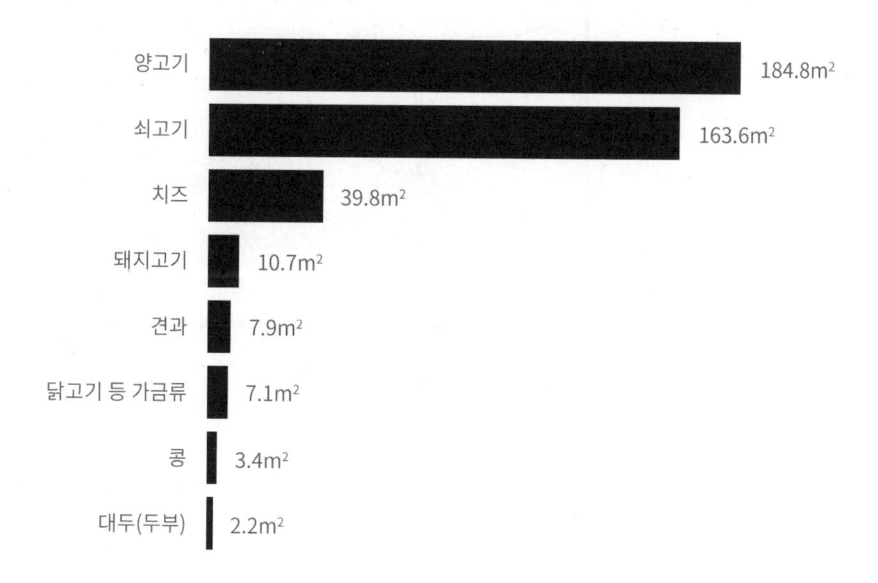

점적 관개

1930년 중동의 한 어린 소년이 한 줄로 늘어선 나무 중에 유독 한 그루만 훌쩍 크게 자란 것을 발견했다. 알고 보니 땅속의 작은 관에 구멍이 나서 이 나무의 뿌리에만 물을 공급한 것이 원인이었다.

30년 뒤 이스라엘 과학자들은 현대식 점적 관개drip irrigation를 대규모로 개척했다. 기후가 건조하고 물이 부족한 이스라엘과 다른 여러 지역에서 이 점적 관개가 폭넓게 퍼졌다.

점적 관개는 물을 뿌리에 직접 조금씩 흘려보내기 때문에 전통적인 개방 수로에 비해 증발량이 훨씬 적다. 그리고 목표 지점에 정확한 양의 물만 보내기 때문에 재래식 관개법과 비교하면 물 사용량이 60%까지 적고 작물 수확은 90%까지 늘어난다.

하지만 장애물도 있다.

· 표준적인 방법에는 초기 투자금이 필요하다. 에이커당 약 2000~4000달러에 추가로 에너지 비용까지 감안해야 한다.
· 지하의 관이 막히지 않는지 감시해야 한다.
· 신기술 채택은 특히 작은 농가에는 부담스러울 수 있다.

2015년 미국 농민들은 하루에 관개용수 1180억 갤런을 사용했다. 하지만 점적 관개를 사용하는 면적은 전체 농경지의 9% 미만이다. 전 세계적으로는 이보다 더 적은 5% 미만이다.

농업 분야에서 최신 혁신으로는 이런 것들이 있다.

- **사물인터넷IoT 센서:** 습도가 정해진 값 아래로 떨어지면 토양 안에 심어놓은 습도 감지 스마트 기기가 관개 시스템을 가동한다.
- **N-점적 기술:** 이스라엘의 토양물리학 교수 유리 샤니Uri Shani가 2017년에 발명한 기술로 외부 에너지원이나 복잡한 장치가 필요하지 않다. 대신 중력의 힘을 이용해서 관개에 필요한 압력을 만들어낸다. 따라서 표준적인 방법보다 물도 적게 쓰고 비용도 조금밖에 들지 않는다. 소규모 농가에는 상당히 요긴할 수 있다. N-점적 기술은 현재 미국, 호수, 베트남, 나이지리아 등 17개국에서 쓰인다.

⊕248

농가 규모는 중요한가?

지구상에는 크기가 다양한 5억 7000만 호 이상의 농가가 있다. 중국의 최신 농업 센서스에 따르면 2억 호에 달하는 중국의 농가 중에서 93%가 1헥타르(1만m^2) 미만이었다. 미국에서는 "겨우 100에이커"(약 40만m^2)를 "작은 농가"라고 여기기도 하는데, 이는 다른 대부분의 나라에 있는 소규모 가족 농가보다 훨씬 큰 규모다. 농가 규모에서는 미국, 브라질, 영국이 선두를 달리지만, 인도, 에티오피아, 베트남의 많은 인구가 1헥타르 미만의 농지에서 자급자족한다.

이런 분포에도 불구하고 전 세계 농경지의 88%가 2헥타르 이상의 대형 농가에 속한다.

산업형 영농은 단위 면적당 효율성과 이윤을 극대화하려 하기 때문에, 산업형 영농이 확대된 나라에서는 대형 농가가 주를 이룬다. 합병을 통해 규모를 키우면 단기적인 이윤이 향상되기 때문이다.

전 세계 평균 농가 규모, 2000년 기준

작은 농가는…

- 기계를 적게 쓴다.
- 단위 면적당 작물이 다양하다.
- 공장에서 생산한 비료 대신 분뇨나 퇴비를 사용한다.

일반적으로 아주 작은 농가는 가족의 자급자족이 주목적이고, 남는 것을 팔아서 가족의 소득을 창출한다.

2헥타르 이하의 작은 농가는 일반적으로 인근 지역의 대규모 농가에 비해 단위 면적당 수확량이 더 많다. 작은 땅을 가진 농부는 활용할 수 있는 모든 땅에 시간과 에너지를 쏟을 가능성이 더 크다. 하지만 미국 같은 나라의 산업형 농가는 인도 같은 발전 중인 나라의 작은 농가보다 단위 면적당 생산량이 10배 이상 크다.

산업형 농가는 단기적인 수확량은 많지만 작은 농가에 비해 탄소를 많이 배출한다.

350여 개의 연구 프로젝트에서 나온 결과를 분석한 한 대형 연구에 따르면 무경운 농법은 대형 농가의 특징인 집약적인 산업형 영농에 비해 상당히 많은 탄소를 격리한다.

⊕215

하지만 나는 이제까지 한 번도 사고를 당해본 적이… 그러니까 얘기할 만한 가치가 있는 그런 사고는 당해본 적이 없었어요. 바다에서 보낸 모든 세월을 통틀어서 곤경에 처한 배는 딱 한 척 봤어요. 난파선을 본 적도 없었고 난파당한 적도 없고 파국으로 이어질 것 같은 그런 어려움에 처해본 적은 한 번도 없었다고요.

— E. J. 스미스E. J. Smith, 타이타닉호의 선장

같은 양을 만들 때 땅콩버터가 배출하는 온실가스는 치즈의 4분의 1 이하다.

초콜릿과 기후

초콜릿은 맛있기만 한 게 아니라 적도 근처에 있는 수명이 긴 나무에서 재배되기 때문에 기후변화를 해결하는 데 완벽한 작물처럼 보인다. 하지만 숱한 요인들이 초콜릿의 미래를 복잡하게 만든다.

초콜릿의 원료인 카카오는 주로 가난한 농민들이 재배하는데, 세대 교체와 경제적인 문제 때문에 많은 농가가 팜 오일 같은 환경에 이롭지 않은 다른 작물로 옮겨가는 중이다. 동시에 네슬레 같은 대기업들이 생산을 산업화하다 보니 가난한 농민들은 단작을 해서 대기업 수준의 상품 가격으로 카카오콩을 팔아야 하는 실정이다. 이런 가격 결정 방식에는 광범위하고 끈질긴 아동노동 문제도 얽혀 있다.

지구온난화는 전 세계 카카오의 3분의 1을 재배하는 코트디부아르와 가나 같은 지역을 위협한다. (습도는 그대로인데) 기온이 오르면 증산 때문에 식물이 더 많은 수분을 배출하고, 그러면 나무와 작물이 피해를 입을 수 있다.

한 연구에서 전통적인 카카오 재배 지역 294곳을 조사한 결과, 생산의 안정성이 향상된 곳은 31곳뿐이었다. 나머지는 지역이나 작물을 바꾸지 않으면 생산량이 감소할 상황이었다.

하지만 초콜릿 산업에 우호적인 요인들도 있다. 전통적인 카카오 재배 지역은 헥타르당 200톤 이상의 탄소를 저장한다. 카카오나무는 관리만 잘 하면 여러 세대 동안 유지할 수 있고 그러면 탄소 격리 순환이 연장된다.

또 오리지널 빈스Original Beans처럼 아동노동을 추방하고, 임금을 두 배로 올리고, 브라질의 카브루카cabruca 기법 같은 좀 더 지속 가능한 방법으로 환경을 보존하기 위해 애쓰는 소규모 생산자들이 점점 늘고 있다. 카브루카 기법으로 카카오를 재배하는 농민들은 기존의 숲 대부분을 그대로 두고 캐노피 공간 아래 작은 카카오나무를 심어서 시원한 그늘도 마련하고 탄소도 더 많이 포집한다. 한 연구에 따르면 카브루카를 활용하면 카카오나무가 있는 땅이 포집하는 탄소의 양을 두 배 이상으로 늘릴 수 있다.

문제는 수확량이다. 카브루카를 이용하는 재배 지역에서는 나무 한 그루당 수익이 더 적기 때문에 카카오가 비싸다. 그래서 수확량이 더 많은 농가와 경쟁하려면 소비자가 이 초콜릿을 사기 위해 더 많은 돈을 내거나 농민들이 다른 방법으로 벌충해야 한다. 탄소 크레딧이 인간의 달콤한 즐거움을 구하는 해법이 될 수도 있다.

233

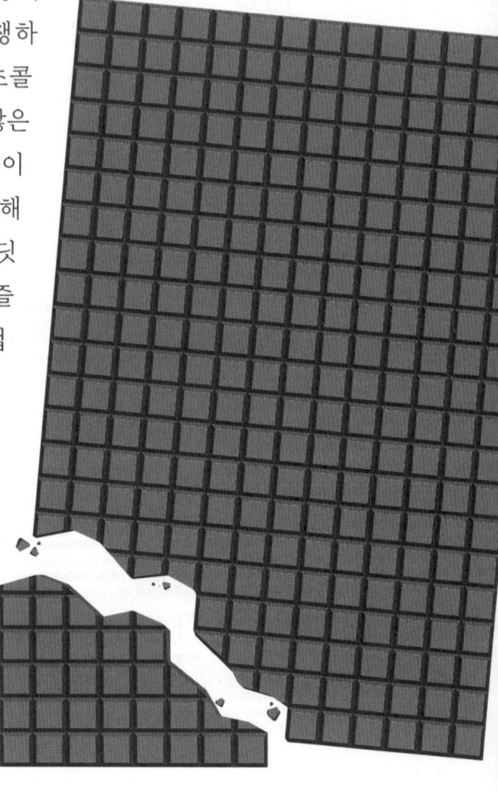

우유와 대체 식품

우유는 인류가 맘모스와 함께 살던 때부터 인간의 식생활에서 중요한 역할을 했다. 대부분의 포유동물은 유아기가 지나면 젖을 소화하는 능력을 상실하지만 대부분의 인간은 성인이 되어서도 우유를 마실 수 있다.

우유 VS. 보잉 747

우유 때문에 배출되는 온실가스는 비행기 전체의 배출량보다 많다.

전통적인 우유는 소에서 얻는데, 소는 살아 있는 동안 강력한 온실가스인 메탄을 만들어낸다.

지난 수십 년 동안 동물성 우유에 대한 새로운 대안이 개발되었다. 식물성 우유에는 비타민 B12, 칼슘 등의 영양소가 첨가되기도 한다. 전통적인 우유도 비타민 A와 비타민 B 같은 첨가물로 보강되곤 한다.

⊕236

우유 대체 식품

환경 영향

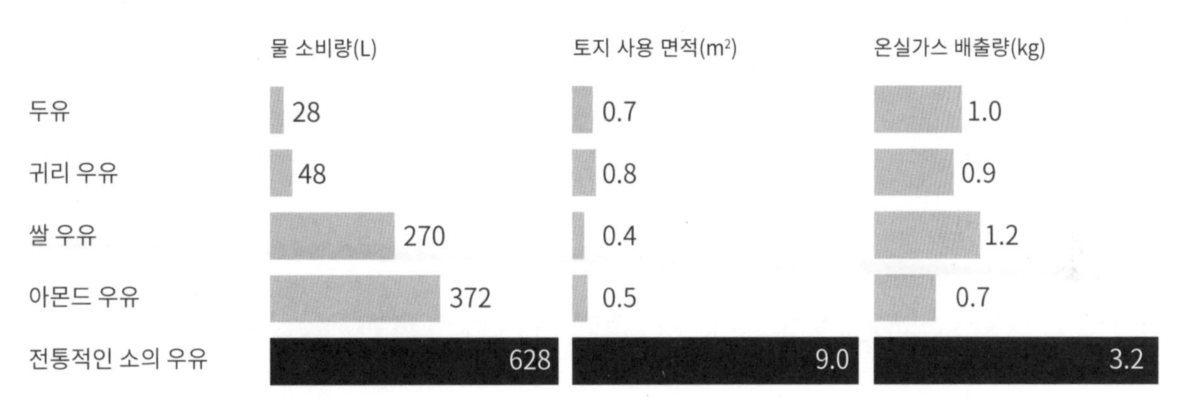

영양소

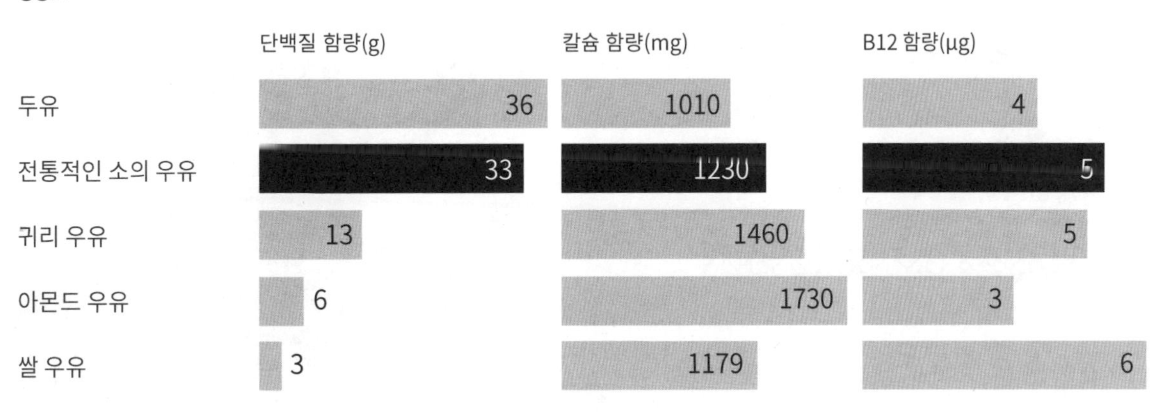

우리는 곤충 가운데 2000여 종을 먹을 수 있다.

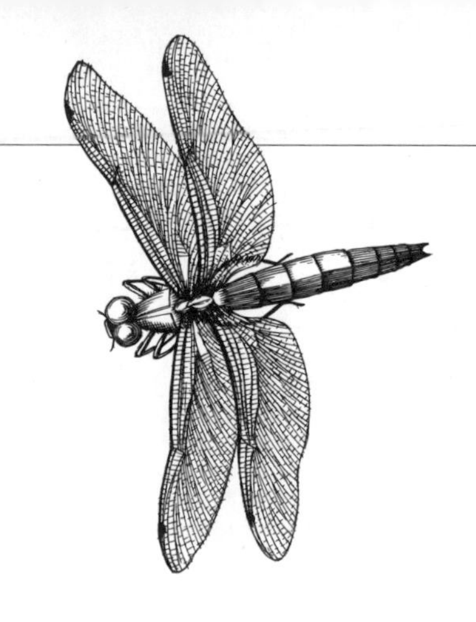

식용 곤충

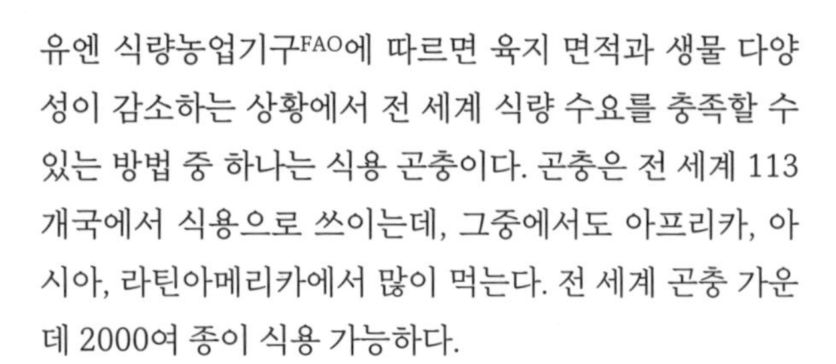

유엔 식량농업기구FAO에 따르면 육지 면적과 생물 다양성이 감소하는 상황에서 전 세계 식량 수요를 충족할 수 있는 방법 중 하나는 식용 곤충이다. 곤충은 전 세계 113개국에서 식용으로 쓰이는데, 그중에서도 아프리카, 아시아, 라틴아메리카에서 많이 먹는다. 전 세계 곤충 가운데 2000여 종이 식용 가능하다.

곤충은 바로 먹을 수도 있고, 최종 제품에 추가해 단백질 함량을 높일 수도 있고, 원료에 혼합할 수도 있기 때문에 식품 시스템 안에서 용도가 다양하다. 거의 모든 기후나 환경에서 키울 수 있고 전통적인 단백질 공급원보다 토지, 사료, 에너지를 적게 사용한다. 게다가 탄소도 훨씬 적게 배출한다. 예를 들어 메뚜기는 가축에 비하면 킬로그램당 배출하는 온실가스가 훨씬 적다.

🌐104

현재는 단 12가지 작물과 5가지 동물 종이 전 세계 식량 소비의 75%를 차지한다.

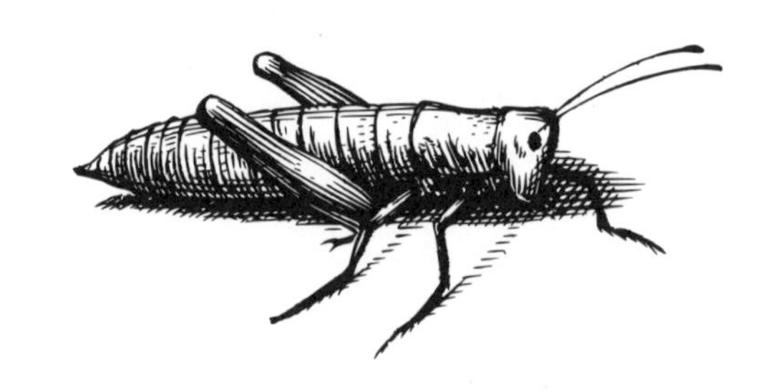

우리가 먹고 있는 곤충

31% 딱정벌레류

18% 애벌레

14% 벌, 말벌, 개미

13% 메뚜기, 방아깨비, 귀뚜라미

13% 그 외

10% 매미, 멸구

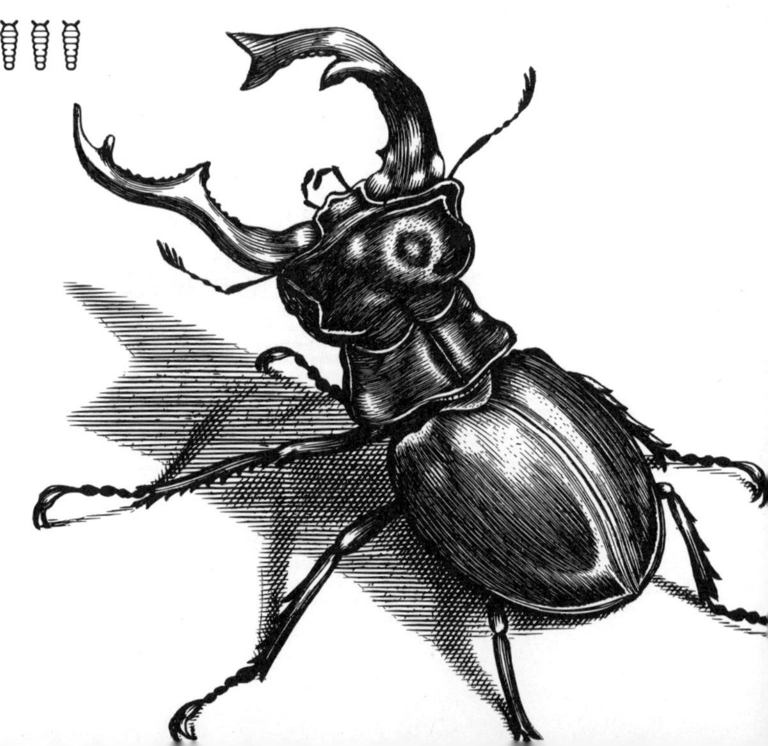

귀뚜라미 버거 레시피

스카이 블랙번Skye Blackburn의 방식을 각색함

재료

- 물을 뺀 통조림 병아리콩 400g
- 물을 뺀 통조림 옥수수 340g
- 말린 귀뚜라미나 방아깨비 가루 20g(온라인에서 구입)
- 신선한 고수 반 단
- 파프리카 가루 1/2 작은술
- 고수 가루 찻숟가락 1/2 작은술
- 강황 1/2 작은술
- 레몬 한 개의 껍질
- 밀가루 3 작은술
- 소금 약간

방법

고수 잎을 딴 다음 절반을 줄기와 함께 푸드 프로세서에 넣는다. 귀뚜라미 가루, 향신료, 밀가루, 레몬 껍질, 약간의 소금, 물을 뺀 병아리콩과 옥수수를 추가한다.

재료를 적당히 섞어 패티 네 개를 만든 뒤 들러붙지 않도록 밀가루를 약간 뿌려둔다.

익힐 때 부서지지 않도록 냉장 또는 냉동시킨다.

올리브 오일을 넣고 뜨거운 프라이팬에서 튀기듯이 굽는다. 한쪽이 갈색으로 익으면 뒤집어서 완전히 익힌다.

사워도우 빵 위에 디종 머스타드 소스, 좋아하는 피클, 비건 치즈를 곁들이면 끝내준다. (손님에게 귀뚜라미에 대해 언제 알려줄지는 여러분이 정하면 된다.)

음식 1kg: 귀뚜라미와 쇠고기 비교

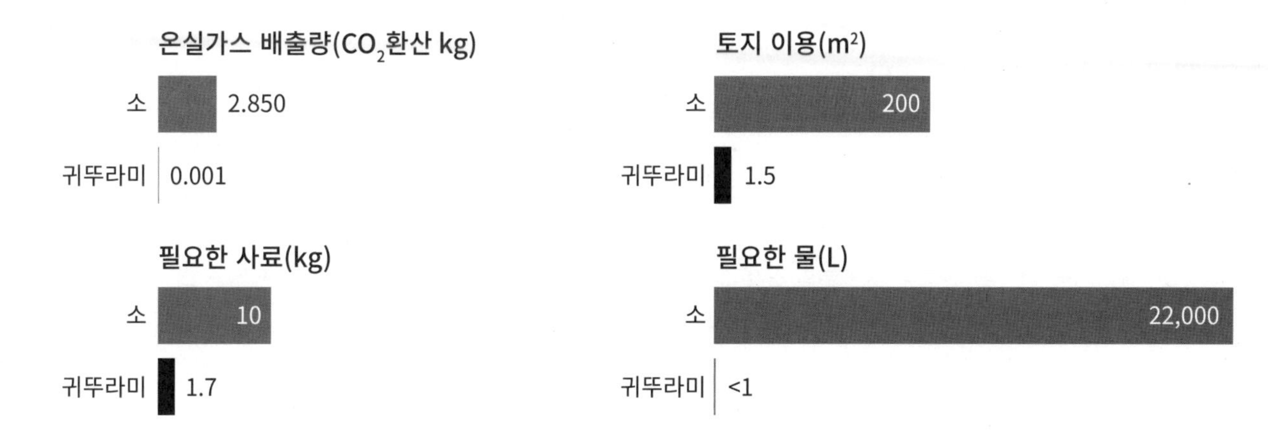

웹 검색하고 나무도 심고

www.thecarbonalmanac.org/search를 참고하세요.

뒤뜰의 재생

농업에 대한 두 접근법

마당의 잔디밭은 영국에서 재력의 상징이라는 위상을 획득한 뒤 미국으로 수출되었다. 잡초 하나 없이 훤한 잔디밭은 집주인에게 잔디밭을 관리할 재정적 여유가 있음을 이웃들에게 과시했다.

잔디를 유지하는 데는 물과 화학물질, 그리고 연료가 들어간다.

조지 워싱턴, 토마스 제퍼슨, 우드로 윌슨은 이런 방법 대신 양 떼를 이용해서 백악관의 잔디를 관리했다.

재력을 과시하는 잔디의 환경 비용과 금전적 비용이 점점 부담스러워지자 일부 집주인들은 재생 농법을 바탕으로 다른 접근을 시도하고 있다.

재생 농법은 땅속의 탄소를 토양 안에 갇힌 상태 그대로 놔둔다. 최종 목적은 땅과 전체 환경을 복원하고 개선하는 것이다. 이런 철학을 따르는 농법들은 생물 다양성을 증대하고, 토양을 기름지게 하고, 하천 주변 환경을 개선할 수 있다.

뒤뜰의 탄소 발자국

미국에서는 약 4000만 에이커의 땅이 잔디로 덮여 있다. 하지만 이 가녀린 풀잎이 흡수하는 탄소는 주말마다 이 풀들을 관리하기 위해 휘발유를 동력으로 삼아 돌리는 장비에서 배출되는 탄소에 비하면 너무 미미하다. 게다가 비료는 환경에 추가적인 부담을 안긴다. 비료 제조를 위해 질소를 1톤 만들 때마다 탄소 4~5톤이 대기에 배출된다.

작은 변화가 큰 영향을 만든다. 다음은 재생 원칙을 활용해 마당의 탄소 발자국을 간단하게 줄일 수 있는 세 가지 방법이다.

- 낙엽과 풀을 그냥 내버려둔다. 매주 한 시간 가까이 강풍기로 낙엽을 치우고 잔디를 깎을 때 배출되던 탄소가 즉시 사라질 것이다.
- 퇴비를 직접 만든다. 낙엽, 식물의 잔해, 음식물 쓰레기를 한데 섞어 부식시키면 토양에 다시 순환시키기 좋은 영양물질이 만들어진다.
- 잔디밭의 면적을 줄이고 토종 식물, 관목, 나무, 채소, 과일을 늘린다. 생물 다양성이 증가하면 뒤뜰이 스스로 균형을 이루고 복원 능력을 갖추는 데 도움이 될 것이다.

⊕108

조지 워싱턴, 토마스 제퍼슨, 우드로 윌슨은 양 떼를 이용해서 백악관의 잔디를 관리했다.

우드로 윌슨 재임기 백악관의 잔디 관리 팀

퇴비 만들기

매년 약 1조 달러에 달하는 음식물이 매립지로 향한다. 플라스틱과 종이 쓰레기보다도 많은 음식물 쓰레기가 매립지에 쌓인다. 이 음식물 쓰레기는 다른 쓰레기에 덮여 진공 상태에서 썩는데, 이렇게 혐기성 발효가 진행되면 메탄이 배출된다.

음식물 쓰레기는 매년 전 세계 온실가스 배출량의 8~10%를 차지하는 것으로 추정된다. 음식물 쓰레기를 매립지에 버리는 대신 퇴비로 만들면 온실가스 배출량을 50%까지 줄일 수 있다.

퇴비를 만들면 호기성 발효가 진행되어 메탄 배출을 피할 수 있다. 이를 통해 온실가스 배출량을 줄일 뿐만 아니라 탄소를 다시 땅속으로 돌려보낼 수 있다.

미국에서는 2000년 이후로 퇴비화가 세 배 이상 증가해서 2018년에는 230만톤 이상이 퇴비로 만들어졌다. 하지만 매년 버려지는 음식물 쓰레기가 3500만 톤이니 아직 그리 많은 양은 아니다. 🌐260

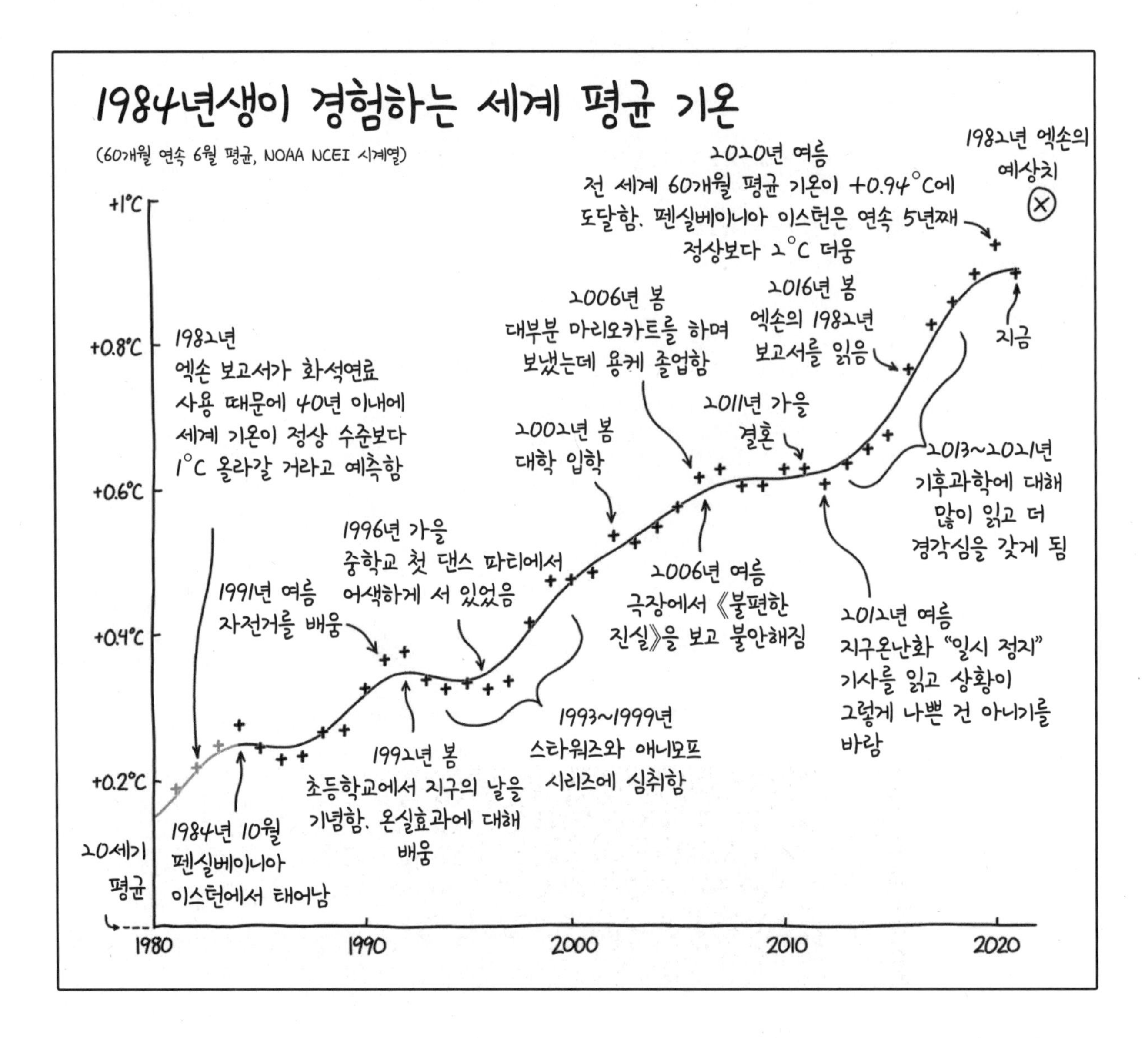

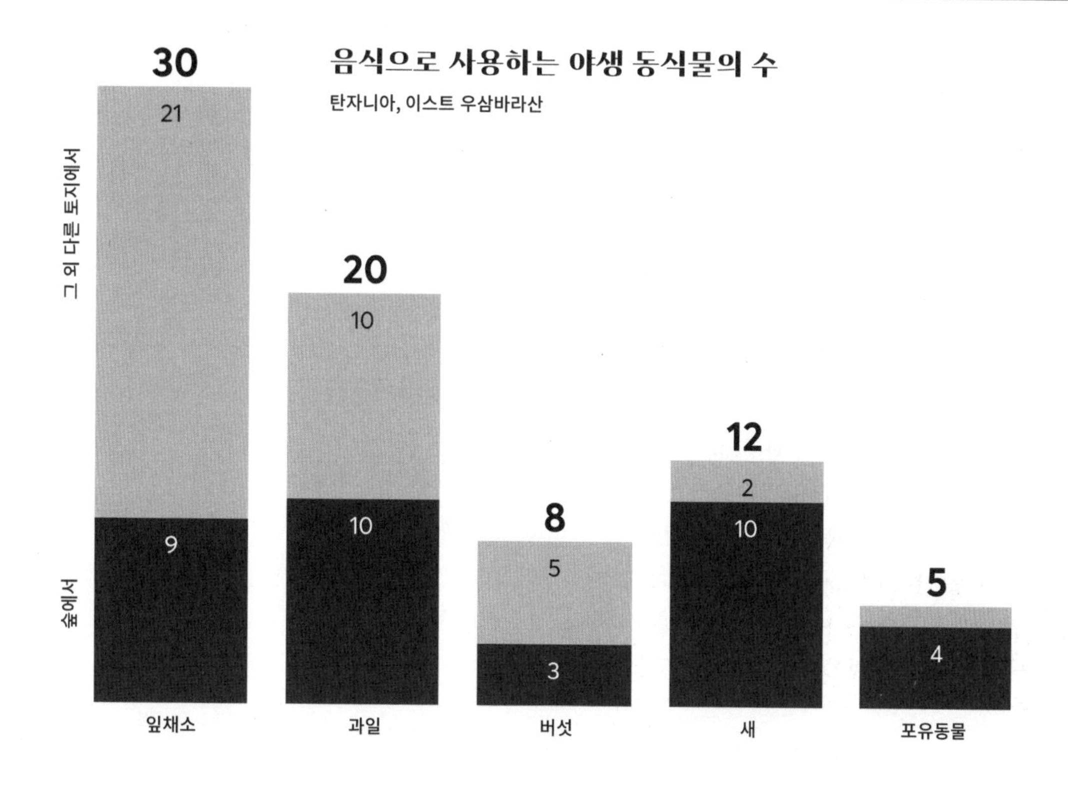

숲이 선물하는 식량 안보

지구인의 20%에 달하는 12억~16억 명은 숲에서 생계 수단, 보금자리, 물, 연료, 식량을 얻는다. 이 가운데 6000만 명은 전적으로 숲에 의지하는 선주민 부족들이다.

아프리카와 아시아 12개국에 있는 선주민 공동체에 대한 여러 연구에 따르면 이들은 120종이 넘는 다양한 야생 식품을 먹는다. 다음과 같은 영양분이 풍부한 야생 식량을 품은 숲에는 식량 시스템을 탈바꿈할 잠재력이 있다.

· 새와 포유동물에서 얻은 야생 고기
· 민물과 바다 생선
· 견과류와 씨앗
· 과일
· 버섯
· 잎채소
· 곤충

건강한 야생 식량은 안정된 시기에는 숲과 그 인근에서 살아가는 사람들에게 식량 안보를 강화해주고, 전쟁, 기후 관련 가뭄과 흉작으로 인한 어려운 시기에는 사회 안전망을 제공한다.

🌐250

1인당 숲의 면적이 넓은 나라(1000헥타르)

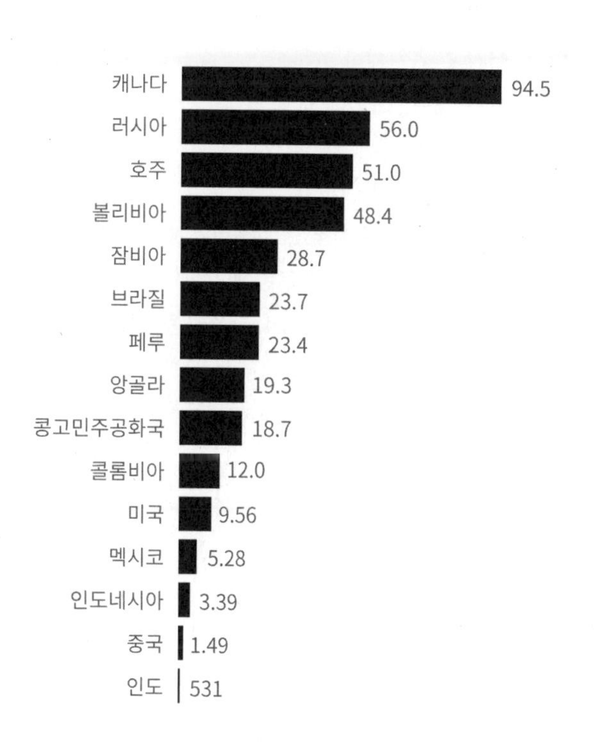

탄소 라벨

탄소 라벨이 인기를 얻으면서 식품과 소비재 포장에서 눈에 띄기 시작했다. 일부 기업들은 상품 전반에 라벨을 활용한다. 영양 성분표와 에너지 등급 라벨이 그렇듯 탄소 라벨은 소비가 기후에 미치는 영향에 대한 교육을 발판으로 소비자들이 구매를 결정할 수 있게 도와주는 첫 번째 단계다.

탄소 라벨에 제시된 정보는 제품이 "요람에서 무덤까지" 배출하는 탄소의 추정치를 g이나 kg으로 알려준다. 제품의 생산, 수송, 사용과 폐기 과정에서 배출되는 탄소를 아우르는 탄소 배출량을 추정하려면 제품마다 서로 다른 복잡한 계산을 해야 한다.

기업이 제3자에게 신청해서 자격을 획득할 수 있는 민간 지속 가능 인증 프로그램도 수십 가지가 있다. 각 프로그램은 서로 다른 내용을 인증하는 것이기 때문에 소비자들은 해당 로고와 인증이 무엇을 의미하는지 파악할 필요가 있다.

첫 단계는 라벨의 의미를 알아내는 것이다.

- **탄소 중립:** 이 회사가 자신이 배출한 만큼의 탄소를 제거했다는 의미다. 탄소 크레딧을 구매해 자신의 배출량 또는 그 이상을 상쇄하면 이 인증을 받을 수 있다.
- **기후 플러스 & 탄소 마이너스:** 이 회사가 배출량보다 많은 탄소를 제거했다는 의미다.
- **기후 중립:** 이 인증을 받으려면 온실가스를 줄여서 제로로 만드는 동시에 이 회사가 환경에 유발한 모든 부정적인 영향을 제거해야 한다.
- **넷제로 탄소 배출:** 대기에 배출한 탄소가 넷제로라는 의미다.
- **넷제로 배출:** (탄소만이 아니라) 배출된 전체 온실가스가 대기에서 제거한 온실가스의 총량과 균형을 이루었다는 의미다.
- **탄소 상쇄 프로그램:** 탄소 저감이나 저장 프로그램에 대한 투자를 활용해서 이 조직의 탄소 배출량과 균형을 맞췄다는 뜻이다. 가령 어떤 회사는 청정한 풍력 에너지에 투자하는 탄소 크레딧을 구입해서 출장에서 발생하는 배출량을 상쇄할 수 있다.

일각에서는 일부 상쇄 프로그램이 탄소를 실제로 주장하는 만큼 감축하지 않는다고 우려한다. 그렇다고 해서 상쇄 프로그램 전반에 문제가 있는 건 아니다. 탄소 라벨의 신뢰성을 판단할 때는 이 프로그램이 탄소를 어떤 식으로 상쇄하는지를 이해할 필요가 있다. 많은 탄소 인증 프로그램에서는 기업들이 탄소 크레딧을 구매해서 배출량을 상쇄한다.

미국 환경보호청EPA도 연방거래위원회FTC도 탄소 라벨 프로그램을 별도로 관리하지 않는다. 폭넓게 활용되는 표준화된 탄소 라벨 제도가 나오기 전까지는 서로 다른 라벨이 달린 제품의 기후 영향을 비교하기가 쉽지는 않을 것이다.

⊕214

소심한 사람은 비범한 데 관심을 두고, 위대한 사람은 평범한 데 관심을 둔다.

— 블레즈 파스칼Blaise Pascal

소비재를 장식하는 로고들

쓰고 또 쓸 수 있는 유리

용기로 사용되는 유리는 사용해도 품질이 줄어들지 않고 끝없이 재활용할 수 있다. 제조업체는 사용 이력이 있는 파유리를 가지고 모래, 소다회, 석회석 같은 원료에서 출발할 때보다 훨씬 적은 에너지로 새 유리병을 만들 수 있다. 전통적인 유리 제소법에서는 와로에서 원료를 1700°C로 가열해야 한다. 파유리를 녹이는 일은 이보다 훨씬 수월하다.

프랑스에서 시험 중인 신기술은 천연가스 대신 전기를 사용하는데, 이는 재활용 과정 전반에서 재생에너지를 활용할 수 있다는 뜻이다.

탄소 발자국과 라벨

모든 결정은 어떤 식으로든 파장을 남긴다.

에너지를 사용하면 탄소가 배출된다. 현대사회에서 살아간다는 것은 우리 모두 영향을 미친다는 뜻이다. 우리의 선택은 상황을 크게 바꿀 수 있다. 무엇을 사고, 무엇을 타고 이동할지와 같은 일상적인 습관이 쌓이면 무시할 수 없는 영향이 생긴다.

두 번째 지구가 없으므로 두 번째 계획도 있을 수 없다.

— 반기문, 전 유엔 사무총장

"탄소 발자국"이라는 용어가 대중화된 것은 2004년이다. 당시 거대 석유회사 브리티시 페트롤리움British Petroleum은 기후변화가 개인의 책임임을 각인시키기 위해 "탄소 발자국 계산기"를 만들었다. 가정의 탄소 발자국에 과도하게 초점을 맞추면 대규모 시스템 변화의 필요성을 간과할 수도 있지만, 우리가 개인적으로 또는 직접적으로 내리는 선택들이 시간이 누적되면서 광범위한 영향을 미칠 수 있는 것도 사실이다.

이런 선택 중에는 다음과 같은 것들이 있다.

· 비행기 여행
· 통근 수단
· 식습관
· 주택

오늘날에는 탄소 발자국 계산기를 이용해서 모든 활동의 온실가스 배출량을 추정할 수 있다. 이 계산기를 활용하면 기업, 가족, 개인이 주택과 사무실에서 에너지 사용, 수송, 쓰레기 생산과 관련된 일상적인 결정을 내리면서 남기는 탄소 발자국을 평가할 수 있다. 탄소 계산기는 각국 관계 부처와 시민단체, 기업 등이 여러 경로로 배포하고 있어서 웹 검색으로 쉽게 찾아볼 수 있다.

이에 더해 기업들은 자신들의 상품에 라벨을 붙이기 시작했다. 하지만 여기에는 라벨이 붙은 상품의 영향을 어떻게 계산했는지 알 길이 없다는 문제부터, 사실 특정 소비재 하나는 전 세계 탄소 배출량에 극히 미미한 영향을 미친다는 한계에 이르기까지 다양한 과제가 있다. 이런 라벨들의 엄정함과 투명성을 증대하려면 흔들리지 말고 원칙에 집중해야 한다.

탄소 계산기와 라벨로 대중이 기후를 대하는 방식을 바꿀 수 있는 두 가지 길이 있다.

첫째, 개인의 습관에 주의를 기울이는 행동은 주변 시스템의 작동 방식에 발언할 힘이 있다는 깨달음으로 이어질 수 있다. 개인 차원에서 자신의 결정을 바꿔본 사람은 실제의 시스템 변화를 더 쉽게 이해할 수 있다.

개인의 습관에 주의를 기울이는 행동은 주변 시스템의 작동 방식에 대해 발언할 힘이 있다는 깨달음으로 이어질 수 있다.

둘째, 탄소 계산기와 라벨은 기업과 정치인들이 단기적으로 자신들에게 영향을 미칠 데이터에는 아주 적극적으로 귀를 기울인다는 점을 시사한다. 어떤 기업이 탄소 라벨이 매출 증가에 도움이 된다는 걸 알면 이런 라벨을 더 많이 받기 위해, 또는 더 나은 라벨을 받기 위해 노력할 것이다. 그리고 선출직 공무원들이 기후가 사람들의 관심사라는 사실을 깨닫게 되면, 관련 정책에 관심을 가질 가능성이 훨씬 높아진다. ⊕212

녹색 철강

철강 산업은 매년 전 세계 이산화탄소 배출량의 7~9%를 차지한다. 이는 일본과 인도의 2019년 이산화탄소 배출량을 합한 것보다 많은 양이다.

어째서일까? 용광로에서 철광석을 녹일 때 전 세계 철강 생산의 약 70%가 연료로 석탄을 사용하기 때문이다. 철강을 1톤 생산할 때마다 이산화탄소 1.8톤이 배출된다.

녹색 철강 산업은 이산화탄소를 이렇게까지 배출하지 않는다. 철광석을 녹일 때 수소와 재생에너지로 발전된 전기를 사용하는 스웨덴 벤처기업 하이브리트HYBRIT는 시범 가동으로 생산한 첫 녹색 철강을 2021년 8월 볼보에 납품했다. 물을 전기분해해서 만든 수소 가스가 용광로를 815°C로 가열하면 철이 물렁해지고, 전기를 이용해 이 물렁해진 철을 액체로 만드는 방식이다.

하이브리트는 2026년에 녹색 철강을 공식적으로 상업 출시할 예정이다. 전체 철강 산업이 녹색으로 전환되면 연간 이산화탄소 배출량이 90%까지 줄어들 것으로 예상된다. 이는 매년 전 세계 이산화탄소 배출량이 6~8% 줄어들 수 있다는 뜻이다.

분명히 해두자면 이 신기술은 온실가스를 전혀 배출하지 않는 게 아니다. 전통적인 제철 산업처럼 하이브리트는 석탄의 탄소를 철과 결합해 철강을 만들어낸다. 하지만 이 과정에서 배출되는 이산화탄소는 석탄을 연료로 사용하는 용광로가 배출하는 이산화탄소에 비하면 아주 적다. 대신 이 방식은 전기 소비량이 많다. 원광을 녹이고 형태를 잡는 데 철강 1톤당 전기 900kWh 정도가 필요하다. 그리고 전기분해를 통해 철강 1톤을 생산하는 데 들어가는 수소 가스를 만들어내려면 2600kWh가 있어야 한다.

이 과정에서 얼마나 많은 이산화탄소가 배출되는지는 그 시설에 전기를 공급하는 발전소와 전력망의 상태에 따라 국가별로 상이하다. 수소를 사용하면 미국의 발전소는 이산화탄소 배출량을 20% 줄일 수 있고, 유럽연합에서는 40% 줄일 수 있을 것으로 예상된다. 스웨덴의 이산화탄소 절감 추정치는 어느 정도일까? 95%에 달한다.

반면 중국의 전력망은 탄소 의존도가 너무 심해서 녹색 철강을 만들 경우 오히려 이산화탄소 배출량이 30% 늘어날 것이다.

확장성 역시 걸림돌이 될 수 있다. 철강 산업은 수소 기반 제철을 위해, 그리고 수소 가스 생산을 위해 새로운 발전소를 지어야 한다. 하이브리트의 방식으로 매년 20억 톤의 철강을 만들려면 재생에너지 전력이 약 7조kWh 필요하다. 이는 2020년에 생산된 전체 재생에너지 전력의 91%에 해당한다.

⊕224

수명 연장

2013년의 한 연구는 중국 북부에서 석탄을 없애면 1인당 평균수명이 5년 늘어날 것임을 보여주었다. 참고로 유럽과 미국에서 암이 사라진다 해도 1인당 늘어나는 수명은 3년 정도다.

제철 산업은 매년 전 세계 이산화탄소 배출량의 7~9%를 차지한다. 이는 일본과 인도의 2019년 이산화탄소 배출량을 합한 것보다 많은 양이다.

프랑스에서는 새 법에 따라 모든 자동차 광고에 도보, 카풀, 자전거, 대중교통을 고려해보라는 문구가 반드시 포함되어야 한다.

저탄소 콘크리트

콘크리트는 건물의 내재 탄소에서 가장 많은 비중을 차지한다. 내재 탄소는 건설 기간 중 배출된 탄소의 양을 말한다. 콘크리트는 주택 도시, 교량, 도로의 토대로 사용되며, 전 세계에서 인간이 만들어낸 전체 이산화탄소 배출량의 8%를 차지한다.

콘크리트의 핵심 성분 중 하나인 시멘트는 석탄이나 천연가스를 1450°C 가량의 고온으로 연소해 석회암 가마 안에서 만든다. 이 연소 때문에 시멘트 1톤을 생산할 때마다 이산화탄소 약 1톤이 대기로 배출된다.

다음은 콘크리트 건물을 만들 때 탄소가 배출되는 과정들이다.

· 채석용 기계 제조와 공장 건설
· 석회암, 모래, 골재 채취
· 석회암 가열
· 콘크리트 제조
· 건설 부지로 수송

저탄소 콘크리트 만들기

시멘트의 탄소 배출량을 줄이는 데는 크게 두 방법이 있다.

1. 탄소 포집과 저장
2. 제조법 변경

전통적인 제조법에서는 시멘트 생산 과정에서 공기에 배출된 이산화탄소를 포집해서 미리 준비해둔 콘크리트에 다시 넣어 저장할 수 있다.

제조법을 변경할 경우에는 전통적인 제조법보다 이산화탄소 배출량이 적으면서도 기능은 비슷한 물질로 시멘트를 대체한다. 가령 시멘트를 석탄 화력발전소에서 만들어진 비산회fly ash라고 하는 탄소 고함량 폐기물로 대체하면 콘크리트의 탄소 발자국을 줄일 수 있다. 이 방법을 사용하면 콘크리트의 강도와 활용성도 향상된다.

⊕213

지금의 해법들

캘리포니아 로스가토스에 있는 시멘트회사인 블루플래닛 시스템Blue Planet Systems은 연도 가스flue gas에서 이산화탄소를 포집하는 광물화 과정에 특허를 냈다. 이를 위해 연도 가스를 탄산염으로 전환한다. 탄산염은 탄소를 가두기 때문에 표준적인 콘크리트와 같은 질을 보장하면서도 탄소 배출량을 줄이거나 마이너스로 만들 수 있다.

텍사스 율리스에 있는 유에스 콘크리트US Concrete는 석탄 연소 과정에서 나온 비산회나 철강 슬래그slag를 시멘트에 첨가한다. 이렇게 하면 시멘트 사용량을 50%까지 줄일 수 있다. 슬래그에서 얻은 추가적인 골재는 매립지에 버려지는 폐기물과 채굴해야 하는 원재료의 양을 모두 줄인다.

텍사스 콘로의 지오폴리머 솔루션스Geopolymer Solutions는 시멘트 대신 비산회와 굵은 입자의 슬래그, 그 외 천연 광물을 섞어서 열이 필요 없는 콘크리트를 만든다. 이 방법은 콘크리트에 시멘트를 넣는 방법에 비해 탄소 배출량을 90%까지 줄인다.

건설자재의 내재 탄소 줄이기

콘크리트, 철강, 알루미늄. 전 세계 탄소 배출량의 23%가 이 세 건설자재를 생산하는 데서 발생한다.

건설에서 내재 탄소를 줄이는 6가지 방법

1. 건물을 부수기보다는 용도를 변경하고 자재를 재사용한다.
2. 저탄소 콘크리트 개발에 투자한다.
3. 저탄소 또는 탄소를 저장하는 자재(가령 지속 가능한 방식으로 생산된 목재)를 사용한다.
4. 마감재를 적게 쓰는 구조를 설계한다.
5. 구조적 효율성을 극대화하고, 탄소 집약도가 높은 자재를 최소화한다.
6. 건설 폐기물을 최소화한다.

대안적인 저탄소 건설자재

· 대나무는 금세 다시 자라고 쓸모가 많은 건설자재다.
· 지속 가능한 방식으로 관리되는 숲에서 키운 목재는 높은 건물에도 쓸 수 있는 튼튼한 구조재다.
· 밀, 쌀, 호밀, 귀리에서 나온 지푸라기는 벽을 채우고 단열을 하는 용도로 쓸 수 있다.
· 헴프크리트hempcrete는 대마의 중심에 있는 목질 부위에 석회와 경화재를 섞어서 만든다. 점토 벽돌과 시멘트 기반 콘크리트를 대체할 수 있다.
· 울wool은 고효율 단열재로 손색이 없다.

⊕229

> 우리 한 사람 한 사람은 모두 중요하고,
> 해야 할 역할이 있고,
> 변화를 만들어낸다.
> 우리는 각자의 삶을 책임져야 하고,
> 무엇보다 주위 생명을 향해,
> 특히 서로를 향해 존중과 사랑을 보여야 한다.
>
> — 제인 구달Jane Goodall

캐나다에는 전 세계 탄소 저장량의 약 4분의 1이 있는데, 그 대부분이 이탄 지대다.

탄소를 격리시키는 건설자재

매년 전 세계 이산화탄소 배출량의 약 40%가 건물 때문에 발생한다. 이 중에서도 단 세 가지 자재, 콘크리트, 철강, 알루미늄이 전 세계 배출량의 23%를 차지한다(대부분이 구조물 건설에 사용된다).

이제는 신기술 덕분에 탄소를 배출하는 대신 탄소를 격리하는 건설자재를 만들 수 있다. 탄소 격리는 기후 문제를 해결하는 방법 중 하나다. 탄소 격리를 활용하면 대기의 이산화탄소를 포집하고 저장해 지구의 대기에 누적되지 않게 할 수 있다.

생산 과정에서 탄소를 저장하고 배출량을 감소하는 유기질 자재를 활용하면 건물을 탄소 흡수원으로 전환할 수 있다. 탄소를 저장하는 유기질 건설자재는 왕겨, 밀짚, 대나무 잎 재, 해바라기 줄기, 마, 조류, 해초 같은 바이오매스(가령 수확 이후의 농업 부산물이나 별도로 재배한 섬유)를 가지고 생산할 수 있다. 건물을 지을 때 이런 식물성 자재를 이용하면 이 재료들이 건물 안에 탄소를 격리시킨다.

탄소를 저장하는 자재

- **바이오 플라스틱:** 산소 없이 바이오매스를 태워서 얻은, 탄소가 풍부한 물질인 바이오 숯으로 만든다.
- **균사체:** 균류의 뿌리를 이루는 저렴한 바이오 자재로, 농업 폐기물을 먹이로 활용하고 그 과정에서 이 바이오매스 안에 저장되어 있던 탄소를 격리한다. 균사체는 방화 지연재와 단열재로 이용할 수 있다.
- **카펫타일:** 재활용 플라스틱과 다양한 바이오 물질로 만든 이 제품은 배출한 것보다 많은 내재 탄소를 저장할 수 있다.
- **나무:** 완전히 자란 나무 한 그루는 대기에서 매년 22kg의 이산화탄소를 제거할 수 있다. 이 때문에 책임감 있는 공급자에게 나무를 제공받고 새로 나무를 심어서 보충할 경우 탄소 마이너스가 될 수 있다.
- **3D 프린터로 찍어낸 나무:** 목재와 제지 산업에서 폐기한 리그닌과 톱밥을 3D 프린팅 필라멘트로 전환할 수 있다. 이렇게 하면 벌채를 줄일 수 있고 폐목재를 썩게 하거나 소각할 필요가 없어서 저장된 탄소가 다시 배출되지 않는다.
- **감람석 모래:** 지구상에서 가장 흔한 광물 중 하나인 감람석 모래는 으깨서 땅 위에 뿌려 놓으면 그 질량만큼의 이산화탄소를 흡수할 수 있다. 비료나 조경용 모래나 자갈 대체제로 사용한다. 시멘트, 종이, 3D 프린팅 필라멘트를 만들 때 탄산화된 감람석을 추가할 수 있다.
- **콘크리트:** 탄소 집약적인 시멘트 대신 철강 산업에서 나온 폐슬래그로 만든 일부 콘크리트는 생산 과정에서 탄소를 포집한다. 시멘트는 전체 온실가스 배출량의 8%를 차지한다.
- **벽돌:** 기체 상태인 이산화탄소를 광미mine tailing 같은 산업폐기물에 주입하면 시멘트 벽돌이나 다른 건설자재를 만드는 데 쓸 수 있는 고체로 바꿀 수 있다. 자연에서 이산화탄소가 빗물에 녹아 암석과 반응해 새로운 탄산 광물을 만들 때 일어나는 광물 탄산화 과정과 같은 원리다.

⊕265

"인간의 경제 시스템과 지구 시스템은 전쟁 중이다. 더 정확히 말하면 우리의 경제는 인간의 생명을 비롯한 지구상의 숱한 생명체와 전쟁 중이다. 기후가 붕괴하지 않으려면 인류의 자원 사용을 줄여야 한다. 반면 경제 시스템이 붕괴하지 않으려면 쉬지 않고 팽창해야 한다. 이 두 규칙 중에서 바꿀 수 있는 것은 하나뿐이다. 자연법칙은 바꿀 수가 없다.

따라서 우리에게는 냉혹한 선택이 남았다. 기후 교란이 일어나 우리 세계의 모든 것을 뒤엎을 것이냐, 아니면 그 운명을 피하기 위해 경제의 거의 전부를 바꾸느냐다. 그런데 한 가지 아주 확실하게 해둘 것이 있다. 우리가 수십 년간 해온 집단적인 거부 탓에, 이제는 점진적이고 누적적인 방법을 선택할 수가 없다는 점을 말이다.

핵심은 감정적으로든 지적으로든 재정적으로든 진실의 대가가 너무 클 때, 사람들은 다들 부정하고자 한다는 것이다. 업튼 싱클레어Upton Sinclair의 유명한 말처럼, "무언가를 이해하지 못해야만 월급을 받을 수 있는 사람에게 그걸 이해시키기는 어렵다!"

사실 재생에너지는 채굴 연료에 기반한 발전 방식보다 훨씬 믿을 만하다. 구식 에너지 모델은 채굴로 꾸준히 새로운 투입물을 공급하지 않으면 무너지지만, 재생에너지는 초기 투자를 하고 나면 자연이 공짜로 원료를 대주기 때문이다.

강력한 메시지가 담긴 외침이 미몽에 빠진 문명을 흔들어 깨우고 있다. 화재와 홍수와 가뭄과 멸종의 언어는 우리에게 완전히 새로운 경제 모델과 이 지구를 공유하는 새로운 방식이 필요하다고 말하고 있다."

— 나오미 A. 클라인Naomi A. Klein

제로 배출 주택

집은 사람이 살기 전부터 탄소를 배출한다. 사실 주택에서 배출되는 탄소의 약 3분의 1이 건설 과정에서 발생한다.

미국에서는 생산된 에너지의 거의 절반을 건물을 짓고, 운영하고, 철거하는 데 사용한다. 이 때문에 엄청나게 많은 온실가스가 배출된다.

건물 건설과 유지는 전 세계 에너지 관련 탄소 배출량의 약 39%를 차지한다.

제로 에너지 표준

제로 에너지 표준은 주택이 에너지를 사용한 만큼 생산할 것을 요구한다. 그러려면 밀폐와 단열이 잘 되고 에너지 효율이 높은 가전제품을 사용해야 하고, 냉난방을 석유와 천연가스로 해서는 안 된다.

전반적인 설계가 잘 된 패시브 하우스에서는 재생에너지의 역할이 커진다. 그러면 이런 주택은 추가적인 에너지 비용을 지출하거나 탄소를 배출하지 않고도 충분히 안락한 환경을 제공한다. 제로 에너지 주택은 춥거나 더운 기후에서도 아무런 문제가 없고 에너지 사용량과 비용이 적다는 점만 빼면 전통적인 주택과 분간하기 힘들 때가 많다.

제로에너지프로젝트Zero Energy Project에 따르면, 다음 기준에 맞춰 지은 집은 전통적인 주택보다 비용이 평균 10% 정도 많이 든다. 하지만 절약된 에너지 비용이 누적되면 늘어난 대출금을 상쇄하고도 남기 때문에 장기적으로는 더 저렴하다.

⊕111

제로에너지프로젝트는 이 기준으로 집을 짓거나 리모델링 할 것을 권장한다.

1. 제로 에너지 주택을 지어본 경험이 있는 건축가나 건설업자와 진행한다.
2. 건물의 방향을 겨울에는 햇볕을, 여름에는 그늘을 극대화할 수 있는 쪽으로 잡는다.
3. 설계 단계에서 모델링 소프트웨어를 이용하고 주택의 미래 에너지 사용량을 최적화한다.
4. 창문과 문으로 외풍이 들지 않게 해서 냉난방 에너지 사용량을 줄인다.
5. 단열에 과감하게 투자한다.
6. 3중 창과 단열이 잘 되는 문을 사용한다.
7. 환기 시스템을 만들어서 신선한 공기를 여과 장치를 통해 유입시키고 습도를 통제한다.
8. 무덕트 열 펌프처럼 에너지 효율이 높은 냉난방 시스템을 선택한다.
9. 최신 기술을 사용해서 물 사용을 최소화하고 온수를 효율적으로 데운다.
10. LED 조명을 설치하고 창문의 위치를 전략적으로 선택해 자연광을 극대화한다.
11. 에너지 효율이 높은 전자제품을 선택한다.
12. 지붕형 태양광 패널을 설치해서 태양의 재생에너지를 이용한다.

반품의 위력

제품을 재포장하고 다시 재고로 등록하고 보관했다가 재판매될 때 다시 출하하는 것보다는 그냥 버리는 게 비용이 덜 든다는 이유로, 미국에서는 매년 227만 톤에 달하는 반품된 물건들이 쓰레기 매립지로 향한다.

집성교차목

이제는 철강과 콘크리트 대신 나무로도 튼튼한 고층 건물을 지을 수 있다.

집성교차목Cross-Laminated Timber(CLT)은 건조된 목재를 번갈아가며 다른 방향으로 쌓아 올려 접착제로 고정한 것이다. 이 나무를 눌러서 판넬과 들보로 만들면 튼튼한 고강도 방화 구조물을 지을 수 있다. 집성교차목의 접착제로는 보통 포름알데히드가 없는 폴리우레탄이나 EPI를 사용한다.

목재 건축

재생 가능한 자원인 목재는 회복력이 높은 건축자재이기도 하다. 목재 구조물은 건축 규정에 맞춰 안전하게 지을 수 있다. 에너지 사용량과 대기오염의 측면에서 목재는 콘크리트나 철강 같은 다른 건축자재보다 월등하고, 기초적인 장비로도 쉽게 개조하거나 재사용할 수 있다.

⊕222

집성교차목
집성교차목 판넬은 장소에 구애받지 않고 만들 수 있기 때문에 더 저렴하고 환경에도 이롭다.
현장에서 구조물을 세울 때 철강과 콘크리트로 작업하는 것보다 훨씬 빠르다.
목재 건물은 더 가볍기 때문에 기초를 얕게 파도 된다.
목재는 탄소를 격리한다.
집성교차목은 콘크리트보다 열효율이 15배 좋아서 건물에서 필요한 에너지가 더 적다.

건조 환경의 탄소 순환

모든 건축 단계는 탄소를 배출하고, 자연에서 채취한 자원을 필요로 한다.

내재 탄소 배출량의 11%가 다음을 포함한 주택 건설 과정에서 발생한다.

- 원재료 채취
- 기존 구조물 철거
- 노동자와 자재를 작업 현장으로 수송
- 창문, 문, 페인트 같은 재료 제조
- 구조물 조립

28%가 다음과 같은 건물 운영에 필요한 에너지를 만드는 데서 발생한다.

- 시스템과 전자제품에 동력 공급
- 냉난방

울과 마: 건설 현장의 일꾼

마는 성장 속도가 빠르고, 제초제나 살충제가 필요 없으며, 어떤 기후에도 잘 적응한다. 단위 면적당 탄소 흡수량이 나무보다 많고 120일이면 연목재softwood가 120년 동안 만들어내는 것과 같은 양의 바이오매스를 만들어낸다. 마를 재배하면 토양이 회복되기 때문에 적당한 기계 장비가 없는 농부들에게는 생산성이 높은 윤작의 대안이기도 하다. 마는 건축자재로도 훌륭하다. 석회와 혼합해서 "헴프크리트hempcrete"를 만들면 비내력nonload bearing 구조물에서 콘크리트를 대체하거나 벽을 세우는 데 활용할 수 있다. 마 판자는 합판이나 화학물질이 함유된 다른 판자를 대체할 수 있다.

전통적인 건축자재와 비교했을 때 마 제품의 장점으로는 다음과 같은 것들이 있다.

· 탄소 마이너스(탄소를 배출하는 게 아니라 흡수한다)
· 단열 효율
· 방화성
· 재활용 가능
· 가벼움

빙하가 녹는다

지난 20년 동안 매년 약 267기가톤에 달하는 빙하가 사라졌다. 아일랜드 국토 전체를 3m 높이로 덮을 수 있는 양이다. 빙하 유실 속도는 지난 10년 동안 매년 48기가톤씩 늘어나면서 갈수록 빨라지고 있다.

양은 식물을 먹는다. 식물은 탄소를 포집하므로, 결과적으로 양은 탄소 덕분에 성장한다. 울마크사Woolmark company에 따르면 깎아낸 양털 무게의 50%가 탄소다.

울도 마처럼 이상적인 건축자재다. 단열재로 쓸 수 있고 수분을 흡수하고 배출하면서도 단열 기능을 잃지 않는다. 건축자재에 함유된 해로운 기체인 포름알데히드, 질소산화물, 이산화황 같은 화학물질을 격리시켜 공기 질도 개선한다.

울과 마 모두 탄소를 격리하고 건축에 사용할 때 다음과 같은 장점이 있다.

· 무독성 천연 재료
· 생분해와 퇴비화 가능
· 천연 방화 지연 및 항균
· 튼튼하고 오래 간다
· 흡수력

🌐235

우리의 선택이 곧 우리 자신이다.

— 장폴 사르트르Jean-Paul Sartre

녹색 건물 인증

건물이 얼마나 지속 가능한지를 알려주는 평가 방식으로 LEED를 비롯한 여러 프로그램이 있다. 이런 프로그램들이 경쟁 분위기를 조성한 덕분에 건축가, 건설업자, 개발업자들은 최대한 높은 등급을 받으려고 노력한다. 이런 평가에 중요하게 반영되는 녹색 건물의 특징은 다음과 같다.

- 에너지와 물 사용 효율성
- 재생에너지 사용
- 폐기물과 오염 저감
- 내부 공기 질 평가
- 지속 가능한 무독성 자재 사용
- 환경에 긍정적인 설계, 건축, 운용
- 환경에 적합한 설계

하지만 LEED와 BREEAM의 체크리스트식 접근법이 사실상 에너지 효율이 좋지 않은 건물로 귀결된다고 비판하는 이들도 있다.

LEED: Leadership in Energy & Environmental Design(에너지환경설계리더십)

- 미국의 비영리단체인 녹색 건물 협회가 지속 가능성 등급 시스템으로 1998년에 만들었다.
- 주차 공간 축소, 안전한 자전거 사용 시설 인근에 입지, 식수 소비량 측정 같은 측면을 평가해 최고 등급의 인증서를 준다. 평가비용은 5200달러부터 100만 달러 이상까지 다양하다.

미세 플라스틱의 위협

5mm 이하의 작은 플라스틱 조각을 말하는 미세 플라스틱은 환경과 인간의 건강을 크게 위협한다. 최근 연구에 따르면 대기에 있는 작은 플라스틱 조각들이 적외선을 흡수해 기후변화를 가중하는 것으로 나타났다.

BREEAM: Building Research Establishment Environmental Assessment Methodology(건물연구시설환경평가방법론)

- 1990년 영국에서 개발부터 재단장까지 어떤 단계에서든 건축사업을 평가할 수 있는 지속 가능성 기준을 세계 최초로 확립했다.
- 90개국 59만 1000여 개 건물이 설계, 건설, 사용 제안으로 평가를 받은 뒤 BREEAM 인증을 받았다.

DGNB: Deutsche Gesellschaft Für Nachhaltiges Bauen(독일 지속가능건물협회)

- 2009년에 설립된 DGNB는 건물의 사회적, 정치적, 경제적 적합도를 평가한다는 점에서 LEED와 BREEAM과 차이가 있다.
- 2020년 1월 기준, 29개국에서 5000개 프로젝트를 인증했다. ⊕247

탄소 상쇄는 무엇인가?

기후변화는 국지적인 현상이 아니다. 이산화탄소가 배출되는 곳이 어디인지는 중요하지 않다. 어디서 배출되든 전 세계에 영향을 미치기 때문이다.

탄소 상쇄는 다른 사람이 비슷한 양의 온실가스를 대기에서 제거하는 데 들어가는 비용을 대신 내주면 자신이 배출한 온실가스의 영향을 무효로 돌릴 수 있다는 개념에서 출발한다.

원리

탄소 상쇄 사업은 개인이나 집단이 자신의 배출한 온실가스의 효과를 중화할 수 있도록 온실가스 감축량 또는 제거량의 단위를 상징하는 크레딧을 판매한다.

탄소 상쇄에는 다음과 같은 유형이 있다.

- **조림:** 일부 지역의 나무는 이산화탄소를 매우 효율적으로 격리하기 때문에 망가진 숲을 복원하고, 새로운 숲을 조성하고, 기존의 숲을 보호하는 방법이 인기 있는 이산화탄소 감축법이다. 이 책을 펴낸 탄소 연감 프로젝트The Carbon Almanac Project는 책을 인쇄하기 위해 한 그루의 나무를 사용할 때마다 새 나무 열 그루를 심을 계획이다.
- **재생에너지 기금:** 풍력발전, 태양발전, 수력발전, 핵에너지, 바이오연료의 비용을 낮추면 화석연료를 더 적게 태울 수 있다.
- **탄소와 메탄 포집:** 이 기술은 온실가스를 대기에서 제거해 저장하거나 다른 형태로 바꾼다.
- **에너지 보존 기금:** 이 프로젝트는 전반적인 에너지 수요를 낮춤으로써(가령 LED 조명과 친환경 재료를 사용하는 에너지 고효율 건물) 새로 발생한 배출량을 상쇄한다.

의무 시장 대 자발적 시장

탄소 시장에는 두 가지가 있다. 하나는 배출량을 정해진 수치 아래로 유지해야 하는 법적 규제에 따라 기관들이 참여하는 의무 시장compliance market이다. 다른 하나는 스스로 자신의 탄소 발자국을 줄이려는 사람과 기업이 참여하는 자발적 시장Voluntary market이다.

의무 시장: 유엔 청정개발체제CDM 같은 다양한 규제 기관들이 감시하는 이 시장은 2015년 파리협정 같은 약속에 따라 1년치 배출 한도가 정해진 국가와 기업을 대상으로 한다.

가령 청정개발체제는 참여국이 책임감을 갖고 지속 가능성을 위해 노력하도록 설계된 "배출권 거래제"를 운영한다. 이에 따라 각 나라에는 구체적인 이산화탄소 배출 한도가 정해진다. 이 한도 아래로 배출하면서 벌금을 내지 않으려면 다음 활동을 해야 한다.

- 배출량을 줄인다.
- 의무 시장 안에서 상쇄 크레딧을 구입해 배출 한도를 맞춘다.
- 배출 한도가 넉넉하게 남은 나라와 거래한다.

자발적 시장: 2030년이면 500억 달러 규모에 이를 것으로 예상되는 이 공공 시장에는 규제가 거의 없다. 하지만 시간이 지나면서 독립 인증 기관들이 세계 공인 기준을 확립했고, 이 기관들 가운데 일부는 진행 중인 상쇄 프로젝트와 마무리된 상쇄 프로젝트를 공식적으로 기록하고 있다.

두 시장 모두 시장의 힘을 활용해 효율적이고 투명하고 단순한 척도를 만들고자 한다. 애당초 많은 기후변화 문제는 바로 이 시장의 힘 때문에 발생했지만, 이제 반대로 시장의 힘을 이용하려는 것이다.

순항의 조건

탄소 상쇄가 의도대로 순항하려면 다음 조건을 충족해야 한다.

- **현실적이고 측정 가능해야 한다:** 1크레딧은 감소했거나, 배출을 막았거나, 대기에서 다른 식으로 제거한 이산화탄소(또는 그에 상응하는 다른 온실가스) 1톤이어야 한다.
- **오래 지속되어야 한다:** 오늘 탄소 상쇄 크레딧을 판매한 기관이 바로 그다음 날 숲을 베고 싶은 유혹이 들 수 있다. 대부분의 협약은 포집한 이산화탄소를 약 100년간 손대지 말 것을 요구한다.
- **더 나은 상황을 만들어내야 한다:** 다른 상황에서도 이산화탄소를 감축했을 행동을 감축으로 인정해서는 안 된다.
- **일회성이어야 한다:** 같은 사업에 한 번 이상 크레딧을 주지 않는다. 이미 감축한 행동에 대해 크레딧을 재판매해서는 안된다. 이 기준은 측정과 집행이 까다롭다. 많은 기관들이 이를 정량화해서 입증하려고 노력 중이다.

주의

탄소 상쇄를 비판하는 사람들은 이 방식이 화석연료 이용자들이 탄소 연소에서 비롯되는 기후위기를 계속 회피하는 데 악용될 뿐이라고 지적한다. 그리고 실제로 일부 기업들은 요란하게 상쇄에 투자하면서 "친환경 시늉green washing"을 하기도 한다.

모든 시장이 마찬가지지만 탄소 상쇄 시장에도 사기가 존재해서 수백만 크레딧이 무용지물이 될 수도 있다. 지금은 상쇄를 입증하는 세계적인 규제 기관이 없는 실정이다. 배출량이 많은 기업들은 다음을 주의해야 한다.

- 비현실적인 예상과 아주 낮은 가격
- 삼림 파괴가 일어나지 않은 지역에 나무를 심는 활동
- 추가적인 이산화탄소 감축분이나 제거분을 어떻게 제공하는지 분명하게 밝히지 않는 상쇄 크레딧
- 이주나 인권침해를 유발하는 프로젝트

⊕348

더 좋은 세상을 만들자고 말하는 게 아니에요. 진보가 반드시 거기에 포함된다고 생각하지 않거든요. 그냥 그 안에서 삶을 이어가라고 말하는 거예요. 그냥 견디는 게 아니라, 그냥 시달리는 게 아니라, 그냥 통과하는 게 아니라, 그 안에서 살아가라고요. 똑바로 바라보라고요. 전체 그림을 파악해보라고요. 앞뒤 재지 않고 살라고요. 기회를 잡고, 당신 자신의 일을 만들고 거기서 보람을 느끼라고요. 그 순간을 포착하라고요.

그리고 만일 당신이 왜 굳이 그렇게 해야 하느냐고 묻는다면, 무덤에 가서 가만히 누워 있으면 사생활도 보장되고 나쁠 건 없지만 거기서는 아무도 당신을 안아주지 않는다고 말할 거예요. 거기서는 아무도 노래하지 않고, 글을 쓰지도, 자기 주장을 펼치지도, 아마존의 조석 해일을 보지도, 자기 아이들을 어루만지지도 못해요. 할 수 있을 때 이런 일들을 한다는 건 행운이잖아요.

— 조앤 디디온Joan Didion

비행기 이동의 배출량

카리브해와 독일을 오가는 왕복 비행기에 탑승한 승객 한 명당 4톤의 온실가스를 배출한다. 이는 탄자니아 국민 80명이 1년간 배출한 것과 같은 양이다.

로워카본 캐피털Lowercarbon Capital의 클레이 뒤마Clay Dumas는 탄소 포집에 새로운 기업과 기금이 계속 등장해 기술 호황을 맞고 있다고 말한다. 연구 활동을 하는 기업으로는 참Charm, 버독스Verdox, 러닝 타이드Running Tide, 에이온Eion, 미션 제로Mission Zero, 서스타에라Sustaera가 있다.

직접 공기 포집

직접 공기 포집Direct Air Capture은 기후변화에 미치는 영향을 줄이기 위해 대기에서 이산화탄소를 제거하는 방법의 하나다. 이를 위해 강력한 터빈을 이용해 대기에서 이산화탄소를 빨아들인 뒤 저장하거나 재사용한다.

이산화탄소는 온실효과와 지구온난화를 유발하는 최대 원인이다. 직접 공기 포집은 산업화된 배출 과정을 거꾸로 되돌리려 한다. 직접 공기 포집 장치는 대기의 공기가 액체 용제나 고체 흡수 필터를 통과하게 해 이산화탄소를 흡수한 뒤 남은 공기를 배출한다.

그다음에는 액체 용제나 고체 흡수제를 가열해 흡수한 이산화탄소를 배출시킨다. 액체 용제 기반 시스템은 에너지 집약적이어서 이산화탄소를 배출하려면 약 900°C에 달하는 고온이 필요하다. 고체 흡수제 기반 시스템은 80°C까지만 가열하면 이산화탄소를 배출시킬 수 있다. 그런 다음 이 탄소를 포집해 저장하는데, 이 용제나 흡수제는 재활용할 수 있다.

포집한 이산화탄소 기체는 땅속의 특정한 지질층에 주입해 저장한다. 대기에서 제거한 이산화탄소를 물과 혼합해 지하에 유입시키면 기반암과 반응해 탄산염 광물이 형성된다. 이런 식으로 이산화탄소를 저장하면 탄소 순환에서 완전히 빠져나가게 된다. 이를 마이너스 배출이라고 한다.

포집한 이산화탄소는 산업에서 콘크리트를 굳히기나 합성 연료를 만들 때 활용할 수도 있다. 그러면 이산화탄소는 콘크리트 안에 오랜 세월 갇혀 있거나, 연소된 뒤 다시 대기로 돌아간다.

합성 연료를 탄소 중립으로 간주하는 이유는 탄소를 포집한 직후 다시 대기로 돌려보내기 때문이다. 하지만 이 순환에는 에너지 비용이 들어간다.

이 문제를 놓고 여러 단체는 규모를 키우고, 비용을 낮추고, 복원력 있는 방법을 찾아내려고 노력 중이다. 미국 기업 에어룸 카본Heirloom Carbon은 고품질의 직접 공기 포집 기술에 필요한 조건을 다음과 같이 열거했다.

- **내구성:** 포집된 이산화탄소는 최대한 오랫동안, 가능하면 수천 년 동안 저장되어야 한다.
- **추가성:** 현상 유지 시나리오에서 배출된 양보다 많은 이산화탄소를 추가로 제거해야 한다.
- **시의성:** 생태계 붕괴나 빙붕 유실 같은 기후 티핑포인트를 피하려면 이산화탄소를 내일 제거하는 것보다는 오늘 제거하는 것이 낫다.
- **지속 가능성:** 진정으로 복원에 기여하고 채굴을 유발하지 않으려면 토지, 물, 원료, 에너지 사용량을 최소화해야 한다.
- **순 마이너스:** 실제로 제거하고 있는 순 이산화탄소의 양이 얼마나 되는지 정확히 계산하려면 시작부터 마지막 공정까지 배출량을 잘 이해해야 한다.
- **모니터 가능:** 이산화탄소가 해당 시스템 안에서 효율적으로 포집, 억제되고 있는지를 확인하려면 매 단계의 에너지와 배출량을 꾸준히 모니터할 수 있어야 한다.
- **재생 가능:** 모든 시스템이 최대한 재생에너지로 가동되어야 한다.
- **복원력:** 장비와 작업은 날씨와 기후의 변화에 적응하고 복원력을 갖추도록 설계되어야 한다.
- **안전성:** 노동자, 지역사회, 주변 생태계의 건강을 위협하지 않아야 한다.

마법의 해결책?

2050년까지 넷제로에 도달하는 시나리오에 대한 여러 분석은 앞으로 직접 공기 포집 용량이 크게 늘어나 10년 뒤에는 현재의 2만 배 수준에 달할 것으로 예상한다. 작은 공장 몇 개 수준에서 연간 85메가톤 용량으로 늘어나리라는 것이다. 배출량을 줄이기 힘든 항공수송 같은 산업들은 직접 공기 포집이 더 확산되면 자신들이 배출하는 이산화탄소의 영향이 완화될 것이라고 주장한다.

현재 가동 중인 직접 공기 포집 공장은 단 19곳이다. 미국에서는 매년 1메가톤의 이산화탄소를 포집하는 최대 규모의 공장을 개발 중인데, 이 공장은 2024년이면 가동에 들어갈 것으로 보인다.

이해를 돕기 위해 비교하자면 전 세계 자동차를 3시간 동안 움직일 때 발생하는 탄소는 이 대형 공기 포집 공장이 1년 동안 제거하는 양보다 많다.

이 포집 시설을 만드는 데는 24.7km²에 달하는 토지가 필요하다. 지금의 기술을 확대해서 배출되는 모든 이산화탄소를 흡수하기는 물리적으로 불가능하다.

해결과제

- 직접 공기 포집에는 전기가 필요하다. 전력 생산은 많은 이산화탄소 문제의 원인이다.
- 규모를 확대하기가 어렵다.
- 수동적이지 않고 능동적인 과정이다. 에너지와 노력을 쏟지 않으면 탄소 포집은 중단된다.
- 대기에서 탄소를 제거하는 것보다 처음부터 배출하지 않는 것이 더 복원력 있고 생산적인 방식이다.

🌐253

탄소를 자연스럽게 저장하기

탄소를 저장하기 위한 적극적인 노력을 '격리'라고 한다. 인류가 지구에 등장하기 전까지 자연 상태에서 탄소는 생물학적 격리와 지질학적 격리라는 두 가지 방법으로 저장되었다.

식물이 공기에 있는 이산화탄소를 흡수해서 그중 일부를 산소와 포도당으로 전환할 때 생물학적 격리가 일어난다. 이 과정을 광합성이라고 한다. 바다에 사는 식물들도 광합성을 하고, 바닷물에 녹아 있는 이산화탄소도 있다. 지구는 탄소를 나무, 토양, 바다 안에 저장한다. 인간이 숲을 늘리기 위해 노력하면 탄소를 저장할 수 있는 환경이 확장되는 것이다.

탄소는 이렇게 저장되고 나면 느린 순환으로 옮겨가서 장기적인 저장 상태에 들어가기도 한다.

지질학적 격리는 이산화탄소가 석유, 천연가스, 석탄 같은 화석연료로 저장되는 과정을 말한다. "화석"연료라는 이름은 원래 이 과정이 수백만 년에 걸쳐 일어나기 때문에 붙은 이름이다.

인간이 생물학적 과정과 지질학적 과정으로 흡수할 수 있는 탄소보다 많은 양을 배출할 때 대기 중 이산화탄소의 양이 늘어난다. 이런 변화가 기후변화의 주 원인이다.

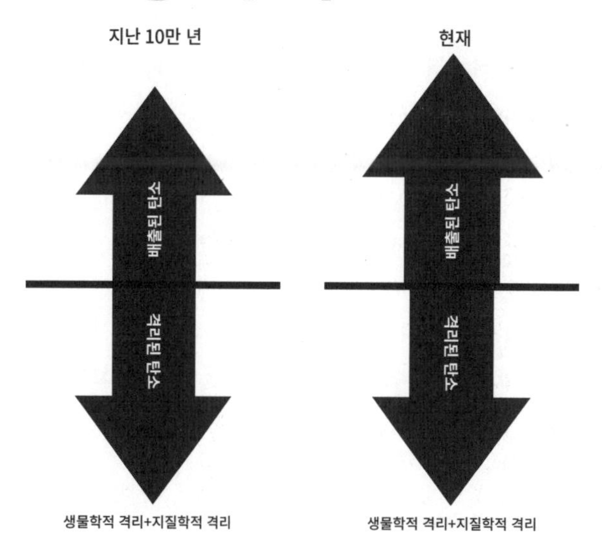

바다와 땅 모두와 가까워서 "블루 카본"이라고도 불리는 해안 습지는 탄소 격리 잠재력 때문에 유망한 복원 대상이다. 해수 소택지salt marsh, 맹그로브, 해초 목초지 모두 배출하는 탄소보다 저장하는 탄소가 더 많다. 🌐107

숲을 다시 풍성하게

탄소로 이루어진 나무는 한 변이 1m인 정육면체 부피에 1톤의 이산화탄소를 품고 있다. 이 때문에 숲은 이산화탄소 배출에 대처할 때 중요한 역할을 한다. 매년 전 세계의 나무는 약 2.6기가톤의 이산화탄소를 흡수한다. 이는 2019년 전 세계 화석연료 연소에서 발생한 이산화탄소의 약 7.6%에 해당하는 양이다.

하지만 점점 많은 숲이 파괴되고 있다. 2020년에는 2019년에 파괴된 것보다 7% 더 많은 숲이 파괴되었고, 특히 우림은 12% 더 많이 파괴되었다. 브라질의 아마존에서만 15% 높은 비율로 수목 지역이 사라졌다.

이런 피해를 일으키는 주범으로는 다음 두 가지 광범위한 농업 관행이 있다.

- **삼림 파괴:** 농사나 가축 사육 같은 용도로 사용하기 위해 숲을 완전히 밀어버리는 경우.
- **수목의 질 저하:** 불법적이거나 부적절한 벌채로 숲에서 가장 좋은 나무들을 베어내 식생과 관목, 토양을 파괴하는 경우.

각각은 기후변화에 이중의 영향을 미친다.

- **직접적인 이산화탄소 배출:** 베어지거나 불에 탄 나무는 저장된 이산화탄소를 다시 대기로 내보낸다. 이어서 나무가 자라던 토양 역시 탄소를 배출한다. 2020년 미국의 토양에 저장된 탄소는 숲이 저장한 탄소의 약 50%였다.
- **미래의 탄소 저장 공간 제거:** 숲에서 제거된 나무와 그 밑의 토양은 더 이상, 그러니까 지금뿐만 아니라 미래에도 공기에서 이산화탄소를 제거하지 못한다.

유엔은 2030년까지 전 세계에서 숲을 3% 늘린다는 목표를 수립했다. 이 복원은 기본적으로 다음 세 가지 방법을 따른다.

- **조림:** 최소한 지난 50년 동안 숲이 없었던 곳에 숲을 만든다. 이산화탄소를 양적으로 많이 흡수하려면 빠르게 자라는 수종이 도움이 되고, 더불어 다양한 수종을 활용하면 생물 다양성에도 기여할 수 있다.
- **재조림:** 최근에 밀어버린 숲에 나무를 심어서 복원한다. 원래 그 지역에서 자라던 수종을 그대로 심기보다는 현재의 환경에서 잘 자랄 수 있는 다양한 수종을 선택하는 것이 중요하다.

이산화탄소 1톤

한 변이 1m인 정육면체 부피의 나무는 이산화탄소 1톤을 저장한다. 암컷 황제펭귄의 키가 1m 정도다.

- **자연 복원:** 질이 저하된 숲에는 이 방법을 사용한다. 최근에 잘려 나간 그루터기 위에 새잎이 자라도록 보살핀다. 이 잎은 윗동이 잘린 나무의 뿌리에서 도움을 받을 수 있다. 살아 있는 나무들이 토지에 다시 씨앗을 내보낼 수도 있다.

자연 복원을 통해 질이 저하된 숲 20억 헥타르(아프리카 대륙 면적의 약 3분의 2)가 다시 생기를 찾을 수 있다. 다른 두 방법에 비해 자연 복원은 비용이 적게 들고 나무 운반 같은 이산화탄소 배출 절차들이 생략된다. 하지만 의미 있는 수준으로 이산화탄소를 흡수할 수 있는 밀도에 도달하기는 까다롭다.

이 방법들이 얼마나 효과가 있을지는 분명하지 않다. 일부 연구자들은 나무 1조 그루를 심으면 대기 중 이산화탄소의 25%를 제거할 수 있다는 주장에 의문을 제기한다. 그리고 숲의 밀도를 높이는 작업은 시간이 많이 필요한 느린 과정이다. 2020년 유엔은 세계가 3% 목표를 달성할 수 있는 속도를 내지 못하고 있다고 밝혔다.

🌐220

재조림의 한계

재조림은 과거에 숲이있던 지역에 나무를 다시 심는 활동이다. 대형 재조림 프로젝트에는 트릴리언 트리스Trillion Trees, 중국의 그레이트 그린 월Great Green Wall, 에덴 재조림 프로젝트Eden Reforestation Projects, 아프리카 삼림 경관 복원 이니셔티브African Forest Landscape Restoration Initiative가 있다.

재조림 프로젝트는 정부, 기업, 개인으로부터 폭넓은 지원을 받는다. 이런 프로젝트를 지원하는 데 금전적 비용이 적게 든다는 것도 이렇게 폭넓은 호응이 가능한 이유다. 개인은 1달러만 내면 나무 한 그루를 심을 수 있고, 기업은 톤당 3~5달러면 탄소 배출 상쇄 크레딧을 구입할 수 있다.

나무 심기가 워낙 인기가 많아서 조림 프로젝트도 기후 해법으로 떠오르고 있다. 조림은 사하라사막처럼 과거에 나무가 없었던 곳에서 나무를 기르는 것이다.

나무를 그저 많이 심기만 하는 방법이 모두에게 항상 이롭지만은 않다.

나무는 복잡한 생명체라서 모든 숲이 탄소를 똑같이 흡수하는 것은 아니다. 적도의 숲, 특히 해안의 맹그로브 숲은 기후가 온화한 고지대 숲보다 탄소를 훨씬 효과적으로 흡수한다.

한 종류의 나무를 대량으로 빨리 심는 데 주력하는 단작 형태의 프로젝트는 자연 복원에 비해 실제 격리할 수 있는 탄소의 양이 더 적을 수 있다. 빠른 속도로 자라는 침입 종들은 토종 식물을 압도해버려서 흡수하는 것보다 더 많은 탄소를 배출할 수도 있다. 이런 숲은 생물 다양성도 감소시킨다.

숲이 얼마나 오래 가느냐는 재조림의 중요한 고려 사항이다. 중국의 그레이트 그린 월의 경우 지난 25년 동안 논의를 계속했고, 양이냐 질이냐의 문제, 지역 야생 동식물과 나무의 지속성 문제가 아직도 남아 있다. 2021년 미국에서 일어난 산불로 마이크로소프트와 브리티시 페트롤리움 같은 기업들이 구입한 탄소 상쇄가 사라져버리기도 했다.

재조림이 실제 배출량을 줄이지 않고도 비난을 면할 빌미를 제공한다고 비판하는 사람들도 있다. 재조림으로 지금의 배출량을 완전히 상쇄하려면 터무니없이 많은 땅이 필요하다는 한계도 있다.

2050년에 인류가 배출한 탄소를 흡수할 수 있는 숲을 조성하려면 인도 면적의 5배에 달하는 땅이 필요할 것이다.

재조림 활동 때문에 선주민 부족과 취약한 마을들이 토지를 빼앗기고 더 주변으로 밀려나게 될 위험도 있다.

재조림보다 보존이 낫다

제대로 이루어진 재조림에는 이득이 있을 수 있지만 그렇다고 해서 기존의 숲을 보존하는 데 소홀해서는 안 된다. 수종이 다양한 오래된 숲은 갓 조성된 숲보다 더 많은 탄소를 저장할 수 있다. 오래된 숲 1헥타르는 연간 100톤의 탄소를 격리할 수 있지만 같은 면적의 갓 조성된 숲은 연간 3톤을 격리할 뿐이다.

이탄 지대, 맹그로브, 오래된 숲, 아마존 밀림, 늪은 워낙 많은 탄소를 저장하기 때문에 파괴되었을 때 어떤 방법으로도 상쇄할 수 없을 만큼 많은 탄소를 배출할 것이라는 점에서 대체 불가능한 탄소 저장소로 보기도 한다.

⊕219

블루 카본

조류, 해초, 맹그로브, 해수 소택지와 연안 습지의 여러 식물은 성장하면서 탄소를 흡수해 가둔다. "블루 카본"은 이산화탄소를 포집해서 가두고 있는 연안과 해양의 생태계를 일컫는다. 해저에 갇힌 탄소의 절반 이상이 이런 연안의 숲에서 포집된다. 연안의 숲은 육지의 숲보다 이산화탄소를 네 배 빠르게 포집할 수 있다. 여기서 포집된 많은 탄소는 젖은 흙의 수 미터 아래로 들어가기 때문이다. 탄소를 이렇게 포집하면 대기의 전반적인 이산화탄소 수준이 내려간다.

맹그로브 숲 1헥타르는 매년 이산화탄소 8톤을 포집할 수 있는데, 이는 같은 면적의 열대림이 포집할 수 있는 것보다 많은 양이다.

⊕251

지난 50년간 전 세계 맹그로브의 30~50%가 파괴되었다.

생물군계별 탄소 저장량

헥타르당 이산화탄소(메가톤)

토양에 탄소 저장하기

토양은 살아 있다. 무수한 미생물이 흙 속에서 살면서 식물의 생장에 필요한 성질을 빚어내면 토양이 된다.

토양은 토양 유기물soil organic matter이라고 하는 물질 안에 많은 탄소를 저장한다. 여기서 '유기'라는 표현은 화학비료나 농약이 없다는 말이 아니라, 상당량의 탄소가 들어 있다는 뜻이다. 일반적으로 토양 유기물의 50~60%가 탄소다. 대부분의 농업용 토양의 3~6%가 토양 유기물이다.

잎이나 줄기 같은 식물성 물질이 죽어서 바닥에 떨어지면 토양 안에 있는 미생물이 이를 분해한다. 이 과정에서 식물은 탄소로 바뀌고 토양 유기물을 만들어낸다. 토양 안에 고정된 탄소는 대기로 배출되지 않는다.

쟁기질을 하면 토양 유기물이 파괴되면서 그 안에 저장되어 있던 탄소가 표면으로 올라온다. 농부가 땅을 갈면 토양 유기물이 지표로 올라와 이에 접근하기가 편해진 미생물들이 토양 유기물을 빠르게 먹어치우면서 대기에 이산화탄소를 배출하게 된다.

땅 갈기, 침식, 또는 영구동토층의 해빙 같은 기후 관련 토양 변화 때문에 매년 토양에 저장된 탄소 중 1~2기가톤이 대기로 배출된다.

토양 유기물을 다시 복구하면 대기의 이산화탄소를 다시 오랜 기간 토양에 저장할 수 있다. 농부가 땅에 거름을 주거나, 옥수수 줄기 같은 식물 부산물을 밭에서 썩게 하거나, 피복작물을 재배할 때 토양 유기물이 증가한다. 피복작물은 재배 시기가 끝난 뒤 밭이 빌 때 심는다. 뿌리가 깊어서 토양을 파고드는 풀이나 클로버를 피복작물로 이용할 때가 많다. 새로운 상업용 작물을 심기 전에 피복작물이 밭에서 자연스럽게 분해되게 내버려두면 토양 안의 토양 유기물과 탄소가 유의미하게 증가한다.

최소한의 밭갈기를 '보존 경운'이라고 한다. 이는 토양 유기물 유실을 막을 수 있는, 또는 시간이 흐르며 자연스럽게 토양 유기물이 재생되는 또 다른 방법이다. 무경운 재배라고 하는 방법은 특수 장비를 이용해서 단단하지 않은 작은 면적의 토양에 씨앗을 심기 때문에 밭 전체를 갈 필요가 없다.

⊕254

토양 건강 회복

흙은 항상 같은 상태가 아니다. 시간이 흐르며 주변 환경과 흙에 어떤 일이 일어났는지에 따라 토양의 성분이 바뀐다.

전 세계 토양의 3분의 1이 생명을 부양하기 힘들 정도로 나빠졌다. 다음은 그 원인들이다.

- 밭 갈기
- 과도한 가축 방목
- 화전으로 인한 나무와 식물 파괴
- 겨울에 피복작물을 심지 않음
- 뿌리 덮기가 불충분함

아시아, 유럽, 아메리카의 대규모 산업형 농장들이 대두, 밀, 쌀, 옥수수 같은 작물의 재배 비중을 높이면서 토양 침식에 부채질을 하고 있다. 시장과 부채라는 경제적 압력 때문에 지속 가능 농법을 당장 이행하기 쉽지 않은 면도 있다.

토양의 건강은 식량의 질에서부터 대기 중 탄소의 양에 이르기까지 파급력이 크다. 토양이 건강하면 물 순환의 균형을 잡아주기 때문에 홍수와 침식 같은 충격을 예방할 수 있다. 1930년대 미국 서부의 더스트볼dust bowl과 2017년 푸에르토리코의 홍수 모두 토양의 건강과 관련된 자연재해와 기후변화가 재난을 초래한 사례다. 이런 변화는 농업에 큰 타격을 입힐 수 있다.

미국 농무부에 따르면 농민은 다음 네 가지 방법으로 토질을 개선할 수 있다.

개입을 최소화한다

· 밭 갈기를 최대한 줄인다.
· 화학물질은 필요할 때만 사용한다.
· 밭에 한 번씩 가축을 방목한다.

토양 피복을 극대화한다

· 피복작물을 심는다.
· 유기물질로 뿌리를 덮는다.
· 식물의 잔해를 남겨둔다.

생물 다양성을 극대화한다

· 피복작물을 다양하게 심는다.
· 작물을 돌려짓기한다.
· 가축 방목을 통합한다.

최대한 밭을 비워두지 않는다

· 휴경 기간을 줄인다.
· 피복작물을 심는다.
· 작물을 돌려짓기한다.

지역 수준에서 시민들은 지속 가능 농법을 실천하는 업체의 제품을 구입하고 이런 농법에 우호적인 법안과 정책에 투표할 수 있다.

주택 소유주들은 연중 다양한 식물을 기르고 자연스러운 과정을 정착시켜 집 주변의 토질을 높일 수 있다. 이렇게 하면 생기 있는 뿌리들이 늘어나고 생물 다양성이 확대된다.

🌐105

건강한 토양은 물 순환의 균형에 어떻게 기여하는가

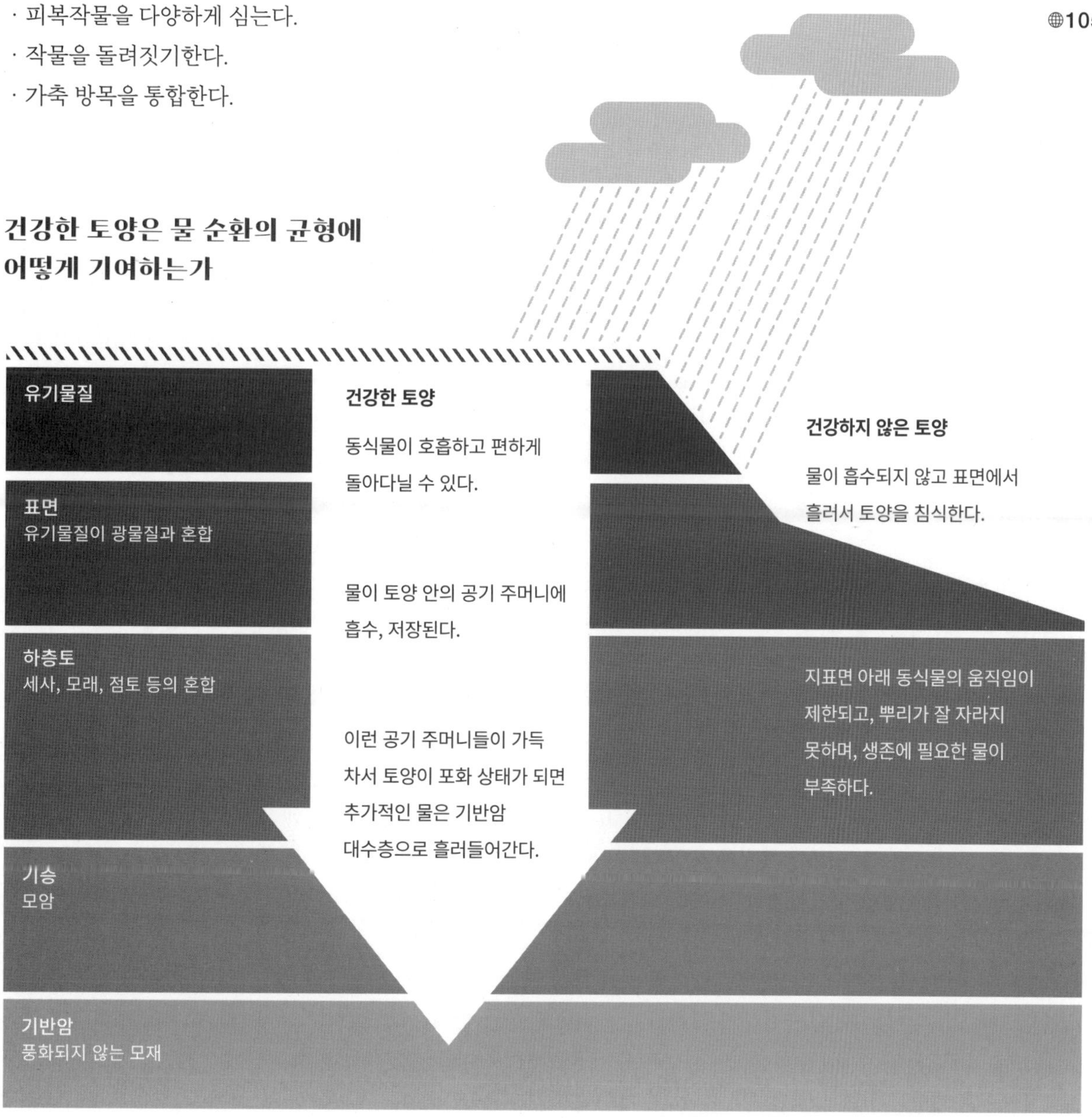

유기물질

표면
유기물질이 광물질과 혼합

하층토
세사, 모래, 점토 등의 혼합

기층
모암

기반암
풍화되지 않는 모재

건강한 토양

동식물이 호흡하고 편하게 돌아다닐 수 있다.

물이 토양 안의 공기 주머니에 흡수, 저장된다.

이런 공기 주머니들이 가득 차서 토양이 포화 상태가 되면 추가적인 물은 기반암 대수층으로 흘러들어간다.

건강하지 않은 토양

물이 흡수되지 않고 표면에서 흘러서 토양을 침식한다.

지표면 아래 동식물의 움직임이 제한되고, 뿌리가 잘 자라지 못하며, 생존에 필요한 물이 부족하다.

지구 공학

모닥불을 피울 때, 에어컨을 아무렇게나 버릴 때 우리의 행동은 환경에 변화를 초래한다. 그런데 기업과 국가가 의도적으로 환경에 대대적인 변화를 일으키기도 한다. 이를 지구 공학이라고 한다.

지구 공학의 전략은 마치 공상과학영화에나 나올법한 발상 같다. 지상에 태양 방패 막을 펼쳐 햇빛을 다시 우주로 되쏘아 보내고, 대기에서 이산화탄소를 빨아들여 지하에서 돌로 만든다니. 과학자들은 이 외에도 대대적으로 지구 시스템을 조작해서 지구의 온도를 낮추는 방법을 모색하고 있다. 하지만 아직은 많은 방법들이 터무니없는 비용이 들고, 논란의 대상이며, 위험부담이 너무 크다.

태양 방패 막을 예로 들어보자. 이름만 보면 마치 단단한 금속판을 늘어놓은 모습이 떠오를 수 있다. 하지만 실제로는 거대한 화산 분출로 재와 화학물질이 하늘로 솟구쳐 태양을 가리는 원리를 모방해, 연료에 화학물질을 넣은 제트기가 높이 날면서 상층 대기에 이 화학물질을 살포하는 방식이다.

슈퍼컴퓨터에 따르면 성층권에 반사 능력이 있는 황 입자를 이런 식으로 살포하면 냉각 효과를 얻을 수 있다. 물론 강우와 강설, 계절의 기온 역시 영향을 받게 된다. 이 영향이 어느 정도일지는 불분명해서 혹여 날씨가 예상보다 크게 변할 경우 이 피해를 쉽게 되돌리지 못해 모두가 고통받게 된다. 프로그램을 중단해서 살포한 물질을 회수할 수 있다 해도, 이번에는 태양광이 갑자기 차단되지 않아서 기온과 온실가스가 증가할 위험이 있다.

대기에서 이산화탄소를 직접 빨아들여 지하 암석층에 저장하는 방법은 이미 유럽과 북아메리카의 19개 시설에서 1년에 약 0.01메가톤의 속도로 진행 중이다. 하지만 이 이산화탄소가 얼마나 오래 안전하게 격리되어 있을 수 있는지는 아무도 알 수 없다. 이산화탄소가 매장지에서 빠져나오면 토양, 물, 공기가 오염될 수 있고, 지하에 이산화탄소 기체를 모으면 진동과 지진이 일어날 수 있다. 또 이 기술이 상용화되려면 비용과 효율성이 개선되어야 한다. 지금은 톤당 600달러까지 드는데, 2050년까지 넷제로에 도달하려면 지금보다 훨씬 많은 탄소 포집 시설을 만들어서 매년 배출되는 수천 메가톤의 이산화탄소를 포집해야 하기 때문이다.

이산화탄소를 땅속에 저장하는 대신 바다에 철분을 비료처럼 주는 방법도 있다. 이 방법은 바다에 황산철을 주입해 이산화탄소를 흡수하고 이를 해저에 가라앉히는 조류의 증식을 촉발한다. 지금까지 성공률은 편차가 커서, 증식한 조류 가운데 실제로 탄소를 저감하는 효과는 5~50% 정도로 나타났다. 설령 이 효과가 완벽해진다 해도 대가가 따를 수 있다. 과도한 조류는 독성 식물성 플랑크톤의 폭증으로 이어질 수 있고, 바다에 이산화탄소를 저장하면 해양 산성화가 빠르게 진행될 수 있다.

지구 공학은 위험한 도박이다. 일부 과학자들은 아무것도 하지 않을 때 원치 않는 결과가 나타날 가능성이 높다는 점을 감안하면 지구 공학이 기온에 미칠 영향은 그렇게 대단치 않을 거라고 말하기도 한다. 또 신속한 산업형 해법에 의지할 경우 개인과 기업들이 이산화탄소 배출량을 줄이거나 화석연료를 사용하지 않는 진짜 중요한 노력에 관심을 기울이지 않을 수 있다고 지적하는 사람들도 있다.

숱한 기업과 나라들은 일방적으로 지구 공학을 진행시킬 수 있다. 이런 실험이 전 세계에 부정적인 파급 효과를 미치지 않기를 바랄 뿐이다.

🌐240

이산화황 지구 공학

일부 공학자들은 인류가 탄소 배출량을 줄이는 동인 일단 "급한 불을 끄자"는 차원에서 저렴하고 빠르게 기후변화를 늦추는 방법을 제안한다.

거울이 빛을 반사하고 검은 차도가 여름에 뜨거워지듯, 대기가 반사하는 햇빛의 양은 전체 지구의 온도에 영향을 미친다.

30년 전 필리핀의 피나투보 화산이 분출하면서 100년 만에 최악의 사태가 빚어졌다. 1년 내내 지구의 평균 기온이 0.5°C 하락한 것이다. 지구의 대기가 햇빛을 흡수하는 대신 반사하게 된 것이 그 원인이었다.

지구 공학자들은 이 아이디어를 가지고 지구에 햇빛 가리개를 씌우는 방법을 고심하고 있다. 특수 장비를 갖춘 점보 제트기로 여러 화학물질을 높은 대기에서 살포해서 한 번에 수년간 지구의 반사율을 바꿔 인공적으로 지표면의 평균기온을 낮추려는 시도다.

이런 지구 공학 기술은 미세한 입자를 대기에 추가함으로써 화산 분출로 인한 자연적인 효과를 모방하려 한다. 이렇게 성층권에서 에어로졸을 분사할 경우,

- 햇빛이 분산된다.
- 하늘이 조금 더 하얘진다.
- 태양열의 일부를 반사한다.
- 지구가 조금 시원해진다.

대기에 이산화황, 티타늄, 기타 화학물질이나 광물질을 분사할 경우 지구의 알베도(반사율)가 증가할 수 있다.

태양 지구 공학은 지구의 복사 균형을 바꿈으로써 기후변화의 증상들을 해결하려고 한다. 이를 연구하는 과학을 성층권 에어로졸 조정이라고 한다.

이 방식에 드는 비용은 1년에 100억 달러 미만일 것으로 추정된다. 기후변화와 관련한 다른 대부분의 활동과 비교하면 아주 적은 수준이다. 일부 전문가들은 비행기 몇백 대만 있으면 가능하기 때문에 많은 이들이 예상하는 것보다 빨리 시작될 수 있다고 주장한다.

2006년 연구자 마크 로렌스Mark Lawrence는 "전반적인 기후 대기화학 연구 공동체들은 크루첸Crutzen과 시세론Cicerone이 출판물에서 논의하는 것 같은 지구 공학 방식에 대한 진지한 과학적 연구를 전혀 인정하지 않는다"고 밝혔다. 하지만 2016년이 되자 "기후 공학은 여전히 대단히 논란이 많은 주제지만, 이런 출판물들이 나오고 10년이 지나면서 지구과학 연구 공동체에서는 금기라는 생각이 많이 사라졌다"고 말했다.

그럼에도 아직 검증되지 않은 현실적인 문제들이 많다.

오존층은 이런 화학물질에 어떻게 반응할까?

어느 나라가 이 과정을 통제할 것이며, 위치와 양은 어떤 방식으로 결정할 것인가?

어떻게 특정 단체나 국가가 일방적으로 이런 일을 하지 못하게 할 것인가? 어떤 나라가 더 더워지기를 바라거나, 어떤 백만장자가 유명해지고 싶어서 마음대로 일을 꾸미면 어떻게 할 것인가?

인간, 동식물, 바다의 건강에는 어떤 영향이 있을까?

결과를 영원히 감당할 준비가 되어 있나? 그게 아니라면 상대적으로 저렴하고 빠른 방법을 중단할 의지가 생길 수 있을까?

⊕259

지구 알베도

거울이 빛을 반사하고 검은 차도가 여름에 뜨거워지듯, 대기가 반사하는 햇빛의 양은 전체 지구의 온도에 영향을 미친다.

누가 나서야 할까?

정부, 기업, 개인이 변화를 일으키기 위해 책임져야 하는 역할

글래스고 돌파구 의제

2021년 영국 글래스고Glasgow에서 열린 유엔 기후변화협약UNFCCC 제26차 당사국 총회에서 전 세계 GDP의 70%를 차지하는 나라의 대표 42명은 온실가스 배출량을 줄이기 위한 돌파구 의제breakthrough agenda를 발표했다. 이들은 의제의 목표를 달성하기 위해 협력하겠다고 약속했다.

돌파구 의제는 전 세계 온실가스의 50% 이상을 배출하는 세계 경제의 다섯 분야에 초점을 맞춘 청정 기술 계획이다. 이 계획에는 동맹을 구축해 공공과 민간의 이니셔티브를 주도하고, 어떻게 해야 성공할 수 있는지에 대한 정보를 공유하는 일이 포함된다. 현재 계획은 2030년까지 배출량을 크게 줄이는 것이 목표다.

다섯 가지 돌파구 목표는 다음과 같다.

전력

2030년이면 청정한 전력은 모든 나라가 전력 수요를 효과적으로 충족시킬 수 있는 가장 저렴하고 믿을 만한 방법이 된다.

도로 수송

2030년이면 배출량 제로 차량은 모든 지역에서 쉽게 접근할 수 있고 가격 부담이 크지 않으며, 지속 가능한 '뉴 노멀'이 된다.

철강

2030년이면 전 세계 시장에서 배출량이 제로에 가까운 철강을 더 선호한다. 모든 지역에서 철강의 효율적인 사용이 이루어지고, 배출량이 제로에 가까운 생산 방식이 자리를 잡고 성장한다.

수소

2030년이면 가격 부담이 크지 않은 재생 가능한 저탄소 수소를 전 세계에서 사용할 수 있다.

농업

2030년이면 전 세계 농민들이 기후와 관련해 복원력이 높고 지속 가능한 농업에 매력을 느끼고 널리 채택한다.

돌파구 의제의 목표는 국제 협력을 강화해 영향력이 큰 다섯 부문에서 탄소 배출 문제를 해결하고 이를 국제사회에서 중요한 정치적 의제로 유지하는 것이다.

서명국들은 이 다섯 분야에서 탄소 배출량 감축이라는 목표를 달성하기 위해 다음을 위한 국제 협력에 이바지한다는 데 합의했다.

· 정책과 기준 마련에 대한 지지
· 친환경 기술에 대한 연구·개발에 동기 부여
· 국제사회에서 공공 투자에 대한 협력 증진
· 민간 금융을 동원해 이런 노력에 활기 부여

국가마다 이 목표 모두에 동참할 수도 있고 일부에만 동참할 수도 있어서, 모든 목표에 서명한 나라도 있고 한두 항목에만 서명한 나라도 있다.

영국은 매년 급속한 이행의 현황을 추적하고 검토하는 글로벌 체크포인트 프로세스Global Checkpoint Process를 주도할 것이다. 글래스고 돌파구 목표 다섯 가지에는 각국이 실천 현황을 보고하는 척도로 사용할 일군의 측량 단위가 포함된다.

⊕128

유엔기후변화협약, 교토의정서, 파리협정은 무엇인가?

유엔 기후변화협약UNFCCC은 세계가 힘을 모아 지구온난화 문제를 해결하기 위해 만들어진 기관이다.

기후변화의 영향에서 자유로운 나라는 없다. 그중에서도 섬나라나 사회 기반 시설을 통해 적응할 자원이 부족한 나라 같은 일부 나라는 다른 나라에 비해 이런 영향을 더 크게 받을 수 있다.

그리고 애당초 기후변화에 대해 모든 나라에 똑같은 책임이 있는 것이 아니다. 하지만 기후변화는 전 세계의 협력이 필요한 세계 차원의 문제다.

유엔 기후변화협약을 구상하던 1992년에는 선진국에서 배출량을 감축하는 형평성 있는 방법을 모색하고, 개발도상국에는 지속 가능한 방식으로 성장할 수 있는 지원책을 마련하는 것이 목표였다. 유엔 기후변화협약에서는 몇 가지 원칙에 대한 합의가 이루어졌다.

· 과학적 불확실성이 남아 있더라도 피해를 예방하기 위한 조치를 취해야 한다.
· 당사국은 "공통되지만 차별화된 책임과 각각의 역량에 따라 형평성을 토대로" 실천해야 한다.
· 선진국이 앞장서야 한다.

유엔 기후변화협약에는 거의 모든 국가가 참가한다. 197개국이 이 협약을 비준했고, 매년 당사국 총회에서 열리는 숱한 회의에 사절을 보낸다. 의사결정은 합의를 통해 하고, 국가는 주로 무리를 지어 협상한다. 2021년 글래스고에서 열린 당사국 총회가 제26차 회의였다.

교토의정서와 파리협정

유엔 기후변화협약에는 두 가지 중요한 부수적인 합의가 있다. 교토의정서와 파리협정이 그것이다.

1997년에 조인된 교토의정서는 국가의 경제 발전 정도와 역량 차이를 반영하는 방식으로 온실가스 배출량을 통제하는 것이 목표였다.

1차 공약 기간(2008~2012년)에는 36개 "부속서1" 국가(이미 발전했거나 성장 중인 시장경제 국가)가 배출 한도를 지키려고 노력했다. 9개국이 다른 나라의 배출 감축에 재정을 지원하는 방식으로 자국의 배출량을 탕감하긴 했지만, 36개국 모두가 의정서를 준수했다.

2차 공약 기간(2013~2020년)에 대한 합의는 2012년에 도출되었지만, 발효되지 못했다.

교토의정서의 2차 공약 기간에 대한 협상이 진행되던 바로 그 시점에 또 다른 대화가 진행되었고, 이는 파리협정으로 이어졌다.

파리협정은 2015년에 채택되었다. 주요 목표는 지구의 평균기온을 산업화 이전보다 2°C 높은 수준으로 제한하는 것이다(1.5°C면 더 좋다). 파리협정은 모든 당사국이 "국가별 기여방안nationally determined contributions"을 개발하고 배출량과 이행 현황에 대해 주기적으로 보고할 것을 요구한다는 점에서 교토의정서와 큰 차이가 있다.

국가별 기여 방안에서는 각국이 기후변화의 영향에 적응하기 위해 복원력을 구축하는 방안과 온실가스 배출량을 감축하기 위해 취할 행동 계획을 설명한다. 각국은 2020년까지 국가별 기여 방안을 완성해야 한다. 파리협약은 5년 주기로 돌아가고, 시간이 흐를수록 국가별 기여 방안은 점점 과감해질 것이다.

파리협정은 선진국이 앞장서야 한다는 당위를 재확인하면서도 모든 국가의 실천이 필요함을 인정한다. 파리협정에서 개괄하는 "부속서1" 국가의 "비부속서1" 국가에 대한 지원에는 다음과 같은 항목이 있다.

- **금융:** 선진국은 완화(배출 감축)와 적응 모두를 위해 저발전국과 취약한 국가에 추가적인 금융을 제공해야 한다. 교토의정서와의 차이는 파리협정은 비부속서1 당사국에 의한 자발적인 금융 기여 역시 장려한다는 점이다.
- **기술:** 당사국 간의 기술 이전과 기술 발전을 가속화하는 틀을 확립한다.
- **역량 구축:** 선진국이 발전 중인 나라의 역량 구축에 대한 지원을 늘릴 것을 요청한다.

파리협정에는 향상된 투명성 체계도 포함된다. 2024년부터 각국은 완화와 적응 관련 실천과 현황을 보호하고, 어떤 지원을 제공하거나 받았는지 투명하게 보고할 것이다. 이 과정을 통해 모인 정보는 5년에 한 번 전 세계 이행 점검stocktake으로 모인다. 전 세계 이행 점검은 전반적인 과정을 평가하고 각국이 다음 회기를 위해 더 강력한 계획을 세울 때 정보를 제공할 것이다.

⊕126

35°C는 치명적이다

기온 35°C(습도 100%, 습구 측정 온도)에서 인간은 생존할 수 없다.

선주민 청년들이 자신들의 문화를 내세워 실천을 요구하다

2021년 글래스고에서 유엔 기후변화협약 26차 당사국 총회가 열리기 몇 달 전, 파나마 선주민 군나Guna족의 젊은 운동가 한 무리가 거대한 "몰라Mola" 돛을 손수 만드는 일을 위해 모여들었다. 이들은 해수면 상승이 고향 군나 땅에 미치는 영향에 대한 관심을 모으기 위해 이 돛을 만들어서 글래스고에 들고 갈 계획이었다. 이 돛은 군나 지역 고유의 방식으로 형형색색의 천을 이어 붙이는 "아플리케" 손바느질 기법으로 만든다.

군나족 인구는 약 3만 3000명이며, 그중 대부분은 카리브해 산블라스섬에 위치한 군나얄라 지역에 거주한다. 이 섬은 향후 수십 년 안에 해수면 상승으로 거주가 불가능해질 위험에 처해 있다. 군나의 청년들은 10년짜리 지구적 기후실천 리더십 개발 캠페인인 "지오 2030"에 적극 참여한다. 2020년 파나마가 세운 계획으로부터 2021년에 전 세계에서 시작된 지오 2030는 각양각색의 청년 중심 국제 조직과 선주민 조직 및 기업을 아우르는 청년 및 고령자 의회가 총괄한다.

37명의 군나 장인들이 수작업으로 만든 이 돛은 이제까지 만들어진 몰라 돛 중에서 가장 큰 $40m^2$이다.

이 프로젝트에 군나족 전체의 의견을 반영하기 위해 젊은 청년들이 팀을 이루어 고령자들에게 의견을 구했다.

글래스고로 떠나기 몇 달 전 이 팀은 공식 사절과 국가 정상, 주요 기업 스폰서를 위해 마련해놓은 구역인 "블루 존Blue Zone" 내부에 이 몰라 돛을 걸게 해달라고 요청했다. 하지만 공식적인 권한이 있는 누구도 이 요청에 답하지 않았다.

결국 이들은 독자적으로 행동하기로 결정했다. 제26차 당사국 총회 초반 며칠 동안 이들은 몰라 돛을 중심에 놓고 시위를 벌였다. 그러다가 당사국 총회가 중반에 접어들었을 즈음에 이 몰라 돛을 걸 만한 이상적인 장소를 발견했다.

이들은 허락을 구하지 않고 주 행사장 근처에 돛을 걸기로 했다. 이들은 중장비까지 동원해야 하는 이 일에 공감하는 사람들을 찾아내 어느 늦은 저녁 힘을 모아 이 거대한 몰라 돛을 거는 데 성공했다.

남은 총회 기간 동안 몰라 돛은 모두의 시선을 사로잡았고 선주민 지도자들의 행사 장소 역할을 톡톡히 했다. BBC와 더 내셔널The National 같은 매체들은 군나족의 활동을 보도했다.

임박한 재난

지금 세대의 아이들은 부모에 비해 기후 재난에 직면할 가능성이 세 배 더 높다.

이 프로젝트의 공동 대표이자 지오버시티 디자인Geoversity Design에서 건축과 디자인을 공부하는 아가르 잉클레니아 데자다Agar Inklenia Tejada는 "몰라 돛은 우리 군나족 정체성의 기원을 상징한다"고 말한다. "이 돛은 어머니 지구에 대한 우리의 깊은 사랑과, 하늘, 태양, 바다, 지구에 대한, 살아있는 모든 생명에 대한 경의를 상징한다. 이 돛은 우리를 하나로 엮어서 어머니의 숲을 위한, 강을 위한, 바다를 위한 투쟁으로 이끈다."

군나 청년 의회의 공동 설립자이자 지오버시티 생명문화 리더십 학교의 공동 설립자인 이니퀼리피 치아리Iniquilipi Chiari는 "우리 지오 2030의 실천 의제는 우리의 바다, 하천, 숲 공동체들이 해수면 상승, 하천 범람, 산사태, 벌목업자와 기업형 목장의 침입, 산불에 취약해진 건조한 숲에 적응해야 하는 고난에서 출발한다"고 말한다. "우리는 계속해서 결의를 더 단단하게 다지고 더 영리하게 조직을 꾸려야 하며, 가깝고 먼 땅의 형제자매들과 함께 실천으로 하나 되어야 한다."

⊕120

도시는 무엇을 하고 있나?(C40)

C40은 기후변화를 해결하기 위해 힘을 모으는 전 세계에서 영향력이 큰 100여 개 도시들의 모임이다. 모두 7억여 명이 거주하는 이 도시들은 세계 경제의 4분의 1 이상을 책임진다.

C40의 사명은 파리협정의 목표에 맞춰 10년 내에 회원 도시의 온실가스 배출량을 반으로 줄이는 것이다. 배출량을 줄이고 도시의 복원력을 향상시키는 구체적인 조치를 설명하는 기후 실천 계획을 개발하는 것도 의무 중 하나다.

C40 도시들은 효과적인 방안에 대한 조언을 자유롭게 공유한다. 이 네트워크를 통해 비슷한 기후실천을 하는 다양한 도시의 관료들이 한자리에 모이곤 한다. 각자의 경험과 최고의 실천을 도시 간에 공유하는 작업은 회원 도시들이 비용을 줄이고 실수를 예방하며 역량을 구축하는 데 도움이 된다.

C40은 서로 실천을 독려하는 긍정적인 압력 역시 행사한다. 한 도시가 과감한 목표를 달성할 수 있다는 걸 보여주면 모든 도시에 새로운 기준이 마련된다.

🌐125

97
C40 회원 도시 수

25%
C40 회원 도시들이 책임지는 세계 경제의 비중

7억 명 이상
C40 회원 도시에 거주하는 인구

도시 간 정보 공유의 효과

고오염 차량을 제한하는 C40 도시의 수 700% 이상 증가

2009년 **3개 도시** → 2020년 **23개 도시**

자전거를 대여하는 C40 도시의 수 600% 이상 증가

2009년 **14개 도시** → 2020년 **88개 도시**

재생에너지 전력에 인센티브를 주는 C40 도시의 수 650% 증가

2009년 **4개 도시** → 2020년 **26개 도시**

홍수 위험을 낮추는 데 투자하는 C40 도시의 수 1400% 증가

2009년 **4개 도시** → 2020년 **55개 이상 도시**

학교와 태양광발전

2016년 미국의 K-12 학교들(한국에서는 유치원에서 고등학교까지에 해당한다)은 에너지에 80억 달러를 지출했다. 이는 3년 전의 지출보다 25% 증가한 액수다.

유럽에서는 학교가 쓰는 에너지가 지자체 에너지 지출의 70%를 차지한다. 프랑스에서는 지자체 건물 에너지 사용량의 30%를 학교가 쓴다.

반대편 끝, 주로 사하라 이남 아프리카, 남아시아, 라틴아메리카에서는 전기가 없는 초등학교에 다니는 아이들이 2억 9100만 명에 달한다. 이런 학교 시설을 개선하면서 지속 가능한 방식으로 전력을 공급하지 않으면 미래의 이산화탄소 배출량이 늘어날 것이다.

학교는 에너지 비용 문제와 에너지 소비가 환경에 미치는 영향을 감안해서 크게 두 가지 접근법을 취해왔다. 에너지 사용량을 줄이기 위해 노력하는 한편, 재생 에너지를 활용하는 것이다.

일조 시간은 일반적인 수업 시간과 겹치기 때문에 태양광발전으로 학교의 주요 에너지 소비를 충당할 수 있다. 주말과 휴교일에는 에너지를 저장하거나, 가능한 곳에서는 전력망에 되파는 방식으로 초기 투자비를 회수하는 속도를 높일 수 있다. 한 연구에 따르면 "미국에서 K-12 학교가 태양광발전으로 모든 에너지를 얻을 경우, 석탄 화력발전소 18개를 중단시킨 것과 같은 수준으로 이산화탄소 오염을 줄일 수 있다."

영국 더럼 카운티 한 곳에서만 운영되는 단 하나의 프로그램은 2020년 시작된 이후로 이산화탄소 11.2톤의 배출을 억제하고 880만 파운드와 202GWh를 절약하는 효과를 얻었다.

2014년부터 2019년까지 태양광발전 설비를 갖춘 미국 학교의 수는 80% 증가해 총 7332개교에 달했는데, 이는 전체 K-12 학교 가운데 5.5%를 차지한다. 학교는 미래의 꿈나무들에게 지속 가능성에 대해 교육할 수 있는 기회 역시 제공한다.

유럽, 미국, 호주 전역의 많은 정부와 조직들이 에너지 감사를 통해 에너지 절약분을 확인하는 방식으로 학교의 지속 가능한 활동 참여를 독려한다. 에너지 감사 뒤에는 초기 설비 비용을 상쇄할 수 있도록 재정을 지원한다. 이런 프로그램은 국가 규모, 주 규모, 시 규모, 군 규모 등 다양한 범위에서 시행될 수 있다.

초기 비용을 지원하지 않는 곳에서는 보조금 프로그램, 임대, 전력 구매 협정 등 다른 방식으로 자금을 동원한다.

최대의 재정 수익은 보통 학교 자금으로 설비 비용을 마련할 때 얻을 수 있다. 이 방법을 사용하면 3~5년 이내에 초기 자금을 모두 회수한다. OECD 국가의 일반적인 학교들은 매년 별다른 활동을 하지 않을 경우 금융 비용이 발생한다.

⊕116

학교와 태양광발전

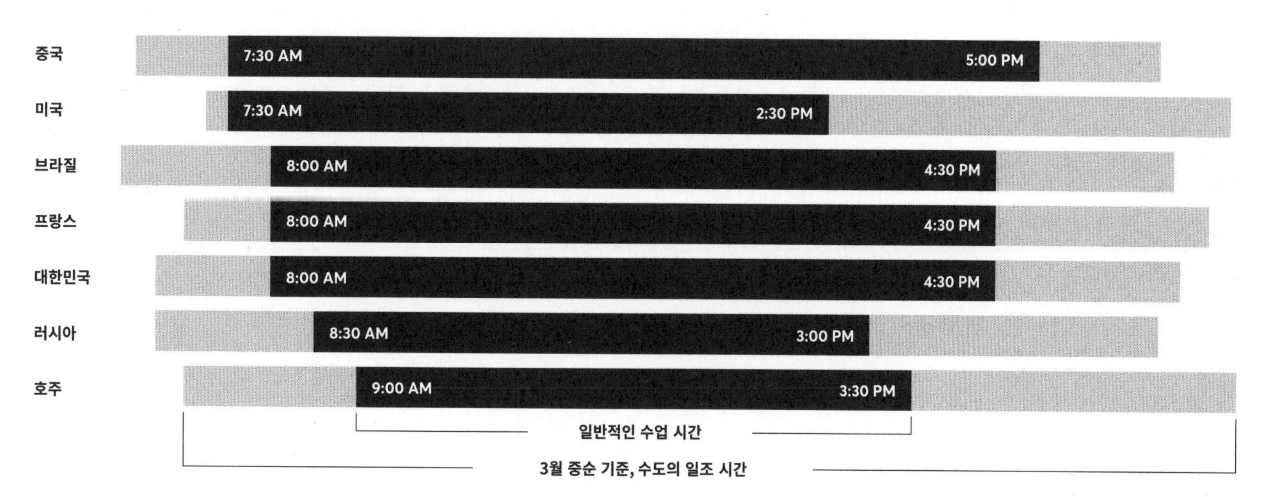

기후변화 관련 소송 현황

실제 진행 중인 기후 소송 사건

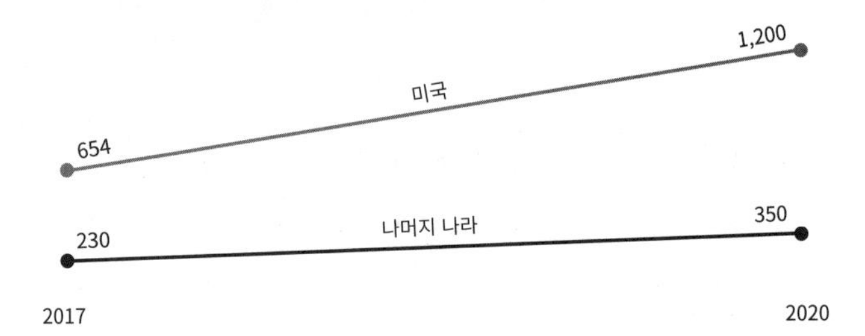

법이 왜 중요한가

전 세계적으로 활동가들은 더 많은 입법과 정부 활동으로 기후변화를 해결할 것을 촉구하고 있다. 하지만 소송 역시 강력한 변화 수단이다. 이 글을 쓰는 현재 진행 중인 기후 관련 소송은 1843건이다.

기후 소송의 증가세는 주목할 만하다. 2017년에 24개국에서 884건의 기후 소송이 있었는데, 이는 2020년 말에 38개국 1550건으로 늘어났다. 이 중 3분의 2가량이 미국에서 진행 중이다.

기후 관련 법안과 이 법안을 강제하는 시민 소송은 조직적인 행동 변화를 유도해 온실가스를 감축할 수 있다. 기후 소송은 기후을 위해 작성된 법 외의 다른 법도 근거로 활용할 수 있다.

2019년 12월 20일 네덜란드 대법원은 네덜란드 정부가 인권 준수 의무에 따라 긴급하고 상당하게 배출량을 줄일 의무가 있음을 확인하며 우르겐다 기후 소송Urgenda Climate Case의 앞선 판결을 번복했다. 이는 진정 역사적 의미가 큰 사건이었다.

누가 누구를 상대로 소송을 제기하는가

일반적으로 피고는 중앙정부 아니면 기업인데, 현재는 정부가 다수를 차지한다. 원고는 다음과 같은 각계각층의 사람들로 구성된다.

· 운동가
· 개인
· 집단소송 모임
· 선주민
· 다른 지방정부(가령 주정부가 중앙정부를 상대로 소송을 제기하는 경우)
· 공공과 민간의 금융기관과 규제 기관
· 정당

이런 집단들은 광범위한 법 이론을 동원해서 소송을 제기하는데 승소 확률은 다양하다.

소송의 근거 이론

기후 소송 영역은 집단이 어떤 근거가 가장 효과적인지 판단을 내리는 "탐색" 단계에 속한다. 유엔 환경프로그램UNEP은 이에 대해 몇 가지 접근법을 제안한다.

- **기후 권리:** 소송인들은 미흡한 기후 실천이 생명, 건강, 식량, 물, 자유, 가족생활 등에 대한 원고의 국제적, 헌법적 권리에 위배된다고 주장할 수 있다.
- **국내 이행:** 소송인들은 관련 법과 규정이 제대로 이행되지 않고 있다고 주장할 수 있다.
- **땅속의 화석연료를 건드리지 않기:** 이 소송에서는 에너지 채굴 사업에 참여하는 기업이나 정부 기관이 환경 영향을 살피는 과정에서 기후변화에 미칠 영향을 간과했다는 주장을 펼칠 수 있다.
- **기업의 책임:** 원고들은 기후 관련 피해의 인과적 책임이 피고의 행위에 있다고 주장할 수 있다.
- **기후 적응 실패와 적응의 영향:** 광범위한 사건들은 피고가 기후변화로 인한 피해를 회피해야 하는 의무를 제대로 이행하지 않았음을 입증하려고 한다.
- **기후 정보 공개와 친환경 시늉green washing:** 주로 기업을 상대로 진행되는 이런 소송에서는 피고가 기후 관련 피해의 위험을 비롯한 정보를 적절하게 공개하지 않았고 따라서 이해 당사자들의 효과적인 의사결정을 저해했다고 주장한다.

결과

기후 소송의 결과는 다양하다. 많은 사례에서 법원은 원고가 사건을 제기하기에 적당한 지위가 아니라고 판결했다. 기후 문제는 행정부 같은 정부 부서에서 결정해야 하는 문제라는 근거로 원고의 주장을 검토할 수 없다는 재판의 성립 가능성을 내세운 경우도 있었다. 미국의 법원들은 적절한 지위가 아니라는 이유로 많은 사건의 심리를 거절하지만, 개발도상국에서는 오히려 미국보다 많은 소송에서 진척이 있었다.

소송은 승패를 떠나 영향력을 가지고 평가할 수도 있다. 영국 학사원British Academy의 제26차 당사국 총회 보고서 "기후 운동으로서의 기후 소송: 어떤 효과가 있나?"는 소송의 효과를 세 범주로 나눈다.

1. 우르겐다처럼 광범위한 영향력을 미치는 사건뿐만 아니라, 특정한 산업 프로젝트를 중단시키는 등 기후 실천에 기여할 상당한 잠재력을 가진 승소한 사건. 2019년 네덜란드 대법원은 네덜란드 정부가 인권 의무 사항에 맞춰 즉각 배출량을 감축해야 한다고 판결했다.
2. (주로 재판 성립 가능성을 이유로) 패소했지만 대중의 관심을 크게 모아서 더 긍정적인 실천을 이어갈 수 있는 사건. 주목할 만한 사례로는 줄리아나 대 미합중국 사건이 있다. 2021년 이 소송을 제기한 21명의 청소년은 미국이 생명과 자유에 대한 가장 젊은 세대의 헌법적 권리를 위반했고 공공의 자원을 보호하지 못했다는 주장을 펼쳤다.
3. 중대한 에너지 문제를 상대로 아주 떠들썩하게 제기하는 사건으로, 승소할 가능성은 낮지만 평판과 여론에 큰 영향을 미칠 의도에서 진행하는 사안.

기후 소송은 판결이 나오기까지 여러 해가 걸릴 수 있고, 역사도 길지 않다. 결과는 불확실하지만 소송과 관련자, 전략의 양이 급속하게 늘고 있다는 것은 앞으로도 전지구적인 기후변화 대응에서 소송이 중요한 역할을 할 것임을 시사한다.

⊕121

기후변화 소송의 핵심 흐름

지속 가능성이 투자자 수익에 미치는 긍정적 영향

기후변화에 주도적으로 대응하는 기업들이 주주에게 더 좋은 투자 수익을 안겨준다는 점을 보여주는 연구가 늘고 있다. 지속 가능성은 금전적으로도 유리한 방향이다.

기후변화는 투자자들에게 가장 큰 위험으로 인식되곤 한다. 사람들은 이제 배출량을 감축하고 기후변화가 야기할 최악의 영향을 피하기 위한 조치를 장기적인 투자 가치와 수익을 보호하는 최고의 방법으로 여긴다.

기후의 영향에 관심 있는 투자자들은 투자 결정을 내릴 때 종종 기업의 환경사회거버넌스ESG 평가를 활용한다. 탄소 집약도 감소, 재생에너지 사용 증대, 재활용 같은 ESG에 주력하는 기업들은 주기적인 지속가능성 보고서에 측정 가능한 목표와 이 목표를 얼마나 이행했는지를 공개한다.

이런 보고서들은 글로벌 리포팅 이니셔티브GRI나 유엔 지속가능투자원칙PRI이 확립한 ESG기준을 따르는 일이 늘고 있다. ESG 문제가 투자자 공동체에서 점점 주목을 받자 매년 서명하는 조직의 수가 많아지고 있다.

PRI 서명 기업 수

3,826

63

2006

2021

개인 투자자들이 보유한 ESG 자산은 2018년 3조 달러에서 2020년 4.6조 달러로 약 50% 증가했다.

2025년이면 전 세계 ESG 자산이 53조 달러를 넘어서서, 관리되는 총자산 예상액 140.5조 달러 중 3분의 1 이상을 차지할 것으로 전망된다.

현재는 유럽이 전 세계 ESG 자산의 절반을 차지하고 있지만 2022년부터는 미국이 앞서 나갈 것이다. 그다음 성장세는 아시아, 그중에서도 특히 일본에서 나타날 수 있다.

ESG에 가중치를 준 투자 포트폴리오는 전통적인 주가지수의 수익률에 맞먹고 가끔은 그보다 더 많은 수익을 낸다.

2021년 11월 29일 기준, ESG 가중 S&P 500에 대한 투자는 가중치가 없는 S&P 500의 수익률인 22.33%보다 3% 높은 25.33% 수익률을 보였다. **⊕131**

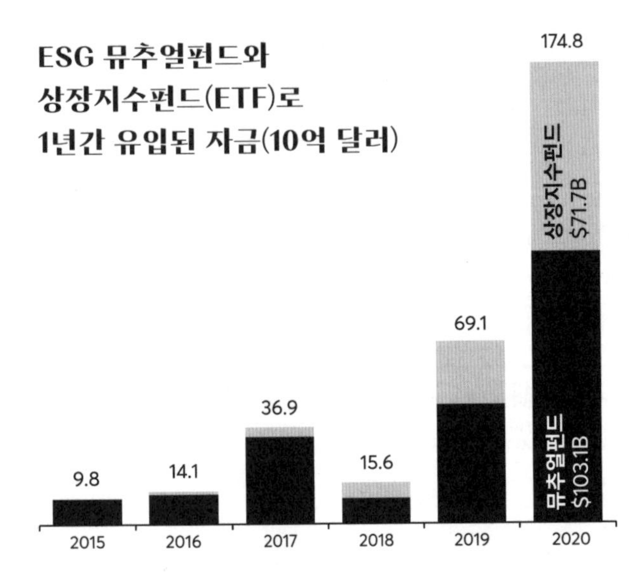

청소년 기후 소송

전 세계에서 진행 중인 2000건에 가까운 기후 소송 가운데 청년, 심지어 때로는 투표 가능 연령에 미치지 못하는 청소년이 주도하는 소송의 비중이 놀라울 정도로 많다. 이런 사건들은 중앙정부가 기후변화 예방 조치를 제대로 하지 않아서 국가의 헌법, 유엔 협약, 유럽의 사법 기구 등에 명시된 생명권을 침해했다는 혐의를 제기한다.

다음 네 소송은 각각 고유한 근본 원리를 강조해 미래에 일어날 피해를 시정하고자 한다.

줄리아나 대 미합중국: 이 기후 소송은 우리 아이들의 트러스트Our Children's Trust가 대리하는 21명의 청소년들이 2015년에 제기했다. 원고인단은 미국 정부가 기후변화에 "확실히" 기여했고 가장 어린 세대의 생명과 자유에 대한 헌법적인 권리를 침해했으며 필수적인 공적 트러스트 자원을 보호하지 못했다는 혐의를 제기했다.

2021년 2월 미국의 제9 순회법원은 원고인단에게 소송을 제기할 법적 권리가 없다는 예비 판결을 내렸고 원고인단과 정부가 합의를 도출할 것을 권고했다. 5개월 뒤 당사자들은 합의를 도출하는 데 실패했다. 2021년 12월 현재 법원은 소장을 수정해서 제출하겠다는 원고인단의 요청을 검토 중이다.

사치 등 대 아르헨티나, 브라질, 프랑스, 독일, 튀르키예: 그레타 툰베리를 비롯한 12개국의 청소년 16명이 유엔 아동권리위원회CRC의 제3 선택의정서 5조에 의거해 5개국을 상대로 소송을 제기했다. 1989년에 체결된 아동권리협약은 역사상 가장 많은 나라가 비준한 조약이다. 원고인단은 이 5개국이 "우리의 생명을 위협하는 위험에 노출시키고 건강과 성장에 피해를 입힘"으로써 자신들의 권리를 침해했다고 주장한다.

2021년 10월 CRC는 "지역적인 해법"을 모두 사용하지 않았다는 이유로 해당 주장을 받아들일 수 없다고 판결했다. 하지만 회원국은 "국가가 자기 영토 안에서 비롯된 배출량이 국경 밖 어린이에게 미친 부정적인 영향에 대해 법적인 책임이 있다는 청구인들의 주장을 수용했다."

뉴바우어 등 대 독일: 2020년 2월 독일의 청소년들이 독일의 연방기후보호법을 상대로 제기한 소송이다. 원고인단은 2030년까지 온실가스를 55% 감축한다는 목표가 지금의 청소년과 미래 세대를 보호하기에 미흡하다는 주장을 펼쳤다. 2021년 4월 29일 독일 연방헌법재판소는 독일의 기본법이 "생태적 우려를 해소하기 위해, 그리고 특히 피해를 입게 될 미래 세대를 위해, 정치 과정에 법적인 의무를 지우고자 하는 법적 규범"을 상징하는 면이 있다고 밝히면서 이 청소년 원고인단에게 우호적인 판결을 내렸다.

샤르마 대 환경부: 2020년 호주 청소년 8명이 호주 환경부를 상대로 소송을 제기했다. 원고인단은 석탄 광산 프로젝트 승인은 기후 위협이자 정부가 돌봄 의무를 저버림으로써 미래 세대에게 짐을 지우는 행위라고 주장했다. 2021년 7월 호주 연방법원은 이 소송에 대해 일련의 판결을 내렸다. 법원은 환경부에 불리한 명령을 내리기를 거부하면서도 환경부가 "지구의 대기에 배출된 이산화탄소에서 비롯된 이 소송이 개시된 시점에 호주의 18세 이하 국민과 일반 주민들을 합리적으로 돌보고 … 이들에게 개인적인 부상이나 죽음이 초래되지 않도록 노력할 의무가 있다"고 밝혔다. 호주 환경부는 이 프로젝트가 기후에 부정적인 영향을 미친다는 주장의 타당성에 문제를 제기했고 그 뒤 건설 계획을 승인했다. 현재 항소심리가 진행 중이다.

🌐134

각국 정부와 법원은 청소년 기후변화 소송으로 인해 … 기후변화가 우리 아이들과 미래 세대에 가하는 터무니없이 파괴적인 영향을 외면할 수 없게 되었다.

— 마크 윌러스Marc Willers

얼마나 많은 온실가스가 탄소 가격 제도에서 다뤄지는가

탄소에 가격을 부여하는 방법은 온실가스 배출량을 감축하는 아주 중요한 시장 기반 접근법으로 널리 인정받았다. 탄소 가격제는 2005년에 유럽 배출권 거래제가 이행되기 시작하면서 주목받았다. 당시 전 세계 배출량의 5.3%를 다루던 탄소 가격제는 그 양이 점차 늘어나 2021년에는 전 세계 배출량의 21.5%를 다루게 되었다. 2019년 각국 정부가 탄소 가격제를 통해 걷어들인 세수는 약 450억 달러에 달한다.

2021년에는 전 세계 배출량의 약 7.4%를 차지하는 중국이 배출권 거래제를 시작하면서 역대 최대 연간 증가량을 보였다.

플라스틱 벽돌

바이블록스ByBlocks라고 하는 신기술은 버려진 플라스틱을 콘크리트를 대체할 수 있는 물질로 전환한다. 여기서는 플라스틱을 녹이거나 변형하는 대신 압축하기 때문에 다양한 종류의 플라스틱을 소각하거나 매립지로 보내지 않고 모두 사용할 수 있다.

⊕838

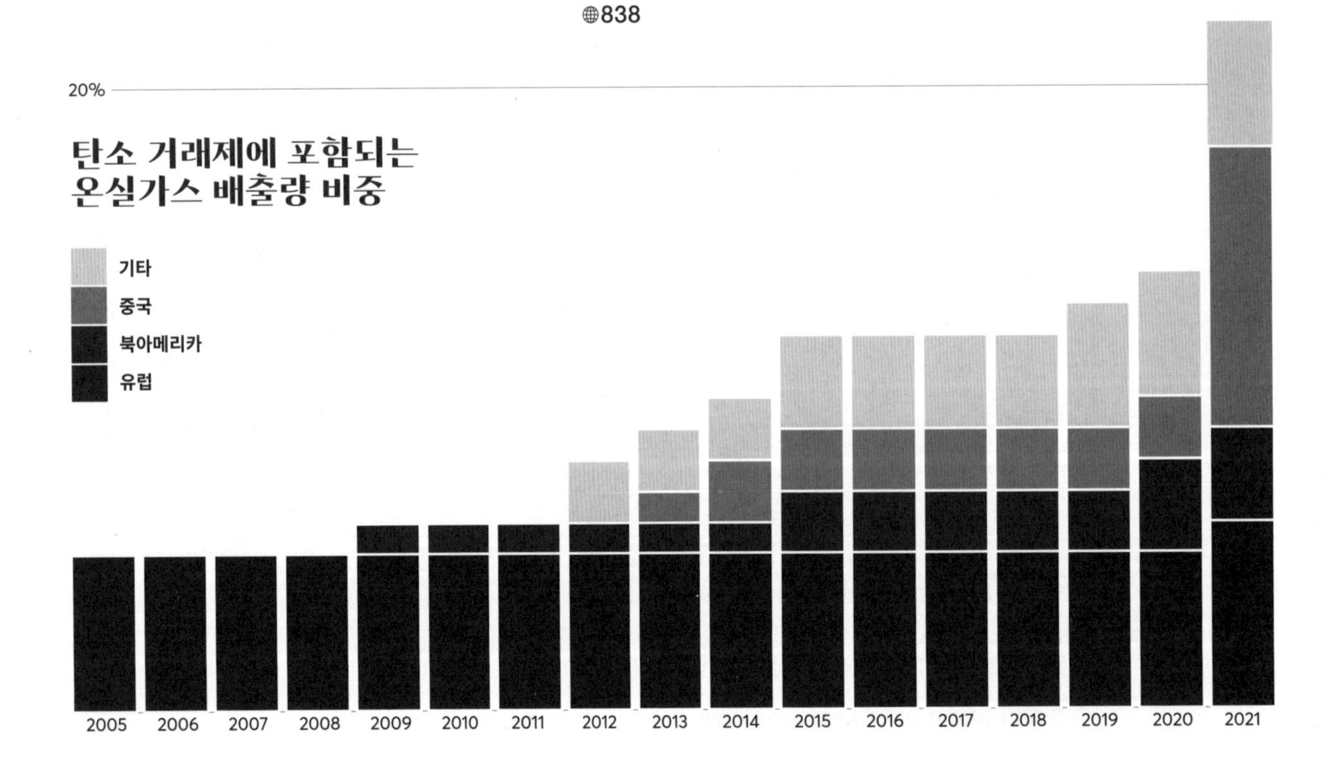

금융의 역할

사업을 키우려면 자본이 필요하다. 그리고 사업이 자본 집약적일수록 재정 조달의 필요성은 더 커진다.

에너지 기업들은 자본 집약적이기 쉽다. 유전을 시추하고 운영하거나, 풍력발전 단지를 비롯한 재생에너지 발전소를 건설하는 데는 막대한 자본이 투입된다.

금융 기업들은 부채를 잘 갚는 기업에 돈을 빌려주는 데 집중하는데, 전통적으로 화석연료 기업들이 안전한 투자 대상이었다. 이 때문에 주요 화석연료 기업들은 주로 대출의 형태로 손쉽게 자본에 접근해왔다.

2015년 파리협정 이후로도 세계 최대의 은행들은 화석연료 기업에 계속 자금을 지원했다. 실제로 이런 기업을 대상으로 한 대출은 매년 약 5%씩 증가하고 있다. 2019년에는 총대출액이 2018년보다 430억 달러 많은 8240억 달러였다. 블룸버그는 화석연료 기업들이 2015년 이후로 총 3.6조 달러에 가까운 신규 대출을 받은 것으로 추정한다. 은행들은 2015년 이후로 화석연료와 관련된 수조 달러의 대출로 165억 달러 이상을 벌었다.

대안 에너지 기업과 사업이 성공하려면 역시 자본이 필요하다. 그리고 2015년 이후로 "녹색" 부채 조달이 크게 늘어나긴 했지만 같은 기간 동안 화석연료 관련 대출의 3분의 1에 불과하다.

2021년 녹색 기업들은 처음으로 화석연료 기업보다 더 많은 자금을 끌어모았다. 하지만 코로나19 때문에 2020년에 비해 동원한 자금 총액은 줄어들었다.

만약 2015년 이후의 에너지 자금 흐름의 추이에 큰 변화가 없다면, 세계는 파리에서 합의한 1.5°C 목표에 도달할 수 있을 만큼 빠르게 화석연료에서 벗어나기 힘들 것으로 보인다.

우림 행동 네트워크Rainforest Action Network의 분석에 따르면 지금의 투자 수준이 계속 이어진다면 2030년에도 전 세계 에너지 공급량 중에 화석연료가 차지하는 비중은 75%를 상회할 것으로 보인다. 그런데 맥킨지앤드컴퍼니McKinsey & Company에서 만든 모델에 따르면 온난화가 1.5°C 미만으로 진행되는 경로에 진입하려면 2030년까지 화석연료는 세계 에너지 공급량의 절반 이하를 차지해야 하고, 2050년에는 화석연료가 완전히 사라져야 한다.

⊕836

'녹색' 프로젝트의 에너지 부문 대출 수수료 비중 2016~2021년 중반

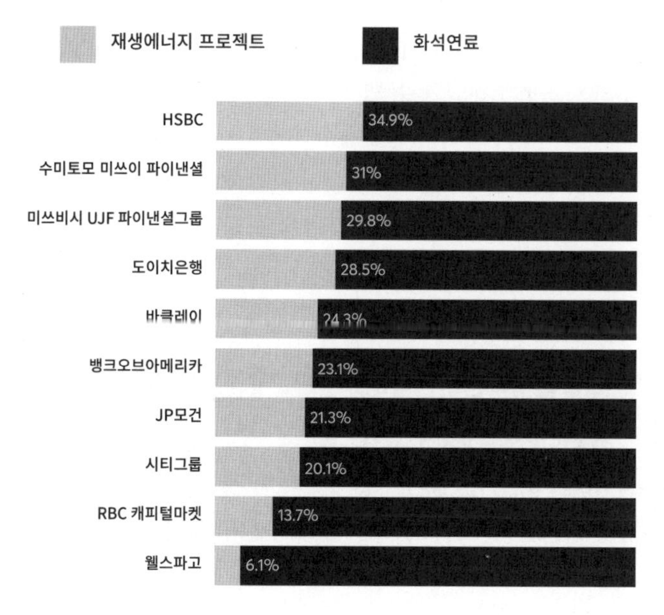

연간 부채 발행(10억 달러)

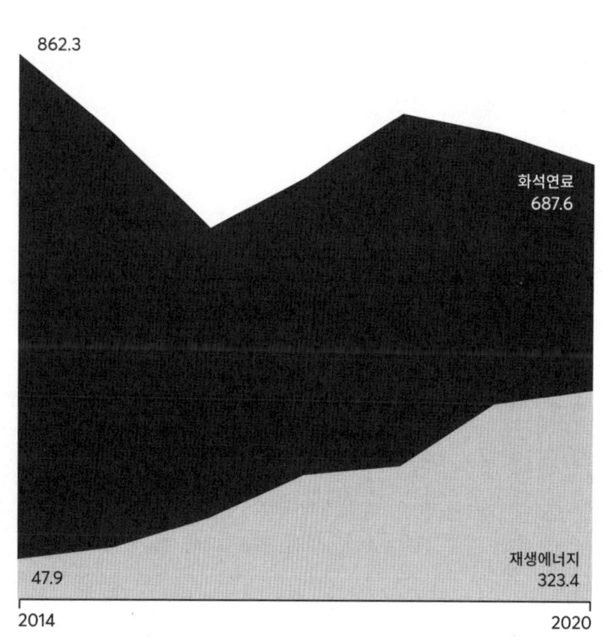

ESG 보고 체계

환경사회거버넌스ESG 데이터는 한 기업이 탄소 배출량을 얼마나 효과적으로 감축하는지를 입증하는 데 사용된다. 이 데이터를 이용해 기업들은 자신들이 미친 영향을 측정하고, 투자자들은 기후 리스크가 자신들의 투자에 어떤 영향을 미칠지를 판단한다.

기업들은 ESG 정보를 공개할 때 종종 복수의 체계를 활용하거나 각 체계의 일부를 선택해서 사용하기도 한다. 이런 점 때문에 정확성과 신뢰성에 문제가 제기되고 있다. 2020년의 한 보고서에서는 ESG 데이터의 질이 투자자 관심사 중에서 가장 상위를 차지했다.

현재 주요 보고 체계는 여섯 가지이고, 이보다 사용 빈도가 낮은 방식이 수십 가지 더 있다. 일부 체계들은 서로 통합을 시작해서 국제지속가능성표준위원회ISSB가 새로 결성되기도 했다.

가장 일반적인 ESG 체계는 아래와 같다.

1. 글로벌리포팅이니셔티브Global Reporting Initiative(GRI)

만들어진 해: 1997년

활용: 세계 최대 기업 250개 중 72%와 52개국 100대 기업의 67%.

내용: GRI는 자칭 "전 세계적으로 가장 널리 활용되는 지속 가능성 보고 표준"이다. 정보공개 의무 사항과 선택 사항의 형식과 표준을 발표한다. 표준은 재료, 에너지, 물, 생물 다양성, 배출량, 오염, 폐기물, 공급자 영향을 근거로 마련된다. 이런 표준은 기업이 세계에 미치는 영향력을 강조한다.

2. 탄소공개프로젝트Carbon Disclosure Project(CDP)

만들어진 해: 2000년

활용: 1만 3000여 개 기업, 1100개 도시, 주, 지방, 관리 중인 자산이 110조 달러 이상인 600여 개 투자업체.

설명: CDP는 "수천 곳의 기업, 도시, 주, 지방이 기후변화, 물 안보, 삼림 파괴에 관한 위험과 기회를 측정하고 관리할 수 있도록 지원"한다. 정량적인 환경 영향 데이터에 주력하는 CDP는 독립적인 접근법을 활용해 보고서를 검토하고 알파벳 문자로 등급을 매긴다. 2021년 270여 개 기업이 기후변화, 숲 또는 물 안보에서 A 등급을 받았다.

3. 지속가능투자원칙Principles for Responsible Investment(PRI)

만들어진 해: 2006년

활용: 4500여 개 조직이 서명했고, 이 중 75%가 투자 관리업체다.

설명: PRI는 스스로에 대해 "세계 유수의 지속 가능 투자 지지자"라고 표현한다. 여섯 개의 자발적인 원칙을 제공하고, 각 원칙은 여러 가능한 실천으로 나뉜다. 서명 조직은 매년 온라인 보고 툴을 이용해 데이터를 제출한다. PRI는 매년 서명 조직의 보고서를 발행하고 데이터의 독립적인 인증을 장려한다. ESG 문제가 투자 공동체 안에서 점점 크게 주목받기 시작하면서 매년 서명 조직의 수가 늘어났다.

4. 지속가능성회계표준위원회Sustainability Accounting Standards Board(SASB)

만들어진 해: 2011년

활용: 전 세계 실사용 조직이 1271개이고, 23개국에서 76조 달러의 자산을 운영 중인 258개 기관 투자자들의 지원을 받는다.

설명: SASB의 회계 중심 표준은 "전 세계 기업들이 재정적으로 중요한 지속 가능성 정보를 확인하고 관리하고 투자자들에게 전달할 수 있게 해준다." 이들은 환경 영향보다는 기업과 투자자에게 재정적으로 중요한 정보의 전달을 강조한다. 산업별로 탄소 영향 및 ESG 영향이 다르므로 77개 산업에 대해 별도의 표준이 있다. 밸류 리포팅 파운데이션Value Reporting Foundation이라고 하는 새 조직이 이제 SASB 표준을 운영한다.

5. 기후관련금융정보공개태스크포스Task Force for Climate-related Financial Disclosure(TCFD)

만들어진 해: 2015년

활용: 194조 달러의 자산을 운영 중인 금융기관과 시장 자본 25조 달러인 비금융회사를 비롯해 2600여 개의 조

직과 89개 행정구역에서 활용 중이다.

설명: TCFD는 "더 충실한 정보를 갖춘 투자, 신용, 보험 가입 결정을 활성화할 수 있도록 효과적인 기후 관련 정보 공개 권고 사항들을 개발"한다. TCFD는 세계 금융 시스템에서 투자 노출investment exposure을 만들어내는 탄소와 기후 위험에 주안점을 둔다. TCFD는 참가 조직에 중역 회의와 대표단 회의의 역할, 전략 시나리오 분석과 계획, 기후 위험 평가 및 관리 능력, 그리고 현재의 상황과 미래의 목표치 네 분야에서 정보를 공개할 것을 요구한다. 전 분야에 적용되는 지침도 있고 특정 산업에만 적용되는 지침도 있다.

6. 유엔지속가능개발목표United Nations Sustainable Development Goals(UN SDGs)

만들어진 해: 2015년

활용: 다양한 규모의 기업 1만 5000여 개

설명: UN SDGs는 구체적인 측정 체계라기보다는 인류가 "극도의 빈곤을 종식시키고 불평등과 부정의에 맞서 싸우고 지구를 보호하기 위한" 일반적인 원칙들이다. 17개의 목표와 231개의 고유한 지표가 있는데 이 중 하나가 "1년간 총 온실가스 배출량"이다. SDGs를 사용하는 기업들은 자신들이 SDG 원칙을 달성하기 위해 어떤 활동을 했는가에 대한 비금융 데이터와 정보가 포함된 전반적인 보고서인 이행보고서Communication on Progress(CoP)를 작성한다. 여기에는 다른 체계를 활용한 측정치가 들어갈 수도 있다. 이 보고서의 예상 독자로는 정책 결정자, 공동체 이해 관계자, 일반 대중, 투자자 등이 있다.

124

과학 기반 넷제로 목표를 위해 노력하는 전 세계 기업들

2050년까지 넷제로 목표를 설정한 기업들

2021년 11월 기준, 1045개 기업이 1.5°C 시나리오에 맞춰 단기 목표를 설정하고 있다. 여기에는 2050년까지 넷제로로 귀결될 실천들이 담겨 있다.

이런 기업들은

- 60개국 53개 부문에 걸쳐 있고 3200만 명 이상을 고용한다.
- 총 시장 가치가 23조 달러에 달한다. 이는 미국의 GDP와 맞먹는다.

이 기업들의 노력으로 2030년까지 2억 6200만 톤의 배출량이 감축될 것으로 예상된다(이는 스페인의 한 해 배출량에 해당한다).

목표치를 뒷받침하는 과학

넷제로는 대기에 배출된 온실가스와 같은 양의 온실가스를 대기에서 제거했다는 뜻이다. 가끔 탄소 중립과 혼용되기도 하지만 중요한 차이가 있다. 탄소 중립이라고 주장하는 기업들은 배출량을 실제로 감축하기보다는 탄소 상쇄 크레딧 구입에 크게 의지할 때가 많다.

과학 기반 목표치는 기업들이 배출량 감축으로 중심을 확실히 이동케 하고자 한다. 기업들은 세계 표준을 활용해서 세계 기온 1.5°C 상승이라는 파리협정의 목표에 부합하는 과학 기반 넷제로 목표치를 설정한다.

이 접근법은 전 세계 탄소 예산을 기업의 규모와 활동을 근거로 공정하게 분배하는 데서 출발한다. 이때는 직접적인 생산만이 아니라 기업이 만든 제품의 공급 사슬과 생애 주기까지 감안한다. 그 뒤 IPCC와 국제에너지기구IEA가 개발한 최신의 과학 시나리오를 근거로 배출량을 넷제로로 감축하는 경로를 계획한다.

2050년 넷제로 달성 외에도 향후 5~10년간의 구체적인 배출량 감축 목표치를 설정하고 매년 현황을 추적한다. 이는 가장 절박한 2030년까지 배출량을 실제로 감축하기 위한 방법이다.

112

당신이 선택하는 은행이 변화를 만든다

수조 달러의 금액은 차이를 낳는다. 시중은행들은 예·적금 계좌에 예치된 돈으로 화석연료 경제에 투자를 한다.

구체적으로 미국 가정의 약 95%가 시중은행에 한 개 이상의 예·적금 계좌를 가지고 있다. 이런 1억 2400만 가구의 계좌 평균 잔액은 4만 달러 이상인데, 이는 은행들이 **미국 소비자의 돈 중 5조 달러** 이상을 보유하고 있다는 뜻이다. 이는 예·적금 계좌만 계산한 것으로, 은행은 다른 형태의 개인 자산과 가족 자산 역시 보유하고 있다.

시중은행들의 투자 방법에는 세 가지가 있다. 기업과 개인에게 대출하기, 개별 주식이나 펀드로 증권을 구입하기, 그리고 예치한 사람에게 지불하는 것보다 이율이 더 높은 곳에 돈을 그냥 넣어두기다.

은행이 이런 방식의 대출이나 투자를 하는 이유는 보통 큰 재정적 수익을 목적으로 하기 때문이다.

시중은행은 점점 몇 안되는 기관의 손에 집중되고 있다. 전체 예금의 약 45%가 네 개 은행, JP모건 체이스, 시티뱅크, 웰스파고, 뱅크오브아메리카에 몰려 있다.

전체적으로 2016~2019년까지 (미국 은행들을 포함한) 전 세계 상위 35개 은행이 화석연료 기업에 투자한 금액은 2.7조 달러가 넘는다. 상위 4개 은행이 이 기간에 화석연료 경제에 투자한 돈만 8110억 달러였다. 파리협정이 체결된 이후로 은행업은 화석연료에 매년 더 많은 돈을 투자했다.

하지만 크고 작은 시중은행 가운데 정책적으로 화석연료 투자를 제한하고 미래 이행 계획을 제시하는 수가 점점 늘고 있다. 그러면 개인들은 은행 계좌의 장점을 그대로 누리면서 은행의 투자 선택에 영향을 미칠 기회를 얻게 된다.

마이티Mighty나 세계가치존중동맹Global Alliance for Banking On Value 같은 웹사이트는 어떤 은행에 지속 가능 또는 무화석연료 대출과 투자 정책이 있는지를 알려준다.

"맞아, 지구는 파괴됐어. 그치만 아름다운 한시절에 우린 주주들에게 많은 이익을 안겨줬지."

예·적금 계좌에 4만 달러가 있는 개인은 1조 달러 규모 은행의 대출과 투자 행위에 영향을 미칠 수 있다.

1. 은행에서 돈을 인출하면 은행이 화석연료에 투자할 수 있는 돈이 그만큼 줄어든다.
2. 은행을 옮기고 그 이유를 소셜미디어에 공유하면 사회적 압력이 형성되어 같은 행동을 하는 사람들이 생겨나고 도미노 효과가 일어날 수 있다.

이는 소액주주 운동이나 투자 철수 운동과 유사한 강력한 신호가 될 수 있다. 은행의 임원들은 시장점유율에 사활을 걸기 때문에 고객의 의견에 관심이 많다.

이와 관련된 일반적인 절차와 은행별 절차에 대한 세부 정보는 Banks.org나 Chime.com에서 구할 수 있다.

⊕133

> 우리 모두가 함께 변화를 요구하는 목소리를 높이는 것은 선택이 아니라 의무다.
>
> — 베티 바스케스Betty Vasquez

화석연료 재정 조달액 기준 상위 20개 은행, 2016~2019년(10억 달러)

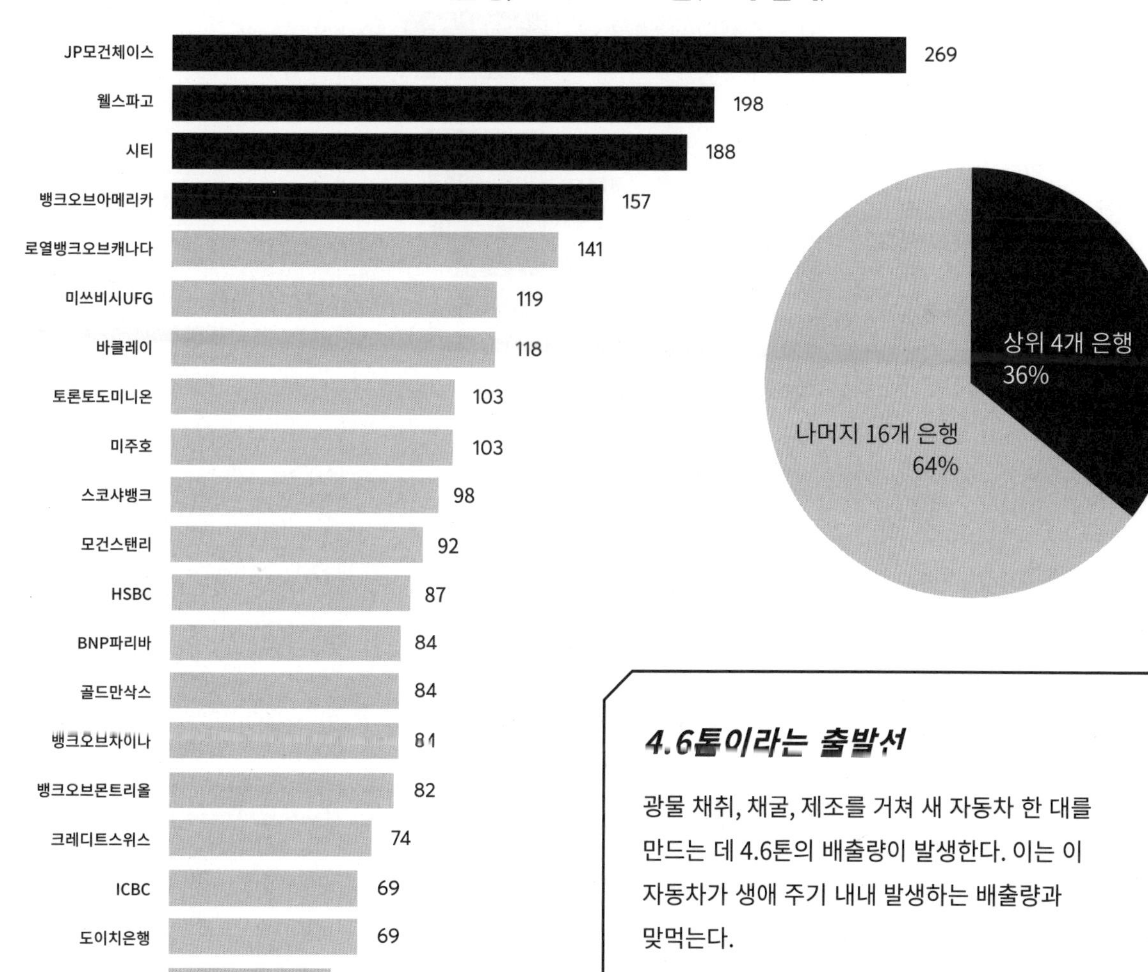

4.6톤이라는 출발선

광물 채취, 채굴, 제조를 거쳐 새 자동차 한 대를 만드는 데 4.6톤의 배출량이 발생한다. 이는 이 자동차가 생애 주기 내내 발생하는 배출량과 맞먹는다.

세계 최대의 화석연료 생산업체는?

화석연료 기업은 세계에서 가장 규모가 크고 가장 높은 수익을 올리는 기업에 속한다. 이들이 만들어내는 제품은 상당량의 탄소를 배출한다. 이들은 로비와 홍보를 통해 땅속에 있는 자산의 가치를 지키려 한다.

· 60%가 정부 소유 기업이다.
· 40%가 투자자 소유 기업이다.

세 번째로 많은 석유 매장 국가

캐나다의 석유 매장량은 전 세계 3위다. 캐나다에는 현재 캐나다 1년 소비량의 약 188배가 매장되어 있다.

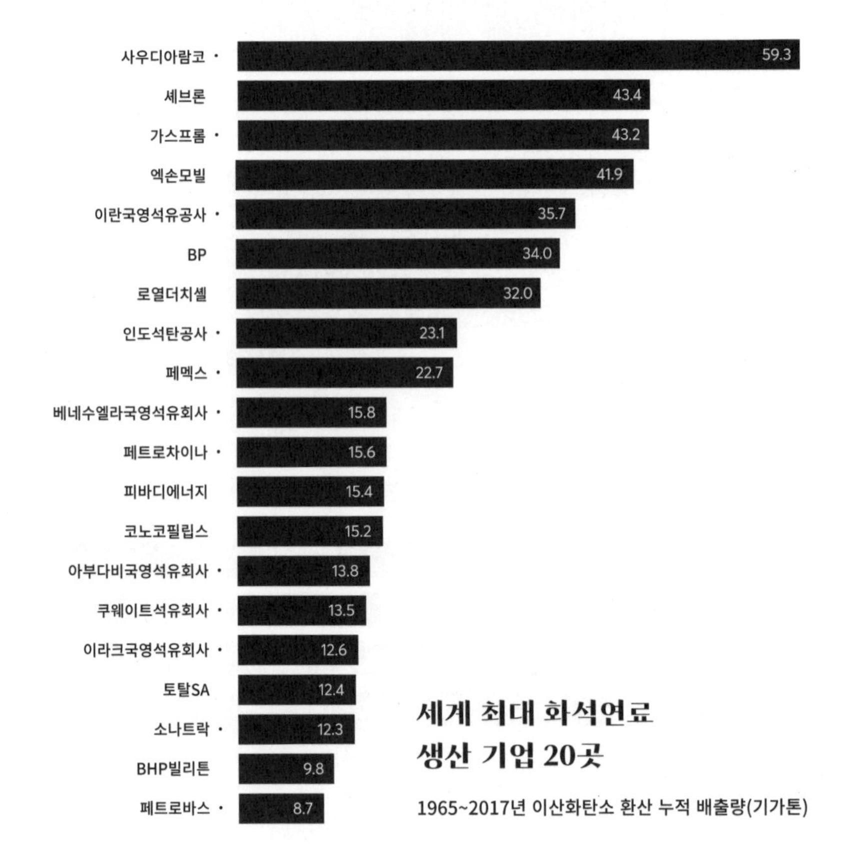

세계 최대 화석연료 생산 기업 20곳

1965~2017년 이산화탄소 환산 누적 배출량(기가톤)

위 목록 가운데 공개기업의 연락처는 아래와 같다.

BP
1 St. James's Square London UK SW1Y 4PD
+1-800-333-3991 (US)

BHP 빌리튼
171 Collins Street Melbourne Victoria 3000 Australia
+61-3-1300-55-47-57

셰브론 (NYSE: CVX)
6001 Bollinger Canyon Road San Ramon CA 94583 USA
+1-925-842-1000

코노코필립스
925 N. Eldridge Parkway Houston Texas 77079 USA
PO Box 2197 Houston TX 77252-2197 USA
+1-281-293-1000

엑손모빌 (NYSE: XOM)
5959 Las Colinas Boulevard Irving Texas 75039-2298 USA
+1-972-940-6000

피바디에너지
Peabody Plaza 701 Market St. St. Louis MO 63101-1826 USA
+1-314-342-3400

토탈SA
Charl Bosch Street Sasolburg South Africa 9570
+27-11-283-4900

로열더치쉘 Pc
Carel van Bylandtlaan 16 2596 HR The Hague The Netherlands
PO Box 162 2501 AN The Hague The Netherlands
+31-70-377-911

🌐114

기후변화 부인설을 유포하는 온라인 매체 10곳

기후변화 부인설은 누가 유포하는 걸까? 디지털혐오대응센터Center for Countering Digital Hate(CCDH)는 페이스북에서 약 7000개의 기후변화 부인 포스팅을 표본 조사했다. 소셜미디어에서 유포된 전체 기후변화 부인설 관련 내용의 69%가 오른쪽 목록에 있는 매체에서 작성한 것이었다. 이렇게 이용자들이 주고받은 내용의 99%에는 (현재의 머신러닝 기법으로는 감시가 불가능한) 비라벨포스트unlabeled post가 딸려 있었다.

전체적으로 이 10개 매체들은 주류 소셜미디어 플랫폼에 1억 8600만 명의 팔로워가 있고, 2021년 하반기 6개월 동안 웹사이트 방문 수는 모두 약 11억 회에 달했다.

⊕345

1%의 배출량

전 세계에서 가장 부유한 1%의 인구가 배출하는 온실가스는 하위 50%가 배출하는 양의 두 배가 넘는다.

기후변화 부인론 유포 건수

매체	비중
Breitbart	17.1%
The Western Journal	15.6%
Newsmax	9.9%
Townhall Media	6.5%
Media Research Center	6.1%
The Washington Times	6.0%
The Federalist Papers	2.4%
The Daily Wire	2.0%
Russia Today	1.8%
Patriot Post	1.6%

뭔가를 하라. 뭐라도 하는 것부터 시작하라. 그러고 나서 이야기하라! 그게 당신의 가정에, 당신의 집에, 당신의 도시에, 당신이 사랑하는 일에 얼마나 중요한지 이야기하라. 흩어진 점들을 당신의 심장과 연결하라. 기후변화를 뚝 떨어진 양동이로 보지 말고, 당신이 인생에서 아끼는 모든 게 담긴 양동이에 나버린 구멍으로 보라.

당신이 개인적으로, 가족 단위로, 조직으로, 학교나 일터 차원에서 참여할 수 있는 긍정적이고 건설적인 실천이 어떤 것일지 이야기하라. 저 거대한 돌덩이에 당신의 손을 보태라. 저 돌덩이를 조금이라도 빨리 언덕 아래로 굴려라.

— 캐서린 헤이호Katharine Hayoe 박사

석유 보조금

산업혁명으로 공장에 안정적으로 조달할 수 있는 에너지원의 수요가 급등했고, 산업 기반이 탄탄한 나라들은 빠르게 성장해서 더 많은 권력을 가지게 되었다. 그 결과 연료 수요는 더 늘어났다.

각국 정부는 화석연료를 안정적으로 공급하기 위해 생산자에게 재정적 지원(직접 현금 지원 또는 세금 감면 등)을 해서 화석 연료를 팔아 얻을 수 있는 수익을 보전해준다. 또 정부는 소비자들이 지불하는 가격을 낮추기도 한다.

생산자들은 가격이 너무 낮을 때 생산 비용을 낮추거나 가격을 높여 계속 수익성을 유지할 수 있다. 때로 유가가 치솟을 때는 정부는 소비자에게 직접 현금을 주거나 세금 감면 같은 다른 간접적인 조치로 보조금을 지급할 수 있다.

전 세계적으로 화석연료 보조금은 4470억 달러에 달하는 반면 재생에너지 보조금은 1280억 달러에 불과하다. 다만 화석연료 보조금은 줄어드는 추세다.

🌐123

이 책의 내용을 그대로 받아들이지 마세요.

http://www.thecarbonalmanac.org/123에서 이 글의 원자료, 관련 링크, 그리고 업데이트된 내용을 확인할 수 있어요.

더 깊이 공부하고, 함께 이야기해요.

구름씨뿌리기

구름씨뿌리기는 비나 눈이 더 많이 내리게 하려고 구름 안에 있는 물방울을 인공적으로 늘리는 것이다. 우박을 억제하기 위해 사용하기도 한다.

기상조절의 한 형태인 구름씨뿌리기 기술은 50여 년 전부터 활용되었고 50여 개국이 이 방식으로 날씨를 조절한다. 구름씨뿌리기에 드는 재원은 우박 피해를 완화하려는 보험회사, 저수지의 물을 늘리고 싶어 하는 중앙정부와 지방정부, 눈의 양을 늘리려는 스키 리조트 등 다양한 곳에서 나온다. 눈이 많이 오면 봄에 유량이 늘어나기 때문에, 이에 도움을 받는 수력발전 회사 역시 구름씨뿌리기를 이용한다.

구름씨뿌리기에는 의도적인 방법과 비의도적인 방법이 있다. 의도적인 방법은 기존의 구름에 혼합물을 적극적으로 계획해서 주입하는 것이다(씨뿌리기로 구름을 만들지는 못한다). 비의도적인 방법은 꽃가루 같은 생물학적 "먼지"가 자연적인 씨뿌리기 효과를 일으키거나 인간이 유발한 오염 같은 비자연적인 원인으로 해로운 씨뿌리기 효과가 일어나는 것이다.

구름씨뿌리기의 원리

구름씨뿌리기는 얼음 같은 작은 입자(보통은 요오드화은 입자)를 구름에 추가해 구름의 구조를 바꾼다.

이 입자는 추가적인 응결핵 역할을 한다. 구름 안에 있는 자유로운 과냉각 수증기 분자들이 이 입자를 둘러싸며 응결한다. 응결된 수증기 방울들은 계속 합쳐지면서 커지다가 충분히 무거워지면 떨어져서 비가 된다.

입자를 구름에 추가하는 방법에는 다음 두 가지가 있다.

1. 거대한 대포로 입자를 하늘에 쏘아올린다.
2. 비행기로 위에서 입자를 떨어뜨린다.

환경에 미치는 영향

연구에 따르면 구름씨뿌리기는 강수량을 10~15% 증가시킬 수 있는 것으로 보이지만, 사실 정확한 영향을 측정하기는 쉽지 않다. 이런 인위적인 개입을 하지 않았을 때의 강수량이나 적설량을 파악하기가 힘들기 때문이다. 한 지역의 구름에서 날씨를 조작할 때 인근 지역의 자연적인 강우에 궁극적으로 영향을 미치는지도 아직 파악되지 않았다.

오염된 공기는 물방울 크기가 작은 구름을 만들어내기 때문에 대기오염은 강수량에 부정적인 영향을 미친다. 구름이 형성되려면 응결핵이 필요한데, 바다의 소금, 먼지, 꽃가루 같은 에어로졸은 거대한 입자를 만들어내서 결국 빗방울이 커진다.

이스라엘에서 진행한 장기 연구에 따르면 대기오염은 구름씨뿌리기의 긍정적인 영향을 저해하는 환경을 만들어낸다. 강수량과 적설량이 가장 절박하게 늘어야 하는 지역에서 씨뿌리기가 성공할 가능성이 가장 낮아지는 것이다. 게다가 구름씨뿌리기에서 사용하는 물질인 요오드화은은 수중 생명에 유해해서, 씨가 주입된 구름에서 내린 비는 환경에 피해를 줄 수 있다.

⊕117

경제적 부와 온실가스

시간 경과에 따른 1인당 GDP와 이산화탄소 배출량의 변화 (1990년 기준)

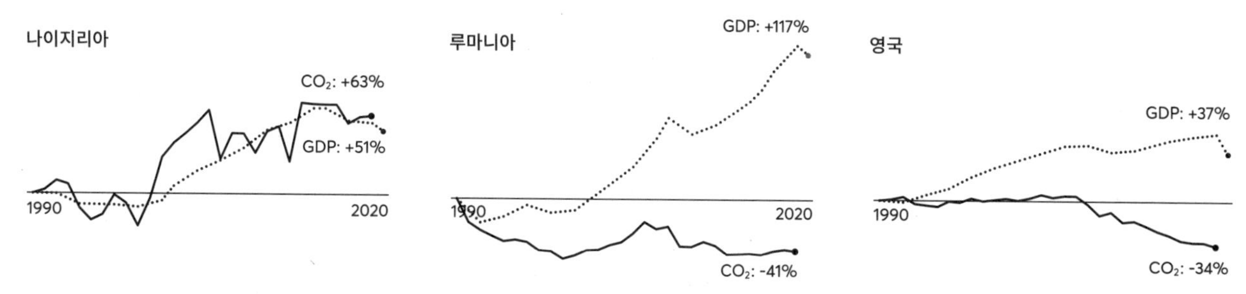

탄소 배출량을 줄이면서도 경제적 부를 늘릴 수 있을까?

온실가스 배출량은 인간의 활동을 정량적으로 측정하는 국민총생산GDP과 밀접하게 연결되어 있다. (겉보기에) 저렴한 연료 가격은 전통적으로 생산성 향상에 크게 기여했고, 각 나라는 이윤을 위해 경쟁적으로 많은 연료를 태웠다. 이는 소비량이나 생산량이 많을수록 배출량이 더 많다는 뜻이다.

그런데 2008년부터 2018년 사이 이산화탄소 배출량이 감소한 많은 나라에서 경제 성장이 동시에 일어났다. 대부분은 재생에너지로 회복력을 향상시키는 동시에 석탄 화력발전소 사용을 줄인 덕분에 이런 성과를 얻었다. 지속 가능성에 대한 관심은 에너지 효율성 증대로 이어졌고, 나아가 서비스 산업(금융업, 접객업, IT 등)으로의 점진적인 중심 이동으로 귀결될 수 있다. ⊕132

1인당 GDP 대 1인당 연간 이산화탄소 배출량

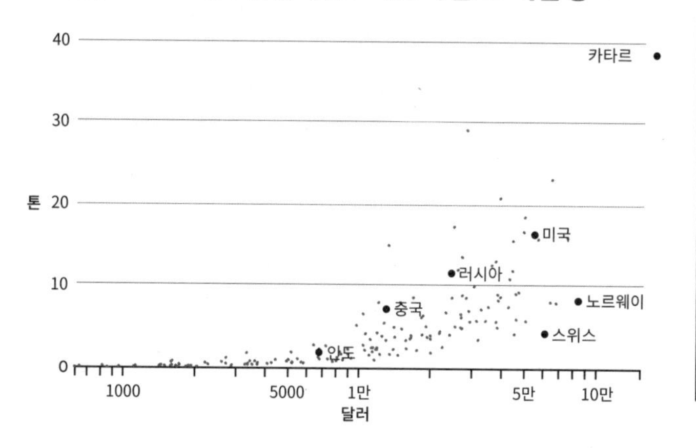

변화는 가능해요

Thecarbonalmanac.org에 방문해서 **매일의 차이**The Daily Difference 뉴스레터에 가입하세요.
매일 여러 이슈와 실천에 대한 소식을 받고
수많은 이들과 서로 연결되어 중요한 영향을
만들어낼 수 있어요.

미국인의 평균 탄소 발자국은 16톤으로, 세계 평균인 4톤보다 네 배 많다.

개인의 탄소 발자국과 집단행동

개인의 행동을 자발적으로 줄이는 것만으로는 기후 위기를 해결하지 못한다. 하지만 이런 행동을 의식하는 것은 한 사람이 기후에 미치는 영향을 줄이고, 사안의 시급함에 대한 이해를 심화하며, 시스템의 변화를 촉구하도록 자극할 수 있다. 개인은 집에서 시작해서 지역사회로 무대를 확장하고, 각 산업과 국가, 지구 차원에서 활약할 수 있다. 한 걸음 한 걸음이 폭넓은 변화에 기여한다.

많은 이들에게 가장 높은 비중을 차지하는 온실가스 배출의 직접적인 원인은 휘발유 차량 운전이다. 차에 기름을 가득 채울 때마다 각 개인은 백만 살이 넘는 탄소를 이산화탄소로 전환하는 것이기 때문이다.

간접적인 원인으로는 집짓기, 새 운동화 구입, 자몽 먹기 같은 것들이 있다. 각각은 제조, 운반, 저장, 그 외 탄소에 의지해서 수행해야 하는 다른 활동과 관련이 있다. 공급 사슬의 모든 부분들은 환경에 영향을 미친다.

선동을 넘어서

브리티시페트롤리움BP이 세계적인 광고대행사 오길비Ogilvy와 손을 잡고 산업계가 환경에 미치는 영향에서 소비자의 관심을 다른 곳으로 돌리기 위해 "탄소 발자국"이라는 용어를 확산시켰다는 사실은 널리 알려져 있다. 사람들이 문제의 원인이 자신에게 있다고 생각한다면, 산업화된 탄소 연소에 투자함으로써 이윤을 얻는 시스템에 대한 압력이 줄어들 것이다.

이 용어가 대중화되고 나서 수십 년 동안 많은 조직과 웹사이트들이 소비자들이 자신의 영향을 쉽게 측정할 수 있게 만들었고, 이로써 부분적인 피해를 해결하기 위해 자발적으로 혹사하기도 쉬워졌다.

하지만 이런 계산은 시스템의 문제를 해결할 수 있는 것은 시스템 차원의 접근법밖에 없음을 상기시킨다는 데 진정한 효용성이 있다.

탄소 발자국 계산

탄소 계산기는 세대 구성원 수, 주택의 크기, 직장과 인근 다른 장소로의 이동 수단, 비행기와 다른 대중교통 수단의 이용 빈도, 식습관과 쇼핑 습관 등을 중심으로 한 가구의 탄소발자국을 측정한다. 탄소발자국 추정치는 1년동안 배출된 이산화탄소를 톤으로 표현한다.

탄소 발자국을 확인한 개인은 자신의 선택을 바꿀 수 있다. 에어컨 사용 시간 줄이기, 자전거로 출근하기, 비행기를 타고 해외 여행을 가는 대신 가까운 곳에서 휴가 보내기 등의 생활을 통해 탄소 영향을 감축할 수 있다.

탄소 크레딧
개인은 가령 다른 개발도상국에서 같은 양의 이산화탄소를 줄이기 위한 자금을 지원함으로써 자신의 탄소 발자국을 상쇄하는 방법을 택할 수도 있다. 일반적인 탄소 상쇄 방법에는 재조림 프로젝트에 자금 지원하기 등이 있다. 또 일부 항공사는 승객이 추가 비용을 지불할 경우 비행으로 발생하는 탄소 중 자신의 몫을 상쇄할 수 있게 해주기도 한다.

🌐119

모든 진실은 세 단계를 거친다.
처음에는 조롱의 대상이 된다. 그다음에는 격렬한 반대에 부딪힌다. 세 번째 단계가 되면 당연하게 받아들여진다.

— 아르투어 쇼펜하우어Arthur Schopenhauer

기후변화에 대해 이야기하기

기후변화를 알리는 일은 변화를 일으키기 위해 필수적인 단계다. 아직은 갈 길이 멀다. 2021년 한 설문조사에서 기후변화가 "중요한 관심사"라고 답한 사람은 31%밖에 되지 않았다.

하지만 사람들의 마음을 바꾸는 것은 원래 그렇게 쉬운 일이 아니다. 사실과 데이터를 전달하는 것만으로 입장이 다른 사람의 행동을 바꿀 확률은 3%에 지나지 않는다. 하지만 스스로 변화의 이유를 찾을 수 있는 분위기를 만들어주는 토론에 참여할 경우 성공률은 37%로 올라간다.

동기부여 면담은 동료 관계에서 의견을 바꾸는 기법으로 연구되어 왔다. 이 방법은 긍정적인 변화에 대한 개인의 자발적인 동기와 노력을 확인하고 연결하고 강화하고자 한다.

동기부여 면담의 네 규칙

1. **개방형 질문.** 간단하게 "네", "아니오"로 대답할 수 있는 질문을 피하고 호기심을 갖게 한다. 가령 "기후변화에 대한 당신의 생각과 관점을 정말 듣고 싶어요. 그게 당신의 손자녀들에게 어떤 영향을 미칠 것 같나요?"라는 식으로 질문한다.
2. **긍정.** 장점을 인정하고 강조하면 상대가 개방적인 태도로 진실되게 의견 교환에 임할 수 있다. 긍정에 진정성이 담겨 있을 때 효과가 있다.
3. **반영적인 듣기.** 반영적인 듣기의 기초를 쌓으려면 사람들이 자유롭게 말하도록 내버려둔다. 상대가 이야기를 하고 난 뒤 들은 내용을 중립적으로 다시 확인하는 것이 효과적이다. 이는 상호적인 이해를 돕고 대화 상대가 자신의 이야기에 귀 기울인다고 느낄 수 있게 해준다. 목표는 사람들이 자신의 결정과 행동을 주도한다는 느낌이 들게 하는 것이다. 반영적 듣기는 반복하기 또는 거울상으로 보여주기, 다른 말로 바꿔서 표현하기, 감정의 성찰이라는 세 형태의 진술문으로 표현될 수 있는데, 하나하나가 깊이 있는 공감대 형성과 관련이 있다.
4. **요약.** 상대가 한 말을 정리함으로써 청자는 화자가 오해를 수정하고 정보 격차를 해소할 공간을 만든다. 이 과정에서 서로에게 더 깊이 간여할 기회가 열린다.

🌐127

성녀 카테리 보존 지역

성녀 카테리 보존 지역Saint Kateri Habitats은 자연환경을 돌보고 복원하기 위해 지정한 작은 지역이다. 이 계획은 천주교 신앙을 중심으로 2000년에 설립된 성녀 카테리 보존 센터의 프로그램이다.

옥상의 상자 텃밭, 주택의 마당, 공동체 정원, 공원, 목초지나 농장 등 어떤 종류의 자연경관이든 성녀 카테리 보존 지역으로 지정할 수 있다. 이 보존 지역은 생태계의 일부이자 성역의 역할도 한다.

성녀 카테리 보존 센터에 따르면, 이 보존 지역에는 종교적인 물건이나 상징 외에 다음 특징 가운데 최소 두 가지가 있다.

· 꽃가루 매개자와 그 외 육지 및 수중생물의 서식지를 비롯, 야생 동식물을 위한 먹이, 물, 은신처, 공간
· 토종 나무, 관목, 초본식물과 생태계
· 채소밭, 꽃밭, 공동체에서 운영하는 정원, 실내 정원, 농장
· 생태계 서비스, 깨끗한 공기와 물, 기후를 조절할 수 있는 탄소 저장소
· 재생에너지와 지속 가능성에 기초한 텃밭 운영, 조경, 농경 활동
· 마리아의 정원, 기도 정원, 묵주 정원 등 종교 활동, 기도, 명상을 위한 성스러운 장소

5개 대륙 190곳에 지정된 성녀 카테리 보존 지역은 기후변화와 생물 다양성 감소를 해결할 수 있는 영적인 접근법을 제공한다. 명상과 성찰뿐만 아니라 꽃가루받이와 번식에 필요한 장소를 제공하는 이 보존 지역들은 인간의 장소 안에 자연이 자연스럽게 스며들게 하고 자연을 즐기는 인간에게 영적인 연결 고리를 제공한다.

⊕130

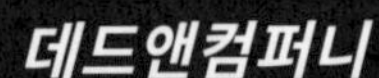

데드앤컴퍼니

록밴드 그레이트풀데드Grateful Dead는 1965년 결성되어 꾸준히 음악 활동을 이어오고 있다. 2021년 투어 데드앤컴퍼니Dead & Company는 공연을 보러 오는 팬들이 만들어낸 온실가스를 비롯해, 이 공연 때문에 만들어지는 것보다 5배 더 많은 온실가스를 제거하는 기후 플러스 공연이었다. 이 밴드는 이렇게 말한다. “우리는 한때 안락한 노년을 위해 공연했지만 지금은 생명을 위해 공연한다(We used to play for silver, now we play for life).”

2020~2021년 최고의 기후 기부자들

2021년에는 전반적인 기부 활동 지형에 변화가 있었다. 기후변화 완화를 위해 민간 모금에서 사상 최고의 약속 금액인 50억 달러가 모인 것이다. 또 2018년 세계기후행동정상회담Global Climate Action Summit의 서약에 새로운 기부자들이 합류해서 2025년까지 추가로 60억 달러를 기부하겠다고 약속했다.

2020년에는 일 년 사이에 기후 관련 기부가 14% 증가해서, 기후변화 완화를 위한 기부가 전 세계 총 자선 모금액의 2%를 차지할 것으로 추정된다.

> 경제적 이익을 위해 우림을 파괴하는 것은 한 끼 식사를 만들려고 르네상스 시대의 그림을 태우는 것과 같다.
>
> — E. O. 윌슨Edward Osborne Wilson

자선사업의 모금 주제는 복잡하고, 정량화하기 힘든 측면들이 많다. 어떤 기부자들은 정보를 공개하지 않기도 하고, 금액이 큰 기부는 합의한 기간 동안 나눠서 지불하기도 하는데, 이 기간이 몇십 년일 때도 있다. 기부 약속 시점과 대중이 정보를 접할 수 있는 시점 사이에 시차가 있을 수도 있다. 미국 국세청은 조정된 총수입의 50%에 달하는 기부금을 공제해주기 때문에 일각에서는 기부자의 의도를 의심하기도 한다.

이런 복잡한 상황을 염두에 두자. 다음은 2020~2021년 기후 모금 약속 금액이 상위를 차지하는 기부자들이다.

상위 기부 서약자 2020~2021년

- 아르카디아Arcadia
- 베조스 지구기금Bezos Earth Fund
- 블룸버그 자선재단Bloomberg Philanthropies
- 돌파구 에너지 벤처(빌 게이츠가 후원하는 기금) Breakthrough Energy Ventures
- 챈 저커버그 이니셔티브Chan Zuckerberg Initiative
- 크리스텐센 기금Christensen Fund
- 데이비드 앤 루실 패커드 재단David and Lucile Packard Foundation
- 포드 재단Ford Foundation
- 굿에너지 재단Good Energies Foundations
- 고든 앤 베티 무어 재단Gordon and Betty Moore Foundation
- 이케아 재단IKEA Foundation
- 존 D. 앤 캐서린 T. 맥아더 재단John D. and Catherine T. MacArthur Foundation
- 로렌 파월 잡스Laurene Powell Jobs
- 니아 테로Nia Tero
- 오크 재단Oak Foundation
- 우림 트러스트Rainforest Trust
- 리와일드Re:wild
- 롭 앤 멜라니 월튼 재단Rob and Melani Walton Foundation
- 록펠러 재단Rockefeller Foundation
- 소브라토 자선재단Sobrato Philanthropies
- 스튜어트 앤 린다 레스닉Stewart and Lynda Resnick
- 테슬라 앤 머스크 재단Tesla and the Musk Foundation
- 윌리엄 앤 플로라 휴렛 재단William and Flora Hewlett Foundation
- 위스 재단Wyss Foundation

⊕839

선도자들

우리를 더 나은 미래로
안내하는 사람과 조직들

기후 과학계의 선도자 30인

로이터Reuters는 다음 세 기준을 가지고 가장 영향력 있는 기후 과학자 1000명의 목록을 정리했다.

· 해당 분야에서 기후 관련 학술 논문의 수: 생산성의 척도

· 해당 분야에서 발표한 논문의 평균 인용 건수 대비 해당 과학자의 논문의 인용 건수 비율: 우수함의 척도

· 소셜미디어, 주류 미디어, 공공정책 보고서, 위키피디아 같은 사이트에서 언급된 총 건수: 사회적 영향력의 척도

다음은 로이터가 선정한 상위 30인의 과학자 목록이다.

🌐138

순위	과학자	국가	3대 관심 분야	3대 연구 분야
1	케이완 리아히Keywan Riahi 국제응용시스템분석연구소International Institute for Applied Systems Analysis	오스트리아	에너지시스템 통합평가모델 정책	경제학 응용경제학 환경과학
2	안소니 레이세로비츠Anthony A. Leiserowitz 예일대학교	미국	기후변화 인지 정책	인간사회연구 심리학과 인지과학 심리학
3	피에르 프리들링스타인Pierre Friedlingstein 엑서터대학교	영국	기후변화 탄소순환 기후	지구과학 생물과학 대기과학
4	데트레프 피터 판 퓌렌Detlef Peter Van Vuuren 위트레흐트대학교	네덜란드	통합평가모델 기후변화 온실가스 배출량	경제학 응용경제학 환경과학
5	제임스 E. 한센James E Hansen 위트레흐트대학교	미국	기후변화 온난화 기후	지구과학 자연지리와 환경지구과학 대기과학
6	Petr Havlfk 국제응용시스템분석연구소	오스트리아	기후변화 가스배출량 온실가스배출량	환경과학 경제학 응용경제학
7	에드워드 메이바치Edward Wile Maibach 조지메이슨대학교	미국	기후변화 인지 믿음	의학과 보건학 공중보건과 의료서비스 심리학과 인지과학
8	조셉 G. 카나델Josep G. Canadell 연방과학산업연구기구Commonwealth Scientific and Industrial Research Organisation	호주	기후변화 탄소순환 흡수원	생물과학 환경과학 지구과학
9	소니아 이사벨 세네비라트네Sonia Isabelle Seneviratne 취리히연방공과대학ETH Zurich	스위스	토양수분 수분 기후	지구과학 자연지리와 환경지구과학 대기과학
10	마리오 헤레로Mario Herrero 연방과학산업연구기구	호주	기후변화 가축 생산	농업과 수의학 환경과학 환경과학과 관리
11	데이비드 B. 로벨David B. Lobell 스탠퍼드대학교	미국	수확량 기후변화 작물 수확량	농업과 수의학 작물과 목초 생산 생물과학
12	켄 칼데이라Ken Caldeira 카네기연구소지구생태과학과Carnegie Institution for Science's Department of Global Ecology	미국	생태계 바다 생물종	생물과학 생태학 지구과학

순위	과학자	국가	3대 관심 분야	3대 연구 분야
13	케빈 E. 트렌버스Kevin E. Trenberth 미국국립대기연구센터National Center for Atmospheric Research	미국	바다 강수량 변동성	지구과학 대기과학 해양학
14	스티븐 A. 시치Stephen A. Sitch 엑세터대학교	영국	기후변화 식생모델 기후	생물과학 지구과학 생태학
15	글렌 P. 피터스Glen P. Peters 국제기후환경연구센터Center for International Climate and Environmental Research	노르웨이	이산화탄소배출량 기후변화 예산	지구과학 경제학 응용경제학
16	오브 회그 굴드버그Ove Hoegh-Guldberg 퀸즐랜드대학교	호주	암초 산호 산호초	생물과학 생태학 환경과학
17	리처드 아서 베츠Richard Arthur Betts 영국기상청	영국	기후변화 기후 온난화	지구과학 대기과학 자연지리와 환경지구과학
18	마이클 G. 오펜하이머Michael G. Oppenheimer 프린스턴대학교	미국	기후변화 빙붕 해수면상승	지구과학 자연지리와 환경지구과학 환경과학
19	윌리엄 나일 에드거William Neil Adger 엑세터대학교	영국	기후변화 정책 생계	인간사회연구 환경과학 환경과학과 관리
20	윌리엄 와이 룽William Wai Lung 브리티시컬럼비아대학교	캐나다	기후변화 어자원 생태계	생물과학 생태학 환경과학
21	피터 M. 콕스Peter M Cox 엑세터대학교	영국	기후 기후변화 온난화	지구과학 대기과학 생물과학
22	크리스토퍼 B. 필드Christopher B Field 스탠퍼드대학교	미국	생태계 이산화탄소 증가 생물종	생물과학 식물학 생태학
23	신이치로 후지모리Shinichiro Fujimori 교토대학교	일본	기후변화 계산가능한일반균형모델 일반균형모델	경제학 응용경제학 공학
24	엘마 크리글러Elmar Kriegler 포츠담기후영향연구소Potsdam Institute for Climate Impact Research	독일	기후정책 경제학 통합평가모델	경제학 응용경제학 환경과학
25	야드빈더 싱 말리Yadvinder Singh Malhi 옥스퍼드대학교	영국	숲 열대림 생태계	생물과학 생태계 환경과학
26	카를로스 마누엘 두아르테Carlos Manuel Duarte 킹압둘라대학교	사우디아라비아	바다 기후변화 이산화탄소	지구과학 해양학 생물과학
27	크리스 D. 토마스Chris D. Thomas 요크대학교	영국	생물종 기후변화 나비	생물과학 환경과학 생태학
28	스테판 할레가트Stephane Hallegatte 세계은행World Bank	미국	기후변화 자연재난 정책	경제학 응용경제학 지구과학
29	앤디 P 헤인스Andy P Haines 런던위생열대의학대학원London School of Hygiene & Tropical Medicine	영국	건강결과 심장질환 위험인자	의학과 보건학 공중보건과 의료서비스 임상과학
30	미하엘 오버스타이너Michael Obersteiner 국제응용시스템분석연구소	오스트리아	가격 기후변화 토지	환경과학 경제학 응용과학

기후 붕괴를 막으려면 당신이 대성당을 짓는다고 생각하라.
천장을 어떻게 지을지 알지 못해도 일단 기초를 놓아야 한다.

— 그레타 툰베리Greta Thunberg

꽃이 피지 않을 때는 꽃이 아니라 그 꽃이 자라는 환경을 바꿔라. -알렉산더 덴 헤이저Alexander Den Heijer

기후변화 실천을 선도하는 국가

기후변화성과지수CCPI는 각국의 기후 책임 성과를 추적한다. CCPI는 전 세계 온실가스 배출량의 90% 이상을 차지하는 57개국의 기후 실천에 대해 보고한다. 이 보고서는 각국의 국내외 기후 정책을 평가하는 전문가 400명의 작업을 집대성한 것이다.

아래 표는 2022년 상위 10개국의 목록이다. 위의 빈 칸들은 이 분야에서 충분한 기후변화 경감 조치를 이행해 '아주 높음' 등급을 받은 나라가 하나도 없다는 뜻이다.

⊕145

주요 평가 항목

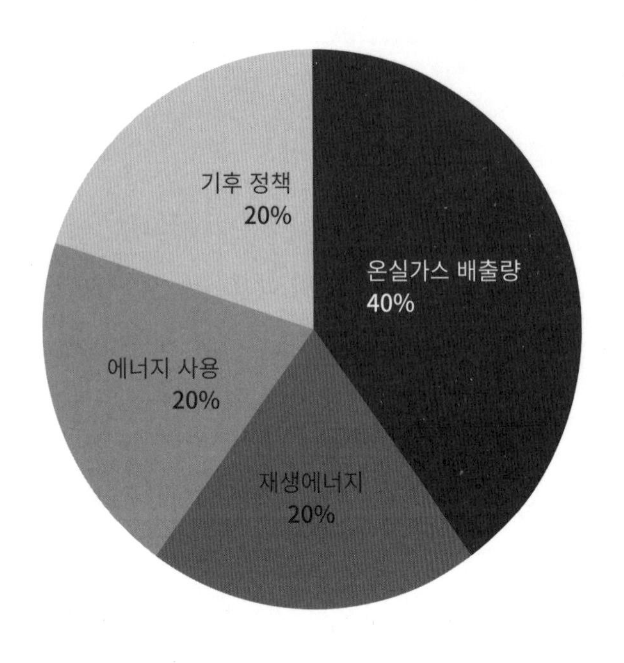

순위	총점	재생에너지	기후정책
1	–	–	–
2	–	–	–
3	–	노르웨이 19.21	–
4	덴마크 76.67	덴마크 14.93	룩셈부르크 18.11
5	스웨덴 74.22	스웨덴 14.72	덴마크 17.87
6	노르웨이 73.29	핀란드 4.04	모로코 17.23
7	영국 73.09	라트비아 13.79	네덜란드 16.53
8	모로코 71.60	뉴질랜드 13.05	리투아니아 16.48
9	칠레 69.51	브라질 12.70	포르투갈 16.27
10	인도 69.20	칠레 12.62	프랑스 16.06

아프리카 재조림 이니셔티브

2015년에 만들어진 아프리카숲경관복원이니셔티브AFR100는 아프리카연합개발기구African Union Development Agency(AUDA-NEPAD)가 관리하는 공공-민간 파트너십이다.

이 이니셔티브는 나무를 심고 자연 복원을 독려하고 맹그로브, 습지, 초지를 복구함으로써 황폐해진 숲과 토지를 회복시키고자 한다.

목표는 경관의 회복력을 높이고, 생물 다양성을 증대하고, 식량 안보와 물 안보를 개선하고 일자리를 창출하고, 경제를 지속 가능하고 튼튼하게 구축하는 것이다.

2021년 12월 AFR100의 첫 이행 기간 6년이 끝나는 시점에, 국가별 이행 약속이 최초의 목표치인 1억 헥타르를 넘어섰다.

다음 목록은 32개 아프리카 국가의 국내 이행 약속 내용을 나타낸 것이다.

⊕148

국가명	재조림 약속	국가명	재조림 약속
베냉	0.50	모잠비크	1
부르키나파소	5.00	나미비아	0.07
부룬디	2.00	니제르	3.2
카메룬	12.00	나이지리아	4
차드	1.4	콩고민주공화국	2
중앙아프리카공화국	3.5	르완다	2
코트디부아르	5.00	세네갈	2
콩고민주공화국	8.00	시에라리온	0.7
에티오피아	15.00	남아프리카공화국	3.6
가나	2.00	수단	14.6
기니	2.00	스와질랜드(에스와티니)	0.5
케냐	5.1	탄자니아	5.2
라이베리아	1.00	토고	1.4
마다가스카르	4.00	우간다	2.5
말라위	4.5	잠비아	2
말리	10.00	짐바브웨	2

총 1277억 7000만 헥타르의 토지 복구를 약속함

> 마지막 나무가 잘려나갈 때, 마지막 물고기가 잡힐 때, 마지막 강이 오염될 때, 그리고 공기를 들이마시는 게 역겹다고 느껴질 때, 당신은 풍요는 은행에 있는 게 아니라는 것을, 돈은 먹을 수 없다는 것을 너무 뒤늦게 깨달을 것이다.
>
> — 앨라니스 오봄사윈Alanis Obomsawin

기후 정책을 옹호하는 선도자들

교육 플랫폼 아폴리티컬Apolitical.co은 사명감을 느낀 사업가들이 만들어 10만 명 이상의 공무원들이 사용하는 곳이다. 2020년이 되기 전 이 사이트에는 기후변화에 영향을 미치는 선도적인 인물 100명의 목록이 올라와 있었다. 아래의 요약본에는 아폴리티컬 상위 20명과 기후 정책 및 기후변화에 영향을 미치는 24명의 정치 지도자들을 정리했다. (예술가, 청년 활동가, 비정부기구와 국제적인 인물 등 56명은 뒤의 글에서 다뤘다.)

⊕147

상위 20인

알렉산드리아 오카시오-코르테스 Alexandria Ocasio-Cortez 미국	2019년 최연소 국회의원으로, 미국의 기반 시설을 재생에너지 중심으로 바꿀 기후변화 해결에 초점을 맞춘 경기 부양책인 그린 뉴딜의 주요 지지자다.
안 이달고 Anne Hidalgo 프랑스	파리 시장으로 2015년 12월 지역지도자기후정상회담Climate Summit for Local Leaders을 주최했다. 전 세계 90개 도시가 기후변화 대응을 위해 손을 잡은 C40의 의장으로 선출되기도 했다.
안토니 뇽 Anthony Nyong	아프리카에서 저탄소와 기후회복력을 실천하기 위한 아프리카개발은행그룹African Development Bank Group의 활동을 주도한다. 2025년까지 모든 아프리카인의 에너지 접근성을 향상하기 위한 아프리카에너지뉴딜New Deal on Energy for Africa의 조율을 맡았다.
빌 맥키번 Bill McKibben 미국	1989년에 출간한 책 《자연의 종말The End of Nature》은 기후변화를 다룬 최초의 대중서로 평가받는다. 간디상을 수상했고 188개국에서 새로운 석탄, 석유, 천연가스 개발 계획에 반대하는 국제 운동인 350.org를 공동으로 설립했다.
캐서린 맥케나 Catherine McKenna 캐나다	환경·기후변화부 장관으로 파리협정에서 활약했고, 기후변화 대응과 친환경 경제 발전을 위해 주, 준주, 선주민들과 함께 캐나다 최초의 계획을 마련했다.
데이비드 애튼버러 David Attenborough 잉글랜드	〈블루 플래닛 2Blue Planet II〉라는 다큐멘터리로 플라스틱 재활용에 불을 지폈다. 세계자연기금WWF의 보르네오 우림 보호 노력 같은 캠페인에 영향을 미쳤다. 2018년 유엔기후변화정상회의에서 연설했다.
파티흐 비롤 Fatih Birol 튀르키예	국제에너지기구IEA의 상임이사로 포괄적인 근대화 프로그램을 주도해 인도와 브라질 같은 나라들을 지원했다. 유엔사무총장 산하 모두를 위한 지속 가능한 에너지Sustainable Energy for All 자문위원회에서 일한다.
그레타 툰베리 Greta Thunberg 스웨덴	파리협정에 맞춰 정부가 탄소 배출량을 감축할 것을 요구하며 스웨덴 의회 앞에서 기후를 위한 등교 거부 운동을 벌여 유명해졌다.

힐다 하이네 Hilda Heine 마셜 제도	기후변화의 위협이 심각한 48개국의 동맹인 기후취약포럼CVF의 의장을 지냈다. 마셜 제도 대통령 시절에는 2050년까지 탄소 중립을 실현하는 데 주력했다.
이회성 대한민국	고려대학교 에너지환경대학원 교수로 기후변화의 경제학, 에너지, 지속 가능 발전 등을 연구한다.
제니퍼 모건 Jennifer Morgan 네덜란드	기후변화, 삼림 파괴, 핵발전 같은 사안에서 활발히 활동하는 국제 NGO 그린피스 인터내셔널의 전임 사무총장이다. 지금은 독일 외교부에서 국제 기후 실천 특사를 맡고 있다.
조세파 리오넬 코리아 삭코 Josefa Leonel Correia Sacko 앙골라	아프리카의 농경제학자이자 아프리카연합집행위원회 농촌경제 및 농업 위원이다. 아프리카개발은행과 세계무역기구에서 했던 연설이 특히 유명하다.
캐서린 헤이호 Katherine Hayhoe 미국	대기과학자이자 《변화를 위한 기후: 신념에 근거한 결단을 위한 지구온난화 관련 사실들A Climate for Change: Global Warming Facts for Faith-Based Decisions》의 공저자이다. 2014년의 제3차 국가기후평가서의 공저자이기도 하다.
마리나 실바 Marina Silva 브라질	가난한 고무 채취 마을에서 태어나 환경부 장관이 된 입지전적 인물로 아마존 펀드를 만드는 동시에 삼림 파괴를 60% 가까이 줄였다.
마이클 블룸버그 Michael Bloomberg 미국	뉴욕시 시장으로서 시의 탄소 발자국을 19% 감축하는 방법을 제시했다. 2010~2013년 C40 기후리더십모임의 의장으로서 기후변화 대응에서 도시의 역할을 강조했다. 《희망의 기후: 도시, 산업, 시민이 지구를 구하는 방법Climate of Hope: How Cities, Businesses, and Citizens Can Save the Planet》의 공저자이다.
마이클 만 Michael Mann 미국	펜실베이니아주립대학교 대기과학 교수이자 지구시스템과학센터ESSC의 대표. 기후변화에 대한 저서를 여러 권 집필했고 과학 웹사이트 realclimate.org의 공동 설립자다.
패트리샤 에스피노사 Patricia Espinosa 멕시코	기후변화에 관한 유엔 기본협약UNFCCC 사무총장을 지냈다.
프란치스코 교황 바티칸시	2015년 기후변화와 환경보호, 지속 가능성에 대한 최초의 교황 회칙을 발표했다.
살리물 허크 Saleemul Huq 방글라데시	과학자이자 국제기후변화개발센터ICCCAD의 설립자이자 국제환경개발연구소IIED의 수석연구원이다. IPCC 보고서의 주 저자였다.
시에 젠화 Xie Zhenhua 중국	중국의 기후변화 특별대표로서 탄소 배출량 감축에 대한 중국과 미국의 합의를 조율했고 파리협정 채택에 관한 정치적 지지를 모았다. 환경보호부 장관으로서 깨끗한 대기, 자원 보존, 지속 가능 발전을 옹호했다.

상위 정치인 24인

앨 고어 Al Gore
미국

1992년 부통령으로 일하던 당시 UNFCCC를 띄우는 공을 세웠다. 2005년에는 전 세계 운동가들을 규합하는 기후현실프로젝트Climate Reality Project를 설립했다. 2007년 전 세계 기후변화에 대한 노력을 인정받아 노벨 평화상을 받았다.

버니 샌더스 Bernie Sanders
미국

열혈 환경주의자인 샌더스는 상원의원으로서 환경공공사업위원회EPW에서 일했다. 캘리포니아 상원의원 바버라 복서Barbara Boxer와 함께 탄소와 메탄 배출량에 세금을 부과하는 기후 보호법을 도입했다. 2007년에는 '녹색일자리법'을 공동으로 발의했고 그린 뉴딜을 강력하게 지지한다.

브라이어니 워딩턴 Bryony Worthington
영국

상원의원으로서 새로운 기후변화법을 요구하며 지구의 벗Friends of the Earth "빅 애스크Big Ask" 캠페인에서 핵심적인 역할을 했다. 영국에 "탄소 예산"을 도입하는 2008년 기후변화법의 주 작성자였다.

카를로스 마누엘 로드리게스 Carlos Manuel Rodriguez
코스타리카

2002~2006년 환경에너지부 장관을 지내는 동안 토지를 친환경적으로 사용하는 농부와 지주들에게 인센티브를 주는 방안을 개척하고 생태계 보전에 힘썼다. 전 세계적으로 지속 불가능한 어업 활동을 규제하는 데도 큰 역할을 했다.

캐롤린 루카스 Caroline Lucas
잉글랜드

국제적으로 인정받은 기후변화 연설가이자 세계 환경 운동에서 영향력이 큰 활동가로 평가받는다. 영국 최초의 녹색당 국회의원이다.

데비 라파엘 Debbie Raphael
미국

과학자이자 공무원이다. 샌프란시스코환경부 책임자로서 지붕형 태양광 패널과 전기차 충전소 초기 정책을 도입했고, 2050년까지 탄소 중립을 실현한다는 야심찬 목표를 설정했다. 도시지속가능성책임자네트워크USDN의 대표이기도 하다.

엘리자베스 메이 Elizabeth May
캐나다

2011년 캐나다 녹색당 최초로 국회의원에 선출되었다. 8권의 책을 집필했고 국제지속가능발전연구소IISD 이사로도 일했다.

하쉬 바르단 Harsh Vardhan
인도

2008년 델리의 비닐봉지 반대 캠페인과 기업이 친환경 제품 제조사와 파트너십을 맺도록 촉구하는 "그린쇼퍼캠페인Green Shopper Campaign"을 시작했다.

제이 인슬리 Jay Inslee
미국

재생에너지 부문에서 선도적인 사상가로 알려진 인물로, 워싱턴 주지사로서 워싱턴주를 재생에너지와 전기차 관련 최고의 주로 만들었다. 《아폴로의 불: 미국의 청정에너지 경제 점화하기Apollo's Fire: Igniting America's Clean-Energy Economy》를 공동 집필했다. 파리협정에 도달하려는 미국의 목표를 지지하기 위해 양당이 함께하는 미국기후동맹US Climate Alliance을 공동으로 설립하기도 했다.

요르겐 아빌드고르Jøgen Abildgaard
덴마크

코펜하겐을 2025년까지 세계 최초의 탄소 중립 도시로 만든다는 코펜하겐 2025 기후계획Copenhagen 2025 Climate Plan 이니셔티브의 기후 프로젝트 총책임자다. 환경에너지부 장관을 지냈다.

카타리나 슐츠 Katarina Schulze
독일

정치인이자 바이에른녹색당 공동 대표다. 사회적 지속 가능성, 유럽 통합, 엄격한 환경 규제의 개발 정책에 주안점을 둔다.

리 간제 Li Ganjie
중국

최연소 임명직 생태환경부 장관으로 2018년 35개 중국 도시를 가스에서 전기로 전환시켰다.

마크 카니 Mark Carney
잉글랜드

기후변화가 금융 부문에 가하는 경제적 위협에 대한 인식을 높였다. 기후변화를 관리하는 보험회사와 은행에 기후변화 위협을 담당하는 수석 책임자를 둘 것을 제안하기도 했다. 이는 은행들이 환경 실천에 대한 책임을 짊어지는 결과로 이어졌다.

마리시오 로다스 Maricio Rodas 에콰도르	키토시 시장으로서 지속 가능한 지하철 시스템 프로젝트에 착수했다. 2016년에는 '주거 및 지속 가능한 도시 발전에 관한 유엔 회의UN-Habitat III'를 키토에서 주최했다.
모하메드 세피아니 Mohamed Sefiani 모로코	셰프샤우엔시 시장으로서 도시의 지속 가능성 증진에 힘썼다. 모로코에코시티협회Moroccan Association of Eco-Cities 대표다. 중간도시위원회Intermediate Cities Board와 세계기후에너지시장규약GCoM의 회원이기도 하다.
모하메드 아드제이 소와 Mohammed Adjoin Sowah 가나	수도 아크라의 시장으로서 아크라를 아프리카에서 가장 깨끗한 도시로 만드는 계획을 주도했다. 위생 개선, 폐기물 관리 향상, 반환경 행위를 억제하는 "오염자 부담" 계획 등 도시의 청결과 건강을 증진하는 정책에 주안점을 둔다.
무크타 틸라크 Mukta Tilak 인도	푸네시 시장으로서 모든 고체 폐기물 투기를 금지하고 대기질 향상을 위한 조치를 취했다. 덕분에 푸네시는 2018년 세계기후행동정상회의Global Climate Action Summit에서 열린 기후와 깨끗한 대기 시상식Climate and Clean Air Awards에서 혁신정책상을 받았다.
피유시 고얄 Piyush Goyal 인도	1만 8000여 개 마을에 전기를 공급하는 데 앞장섰다. 인도의 재생에너지 확대 프로그램(세계 최대 규모)을 위해 노력했다. 에너지 정책에 이바지한 공을 인정받아 2018년에 카노Carnot 상을 수상했다.
릭 크리세만 Rick Kriseman 미국	플로리다 세인트피터즈버그시 시장으로서 대기오염을 감소하는 혁신적인 계획을 주도했고 커뮤니티 태양광발전 프로그램을 실시했으며 재생에너지 재원을 증대했다.
세르지오 버그만 Sergio Bergman 아르헨티나	랍비이자 환경부 장관으로 환경 정책에 대한 윤리적 접근법을 주창했다. 개도국의 기후변화 논의를 재구성하기 위한 2017년 G20 지속 가능성 워킹그룹ESWG에서 감독자 역할을 맡았다.
셸던 화이트하우스 Sheldon Whitehouse 미국	로드아일랜드주 신진 상원의원이자 상원 환경공공사업위원회Senate Environment and Public Works Committee 구성원으로 탄소 오염을 줄이고 대기와 물을 보호하는 계획을 지지했다. 바다, 해안, 사람, 경제를 보호하는 창의적인 양당 차원의 정책 해법을 증진하는 상원 오션스코커스Oceans Caucus를 만들었다.
소남 푼쇼 왕디 Sonam Phuntsho Wangdi 부탄	부탄이 넷제로 탄소 발자국을 달성함으로서 기후변화 완화의 선두주자가 되는데 일조했다. 이 목표를 달성한 나라는 얼마 없다.
테레사 리베라 Teresa Ribera 스페인	기업의 탄소 발자국 보고를 의무화하고 2050년까지 스페인이 탄소 중립을 달성하는 것을 목표로 하는 스페인 최초의 기후 계획을 제안했다.
트리 리스마하리니 Tri Rismaharini 인도네시아	오염과 교통 체증에 신음하던 수르바야시를 지속 가능성과 풍부한 녹색 공간을 자랑하는 도시로 탈바꿈시켰다. 11곳의 조경 공원 조성을 주도했다. 포춘Fortune에서 선정한 가장 훌륭한 지도자 50인에 포함되었다.

세계 청소년 기후 활동가

청소년 세대 기후 활동가가 그레타 툰베리뿐인 건 아니다. 기후에 중심을 두고 공적인 활동과 등교 거부 운동을 벌인 툰베리 외에도 기후 운동계에는 많은 청소년 지도자와 모임이 있다.

미래를 위한 금요일Fridays For Future(FFF)운동은 2018년 8월에 만들어졌다. FFF의 목표는 정책 입안자들이 과학자들의 목소리에 귀를 기울이고 지구온난화를 제한하는데 필요한 조치를 취해야 한다는 도덕적인 압력을 가하는 것이다.

기후변화의 파급효과를 알린다는 목표로 활동하는 환경 뉴스 및 데이터 플랫폼인 Earth.org는 2021년 11월 유엔 기후변화 청소년회의에 참석한 세계 청소년 기후 활동가 10명의 목록을 발표했다.

⊕139

그레타 툰베리가 스웨덴 의회에서 피켓을 들고 시위를 벌인 지 9개월이 안 돼서 100만 명이 넘는 사람이 기후를 위한 등교 거부 운동에 참여했다.

"기후를 위해 등교를 거부한다"

청소년 활동가	약력
시우테즈카틀 마르티네즈 Xiuhtezcatl Martinez 미국 화석연료 사용 반대 활동	환경 운동가, 힙합 아티스트, 선주민과 주변화된 공동체 지원 활동가. 유엔에서 영어, 스페인어, 그리고 자신의 모어인 나우아틀어로 연설을 했다.
은욤비 모리스 Nyombi Morris 우간다 벌목 반대 활동	육체적 위협이나 트위터 계정 정지에도 쉽게 굴하지 않는 기후 정의 운동가. 우간다가 극도의 기후 사건에 취약하다는 입장에서 숲을 보호하는 활동을 벌인다.
리시프리아 캉구잠 Licypriya Kangujam 인도 대기오염 반대 활동	세계 최연소 운동가 중 한 명으로 학교에서 기후변화 기초 교육을 의무화할 것을 요구하며 인도 의회 밖에서 시위를 벌였다. 10세가 되기 전에 테드TED 강연을 여섯 차례 했다.
시예 바스티다 Xiye Bastida 멕시코 각국 정부의 전 세계적 기후 실천 로비 활동	리어스Re-Earth 이니셔티브를 공동 설립했고 뉴욕에서 미래를 위한 금요일FFF을 조직했으며 민중의 기후 운동People's Climate Movement 위원이다. 자신의 고향인 산 페드로 툴테펙에 극심한 홍수가 일어났을 때 기후변화의 심각한 영향을 직접 목격했다.
레세인 무툰케이 Lesein Mutunkei 케냐 나무 심기 활동	트리포골스Trees4Goals의 설립자로 축구에서 득점할 때마다 나무 11그루를 심는다. 학교와 축구 클럽이 지속 가능 실천을 하도록 독려하고 자신의 캠페인을 아프리카 전역에 퍼뜨리기 위해 노력한다.
루이자 뉴바우어 Luisa Neubauer 독일 파리협정의 목표를 능가하는 기후정책 로비 활동	"독일의 그레타 툰베리"라고 불린다. 괴팅겐대학교가 화석연료 산업에 대한 투자를 중단할 것을 요구하는 캠페인을 벌였고 역성장 정책을 지지했다. 독일 녹색당 청년부 소속이다.
오텀 펠티에르 Autumn Peltier 캐나다 선주민 공동체를 위한 깨끗한 식수 확보 투쟁	2019년 유엔 총회 연설에서 "내가 전에 했던 말인데, 다시 할게요. 우린 돈을 먹을 수도, 석유를 마실 수도 없습니다"라는 유명한 말을 남겼다.
엘라 미크와 에이미 미크 Ella and Amy Meek 영국 플라스틱 오염과 쓰레기 저지 투쟁	두 자매는 2016년 "플라스틱에 반대하는 어린이Kids Against Plastic"를 시작했다. 1000여 개 학교와 50여 개 기업 및 축제와 함께 캠페인을 벌였다. 많은 강연을 했고 2020년에 《플라스틱 제대로 알기Be Plastic Clever》를 출간했다.
케빈 J. 파텔 Kevin J. Patel 미국 LA의 대기오염과 기후변화 영향에 맞서는 투쟁	어릴 때 대기오염 때문에 여러 심장병을 앓았다. 제로아워Zero Hour의 공동 부대표이고 LA 청소년 기후 파업을 주도적으로 조직했으며 원업액션 인터내셔널OneUpAction International을 설립했다.
우치윈Qiyun Woo 싱가포르 복잡한 기후 문제와 지속 가능 관련 사안에 대한 인식 향상	환경 운동가이자 예술가. 자신의 교육용 예술 작품으로 순환 경제, 지속 가능 금융, 환경 정책과 생태에 영향을 미치고자 한다. 다양한 이해 당사자들과 함께 일하며 경제 모델과 생태 페미니즘에 대해 이야기한다.

전 세계에서 기후변화 해결에 힘쓰는 NGO

지구상에는 기후변화 문제에 주력하는 수만 개의 조직이 있다. 다음은 이런 NGO의 목록이며 특별한 순서 없이 나열했다. 이 목록에는 인구가 10억 명인 인도의 단체가 많은 편이다.

단체	설명
국제 보건 위생 연구소International Institute of Health and Hygiene (IIHH)	국내/국제 모금 기관들과 협력해 보건, 위생 관련 소프트웨어와 하드웨어를 개발한다.
에너지 자원 연구소The Energy and Resource Institute (TERI)	에너지 보존과 혁신적인 폐기물 관리를 통해 지속 가능하고 포용적인 개발에 주력한다.
바타바란VATAVARAN	폐기물 감소와 재활용, 동물과 사람의 복지를 증진하는 12개 인도 조직의 연합체.
바나리Vanari	인도 농촌에서 삼림 관리와 지속 가능 발전을 통해 기후변화에 맞선다.
우타라칸드 세바 니히 파르야바란 시크샤 산스탄Uttarkhand Seva Nidhi Paryavaran Shiksha Sansthan (USNPSS)	인도 유타란찰 산악 지역에 있는 학교와 마을에 환경 교육 프로그램을 제공한다.
오리사 환경 협회Orissa Environmental Society	천연자원과 환경보호 및 보존과 관련된 연구와 출판 활동을 한다.
라다크 생태 발전 모임Ladakh Ecological Development Group (LEDeG)	인도 라다크의 도시와 외딴 마을에서 지속 가능 발전 프로그램을 조직한다.
칼파브릭시Kalpavriksh	환경 인식, 캠페인, 소송, 연구를 중심으로 활동한다. 항의 서한부터 길거리 시위까지 다양한 방법을 통해 주정부에 대항한다.
녹색 미래 재단Green Future Foundation	인도의 경관을 보존할 수 있는 지속 가능한 생계 수단과 생태계를 연구한다.
샤크티 지속 가능 에너지 재단Shakti Sustainable Energy Foundation	깨끗한 전기, 에너지 효율성, 지속 가능한 수송을 증진하는 정책의 설계와 이행을 돕는다.
나브단야 트러스트Navdanya Trust	인도 전역에서 150곳 이상의 커뮤니티 종자 은행을 만들었다.
M S 스와미나단 연구 재단M S Swaminathan Research Foundation (MSSRF)	현대과학과 기술을 통합해 인도의 농민과 어민에게 도움을 주고자 한다.
인도 숲 연구 교육 위원회Indian Council of Forestry Research and Education (ICFRE)	농촌과 부족의 생계에 도움이 되는 많은 삼림 관련 혁신에 특허를 가지고 있다.

발전 대안Development Alternatives (DA)	인도의 발전 중인 지역에서 빈곤을 경감하고 자연 생태계를 다시 복구하기 위해 건물, 물 관리, 재생에너지 분야에서 혁신을 도모한다.
엔바이로닉스 트러스트Environics Trust	히말라야 산맥과 해안 지역에서 삶터를 잃고 주변화된 사람들과 광산과 재난 때문에 피해를 입은 지역사회를 지원한다.
C.P.R. 환경 교육 센터C.P.R. Environmental Education Centre (CPREEC)	남인도의 지역 공동체에서 주로 교사, 여성, 어린이를 상대로 환경 교육을 실시한다.
과학 환경 센터Centre for Science and Environment (CSE)	지속 가능 발전 관련 로비와 연구 활동을 한다.
환경 연구 센터Centre For Environmental Studies (CES)	환경 교육, 인식, 훈련, 연구 관련 활동을 한다.
G.B. 팬트 히말라야 환경 개발 연구소G. B. Pant Institute of Himalayan Environment and Development	인도 히말라야 지역에서 친환경 개발의 활성화와 천연자원 보존을 위해 힘쓴다.
인도 국립 산업 보건 연구소National Institute of Occupational Health (NIOH)	인도에서 산업 보건 위험 요인 관리를 개선하고자 한다.
미디어 연구 센터Centre for Media Studies (CMS)	인도에서 평등한 개발과 상호적인 거버넌스를 위해 힘쓴다.
인도 환경 협회Indian Environmental Society (IES)	풀뿌리, 지역공동체 기반 환경 보존 활동을 활성화한다.
인도 야생 동식물 트러스트Wildlife Trust of India (WTI)	야생동물이 열차 때문에 사망하는 일을 예방하고 상어잡이들에게 보존주의적 관점을 가르치는 등의 활동을 한다.
세계 자연 기금World Wide Fund (WWF-India)	인도의 생물 다양성 보존에 힘쓴다.
인도 야생 동식물 보호 협회Wildlife Protection Society of India (WPSI)	주정부와 공조하여 밀렵과 야생 동식물 불법 거래를 단속한다.
삿푸다 재단Satpuda Foundation	정책과 풀뿌리 수준의 활동을 통해 세계 최대의 호랑이 서식지를 보호한다.
발라지 세와 산스탄Balajee Sewa Sansthan (BSS India)	소외 계층 사람들이 위생, 깨끗한 물, 사회문화적 평등을 누릴 수 있도록 힘쓴다.
어시스트ASSIST	수자원의 보존, 사용, 관리에 관한 지속 가능한 해법을 제시한다.
하리티카Haritika	인도 분델칸드 지역의 가난한 농촌에서 기후변화의 영향에 맞설 수 있는 천연자원 관리 방안과 기반 시설을 개발한다.
기술 정보과학 설계Technology Informatics Design Endeavour (TIDE)	인도의 농촌 여성들이 연료 효율성이 높은 저비용 스토브 등의 기술을 사용함으로써 경제적으로 독립할 수 있게 지원한다.
압히납Abhinav	인도 우타르프라데시의 농촌에서 특히 깨끗한 물, 물 보존, 농업기술 활용을 활성화해 삶의 질을 개선하고자 한다.
그린피스Greenpeace	평화적인 시위와 창의적인 소통을 통해 세계적인 환경문제를 폭로하고자 하는 전 지구적 네트워크다.
지구 환경 지속 가능성 연구소Earth Institute Center for Environmental Sustainability	광범위한 공조를 통해 지속 가능성을 활성화하고 생태학과 생물 다양성의 중요성에 대한 이해를 증진한다.
지구 섬 연구소Earth Island Institute	환경문제를 법적으로 지원하고, 환경 리더십과 여타의 보존 활동에 힘쓰는 프로젝트를 후원한다.

지구 정의Earth Justice	기후변화, 재생에너지, 야생 동식물, 인간의 건강 관련 소송을 하는 고객들을 대리하는 환경 법 조직이다.
환경 방어 기금 Environmental Defense Fund	환경에 대한 긴박한 위협에 맞서 싸운다.
파우나 & 플로라 인터내셔널Fauna and Flora International (FFI)	투자, 지역 솔루션 및 기술을 통해 전 세계의 생물 다양성 손실을 방지한다.
자연의 친구Naturefriends International	관광업과 문화적 유산을 강조하는 약 45개 환경 단체로 이루어져 있다.
글로벌 풋프린트 네트워크Global Footprint Network	개인의 생태 발자국 데이터를 수집한다.
국제 자연 보존 연맹International Union for Conservation of Nature	정부와 사회단체를 규합해 자연을 보호한다.
네이처 컨저번시The Nature Conservancy	생물 다양성과 기후변화에 주안점을 두고 직접적인 노력과 협력 관계를 통해 전 세계 토지를 보호한다.
천연자원 보호 협회Natural Resources Defense Council	대규모 시민 회원을 과학자, 법학자, 환경보호 지지 운동가들과 통합시킨다.
국제 습지 보호 연맹Wetlands International	전 세계 습지를 보존한다.
세계 혼농임업 센터World Agroforestry (ICRAF)	나무에 대한 지식을 활용해서 식량 안보와 지속 가능성을 개선한다.
세계 야생동물 기금World Wildlife Fund	지역공동체와 함께 천연자원을 보존하고 지속 가능성에 우호적인 방향으로 정책을 조율한다.
아프리카 환경 재단The Environmental Foundation for Africa	서아프리카의 환경을 보존하는 활동을 벌인다.
350.org	화석연료 사용을 종식시키고 세계적인 풀뿌리 운동을 통해 재생에너지로의 이행을 도모한다.
지속 가능 에너지SustainableEnergy	만인에게 비싸지 않고 믿을만 하며 지속 가능하고 현대적인 에너지를 공급하기 위해 힘쓴다.
블루 벤처스Blue Ventures	지역공동체와 함께 해양 보존과 어장 관리 방안을 설계하고 확대한다.
우크라이나 자연 보존 협회Ukraine Nature Conservation Society	학교, 지역사회, 정부 기관에서 재활용과 환경 교육을 활성화한다.
공중 보건을 통한 보존Conservation Through Public Health	인간이 고릴라를 비롯한 야생동물과 안전하게 살 수 있는 방안을 모색한다.
핀란드 자연 보존 협회The Finnish Association for Nature Conservation	핀란드 최대의 환경보호 및 자연 보존 조직
에미리트 환경 모임Emirates Environmental Group	에미리트 전역에서 정화 활동과 폐기물 수집 설비를 조직하고 대중에게 보존, 지속 가능성, 재활용에 관한 교육을 한다.
국제 통합 산악 개발 센터International Centre for Integrated Mountain Development	힌두쿠시 히말라야 8개국과 함께 지속가능한 산악 개발을 위한 혁신적인 해법을 공유하고 이행한다.
독일 자연보호 환경 연맹Bund für Umwelt und Naturschutz Deutschland	브뤼셀과 베를린에서 환경과 기후 정책 관련 로비 활동을 하고 재생에너지를 지원한다.
유럽 기업 감시 센터Corporate Europe Observatory	유럽 정책에서 기업의 영향력을 연구하고 폭로하고자 한다.

볼리비아 인티와라야시 공동체 Comunidad Inti Wara Yassi	병들고 학대당하고 버려진 야생동물을 돌보는 활동과 환경 교육에 주력한다.
깨끗한 공기 네트워크Clean Air Network	홍콩에서 대중들이 공기 질을 개선할 수 있는 정부 조치에 대한 목소리를 높이고 지지할 수 있도록 독려한다.
벨로나 재단 Bellona Foundation	생태학자, 과학자, 공학자, 경제학자, 법학자, 언론인을 고용해 환경문제에 대한 해법을 밝히고 이행한다.
원시림 동맹Ancient Forest Alliance	캐나다 브리티시컬럼비아의 원시림이 거의 없는 지역에서 지속 가능한 임업 일자리를 확보하는 한편 원시림을 보호하는 데 주력한다.
하리본 재단Haribon Foundation	지역사회의 환경 관리 참여를 북돋고 지속 가능성에 힘쓰는 필리핀 자연 보존 단체다.
카사 푸에블로Casa Pueblo	광산 채굴 계획에 대응하며 결성된 푸에르토리코의 지역 운동 조직. 토지의 생태계와 자원을 지속 가능하게 사용할 수 있는 실천을 모색한다.
프로 나투라Pro Natura	스위스에서 가장 오래된 자연 보존 단체다.
국제 에너지 기구International Energy Agency	각국이 안전하고 지속 가능한 에너지를 향해 나아갈 수 있도록 분석과 데이터, 정책 권고 사항을 제공하며, 에너지에 대한 국제사회의 논의를 활성화한다.
데이비드 스즈키 재단David Suzuki Foundation	캐나다 자연환경의 보존과 보호를 활성화하기 위한 연구, 교육, 정책 분석에 힘쓴다.
기후 현실 프로젝트The Climate Reality Project	포용적이고 지속 가능한 미래를 위해 노력하는 활동가, 문화 선구자, 조직가, 과학자, 이야기꾼들의 모임이다.
C40	온실가스 배출량과 기후 위험을 측정 가능한 방식으로 감축할 수 있는 정책과 프로그램을 개발하고 이행함으로써 기후변화를 해결하고자 하는 전 세계 97개 도시의 모임.
국제 지구의 벗Friends of the Earth International	환경주의와 인권에 주력하는 단체들의 국제 네트워크.
우림 동맹Rainforest Alliance	기업, 농업, 삼림의 교차점에서 삼림을 보호하고 농민과 지역사회의 생계를 증진하기 위해 힘쓰는 국제조직.
그린 크로스Green Cross	대화와 중재, 협력을 통해 안보, 빈곤, 환경 악화라는 복합적인 도전에 대응한다.
세계 자원 연구소World Resources Institute	정부, 기업, 다자적 기구, 시민사회 집단과 공조해 인간의 삶을 개선하고 자연을 보호할 수 있는 실제적인 해법을 개발하는 국제 연구 조직.
시민 기후 로비Citizen's Climate Lobby	미국에서 정당 편향성이 없는 풀뿌리 기후변화 옹호 단체.
기후 동맹Climate Alliance	기후 실천에 특화된 최대 규모의 유럽 도시 네트워크.
땅속 탄소The Carbon Underground	토양 재생과 복원형 농업을 통해 기후변화를 완화한다.
어스워크Earthworks	채굴과 에너지 생산 신규 개발 사업의 영향에서 토지를 지킨다.

⊕135

민간 환경 프로그램의 대표자

다음 목록은 북미 환경 교육 협회NAAEE로부터 세상을 바꾸는 사람들이라는 인정을 받은 민간 환경 교육 관련 지도자 프로그램의 운영자들이다. 청소년과 성인을 대상으로 한 다양한 프로그램의 운영진 전체 목록은 온라인에서 볼 수 있다.

🌐143

대표자	프로그램	목표	대상
맨디 베일리 **Mandy Baily**	지역사회의 목소리Community Voices, Informed Choices	지역사회에서 "활성화된, 가치 기반의, 포용적 토론 모임"을 주최할 수 있도록 농업 연구원들을 훈련한다.	농업 연구원
라모나 빅 이글 **Ramona Big Eagle**	식량 안보, 교육, 지속 가능성을 위한 테이블Tower to Table for Food Security, Education, and Sustainability	식량, 영양, 텃밭 가꾸기, 기업 활동을 중심으로 세대 간 경험을 교류한다.	서비스가 부족한 지역사회의 고령자와 어린이, 식량 사막 거주자
시저 알메이다 **Cesar Almeida**	환경 정의를 위한 춤Dancing for Environmental Justice	예술 공연을 통해 유색인종과 선주민 예술가 및 교육자들을 시카고의 녹색 공간들과 이어준다.	유색인종과 선주민 예술가 집단, 자연 현장, 자연 중심지, 공원, 유적지, 식물원
시야 아그리Siya Aggrey	엘곤 산악 지역 지역사회 기반 질병 감시 시스템에 환경 교육 통합하기Integrating Environmental Education within Community-based Disease Surveillance System in Mountain Communities of Elgon Region (ECSEMER)	기후변화의 영향으로 연속적으로 일어나는 파괴적인 사건 때문에 생계인 농업이 위태로워진 엘곤산 산악 지역에서 회복력을 강화한다.	엘곤산 지역사회, 지역 고등학교, 의료 서비스 제공자
섀넌 프랜시스 **Shannon Francis**	미셀리움 힐링 프로젝트Mycelium Healing Project	콜로라도주 커머스시티에서 토양, 공기, 물에 있는 오염물질을 걸러낸다.	커머스시티 내 라틴계 공동체
쇼우가트 나즈빈 칸 **Shougat Nazbin Khan**		노점상용 태양광발전 판매 카트를 개발한다.	노점상
맷 커치먼Matt Kirchman	박물관 환경 문해력 프로그램 개발Benchmarks for Environmental Literacy in Museums	박물관 전문 인력들을 위해 환경 문해력을 전시 내용에 포함하는 데 도움을 줄 수 있는 자료를 개발하고 발표한다.	박물관 전문 인력

주디스 모랄레스 Judith Morales	플라스틱 오염 인식 개선 프로그램Plastic Pollution Awareness Program	플라스틱 소비 행태 변화에 대한 인식과 지원을 구축한다.	대학생
케빈 오코너 Kevin O'Connor	우리 동네 지킴이 : 지역사회 환경 감시 프로젝트Keepers of Our Place: Community Environmental Monitoring Project	인근 학교와 지역사회와 공조하여 장소 및 토지 기반 교육을 통해 지역에서 환경문제를 해결한다.	사회, 지리, 환경, 경제 문제에 관심 있는 지역사회 구성원
멜라니 쉬코어 Melanie Schikore	네이버 투 네이버Neighbor2Neighbor	이웃이 서로 어울릴 수 있는 "퍼머컬처 구역permaculture precincts"을 만든다. 지역사회가 지속 가능한 행동을 할 수 있는 소통과 경험을 쌓는다.	지역 주민
올리비아 월튼 Olivia Walton	자유 도시를 위한 지속 가능한 식량Sustainable Food for Freedom City	지역 어시장이 지속 가능한 어업 방식, 집사형 환경 관리, 시장 공간을 포용적인 지역사회 공간으로 활용하는 방법에 대한 창의적인 사고를 얻을 수 있는 방법들을 제안한다.	미국 버진아일랜드 프레드리크스테드 지역사회
리사 예거 Lisa Yeager	기후 대화: 진일보한 시민 참여의 길 닦기Climate Conversations: Improvising Our Way to Improved Civic Engagement	비공식 학습 환경에서 활동하는 자원 활동가들을 위한 교육자용 자료와 기후 대화 도구 만들기	비공식 학습 환경에 놓인 자원 활동가

환경, 생태학, 기후를 연구하는 세계 주요 대학

순위	기관	국가
1	와게닝겐대학교 데이터센터	네덜란드
2	스탠퍼드대학교	미국
3	하버드대학교	미국
4	캘리포니아대학교 버클리캠퍼스	미국
5	취리히연방공과대학교	스위스

환경과 생태학 분야에는 환경의 건강, 환경 감시와 관리, 기후변화 같은 주제가 포함된다. 옆의 표는 환경과 생태학 연구를 중심에 두는 세계 유수의 고등교육 기관들의 목록이다.

US 뉴스 앤 월드 리포트US News and World Report의 발표에 따르면 이 목록은 2015년부터 2019년까지 5년간 인용 색인 사이트인 웹 오브 사이언스Web of Science의 데이터를 이용해 작성한 것이다.

🌐144

당신이 옳다고 믿지 않는 일을 하는 사람들의 말에 귀를 기울이고 대화를 시작할 때 변화가 일어난다. -제인 구달

영향력 있는 예술가들과 기후

여러 세대 동안 예술가들은 모든 매체를 동원해서 자신의 의견을 밝히고 우리 사회의 논의에 영향을 미쳤다. 다음은 미술품 경매 회사 크리스티스Christie's, 온라인 중개업체 아트시Artsy, 인터넷 신문 허핑턴포스트 등이 뽑은 환경, 기후변화, 보존, 지속 가능성과 관련한 영향력 있는 작품 활동을 하는 예술가들의 목록이다.

⊕142

예술가	약력
아그네스 데네스 Agnes Denes(헝가리, 미국) 개념예술, 대지예술	버려진 공간을 자연의 오아시스로 탈바꿈한다. 작품 "밀밭 – 대치Wheatfield - A Confrontation"는 맨해튼 세계무역센터 반대편에 있는 쓰레기 매립지에서 경작하여 만들었다. 2차 전시의 일환으로 여기서 수확한 450kg의 곡물을 28개 도시로 운반했다. 뉴욕에서 만든 "쌀/나무/매장Rice/Tree/Burial"과 핀란드에서 만든 "나무 산 – 살아 있는 타임캡슐Tree Mountain - A Living Time Capsule" 역시 영향력이 큰 작품이다.
아이다 술로바 Aida Sulova(키르기스스탄) 거리예술	도시의 쓰레기통에 입을 쩍 벌리고 있는 사진을 크게 붙여서, 전 세계의 쓰레기가 인간을 향해 몰려오는 모습을 형상화했다.
앨리슨 제내이 해밀턴 Allison Janae Hamilton(미국) 조각, 설치, 사진, 비디오	몰입형 작품을 통해 기후 관련 자연 재난이 어떻게 사회적, 인종적 불평등을 드러내는지 보여준다. 가령 "사람들이 폭풍 속에서 자비를 구하며 울부짖다The peo-ple cried mer-cy in the storm"라는 작품은 1920년대 허리케인으로 목숨을 잃은 흑인 이주노동자들을 기린다.
아만다 사처 Amanda Schachter**와 알렉산더 레비**Alexander Levi(스페인, 미국) 퍼포먼스건축	SLO 건축SLO Architecture의 공동 설립자인 이 부부 예술가는 쓰레기를 아름답게 재사용할 수 있음을 보여주는 수확 돔 2.0Harvest Dome 2.0을 만들었다.
안드레아스 거스키 Andreas Gursky(독일) 사진작가	영향력 있는 작품으로 "바다Oceans"(해수면 상승)와 "방콕Bangkok"(수로 오염)이 있다.
앤디 골즈워디 Andy Goldsworthy(잉글랜드) 대지예술, 조각	오래전부터 대지예술의 최첨단에서 활동했다. 주변 경관에서 얻은 재료를 사용해서 설치작품을 만들어놓고 자연적으로 소멸될 때까지 내버려둔다. 요크셔 조각공원과 뉴욕 스톰킹예술센터 근처에 조각작품이 설치되어 있다.
배리 언더우드 Barry Underwood(미국) 멀티미디어	빛 오염(광공해)와 삼림 파괴 같은 주제에 대한 관심을 모으기 위해 풍경 속에 빛 설치 작품을 만든다.
차이구어치앙Cai Guo-Qiang(중국) 조각, 개념예술	지금은 인간 앞에 속수무책인 자연에 대한 패러다임의 전환을 보여주는 작품을 만든다. 영향력이 큰 작품으로 "9번째 물결Ninth Wave"(멸종 위기 종 조각들로 가득 찬 어선), "우리가 없는 해안The Bund Without Us", "침묵의 잉크Silent Ink" 등이 있다.
크리스 조던 Chris Jordan(미국) 사진	핸드폰, 회로판 등의 대량 쓰레기를 나타내는 이미지로 소비와 쓰레기 같은 문제를 다룬다.

크리스토Christo(작고함)**와 잔느클로드** Jeanne-Claude(불가리아, 프랑스, 미국) 환경 조각	공공장소에 대형 대지설치물을 만들어서 자연계로 관심을 모았다. 작품 "둘러싸인 섬들Surrounded Island"을 제작하는 과정에서는 40톤의 쓰레기를 치웠다.
단 로세하르데 Daan Roosegaarde(네덜란드) 설치	혁신적인 디자이너로서, 대표 작품으로 대기오염과 빛 오염을 다룬 "스모그Smog", "별 보기Seeing Stars"가 있다.
데이비드 버클랜드 David Buckland(영국) 영화	예술가, 과학자, 운동가들이 지속 가능한 미래를 위한 문화 및 생태 프로젝트를 진행하는 비영리 단체인 케이프 페어웰Cape Farewell을 만들었다.
데이비드 메이젤 David Maisel(미국) 사진	대형 이미지로 간척 공사, 벌채, 군사 실험, 채굴 때문에 변형된 경관의 조감도를 보여준다.
데닐손 바니와 Denilson Baniwa(브라질) 그림, 사진, 퍼포먼스	도시 예술가로서 선주민 토지에서 일어나는 살충제 오염과 독성 채굴 잔여물 같은 아마존의 환경 문제와 선주민 문제에 대한 의식을 고양한다. 2019년 북극 아마존 심포지엄Arctic Amazon Symposium의 공동 기후 전략에 참여했다.
에드워드 버틴스키 Edward Burtynsky(캐나다) 사진	2005년 테드TED 상을, 2022년 소니의 세계 사진상을 수상했고 인류세 프로젝트Anthropocene Project에 기여했다. 대규모 풍경 이미지를 통해 지구 표면에서 인간의 활동이 가하는 파괴를 보여준다.
엘 아나추이 El Anatsui(나이지리아) 조각	1970년대부터 잡동사니와 수집한 재료들을 가지고 식민주의, 채굴, 쓰레기, 재생 문제를 조명해왔다.
가브리엘 오로스코 Gabriel Orozco(멕시코) 멀티미디어, 조각	풍경 속에서 발견한 물건과 쓰레기를 가지고 전시를 구성한다. 특히 "샌드스타Sandstars"는 멕시코 이슬라 아레나의 산업과 상업이 야기하는 오염에 주목한다.
존 아캄프라 John Akomfrah(영국, 가나) 영화, 비디오그래피	흑인 오디오 필름 집단Black Audio Film Collective의 회원이다. 자신의 영향력 있는 비디오 설치 작품 "퍼플Purple"을 "인류세에 대한 한 유색인의 대응"이라고 설명한다.
존 사브로 John Sabraw(미국) 그림	활동가이자 환경주의자로, 완전히 지속 가능한 방법을 추구한다. 폐광의 유출수에 들어있는 산화철로 페인트를 만든다. 진행 중인 프로젝트로는 "인류지형학Anthrotopographies"과 "친수성Hydrophilic(親水性)"이 있다.
저스틴 브라이스 가릴리아 Justin Brice Guariglia(미국) 개념예술, 순수예술	나사, 기후 박물관, 뉴욕 시장실 등과 공동 작업을 통해 빙하 용융 같은 기후 문제에 주목하는 예술가로, 태양광발전의 원리를 이용한 작품 "기후 신호Climate Signals"는 해수면 상승에 대한 인식을 높인다.
레아 앤서니 Leah Anthony(캐나다) 잡지	나카즈들리Nak'azdli 부족 출신으로 예술 잡지 언이븐 그라운드UNEVEN GROUND로 프레이저밸리 선주민 청년 기후 예술 경연대회에서 우승했다.
리사 K. 블랫 Lias K. Blatt(미국) 사진, 비디오, 설치	남극 같은 극한의 풍경 속에서 만들어낸 작품으로 기후변화의 보이지 않는 영향을 눈에 보이게 만들면서 인식의 첨단을 가지고 재주를 부린다. 영향력 있는 작품으로는 2018년 유엔 세계기후행동정상회의 기간에 선보인 "열풍경Heatscapes" 컬렉션과 "세상에서 제일 깨끗한 호수Clearest Lake in the World"가 있다.
루진테럽투스Luzinterruptus(스페인) 설치	공공장소에서 도시적인 작품을 만드는 익명의 집단으로, 저명한 작품 중에는 "플라스틱 쓰레기의 미로Labyrinth of Plastic Waste"와 "플라스틱 섬Plastic Islands"이 있다.

메리 매팅리 Mary Mattingly(미국) 사진, 조각, 설치, 퍼포먼스	작품을 통해 깨끗한 물에 대한 접근 같은 시스템 차원의 환경문제를 제기한다. "스웨일Swale"은 정책을 바꾸고 지역사회를 지역 식품 공급원에 다시 연결하고자 하는 쌍방향 진행형의 공공 예술 설치물이다.
마틸드 루셀 Mathilde Roussel(프랑스) 조각	살아 있는 풀과 재활용한 재료로 인간의 형상을 만든 시리즈 "풀의 생명Lives of Grass"은 식량 순환, 풍요, 희소성에 주목한다.
멜 친 Mel Chin(미국) 개념예술	주요 작품으로 식물을 이용해서 토양에서 중금속을 추출하는 "들판의 부활Revival Field", "작전명 페이더트Operation Paydirt", 증강현실을 이용해서 물속에 잠긴 타임스퀘어를 상상하는 "언무어드Unmoored"가 있다. 케이프 페어웰Cape Farewell 회원이다.
나지하 메스타우리 Naziha Mestaoui(벨기에) 건축	전 세계의 재조림을 지지하는 의미에서 제21차 당사국총회에 설치한 디지털 쌍방향 전시물 "원 하트 원 트리One Heart One Tree"가 특히 유명하다.
논기르나 마라윌리 Noŋgirrŋa Marawili(호주) 나무껍질 그림과 인쇄물	고령의 마다르파Madarrpa 부족 출신 예술가로 천연재료 위에 버려진 카트리지의 잉크를 이용해서 문화와 역사, 환경에 대한 기록을 남긴다.
올라퍼 엘리아슨 Olafur Eliasson(덴마크, 아이슬란드) 멀티미디어와 대형 설치물	유엔 기후 실천 친선 대사UN Goodwill Ambassador for Climate Action이자 전기가 공급되지 않는 곳에서 화석에너지를 몰아내기 위해 노력하는 태양에너지 회사 리틀선Little Sun의 공동 설립자다. 유명한 작품으로 파리 기후 회의에 전시된 "얼음 시계Ice Watch"와 제50회 지구의 날을 기념하는 "지구의 관점Earth Perspectives"이 있다.

사진 제공: 리사 K. 블랫

파울로 그랑종 Paulo Grangeon(프랑스) 조각	세계 자연 기금WWF과 공조해 1만 6000마리의 지점토 판다 인형으로 멸종 위기 동물 문제를 조명하는 "판다의 여행Pandas on Tour" 이동 전시가 특히 유명하다.
레이첼 서스만 Rachel Sussman(미국) 사진	10년에 걸쳐 지구상에서 8만 년 된 생명체를 비롯해 가장 오래된 생명체의 사진을 찍었다. 이 사진들은《지구에서 가장 오래된 생명The Oldest Living Things in the World》이라는 책으로 출간되었다.
랜덤 인터내셔널 Random International(독일) 실험예술	디지털 전시 "비의 방Rain Room"은 청중들이 비를 통제하는 경험을 해보고 환경이 안정된 미래에 몸담아보기를 권한다.
셰퍼드 페어리 Shepard Fairey(미국) 거리예술	1990년대 중반부터 환경 운동가로 활동해온 예술가로, 뉴욕현대미술관에서 런던 빅토리아&앨버트박물관까지 전 세계에 많은 작품이 전시되어 있다. 조화와 기후 위협을 상징하는 작품 "지구 위기Earth Crisis"는 제21차 당사국 총회를 위해 에펠탑에 설치되었다.
토마스 사라세노 Tomás Sarceno(아르헨티나) 건축	"국경에 구애받지 않고, 화석연료로부터 자유롭게, 대기와 환경과 윤리적 공조"를 위해 노력하는 협력 집단 에어로세Aerocene의 회원이다. 작품 "공중 태양 박물관Museo Aero Solar"은 플라스틱을 재활용해서 공중에 띄우는 형태로 만든 태양광발전 박물관이다.
시우테즈카틀 마르티네즈 Xiuhtezcatl Martinez(미국) 힙합	어릴 때부터 운동가로 활동했고 유엔총회와 브라질 유엔 정상회담에서 기후 대변인을 맡았다. 지구수호대Earth Guardians의 청소년 이사다.

책임 투자 원칙

2005년 당시 유엔 사무총장 코피 아난Kofi Annan은 세계 최대의 기관 투자자들에게 책임 투자 원칙Principles for Responsible Investing(PRI)을 개발해달라고 요청했다. 이 원칙은 2006년 4월에 뉴욕증권거래소에서 개시되었다.

PRI의 사명은 경제적이고 효율적이며 지속 가능한 세계 금융 시스템을 만들어서 장기적으로 책임감 있는 투자에 보상하고 전체 환경과 사회에 이익을 안겨주는 것이다.

이 목표는 다음 원칙을 채택하고 이행할 것을 권고함으로써 달성할 수 있다.

원칙 1: 투자 분석과 의사결정 과정에 ESG(환경, 사회, 지배 구조) 문제를 통합한다.

원칙 2: 능동적인 소유자가 되어 ESG 문제를 소유 정책과 실천에 통합한다.

원칙 3: 투자 대상의 ESG 정보를 적절한 방식으로 공개한다.

원칙 4: 투자 업계 내에서 PRI를 수용하고 이행하도록 노력한다.

원칙 5: PRI를 효과적으로 이행하기 위해 함께 노력한다.

원칙 6: PRI 이행 활동과 현황을 보고한다.

PRI가 개시된 이래로 4600여 개 조직이 여기에 서명했다. 서명 조직은 투자 관리사, 자산 소유주, 서비스 제공자로 분류된다.

PRI는 보고 대응과 평가 데이터를 근거로 리더스 그룹을 지정해 책임 투자를 가장 잘하고 있는 서명 조직들을 공개한다.

🌐140

나는 위선은 피할 수 없다고 생각한다. 당신은 비행기 타기처럼 가끔 선을 넘지 않고는 이 세상에서 살아가지 못한다. 불순한 환경에서 순수한 삶을 살기는 힘들다. 위선은 피하려고 노력해야 하지만 그게 제일 나쁜 죄는 아니다.

타협은 피할 수 없다. 아니, 실은 장려해야 한다. 우리는 환경 운동의 숱한 결벽증과 고행을 포기해야 한다. 모든 사람과, 누구나와 함께 하지 못하면 우린 이미 실패한 것이다.

— 브라이언 이노Brian Eno

UN PRI 2020 leaders group

서명 조직	서명 등급	자산 규모(10억 달러)	국가
액티엄ACTIAM	투자 관리사	50 - 249.99	네덜란드
아카데미케르연금AkademikerPension	자산 소유주	10 - 49.99	덴마크
알리안스 SEAllianz SE	자산 소유주	≥ 250	독일
AMP캐피탈인베스터AMP Capital Investors	투자 관리사	50 - 249.99	호주
AP2	자산 소유주	10 - 49.99	스웨덴
APG어셋매니지먼트APG Asset Management	투자 관리사	≥ 250	네덜란드
호주윤리적투자사Australian Ethical Investment Ltd.	투자 관리사	1 - 9.99	호주
어웨어슈퍼Aware Super	자산 소유주	50 - 249.99	호주
악사투자관리사AXA Investment Managers	투자 관리사	≥ 250	프랑스
브릿지펀드매니지먼트Bridges Fund Management	투자 관리사	0 - 0.99	영국
브루넬연금파트너십Brunel Pension Partnership(BPP)	자산 소유주	10 - 49.99	영국
캔드리엄투자그룹Candriam Investors Group	투자 관리사	50 - 249.99	룩셈부르크
CBUS 연기금CBUS Superannuation Fund	자산 소유주	10 - 49.99	호주
공공예탁금고Caisse des dépôts et Consignations(CDC)	자산 소유주	50 - 249.99	프랑스
차터홀그룹Charter Hall Group	투자 관리사	10 - 49.99	호주
성공회재무위원회Church Commissioners for England	자산 소유주	10 - 49.99	영국
덱서스투자관리사Dexus Investment Manager	투자 관리사	10 - 49.99	호주
환경청연기금Environment Agency Pension Fund	자산 소유주		영국
ESG포르폴리오매니지먼트투자관리사ESG Portfolio Management Investment Manager	투자 관리사	0 - 0.99	독일
일마리넨뮤추얼연금보험사Ilmarinen Mutual Pension Insurance Company	자산 소유주	50 - 249.99	핀란드
리걸앤제너럴투자매니지먼트Legal & General Investment Management	투자 관리사	≥ 250	영국
렌드리스Lendlease	투자 관리사	10 - 49.99	호주
마누라이프투자매니지먼트Manulife Investment Management	투자 관리사	≥ 250	캐나다
미로바Mirova	투자 관리사	10 - 49.99	프랑스
나틱시스어슈어런스Natixis Assurances	자산 소유주	50 - 249.99	프랑스
누버거버먼그룹 LLCNeuberger Berman Group LLC	투자 관리사	≥ 250	미국
뉴질랜드연기금New Zealand Superannuation Fund	자산 소유주	10 - 49.99	뉴질랜드
누빈Nuveen, a TIAA Company	투자 관리사	≥ 250	미국
페이덴&라이젤Payden & Rygel	투자 관리사	50 - 249.99	미국
로베코Robeco	투자 관리사	50 - 249.99	네덜란드
스테이트스트리트글로벌어드바이저State Street Global Advisors(SSGA)	투자 관리사	≥ 250	미국
스티칭연금재단Stichting Pensioenfonds ABP	자산 소유주	≥ 250	네덜란드
스웨펀드인터내셔널Swedfund International AB	자산 소유주	0 - 0.99	스웨덴
연합헤르메스국제사업The International Business of Federated Hermes	투자 관리사	10 - 49.99	영국
대학연금Universities Superannuation Scheme(USS)	자산 소유주	50 - 249.99	영국
바르마뮤추얼연금보험사Varma Mutual Pension Insurance Company	자산 소유주	50 - 249.99	핀란드

기업의 지속 가능성 경쟁

2018년에 설립된 비영리조직 세계 벤치마킹 연합World Benchmarking Alliance(WBA)은 세계에서 가장 영향력 있는 2000개 기업들이 유엔 지속 가능 개발 목표를 달성하는 데 얼마나 기여하고 있는지를 측정하고 순위를 매긴다. WBA의 목표는 기업 간의 선의의 경쟁을 고무하는 것이다.

일곱 가지 기준 중 하나인 기후 에너지 기준은 파리협정과 13번째 지속 가능 개발 목표에 견주어 배출량이 많은 부문에서 가장 영향력이 큰 기업 450곳의 순위를 매긴다.

기업이 저탄소 경제로 이행할 준비가 되어 있는지를 평가할 때는 이 기업의 기후 전략, 비즈니스 모델, 투자, 운영, 온실가스 배출량 관리를 정량적, 정성적으로 평가하는 통합적인 접근법을 사용한다.

다음 표는 2021년 기준을 근거로 자동차, 전력 사업, 석유·천연가스 부문의 상위 10개 회사를 보여준다.

⊕141

자동차 부문 상위 10개 사	본사	점수(100점 만점)
테슬라Tesla	미국	71
르노Renault	프랑스	62
폭스바겐Volkswagen	독일	52
BYD	중국	50
BMW	독일	49
다임러Daimler	독일	48
제너럴모터스General Motors Corporation	미국	48
SAIC 모터	중국	46
광저우자동차그룹Guangzhou Automobile Group	중국	45
타타모터스Tata Motors	인도	44

전력 부문 상위 10개 사	본사	점수(100점 만점)
오스테드Ørsted	덴마크	96
SSE	영국	84
에온E.ON	독일	79
바텐팔Vattenfall	스웨덴	78
에너지아 드 포르투갈Energias de Portugal	포르투갈	77
에넬Enel	이탈리아	74
이베르롤라Iberdrola	스페인	70
프랑스전력공사Électricité de France	프랑스	67
엔지Engie	프랑스	67
엑셀에너지Xcel Energy	미국	64

석유·천연가스 부문 상위 10개 사	본사	점수(100점 만점)
네스테Neste	핀란드	57
엔지Engie	프랑스	57
내츄지 에너지Naturgy Energy	스페인	45
에니Eni	이탈리아	44
브리티시페트롤리엄BP	영국	43
토탈Total	프랑스	41
렙솔Repsol	스페인	38
이퀴노르Equinor	노르웨이	38
갈프 에네르기아Galp Energia	포르투갈	36
로열더치셸Royal Dutch Shell	네덜란드	34

의류회사 파타고니아Patagonia는 환경 보존으로 관심을 이동한 이후로 꾸준히 이윤이 늘어났다.

이들은 소비 대신 재사용을 강조하면서 업사이클링 상품과 무료 수선 서비스를 제공한다.

파타고니아 기업 선언문

최고의 제품을 만든다

최고의 상품에 대한 우리의 기준은 기능, 수선 가능성, 그리고 무엇보다 내구성에 있다. 우리가 가장 직접적으로 생태적 영향을 제한할 수 있는 방법은 몇 세대에 걸쳐 사용할 수 있거나 재질을 재활용할 수 있는 제품을 생산하는 것이다. 지구를 지키려면 최고의 제품을 만드는 게 중요하다.

불필요한 피해를 유발하지 않는다

우리는 가게 조명부터 셔츠 염색에까지 우리의 비즈니스 활동이 문제의 일부임을 알고 있다. 우리는 비즈니스 방식을 바꾸고 우리가 알게 된 것을 나누려고 노력한다. 하지만 이걸로 충분하지 않다는 것도 안다. 피해를 줄이는 데 그치지 않고 선행을 많이 하고자 한다.

사업을 이용해서 자연을 보호한다

우리 사회 앞에 놓인 문제를 해결하려면 통솔력이 필요하다. 우리는 문제를 확인하면 실천한다. 위험을 감수하고 생명의 그물의 안정성, 완결성, 아름다움을 지키고 복원하기 위해 실천한다.

관례에 얽매이지 않는다

우리의 성공, 그리고 재미는 새로운 방식을 개발하는 데서 온다.

이 재킷을
사지 말아요.

“간단한 해결책 같은 건 없다. 꾸준한 온난화, 기후변화, 수자원의 점진적인 감소. 한때는 파악하기 힘들었지만 지금은 확실하고 점점 빨라지고 있는 이런 현상들은 우리에게 도전장을 내밀면서 우리 입법자들이 신속하고 일관되며 야심만만한 선택을 하도록 요구한다.

거부의 시간, 지연의 시간, 지구를 위해 지속 불가능하다고 판명되고 있는 생활양식을 바꾸는 데 저항하는 시간은 이제 지나갔음이 모두에게 분명해지고 있다.

오늘날 우리 앞에 놓인 도전은 유례를 찾을 수 없을 정도로 큰 규모다. 코로나19 팬데믹은 이런 현상에서 안전한 사람은 아무도 없음을, 그리고 이런 경우에 더 이상 국경이 중요하지 않음을 보여주고 있다. 그러므로 우리는 우리의 생활양식을 완전히 재고하고, 새롭고 더 효율적인 환경 기술을 발견하고 이행하기 위해 역사상 거의 유례가 없는 수준의 공동의 노력을 기울여야 한다.

우리에게 선물로 주어진 이 세상은 자원이 유한하고 우리 생각보다 훨씬 부서지기 쉽다는 것을 우리 아이들과 손자녀들에게 가르쳤어야 했다. 실제로는 이와 정반대의 일이 너무 많았다. 젊은이들을 믿어야 한다. 방향 전환이 시급함을 우리보다 빨리, 그리고 더 잘 파악한 이 새 세대를 믿어야 한다.”

— 다비드 사솔리David Sassoli

녹색 기업 순위

2021년 코퍼레이트 나이츠Corporate Knights가 선정한 글로벌 지속 가능 100대 기업 목록 중 상위 10대 기업은 아래와 같다. 이 중 7개 기업은 넷제로를 달성하거나 지구의 기온이 1.5°C 이상 올라가지 않게 하려고 힘썼다.

각 기업에 대한 주요 평가 사항은 다음과 같다.

1. **에너지 생산성:** 에너지 사용량에서 재생에너지 생산량 또는 인증받은 재생에너지 크레딧을 뺀다.
2. **온실가스 생산성:** 기업이 통제하거나 소유하는 배출원에서 만들어진 배출량에 이 기업이 구입한 전기, 증기, 열, 냉방 서비스에서 비롯된 배출량을 더한다.
3. **물 생산성:** 사용하거나 추출한 뒤에 재사용을 위해 다시 수원지로 돌려보내지 않은 물의 양.
4. **폐기물 생산성:** 폐기물 생산량에서 재활용된 폐기물을 뺀다.
5. **오염물질 생산성:** 휘발성 유기화합물, 질소산화물, 산화황, 미세먼지 배출량의 총합.
6. **공급업체 지속 가능성 점수:** 코퍼레이트 나이츠 글로벌 100 공식을 사용하여 최대의 공식 공급업체의 점수를 (총지출을 기준으로) 매긴 뒤 공급업체 지속 가능성 점수를 뺀다.
7. **지속 가능성 급여 체계 :** 지속 가능성 목표에 도달한 고위 임원에 대한 공식적인 금전 인센티브.
8. **제재 감점:** 총수익 대비 벌금/범칙금/합의금의 비율이 2016~2019년 기간 동종 업계 유사 기업을 초과하는 회사에 대해 감점.
9. **깨끗한 수익:** 환경에 긍정적인 영향을 미치는 상품과 서비스로 얻은 매출.
10. **깨끗한 투자:** 환경에 긍정적인 영향을 미치는 상품과 서비스에 대한 기업의 지출.

⊕136

2022년 순위	기업	국가	기후노력	점수
1	베스타스풍력시스템Vestas Wind Systems A/S	덴마크	1.5°C, SBTi	A+
2	크리스한센홀딩Chr Hansen Holding A/S	덴마크	1.5°C, SBTi	A
3	오토데스크Autodesk Inc	미국	SBTi	A
4	슈나이더일렉트릭Schneider Electric SE	프랑스	1.5°C, SBTi	A
5	시티디벨롭먼트City Developments Ltd	싱가포르	1.5°C, SBTi	A
6	아메리칸워터American Water Works Company Inc	미국		A
7	오스테드Ørsted	덴마크	1.5°C, SBTi	A-
8	아틀란티카지속가능인프라Atlantica Sustainable Infrastructure PLC	영국	SBTi	A-
9	다쏘시스템Dassault Systemes SE	프랑스	1.5°C, SBTi	A-
10	브램블스Brambles Ltd	호주	1.5°C, SBTi	A-

1.5°C(1.5°C를 위한 비즈니스 목표): *유엔글로벌콤팩트UN Global Compact, SBTi, 위민비즈니스We Mean Business가 공동으로 설립한 국제 동맹으로, 지구온난화를 1.5°C로 제한하기 위해 노력하겠다고 약속한 기업들이 들어가 있다.*

SBTi(과학 기반 감축 목표 이니셔티브): *SBTi에 가입한 기업들은 2030년까지 온실가스 배출량을 절반으로, 2050년에는 넷제로에 도달할 수 있는 규모로 배출량을 감축하고 있다.*

참고 자료

아는 것이 힘이다

교사용 안내서

이 책의 교사용 안내서는 학생들이 기후 관련 문제에 대응하는 데 도움을 줄 것이다. 이 무료 자료에는 수업, 토론, 활동으로 쉽게 녹여낼 수 있는 아이디어들이 가득하다.

🌐177

교사용 안내서에는 다음 내용이 들어 있다.

책의 내용을 요약한 안내서, 기후 과학 토론을 이끌기 위한 틀,
이 책을 사용하는데 도움을 줄 수 있는 활동들, 추가 자료 링크.
thecarbonalmanac.org/177에서 바로 확인할 수 있다.

"난 엄마랑 요새 놀이를 하고 싶을 때마다 기후변화에 대한 뉴스를 틀어."

변화는 가능해요

Thecarbonalmanac.org에 방문해서 **매일의 차이**The Daily Difference 뉴스레터에 가입하세요.
매일 여러 이슈와 실천에 대한 소식을 받고 수많은 이들과 서로 연결되어 중요한 영향을 만들어낼 수 있어요.

읽을거리, 볼거리, 들을 거리, 행동할 거리

기후변화는 경제, 사회, 문화적 격변을 일으키고 있고, 이 모든 것은 더 나빠질 것이다. 전 세계에는 이런 변화를 둘러싼 이야기를 다루는 창작자들이 많다. 다음은 살펴볼 만한 일부 작업의 목록이다.

www.thecarbonalmanac.org/resources에서 더 많은 정보를 얻을 수 있다.(한국어판이 있는 경우 한국어 제목을 병기했다.)

책/논픽션

Intersectional Environmentalist, Leah Thomas. 2022.

특권과 구조적 차별이 소수자와 소외된 공동체에서 환경문제와 운동에 어떻게 영향을 미치는지에 대한 기초적인 내용과 함께 약자를 아우르며 앞장서는 방법에 대한 조언을 담고 있다. 저자는 선주민과 유색인종 중심의 기후 정의 사이트인 intersectionalenvironmentalist.com를 만든 이다. 10대 이상.

Green Ideas 시리즈, 여러 저자. 2021.

그레타 툰베리(No One Is Too Small To Make a Difference), 마이클 폴란(《푸드 룰Food Rules》), 레이첼 카슨(Man's War Against Nature) 같은 환경 지도자들이 쓴 20권의 짧은 책들. 10대 이상.

미래의 지구The Future Earth, Eric Holthaus. 2020.

희망적인 관점에서 넷제로를 달성한 세상은 어떤 모습일지 보여주는 내용. 낙관주의의 힘을 빌고 싶은 사람에게 적합하다.

빌 게이츠, 기후재앙을 피하는 법How to Avoid a Climate Disaster, Bill Gates. 2021.

재계의 거물인 저자가 현재의 배출 감축 기술과 더 필요한 혁신이 무엇인지 연구하고, 지역사회, 기업, 정부가 중요한 변화를 일굴 책임을 짊어지게 할 나름의 계획을 세워서 설명한다. 10대 이상.

The New Climate War, Michael E. Mann. 2021.

기후 부정론을 혁파하고 기업과 정부가 화석연료 사용을 중단하도록 압력을 가하기 위한 전투 전략을 담고 있다. 파급력이 큰 일에 관심 있는 사람이라면 누구나 읽을 만하다.

The Physics of Climate Change, Lawrence M. Krauss. 2021.

지구온난화의 과학을 알기 쉽게 설명한 책. 기초지식을 얻고자 하는 독자에게 적합하다.

한 세대 안에 기후위기 끝내기Regeneration: Ending the Climate Crisis in One Generation, Paul Hawken et al. 2021.

시간이 얼마 남지 않은 세상을 구하는 방법에 대한 《플랜 드로다운The Drawdown》 저자의 신선한 시각. 포용적인 방법을 찾고 있는 사람들에게 적합하다.

Saving Us, Katharine Hayhoe. 2021.

온갖 입장의 사람들과 환경문제에 대해 토론하며 설득하는 방법에 대한 기후 과학자의 조언. 자신의 논리를 향상시키고자 하는 성인에게 적합하다.

Speed & Scale, John Doerr. 2021.

2021년까지 넷제로에 도달하기 위한 냉철한 벤처 자본가의 전략. 기업 중심의 행동 계획에 관심이 많은 사람에게 적합하다.

초가치Value(s): Building a Better World for All, Mark Carney. 2021.

소수가 아닌 다수의 이익을 극대화하는 방법을 중심으로, 기후변화와 다른 구조적인 국제 문제에 대한 전직 은행가의 해법이 담겼다. 경제학과 환경 정책에 정통한 독자에게 적합하다.

우리가 구할 수 있는 모든 것All We Can Save: Truth, Courage, and Solutions for the Climate Crisis, edited by Ayana Elizabeth Johnson and Katherine Wilkinson. 2020.

녹색운동을 선도하는 여성들이 저술하고 해양 생물학자 존슨과 《플랜 드로다운The Drawdown》의 저자 윌킨슨이 선별한 희망적인 에세이와 시들. 자매 사이트 allwecansave.earth에는 독서 모임에 유용한 자료와 기후변화를 둘러싼 감정을 관리하는 데 도움이 되는 자료가 있다. 10대 이상.

한배를 탄 지구인을 위한 가이드The Future We Choose, Christiana Figueres and Tom Rivett-Carnac. 2020.

기후변화와 인류의 미래에 대한 조심스럽지만 긍정적인 책. 파리협정 기간에 유엔의 주요 협상가로 활동한 두 사람이 썼다. 성인용.

나는 풍요로웠고, 지구는 달라졌다The Story of More, Hope Jahren. 2020.

기후변화를 이해하고 실천에 임할 것을 간절하게 촉구하는 책. 성인용.

The Circular Economy: A User's Guide, Walter R. Stahel. 2019.

다양한 부문과 공동체에서 지속 가능 발전을 보장하는 방법을 알기 쉽게 보여주는 책. 기업과 정치 지도자용.

The End of Ice: Bearing Witness and Finding Meaning in the Path of Climate Disruption, Dahr Jamail. 2019.

알래스카 데날리산, 아마존 우림, 호주의 대보초를 직접 여행한 저자가 환경문제의 실상을 선명하게 부각한다. 성인용.

There is No Planet B, Mike Berners-Lee. 2019.

기후 재앙을 피하는 방법에 대한 일반론적인 책. 성인용.

Climate: A New Story, Charles Eisenstein. 2018.

나무, 바다, 그 외 자연계의 요소들을 잠재적인 탄소 저장소가 아니라 그 자체로 신성하고 의미 있는 힘으로 보자고 주장하는 책. 성인용.

Farming While Black, Leah Penniman. 2018.

식량 재배 안내서이자 농산업 내부의 인종주의 종식을 부르짖는 선언문. 자매 웹사이트 farmingwhileblack.org에 가면 제임스 비어드상 수상자의 아프리카 선주민 공동체 농장Soul Fire Farm 링크가 있다. 성인용.

Ground Truth: A Guide to Tracking Climate Change at Home, Mark L. Hineline. 2018.

우리 주변에서 일어나는 자연의 변화에 관심을 기울이는 법에 대한 조언을 담은 책. 성인용.

What We Know about Climate Change, Kerry Emanuel. 2018.

이 긴박한 문제의 배경이 되는 기초과학에 대한 MIT출판사의 85쪽짜리 안내서(2007년 초판)의 개정판. 성인용.

플랜 드로다운Drawdown: The Most Comprehensive Plan Ever Proposed to Reverse Global Warming, edited by Paul Hawken. 2017.

진지한 연구를 바탕으로 기업, 지역사회, 가정, 정부가 기후변화에 맞서기 위해 해야 할 탄소 개입 행위를 열거한 책. 자매 웹사이트에는 더 많은 방법이 나와 있다. 실천을 하고자 하는 사람에게 적합하다.

Energy and Civilization, Vaclav Smil. 2017.

사회와 에너지원, 거기서 파생된 결과를 철저하게 파헤친 역사서. 전문적인 글을 좋아하는 독자에게 적합하다.

대혼란의 시대The Great Derangement, Amitav Ghosh. 2016.

부커상 후보 작가가 분란과 두통을 초래하는 화석연료 경제의 복잡함을 파헤친 책. 성인용.

이 세계의 식탁을 차리는 이는 누구인가Who Really Feeds the World?, Vandana Shiva. 2016.

수상 경력이 있는 과학자이자 운동가인 저자가 농업의 지속 가능성에 대한 해답은 지역의 소규모 농법에서 찾을 수 있다는 주장을 펼치는 책. 성인용.

Learning to Die in the Anthropocene: Reflections on the End of a Civilization, Roy Scranton. 2015.

이라크 참전 군인 출신의 작가가 우리가 아무 일도 하지 않을 경우 현재와 미래가 어떤 모습일지 냉정하게 성찰한다. 성인용. 적나라한 전쟁 비유가 들어 있다.

The Mushroom at the End of the World: On the Possibility of Life in Capitalist Ruins, Anna Lowenhaupt Tsing. 2015.

히로시마 원폭 투하 이후에 제일 먼저 자란 식물로 알려진 표고버섯을 통해 산업 활동 이후 자라난 생명들과 지속 가능성에 대해 이야기하는 책. 성인용.

향모를 땋으며Braiding Sweetgrass: Indigenous Wisdom, Scientific Knowledge, and the Teaching of Plants, Robin Wall Kimmerer. 2013.

우리가 자연과 별개의 존재가 아니라 그 일부라는 진실에 따라 살아가는 법을 일깨워주는 현대의 고전. 10대 이상.

여섯 번째 대멸종The Sixth Extinction, Elizabeth Kolbert. 2014.

거침없는 질주를 시작한 여섯 번째 대멸종에 대한 저자의 견해가 담겨 있다. 성인용.

To Cook a Continent: Destructive Extraction and the Climate Crisis in Africa, Nnimmo Bassey. 2012.

나이지리아의 건축가이자 운동가인 저자가 아프리카에서 벌어진 화석연료 약탈이 그곳에서 지구온난화의 영향을 어떻게 가속화했는지를 분석한다. 성인용.

The Gort Cloud, Richard Seireeni. 2009.

NGO, 지지 집단, 사회 네트워크, 기업 동맹 등의 녹색 공동체망을 활용해서 브랜드 이미지를 제고하는 전략을 담고 있다. 마케터와 기업 임원용.

책/철학/영감을 주는

이기적 윤리Blind Spots, Max H. Bazerman, Ann E. Tenbrunsel. 2011.

윤리적 실패와 문제적인 의사결정에 대한 논의를 담고 있는 책. 기후변화에 대해 구체적으로 거론하지는 않지만 해법을 효과적으로 계획하고 집행하는 방법을 개괄한다. 흐름을 바꾸고자 하는 기업 임원, 활동가, 정책 입안가용.

How to Blow Up a Pipeline: Learning to Fight in a World on Fire, Andreas Malm. 2021.

에코테러리즘 안내서가 아니라 스웨덴의 생태학 교수가 거대 화석연료 이익집단에 맞서자며 던지는 강력한 메시지다. 성인용.

Zen and the Art of Saving the Planet, Thich Nhat Hanh. 2021.

선불교의 대가이자 기후 활동가인 저자가 역동적인 명상과 실천의 필요성을 전한다. 10대 이상.

작은 것이 아름답다Small is Beautiful: Economics As If People Mattered, E. F. Schumacher. 2011.

특히 화석연료의 관점에서 "클수록 좋다"는 주장에 대한 경제학자의 반박. 1970년대 에너지 위기가 극심했을 때 쓴 책. 성인용.

This Is Not a Drill, Extinction Rebellion. 2019.

도로 봉쇄, 교량 점거, 시위대에게 음식 제공하기 같은 시민불복종 전략에 대한 간단한 안내서. 독자들은 rebellion.global에서 참여할 수 있다. 청소년 이상.

희망이 머무는 곳, 아치스Desert Solitaire, Edward Abbey. 2011.

자연과 인간의 무감각한 파괴 행위에 대한 국립공원 관리 요원의 열정적인 사색이 담긴 책을 저자 사후에 재출간했다. 초판은 1968년에 발행. 성인용.

Eat Like a Fish, Bren Smith. 2019.

바다에서 재배하는 해초와 갑각류가 이 세상에 어떻게 식량을 공급하고 물을 정화할지에 대한 주장을 담은 책. 책임 있는 식량 선택이나 어업과 전통적인 육상 경작 방식에 대한 대안을 찾는 사람에게 적합하다.

책/전기/비망록

Finding the Mother Tree, Suzanne Simard. 2021.

숲의 지혜와 사회적 상호성에 대한 찬가. 과학 기반 비망록 애호가용.

Warmth: Coming of Age at the End of Our World, Daniel Sherrell. 2021.

기후 운동의 최전선에서 보내는 희망, 절망, 불굴의 의지. 성인용.

Horizon, Barry Lopez. 2019.

내셔널북어워드 수상자가 케냐 사막, 남극대륙, 갈라파고스 등을 탐험하면서 적어내려간 기후변화에 대한 사색이 담겨 있다. 성인용.

The Wizard and the Prophet, Charles C. Mann. 2018.

환경에 대해 서로 반대되는 입장인 "축소를!"과 "혁신과 성장을!"에 토대를 놓은 두 과학자에 대한 역사 수업을 가장한 과학 수업. 성인용.

The World-Ending Fire, Wendell Berry. 2017.

오랫동안 켄터키에서 거주한 농부이자 에세이스트가 전하는 농촌 생활에 대한 예찬과 지속 가능성의 시급함. 10대 이상.

Beyond the Horizon, Colin Angus. 2010.

자가 발전으로 세계 일주를 완수하는 최초의 사람이 되기 위한 여정을 통해 제로 배출 여행에 대한 저자의 신념을 보여준다. 모험 애호가용.

노 임팩트 맨No Impact Man: The Adventures of a Guilty Liberal Who Attempts to Save the Planet, Colin Beavan. 2009.

저자와 그의 아내, 어린 딸이 맨해튼에 살면서 환경에 아무런 영향을 미치지 않기 위한 1년간의 실험을 기록한 책. 성인용.

책/소설

새들이 모조리 사라진다면Bewilderment, Richard Powers. 2021.

아내를 여읜 우주생물학자와 신경 발달 장애가 있는 그의 9살짜리 아들이 환경이 위태로워진 세상을 헤쳐나가는 이야기. 2021년 부커상 최종 후보작. 성인용.

How Beautiful We Were, Imbolo Mbue. 2021.

아이들의 죽음과 토양 유린에 책임이 있는 한 미국 석유 회사를 자신들의 땅에서 몰아내기 위해 싸우는 가상의 아프리카 마을과 그 사람들의 투쟁을 다룬 우아한 소설. 성인용.

Once There Were Wolves, Charlotte McConaghy. 2021.

스코틀랜드 고원지대와 사랑하는 늑대들을 인간 적에게서 지키기 위해 처절하게 싸우는 한 여성의 이야기. 10대 이상.

The Ministry for the Future, Kim Stanley Robinson. 2020.

인간이 너무 늦기 전에 다른 종류의 미래를 만들 수 있을지에 대한 낙관적이면서도 불안한 비전을 담은 소설. 필독서.

The Waste Tide, Chen Qiufan. 2019.

근미래에 유독한 전자 쓰레기를 수작업으로 재활용하는 저임금 노동자인 중국인 "쓰레기 소녀"가 동료 쓰레기 노동자들을 이끌고 유혈혁명을 일으키는 디스토피아 소설. 2013년의 중국어판을 영어로 번역해 출간. 성인용.

오버스토리The Overstory, Richard Powers. 2018.

주요 인물 9명의 여정에서 환경 운동과 저항의 강렬한 사례를 발견할 수 있다. 2019년 퓰리처상 소설 부문 수상작. 성인용.

지복의 성자The Ministry of Utmost Happiness, Arundhati Roy. 2017.

부커상 수상 이력의 저자가 인도의 임박한 독수리 멸종에서부터 삼림 파괴, 하천 오염, 슬럼의 확대 등을 다양한 문제를 다룬 역동적인 서사시. 성인용.

다가올 역사, 서양 문명의 몰락The Collapse of Western Civilization, Naomi Oreskes and Erik M. Conway. 2014.

과학을 근거로 2393년의 지구가 가뭄과 빙하 용융, 고의적인 무대응 때문에 어떻게 알아볼 수 없는 곳이 되었는지를 보여주는 소설. 성인용.

와인드업 걸The Windup Girl, Paolo Bacigalupi. 2009.

기후, 태국, 인간의 의지에 대한 장엄한 과학소설. 성인용.

바람의 잔해를 줍다Salvage the Bones, Jesmyn Ward. 2011

내셔널북어워드를 두 차례 수상한 작가가 허리케인 카트리나 이전 며칠부터 직후까지 짧은 며칠 동안 미시시피의 흑인 노동자계급 가정의 모습을 그린 이야기. 극한의 날씨가 주변부 집단에 미치는 파괴적인 영향을 보여준다. 성인용.

Ishmael Series trilogy (Ishmael, The Story of B, and My Ishmael), Daniel Quinn. 1992-1997.

마법적 사실주의의 관점에서 자연의 집사라는 인류의 역할을 보여주는 세 편의 소설. 텔레파시 능력이 있는 고릴라 이스마일을 내세워 두 학생에게 지구를 구하는 법을 가르친다. 어린이용 책은 아니지만 10대 초부터 읽을 만하다.

책/시

The Glass Constellation, Arthur Sze. 2021.

내셔널북어워드 수상자이자 퓰리처상 최종 후보였던 저자가 기후변화의 그림자에 깔린 생명들을 다룬 예전의 시들에 새로운 시를 더해 엮었다. 10대 이상.

Ultimatum Orangutan, Khairani Barokka. 2021.

환경 부정의와 그 뿌리에 있는 식민주의를 탐구하는 반항적인 시선집. 청년 이상.

Habitat Threshold, Craig Santos Perez. 2020.

괌 선주민인 저자가 전 세계 산업의 파괴력과 고향 땅의 생태적 운명을 생각하며 느끼는 두려움과 슬픔, 교훈 등을 다룬 시들. 10대 이상.

책/어린이용

Dr. Wangari Maathai Plants a Forest, Rebel Girls. 2020.

노벨상을 수상한 최초의 아프리카 여성인 케냐 환경 운동가의 전기. 인기 있는 교육 오락물 시리즈의 일부다. 5~13세 대상.

워터 프로텍터We Are Water Protectors, Carole Lindstrom and Michaela Goade. 2020.

송유관에 맞서는 저항을 이끈 오지브와 부족 소녀의 이야기를 다룬다. 2021년 칼데콧 대상 수상작. 3~6세 대상.

신기한 스쿨버스 12The Magic School Bus and the Climate Challenge, Joanna Cole. 2010.

인기 교육 오락물 시리즈에 있는 어린이용 지구온난화 개념 안내서. 7세 이상.

Our Changing Climate, UNICEF Zimbabwe. 2017.

짐바브웨의 일상생활 사례로 기후 문제를 쉽게 소개하는 무료 온라인 책자. unicef.org/zimbabwe에서 볼 수 있다. 11~12세용.

Understanding Photosynthesis with Max Axiom, Super Scientist, Liam O'Donnell. 2007.

식물이 탄소를 이용해서 어떻게 음식을 만들어내는지를 보여주는 그래픽노블. 8~14세용.

The Lorax, Dr. Seuss. 1971.

어린이들에게 환경보호를 위해 개인의 책임이 중요하다는 점을 강조하는 수스 박사의 유명한 동화책. 크리스 레너드 감독이 2012년에 영화화했다. 전 연령 가능.

강의

Climate Justice Can't Happen without Racial Justice, David Lammy. 2020.

잉글랜드 토트넘 대표 하원의원이 기후 문제에서 유색인종과 선주민의 우선성과 포용을 강조하는 강연. 10대 초 이상.

Community Investment Is the Missing Piece of Climate Action, Dawn Lippert. 2021.

시민의 기후 실천을 독려하는 방법. TED Talks Daily 시리즈의 일부. 10대 이상.

The Standing Rock Resistance and Our Fight for Indigenous Rights, Tara Houska. 2018.

오지브와 부족 출신 변호사이자 환경 및 선주민 권리 지지자인 하우스카가 북미에서 화석연료 회사들 때문에 선주민들의 터전이 걷잡을 수 없이 파괴되어가고 있는 현실과, 다코타 액세스 송유관을 저지하며 이어지는 교착 상태를 경험을 토대로 설명한다. 10대 초 이상.

The Quest for Environmental and Racial Justice for All: Why Equity Matters, Dr. Robert Bullard. 2017.

도시계획 및 환경 정책 교수가 미국 오염 문제가 인종 분리 양상을 띠는 원인과 그 해법에 대해 설파한 MIT 대표 강의.

Breaking the Tragedy of the Horizon, Mark Carney. 2015.

경제학의 언어로 풀어낸 기후 위험. 성인용.

A 40-Year Plan for Energy, Amory Lovins. 2012.

과학자이자 재생에너지 지지자가 미국이 2050년까지 새로운 연방법을 도입하지 않고 자유시장주의적인 방식으로 5조 달러 더 저렴하게 석유와 석탄에서 벗어날 수 있는 방법을 제안한다.

Global Warming, Global Threat, Dr. Michael McElroy. 2003.

하버드대학교 교수가 온실효과의 과학, 배출량 증가에 대처하지 못한 실책, 이후의 중대한 조치에 대한 책임이 누구에게 있는가에 대해 풀어낸 오디오북 강연 시리즈. 성인용.

팟캐스트

Bioneers: Revolution from the Heart of Nature, Neil Harvey.

기후 정의, 식량, 농업, 선주민의 지식, 기업의 권력 제한, 청소년의 운동이라는 주제를 심도 있게 공감하며 전달하는 지속 가능성 이야기들. 전 연령.

Black History Year: "Environmental Racism: A Hidden Threat with Dr. Dorceta Taylor," Jay Walker.

인종주의, 경제적 부정의, 기후변화의 영향의 상호 연관성, 그리고 선주민과 유색인종 사회가 스스로의 운명을 감당하기 위해 취해야 할 조치를 주제로 환경학 교수와 진행한 대담.

The Carbon Copy, Stephen Lacey.

전문가, 언론인, 재계 지도자 등의 게스트와 시사 현안과 그것이 기후에 미칠 영향을 다루는 주간 뉴스 분석 프로그램. 10대 이상.

Catalyst, Shayle Kann.

탈탄소화와 기후 기술 해법에 대해 전문가와 진행하는 인터뷰. 기술 애호가용.

Climate One, Greg Dalton.

실제 청중 앞에서 운동가, 인플루언서, 의사결정자와 심도 깊게 진행하는 토론. 10대 이상.

Drilled, Amy Westervelt.

기업의 돈으로 기후변화 부인론이 유포되고 지역공동체들이 화석연료 기업의 손아귀에서 자유로운 정의를 부르짖는 상황에서 범죄물 형식으로 진행하는 팟캐스트.

How to Save a Planet, Alex Blumberg.

청취자들이 기후 운동에 의욕을 갖게 하기 위해서는 멍청해 보이는 걸 마다하지 않는("분리수거함에 대한 소감을 말해보실 분?") 자칭 기후 괴짜의 팟캐스트. 전연령.

Outrage and Optimism, Christiana Figueres, Tom Rivett-Carnac, and Paul Dickinson.

기후변화 관련 주요 인물들과 자유 대화 형식. 10대 이상.

Planet Money: "Waste Land", Sarah Gonzalez and Laura Sullivan.

제조업체와 석유 기업들이 하던 사업을 계속 하려고 늘어놓는 플라스틱 재활용 거짓말에 대한 에피소드. 10대 이상.

Political Climate, Brandon Hurlbut, Shane Skelton, and Julia Pyper.

미국의 에너지와 환경 정치에 대한 당파 초월 팟캐스트. 10대 이상.

The Response, Tom Llewellyn.

서로 다른 공동체가 자연재해 이후 어떻게 회복하고 복원성을 확립하는가에 대한 깊이 있는 탐색. 10대 이상.

Scene On Radio: Season 5, The Repair, John Biewen and Amy Westervelt.

두차례 피바디상 후보에 오른 팟캐스트로 기후변화를 유발한 서구의 식민주의 세력에 대해 다룬다. 화석연료 때문에 처참한 피해를 입은 자카르타, 나이지리아, 방글라데시 같은 장소에서 통찰력을 얻는다. 10대 이상.

Sourcing Matters, Aaron Niederhelman.

우리가 먹는 식량이 어디서 오는지, 식량 조달이 기후변화에 어떤 영향을 미치는지, 어떤 개혁이 가능한지에 대한 토론을 담고 있다. 10대 이상.

Sustainababble, Oliver Hayes and David Powell.

영국의 즉석 코미디와 환경 연구의 만남. 10대 이상.

Sustainability Defined, Jay Siegel and Scott Breen.

환경 운동의 다양한 측면에 대한 유머를 곁들인 청취자 친화형 분석. 10대 이상.

Think: Sustainability, Marlene Even and Sophie Ellis.

포용성의 렌즈로 친환경 소비자 습관을 들이는 실용적인 제안들을 담고 있다. 10대 이상.

The Yikes Podcast, Mikaela Loach and Jo Becker.

기후변화와 사회 정의를 걱정하는 사람들의 마음을 달래는 교차성이 돋보이는 영국 프로그램. 10대 이상.

영화

[한국어로 번역된 작품은 한국어판 제목을 병기하고, 대한민국의 연령 제한 등급을 표기했다. 미번역 작품의 연령 제한 표기는 미국판 원서의 내용을 따랐다.]

돈 룩 업Don't Look Up, Adam McKay. 2021.

지구를 날려버릴 혜성과 미디어와 정부를 상대로 이 위협이 현실임을 절박하게 호소하는 과학자에 대한 기후변화 풍자 영화. 헐리웃 스타들이 대거 등장한다. 15세 이상 관람가.

Vanishing Lines, Fancy Tree Films. 2021.

거대 빙하를 파괴해서 유럽의 한 스키리조트를 확대한다는 계획에 대한 18분짜리 다큐멘터리. 10대 초 이상.

그해, 지구가 바뀌었다The Year Earth Changed, David Attenborough. 2021.

2020년 코로나19로 전 세계가 봉쇄 조치를 하고 고립 생활을 한 뒤 돌아온 깨끗한 하늘과 푸른 땅, 건강한 야생동물의 모습을 담은 놀라운 영상. 전체 관람가.

데이비드 애튼버러: 우리의 지구를 위하여David Attenborough, A Life on Our Planet, Alastair Fothergill, Jonathan Hughes, and Keith Scholey. 2020

인간이 야생에 미친 중대한 영향을 원로 자연사학자가 직접 설명한다. 전체 관람가.

대지에 입맞춤을Kiss the Ground, Joshua Tickell and Rebecca Harrell Tickell. 2020.

이산화탄소와 미생물을 토양에 복원시킴으로써 기후변화를 역전시키기 위해 노력하는 과학자와 운동가들. 전체 관람가.

Plastic Wars, Rick Young. 2020.

플라스틱 산업이 어떻게 재활용을 마케팅에 이용해서 플라스틱 수요과 판매를 신장하고 쓰레기 문제를 악화했는지를 들여다보는 NPR과 PBS의 "프론트 라인" 탐사 프로그램. 부모 동반 관람가.

우리의 지구Our Planet, various directors. 2019.

넷플릭스와 세계자연기금WWF이 만든 시리즈물로 지구의 숨 막힐 듯 아름다운 동식물과 풍경들을 담았다. 데이비드 애튼버러가 내레이션을 맡았다. 전체 관람가.

불편한 진실 2An Inconvenient Sequel: Truth to Power, Bonni Cohen and Jon Shenk. 2017.

재생에너지 투자와 파리협정 완수를 지지하는 앨 고어의 활동을 따라가는 불편한 진실An Inconvenient Truth의 후속작. 12세 이상 관람가.

Beyond Climate, Ian Mauro. 2016.

산불, 빙하 침식, 홍수, 송유관에 맞서는 브리티시컬럼비아주의 환경노력을 보여주는 다큐멘터리. 여러 상을 수상했다. 10대 초 이상.

To the Ends of the Earth, David Lavallee. 2016.

앨버타, 유타, 북극의 화석연료 채굴로 파괴되는 땅을 지키기 위해 투쟁하는 보존주의자와 환경 지도자들의 이야기. 엠마 톰슨이 내레이션을 맡았다. 10대 초 이상.

Nowhere to Run: Nigeria's Climate and Environmental Crisis, Dan McCain. 2015.

위험 수준에 이른 나이지리아의 가뭄과 사막화, 삼림 파괴와 화석연료 소비로 인한 폭력적인 토지 갈등을 담은 영화. 작고한 나이지리아 환경 운동가 켄 사로 위와 주니어가 진행을 맡았다. 10대 이상.

누가 전기 자동차를 죽였나?Who Killed the Electric Car?, Chris Paine. 2006.

전기 자동차의 놀랍고도 다사다난한 역사를 다룬다. 마틴 쉰이 내레이션을 맡았다. 15세 이상 관람가.

인터스텔라Interstellar, Christopher Nolan. 2014.

2067년 지구가 모래폭풍과 전 세계 작물 질병으로 황폐해지자 다른 행성으로 탈출하려고 하는 인간들에 대한 공상과학 영화. 12세 이상 관람가.

미션 블루Mission Blue, Robert Nixon and Fisher Stevens. 2014.

에미상 다큐멘터리 장편 편집상 수상작. 해양생물학자 실비아 얼이 생물 다양성을 보존하고 기후 피해를 막기 위해 바다에 국립공원과 유사한 "희망의 장소"를 만들려는 노력을 기록했다. 전체 관람가.

Aluna: An Ecological Warning by the Kogi People, Alan Ereira. 2012.

환경보호의 필요성을 역설하는 외딴 콜롬비아 산간 부족들의 목소리. 1990년의 다큐멘터리 From the Heart of The World: Elder Brother's Warning의 후속작이다. 10대 이상.

빙하를 따라서Chasing Ice, Jeff Orlowski. 2012.

지구온난화 때문에 아주 오래된 거대 빙하가 파괴되는 모습을 환경사진작가 제임스 발로그가 저속촬영으로 남긴 기록. 15세 이상 관람가.

푸드 주식회사Food, Inc., Robert Kenner. 2009.

비용 절감이 최우선인 전 세계 식품 산업의 공장형 제조 방식 때문에 건강과 환경이 심대한 대가를 치르고 있음을 폭로하는 작품. 동명의 책 《식품주식회사Food, Inc.: A Participant's Guide》은 인간의 식습관이 기후변화에 어떻게 영향을 미치는지를 풀어낸다. 전체 관람가.

Home, Yann Arthus-Bertrand. 2009.

지구의 경이로운 풍경과 인간이 자연계에 가한 피해의 모습을 항공 촬영으로 담았다. 클렌 클로즈 내레이션. 10대 초 이상.

월-EWall-E, Andrew Stanton. 2008.

쓰레기장이 된 29세기의 지구에서 한 쓰레기 압축 로봇이 사랑과 희망을 품고 지구를 복구하려는 여정을 따라가는 아카데미 수상 애니메이션 영화. 전체 관람가.

불편한 진실An Inconvenient Truth, Davis Guggenheim. 2006.

사람들에게 지구온난화를 알리고자 하는 앨 고어의 노력을 담은 오스카상 수상 다큐멘터리. 운동 기간 동안 앨 고어가 사용한 슬라이드 발표 자료가 들어있다. 전체 관람가.

버틴스키와 산업사회의 초상Manufactured Landscapes, Jennifer Baichwal. 2006.

대형 산업구조물과 그것이 지역의 환경에 미치는 영향을 보여주는 압도적인 이미지를 담아내기 위해 중국으로 떠난 사진작가 에드워드 버틴스키의 여정을 다룬 영화. 10대 초 이상.

FernGully: The Last Rainforest, Bill Kroyer. 1992.

우림에 있는 집을 파괴하는 산업에 맞서 싸우는 마법 요정에 대한 뮤지컬 애니메이션. 지구를 아끼는 마음의 중요성을 알려준다. 전체 관람가.

웹사이트

(링크는 thecarbonalmanac.org/resources에서 찾을 수 있다.)

The Arctic Cycle

기후에 대한 대화를 촉진하고 사람들에게 실천을 독려하기 위한 라이브 공연과 스토리 텔링. 성인용.

Artists & Climate Change

예술가들에게 지구온난화를 주제로 다루는 작품을 창작하고 녹색운동과 연결 고리를 만들도록 장려하는 블로그. 더 아틱 사이클The Arctic Cycle의 프로젝트다. 기후 문제를 창의적으로 표현하고자 하는 사람이라면 누구나.

Artists for Climate: The Climate Collection

환경을 주제로 낙관주의와 실천을 고취하는 오픈 라이선스 디지털 일러스트레이션을 모아놓았다. 누구에게나 적합하지만, 특히 교육자, 그래픽 디자이너, 학생에게 유용하다.

Cambridge Institute for Sustainability Leadership

기업, 정부, 금융기관과의 협력을 통해 UN-SDGs가 권장하는 세계 녹색 경제 활성화를 도모하는 조직. 기업, 정책 입안가, 기후 실천 훈련이 필요한 사람들 대상.

Canary Media

경제와 사회 탈탄소와 전환에 주력하는 유명 뉴스 회사 중 하나. 록키마운틴연구소Rocky Mountain Institute에서 재정을 지원한다. 성인용.

Climate Reality Project

기후 지도자 교육을 위한 앨 고어의 국제조직. 체계적으로 운동에 참여하는 방법을 알고자 하는 10대와 성인.

The Conversation: Environment + Energy

학자들이 작성하고 언론인들이 편집한 환경 기사, 미국판과 국제판이 있다. 10대 이상.

David Suzuki Foundation

기업, 정부와의 협력 관계 속에서 과학 연구, 교육, 정책 분석을 통해 핵심 환경문제를 해결하기 위한 보존 운동 집단. 성인용.

Earthjustice

무료 환경 법 서비스. 기후변화에 특화된 미국시민자유연맹ACLU이라 할 수 있다. 환경문제에 대한 법적 도움과 전문가 비용을 감당하기 힘든 사람은 누구나.

Earthwatch

자원 활동가와 과학자들을 연결하여 지구를 지키는 데 도움이 되는 환경 연구를 실시하는 전 지구적인 비영리단체. 과학에 관심이 많은 사람들과 기업, 교육자 대상.

Ellen MacArthur Foundation

"가지고 만들고 버리는" 정신을 오염을 중단하고 상품을 순환하고 자연을 보충하는 마음으로 대체하는 자선단체. 소비자, 기업, 정책 입안자 대상.

Environmental Voter Project

투표를 하지 않는 환경주의자들을 발굴해 투표를 하게 만드는 무당파적인 비영리단체. 청년 이상 대상.

First Nations Climate Initiative

렉스 칼라엄스Lax Kw'alaams, 메틀라카틀라Metlakatla, 니스가아Nisga'a, 하이슬라Haisla 부족이 선주민 공동체 안에서 빈곤을 종식하고 환경 지도자를 양성하는 한편 기후변화에 맞서고 탈탄소 경제를 활성화하기 위해 설립한 브리티시컬럼비아 중심의 포럼. 선주민 주도 기후 실천에 대해 관심 있는 사람이면 누구나.

Fridays for Future

성인들이 기후변화에 대한 책임을 짊어지도록 촉구하는 국제적인 청소년 학교 파업 운동 사이트. 그레타 툰베리가 만들었다. 학생용.

The Great Green Wall

기후변화와 가뭄을 완화하는 한편 지역주민들에게 일자리와 식량 안보를 제공하기 위한 방편으로 아프리카 대륙에 약 8000km 길이의 나무 담을 세우는 프로젝트. 전 연령 대상.

Green 2.0

환경 운동 내부의 불평등을 주시하는 감시 단체. 환경 NGO와 재단에 대한 다양성 보고 카드를 매년 발행한다. 포용성에 관심 있는 사람이면 누구나.

Inside Climate News

퓰리처상을 수상한 무당파적 환경 저널리즘. 10대 초 이상.

Juma Institute

선주민 브라질 활동가 주마 시파이아Juma Xipaia가 아마존 우림과 그곳을 지키려고 노력하는 사람들을 위해 만든 단체. 일부 포스트는 포르투갈어로 쓰여 있다. 10대 이상.

Post Carbon Institute

에너지 보존, 지속 가능성, 생태적 복원력에 대한 데이터와 분석을 제공하는 연구 집단. 성인용.

Reasons To Be Cheerful: Climate + Environment

작은 공동체, 도시, 중앙정부가 이행 중인 혁신적인 기후 해법을 알려주는 희소식 사이트. 콩고, 덴마크 삼쇠섬, 일본 카미카츠 마을 등 다양한 지역의 소식이 올라와 있다. 10대 이상.

The Rocky Mountain Institute

전 세계 에너지 시스템을 탈탄소화하기 위해 입법가, 기업, 기관들과 공조하는 학제적 전문가들이 모인 무당파적 비영리 조직. 기업, 금융, 에너지 부문 관련자 대상.

Sierra Club

건강한 지구에서 살 모든 사람의 권리를 수호하는 풀뿌리 조직. 1892년 설립. 전 연령 대상.

350.org

모든 화석연료 사용 중단을 위해 노력하는 국제조직. 수상 이력이 있는 환경주의자 빌 맥키번이 설립했다. 학생, 운동가, 기후변화 실천에 대한 뉴스를 찾는 사람이면 누구나.

Women's Earth Alliance

전 세계 여성에게 녹색 프로그램을 진행하기 위한 전문적, 전략적 교육과 함께 후원자, 동료, 멘토로 이루어진 지원 네트워크를 제공하는 역량 강화 모임. 여성 대상.

Work On Climate

관계를 형성하고, 지식을 교류하고, 동료를 만들고, 유급 또는 무급 환경 관련 일자리를 찾을 수 있는 운동가용 슬랙 채널. 참여를 원하는 10대와 성인.

World Benchmarking Alliance

기업의 지속가능발전목표 기여도를 평가하여 그 목표에 도달한 상위 기업에게 인센티브를 주기 위한 모임. 학자와 연구 기관, 기업 플랫폼, 금융기관, 정부 조직, NGO, 지속 가능성 컨설팅 회사 대상.

World Wildlife Fund

동물과 지역사회를 위해 지구의 친연자원을 보호하는 선노석인 보존운동단체. 누구나.

온라인 자료

Breathe This Air

루이지애나의 플라스틱 공장들이 인근 흑인 거주 지역에 미치는 유독한 영향에 대한 전문가 인터뷰. 환경학 교수 비벌리 라이트Beverly Wright 박사, 생태 정의 운동가 단테 스윈턴Dante Swinton, 골드먼환경상 수상자 샤론 라빈Sharon Lavigne과 프리기 아리산디Prigi Arisandi 등이 등장한다. 10대 이상.

Can You Fix Climate Change?

온실가스 문제 해결과 관련된 숱한 복잡한 층위에 대한 분명하고도 재미난 요약. 인기 있는 채널인 쿠르츠게작트Kurzgesagt(독일어로 "간단히 말하자면"이라는 뜻)에 올라와 있다. 10대 초 이상. 〔유튜브 채널 '한눈에 보는 세상 - Kurzgesagt'에 '내 힘으로 기후변화를 막을 수 있을까?'라는 제목으로 한국어 자막 버전이 있다.〕

Causes and Effects of Climate Change

온실가스 배출량이 증가하는 근본 원인과 환경과 인간에게 미치는 영향에 대한 내셔널지오그래픽의 입문 자료. 전 연령.

Climate Victory Gardens

토양에 탄소를 복원하고 대기 중 이산화탄소를 줄이는 정원 관리 방법에 대한 영상. 로사리오 도슨Rosario Dawson과 LA에서 주로 활동하는 '게릴라 가드너' 론 핀레이Ron Finley가 출연한다. 전 연령.

Ecological Footprint Calculator

모든 사람이 당신처럼 살 경우 얼마나 많은 지구가 필요한지를 계산해주는 알록달록한 일러스트가 들어간 개인 퀴즈. 전 연령(아이들은 질문에 답할 때 도움이 필요할 수 있다).

Just Have a Think

걱정 많은 시민 데이빗 보를라스David Borlace(영국 거주)가 연구해서 매주 올리는 지속 가능성 해법들. 10대 이상.

Kimiko Hirata, 2021 Goldman Environmental Prize, Japan

고향에 계획되었던 13기의 석탄발전소를 취소시키는 등 한 일본 운동가가 성취한 업적을 개괄하는 내용. 10대 이상.

Studio B: Unscripted—Kumi Naidoo and Winona LaDuke

2부로 이루어진 두 원로 환경 운동가의 대화. 나이두Naidoo는 정의를 요구하는 아프리카인Africans Rising for Justice의 지구 대사이자 전직 그린피스 총책임자이고 라두케LaDuke는 오지브와 농민이자 경제학자이다. 10대 이상.

The Tipping Point: Climate Change

지구온난화에 대한 BBC의 간결한 설명. 10대 이상.

Wangari Maathai and the Green Belt Movement

노벨상을 수상한 활동가인 왕가리 마타이Wangari Maathai가 농촌 사회에 지속 가능한 회복 농법을 가르쳐서 경제적 힘을 북돋는 나이로비 중심의 풀뿌리 NGO 이야기. 1977년에 활동을 시작한 이후로 그린벨트 운동은 수백만 그루의 나무를 심고 수천 명의 여성들을 임업가, 양봉가, 식품 가공 업자로 교육시키는 일을 책임졌다. 10대 이상.

뉴스레터

Heated, Emily Atkin.

"기후 위기를 위한 책임 저널리즘"이라고 홍보한다. 비평가들에게 찬사를 받은 기후 언론인의 날카로운 시각을 알고자 하는 독자용.

Minimum Viable Planet, Sarah Lazarovic.

기후변화 투쟁과 관련한 관련 희망적인 소식을 담은 주간지. 실천에 관심 있는 사람이면 누구나.

기후 실천 시작하기

기후 실천 선도자들Leaders for Climate Action의 최고 운영 책임자 피오트르 드로즈드Piotr Drozd가 링크드인LinkedIn에 기후 실천에 도움을 주기 위한 목록을 올리자 댓글이 달리면서 크라우드 소싱을 통해 더 확장되었다. 각각의 링크는 ⊕162에서 확인할 수 있다.

개인/시민

Bark.today 개인이 생태 발자국을 줄이고 생물 다양성이 살아 있는 사회를 구축하는 데 도움이 되는 연구와 정보를 제공하는 네덜란드 조직.

Count Us In 10억 명의 시민이 탄소 오염을 크게 줄이도록 고무하고 지도자들이 과감한 전 지구적 변화를 일으키도록 촉구하는 미션 중심의 프로젝트.

TheClimateSavers 기후변화의 속도를 늦추는 데 주력하는 사람들의 동반자적 질서와 협력을 활성화한다.

지속 가능성 크라우드 소싱

Do Nation 인간과 지구를 위해 건강한 습관을 구축하겠다는 집단적 서약을 하는 전 지구적 공동체.

Ecologi 기후 실천 자금을 모으고 숲을 돌보고 세계 배출량 감축 활동을 추적하는 구독 모델을 제공하는 환경 조직.

Good Empire app 유엔의 지속 가능 개발 목표 17가지 모두에 맞춰 전 세계의 집단적인 행동을 결집한다.

Giki Zero "Get Informed, Know Your Impact(정보를 얻고, 당신의 영향력을 파악하라)"의 약칭으로 개인의 탄소 발자국을 계산하고 이해하며 의미 있는 실천법을 학습한다.

Joro app 소비자들이 변화를 일으키고 기후 긍정 생활양식을 구축하는 실천을 할 수 있도록 장려한다.

Klima app 개인의 탄소 발자국을 계산하고, 상쇄하고, 감소시킨다.

Project Drawdown 기후 실천에 대해 교육하고 동기를 제공하는 해법 지향적인 조직.

UGO Karma Volunteering과의 협력을 통해 학생들을 지속 가능 발전 프로젝트와 연결시켜주는 플랫폼.

UN ActNow 10가지 핵심 영역을 중심으로 생활 습관을 추적하고 변화를 일으키는 실천을 위한 캠페인과 앱.

We Don't Have Time 기후 지식을 확산하고 기업, 조직, 대중 지도자들에게 영향을 미쳐 기후변화 실천에 나서게 하기 위한 리뷰 및 소셜미디어 플랫폼.

Crowdsourcing Sustainability 기후변화를 역전시키기 위한 지속 가능 실천을 추진하는 공동체와 운동.

기업

B Corp Climate Collective 2030년까지 넷제로 달성을 위해 노력하는 비콥 인증 회사들.

Business Declares 기후 및 생태 문제의 시급함을 선포하고, 탄소 중립에 도달하기 위한 목적 의식적인 실천을 하는 비즈니스 네트워크.

Leaders for Climate Action 파리협정 달성의 속도를 높이고자 하는 유럽의 기업가들과 재계 지도자들의 커뮤니티.

Planet Mark 기업이 넷제로 목표를 달성하고 입증하는 인증서와 솔루션들을 제공한다.

Pledge To Net Zero 서명 기업에게 과학 기반 목표 설정으로 배출량을 감소하도록 요구하는 환경 산업의 전 지구적 약속.

SME Climate Hub 중소기업들이 기후 실천에 돌입해 2030년까지 배출량을 반으로 줄이고 2050년 전에 넷제로에 도달하도록 힘쓸 수 있게 하는 글로벌 이니셔티브.

Tech Zero 기후 실천에 역점을 두는 기술 회사들의 모임.

The Science Based Targets initiative(SBTi) 기업들이 과학에 기반한 배출 감축 목표를 설정할 수 있게 함으로써 민간 부문에서 과감한 기후 실천을 주도한다.

The Chambers Climate Coalition 회원들에게 파리협정의 목표치에 부합하는 비용 효과적이고 지속 가능한 비즈니스 방식에 대해 실행 가능한 실세계 해법과 권장 사항들을 제공하는 글로벌 포럼.

The Climate Pledge 2040년까지 넷제로 달성에 역점을 두는 부문을 초월한 비즈니스.

B1G1 일상적인 기업 운영에 기부 활동을 심어 넣음으로써 기업이 사회적 영향을 더 많이 미칠 수 있도록 도와주는 사회적 기업.

Compare Your Footprint 포괄적인 탄소 발자국 계산기와 벤치마킹 도구를 제공한다.

Small99 소기업 소유주를 위한 실용적인 넷제로 안내.

Sustaineers 글로벌 지속 가능 목표 달성에 전념하는 전문 비즈니스인들의 커뮤니티.

TheGreenShot 지속 가능 영화 제작에 활력을 북돋는 앱.

Pawprint 직원들이 이미 가지고 있는 에너지를 활용해서 기후변화에 맞서 싸우고 기업이 기후 목표치를 달성하도록 이끌기 위한 직원 참여 툴.

ClimateScape 기후해법을 지지하는 회사, 투자자, NGO 등의 조직들을 알려주는 공개 디렉토리

운동가/활동가

350 화석연료에 대한 의존을 종식시키기 위한 전세계 풀뿌리운동

Climate Action Network 정부와 개인의 실천을 활성화하여 인간에 의한 기후변화를 생태적으로 지속가능한 수준으로 제한하기 위해 힘쓰는 전세계 NGO 네트워크

The Climate Reality Project '기후 리얼리티 지도자'를 양성하기 위한 실천 중심의 활동과 기후 교육을 제공한다.

Earth Day Network 시민사회를 움직여 전 세계 환경 운동을 활성화한다.

European Climate Pact 개인, 공동체, 조직들이 기후 실천에 참여하도록 유도하는 EU의 이니셔티브.

Extinction Rebellion 비폭력 직접 행동과 시민 불복종을 활용해서 정부가 기후와 생태적 긴급 상황에서 공정한 실천을 하도록 촉구하는 운동.

Fridays For Future 정치 지도자들에게 실천을 촉구하는 시위에 참여하기 위해 금요일마다 등교를 거부하는 학생들의 국제 운동.

Rainforest Action Network 삼림 파괴를 중단하고 화석연료에 대한 재정 지원을 철회시키며 선주민 공동체를 지원하기 위한 집단행동을 일으킨다.

SumOfUs 날로 커지는 기업의 권력을 억제하기 위해 노력하는 전 세계 커뮤니티.

Sunrise Movement 기후변화를 중단시키고 그 과정에서 좋은 일자리 수백만 개를 만들어내기 위한 청년 운동.

KlimaDAO 저탄소 기술과 탄소 제거 프로젝트의 수익성을 향상하는 탄소 자산의 가격 상승을 가속화하고자 하는 디지털 화폐.

Citizens' Climate Lobby 자원 활동가들이 선출직 의원들과 관계를 쌓아서 기후 정책에 영향을 미칠 수 있도록 훈련하고 지원하는 국제 풀뿌리 환경 단체.

기업가/혁신가

Carbon13 창업자가 이산화탄소 환산 배출량을 수백만 톤까지 줄일 수 있는 스타트업을 만드는 일을 지원한다.

Cleantech Open 세계 최대의 청정 기술 가속화 프로그램.

Conservation X Labs 멸종 위기를 중단시키는 해법을 만드는 혁신 기업과 기술.

Elemental Excelerator 기후, 혁신, 공정함의 교차점에 있는 글로벌 비영리 조직.

Katapult 확장성이 큰 기술 스타트업에 주안점을 두는 투자회사.

On Deck Build for Climate 기후 기술에서 최소 기능 제품Minimum Viable Product을 만들고자 하는 전문가와 운영자를 위한 8주짜리 집중 코스.

Postcode Lotteries Green Challenge 독일, 영국, 네덜란드, 노르웨이, 스웨덴의 스타트업들이 지속 가능성을 겨루는 대회.

Third Derivative 스타트업의 성장 속도를 올리는 협력 기반의 열린 기후 기술 생태계.

Urban Us 기후변화에 맞춰 도시를 개선하는 스타트업을 위한 초기 투자금을 제공한다.

Build a Climate Startup 최소 1기가톤의 연간 이산화탄소 환산 배출량을 줄인다는 사명을 가지고 유럽에서 활동하는 기후 기술 벤처 스튜디오 겸 투자자.

Greentown Labs 보스턴과 휴스턴에 위치한 기후 기술 스타트업 인큐베이터.

VertueLab 청정 기술 스타트업에 자금을 제공하고 총체적인 기업 지원을 함으로써 기후변화에 맞서 싸우는 비영리단체.

Active Impact Investments 수익성 있는 투자를 통해 환경의 지속 가능성을 도모하고 초기 단계의 기후 기술 기업의 성장 속도를 높인다.

기업가/혁신가

80,000 Hours 긍정적인 사회적 영향력이 가장 큰 커리어에 대해 연구 자료를 바탕으로 조언을 한다.

Work on Climate 기후 일자리에 진심인 사람들을 위한 실천 중심의 슬랙 커뮤니티.

Climate People 지속 가능한 기후 리크루팅 회사.

Climatebase 선도적인 기후 커리어 플랫폼.

Conservation Job Board

Green Jobs Network

Escape the City 목적인 분명한 일자리, 과정, 행사, 자원.

Women in Cleantech and Sustainability 청정 기술과 지속 가능한 커리어 및 생활양식을 추구하는 여성들을 지원한다.

Planetgroups 일터에서 기후 실천을 지원한다.

Low Carbon Business School (특히 소비재 회사의) 직원들이 조직 내 기후 행동에 대해 배우고 실천하기 위한 집단 기반의 무료 과정.

Terra.do 2030년까지 1억 명이 기후변화 해법을 위해 일하게 만드는 사명을 가진 전문직용 집단 기반 교육 플랫폼.

Climate Change AI 기후변화와 머신러닝의 교차점에서 영향력 있는 일자리를 활성화하고자 하는 학계와 산업계의 자발적 참여자들로 구성된 모임.

도시/지역

CityInSight 도시가 정책, 금융, 기반 시설을 위한 에너지 및 배출량 시나리오를 분석할 수 있게 해준다.

ClimateView 도시가 기후 계획을 진행할 수 있도록 도와주는 스웨덴의 기후 실천 기술 회사.

Futureproofed 도시와 기업이 화석연료에서 자유로운 미래로 이행할 수 있도록 돕는다.

ICLEI ClearPath 온실가스 인벤토리, 예측, 기후 실천 계획, 지역사회 또는 정부 조직 규모의 감시를 작성하기 위한 온라인 소프트웨어 플랫폼.

Kausal 핵심 데이터를 중심으로 스마트한 협력을 가능하게 하는 디지털 플랫폼을 통해 도시가 기후 목표를 실행할 수 있도록 돕는다.

Resilient Cities Network 회원들이 모두에게 안전하고 평등한 도시를 만들 수 있도록 전 지구적 지식, 실천, 협력 관계, 자금을 결집한다.

기업 임원이든 소규모 농업을 하든 공장 관리자든 관심 있는 개인이든, 다음 정보는 더 많은 정보를 찾고 실천하고 관심사를 공유하는 다른 사람들과 유대를 쌓고자 하는 사람에게 유익한 자원을 담고 있다.

온실가스 배출량을 줄이고자 하는 기관들

다음은 온실가스 배출 시설에 대한 정보를 담은 자료들이다. 기후변화를 더 제대로 이해하고자 하는 산업계와 지역주민들에게 유용하다. 다음 다섯 곳 외에 추가 목록은 www.thecarbonalmanac.org/resources에서 볼 수 있다.

자료	설명
과학과 혁신Science & Innovation | 미국 에너지부DOE (energy.gov/science-innovation)	17개국 연구실에서 수행하는 재생에너지와 탄소 포집에 대한 연구 현황과 현재의 부처 정책을 제공한다. 공공/민간의 연구에 대한 재정 지원 기회와 자격 요건에 해당하는 프로젝트에 대한 에너지부의 대출 관련 내용도 들어 있다.
에너지, 기후변화, 환경Energy, Climate Change, Environment | 유럽 위원회European Commission(ec.europa.eu)	에너지, 기후변화, 환경에 관한 EU 집행위원회 홈페이지. 기관의 라벨링 및 보고 요건, 정책, 목표치를 규정한다. 모든 지역에서 사용하는 도구와 프로젝트 이행에 대한 실용적인 조언과 통찰이 담긴 표준 역시 제공한다.
탄소 포집, 사용과 저장Carbon Capture, Utilisation and Storage | 국제 에너지 기구IEA(iea.org)	IEA는 세계 에너지 통계를 수집, 평가, 배포하는 한편, 전 세계 정부에 교육 프로그램을 제공하고 최고의 실천을 공유한다.
캘리포니아 대기 자원 위원회CARB (arb.ca.gov)	CARB는 50년 넘게 세계에서 "가장 광범위한 대기 모니터링 네트워크" 중 하나를 관리해왔다. CARB는 주로 "이동형 오염원"(선박, 자동차, 트럭)에 중점을 두고 지역 대기 질 관리 지구들은 "고정 오염원"에 중점을 둔다.
온실가스 보고 프로그램GHGRP | 미국 환경청EPA(www.epa.gov/ghgreporting)	GHGRP는 기업 등이 시설의 온실가스 배출량을 추적·비교하고, 오염 저감 기회를 확인하고, 버려지는 에너지를 최소화하고, 돈을 절약할 수 있게 해준다. 주, 도시, 그 외 지역사회들은 이 데이터를 활용해서 자신의 지역에 있는 고배출 시설을 확인하고 유사 시설들의 배출량을 비교하고 양식 있는 기후 정책을 개발할 수 있다.

지방정부 기후 자료

기후변화에 맞서 싸우는 지방정부 조직들의 목록이다. 자료에는 정책 입안가를 위한 정보, 컨퍼런스, 교육 자료 등이 포함된다. 다음 세 곳 외에 추가 목록은 www.thecarbonalmanac.org/resources에서 볼 수 있다.

자료	설명
지속 가능성을 위한 세계 지방 정부Local Governments for Sustainability | 자치단체 국제 환경 협의회ICLEI(iclei.org)	지속 가능한 도시 개발을 위해 노력하는 2500여 개 지방 및 광역 정부들의 글로벌 네트워크. 125개국 이상이 적극적으로 참여하고 있는 이 모임은 지속 가능성 정책에 영향을 미치고, 자연을 기반으로 형평성과 회복력을 갖춘 저배출 순환형 개발의 지역적 실천에 동력을 제공한다.
글로벌 기후 에너지 시장 협약 Global Covenant of Mayors for Climate & Energy (globalcovenantofmayors.org)	1만여 개 도시가 국내 및 국제 기관들과 협력 관계를 구축하고 지역 이니셔티브와 혁신적인 재원 마련 모델, 지속 가능한 기반 시설을 통해 기후변화에 맞선다.
록키마운틴 연구소Rocky Mountain Institute (rmi.org)	미국에 본부를 두고 협력 관계를 통해 중요한 지역에서 급속한 시장 기반 변화를 이끌기 위해 전 세계에서 활동하는 비영리단체.

지속 가능한 교통 산업

교통 회사들의 탄소 영향을 줄이고 지속 가능성을 개선하기 위한 여러 자료와 웹사이트, 도서의 목록이다. 발을 들이는 데 도움이 될 만한 다음 다섯 가지 외에 추가 목록은 www.thecarbonalmanac.org/resources에서 볼 수 있다.

자료	설명
연구와 전문 자료: 지속 가능성Research & Technical Resources: Sustainability | 미국 대중교통 협회American Public Transportation Association (apta.com)	북미의 대중교통 산업 그룹이 공공 차량의 지속 가능성에 관한 최고의 사례를 개괄하고 권고 사항을 제시한다.
주와 지방의 지속 가능 교통 자료State & Local Sustainable Transportation Resources | 미국 에너지부DOE(energy.gov/eere/slsc)	주와 지방의 지속 가능 교통 프로그램의 링크와 정보를 모아놓았다.
어째서 화물은 공급 사슬 지속 가능성에 중요한가Why Freight Matters to Supply Chain Sustainability | 미국 환경청EPA(epa.gov/smartway)	이 글은 상품의 생산, 유통, 수송과 관련된 기업들이 어떻게 배출량을 저감하고 변화를 일으키는 데 도움을 줄 수 있는지를 설명한다.
지속 가능 도로 수송 센터The Centre for Sustainable Road Freight(csrf.ac.uk)	캠브리지대학교, 해리엇와트대학교, 웨스트민스터대학교와 화물 물류 업계 산업 조직들의 공동 사업으로 학제적인 방식으로 물류 내 탄소 발자국 감소 방안을 연구한다. 핵심 분야로는 데이터 수집 및 분석, 물류, 차량 시스템, 에너지 시스템, 전략이 있다.
온실가스 보고 프로그램GHGRP | 미국 환경청EPA (www.epa.gov/ghgreporting)	기업 등이 시설의 온실가스 배출량을 추적, 비교하고, 오염 저감 기회를 확인하고, 버려지는 에너지를 최소화하고, 돈을 절약할 수 있게 해준다. 주, 도시, 그 외 지역사회들은 이 데이터를 활용해서 자신의 지역에 있는 고배출 시설을 확인하고 유사 시설들의 배출량을 비교하고 양식 있는 기후 정책을 개발할 수 있다.

지속 가능한 기업과 투자자

이 자료에는 투자자 자료 제공 모임, 투명성 지침, 기후변화 관련 기업 보고 표준의 링크가 들어 있다. 자료로는 이사회 구성원, 투자자, 운동가에 대한 정보와 교육 자료 등이 있다. 다음 네 가지 이외에 추가 목록은 www.thecarbonalmanac.org/resources에서 볼 수 있다.

자료	설명
기후변화 아시아 투자자 그룹AIGCC(aigcc.net)	글로벌 투자자 동맹Global Investor Coalition의 일환으로 출발했다. 이 이니셔티브는 아시아의 자산 소유주들과 금융기관 사이에서 기후변화와 저탄소 관련 기회와 리스크에 대한 인식을 형성한다.
탄소 정보공개 프로젝트CDP(cdp.net)	투자자, 기업, 도시, 국가, 지역이 환경 정보를 측정, 공개, 관리, 공유할 수 있는 글로벌 정보공개 시스템을 운영하는 비영리 자선단체.
금융 안정 위원회FSB(Fsb.org)	FSB는 기후 관련 금융 정보 공개 태스크포스TCFD를 만들었고 기업들이 투자자, 대부 기관, 보험 기관들에게 기업의 기후 관련 금융 리스크에 대한 유용한 정보를 제공할 때 사용할 수 있는 자발적인 정보공개 권고 사항들을 제공한다.
글로벌 리포팅 이니셔티브GRI(globalreporting.org)	투자자보다는 주주에 주안점을 두는 GRI는 전 세계 기업과 정부가 기후변화, 인권, 거버넌스, 사회적 행복 같은 지속 가능성 사안에 자신들이 미치는 영향을 이해하고 소통할 수 있도록 도와준다. GRI의 지속 가능성 보고 기준은 공익을 기반으로 여러 주주들의 기여로 개발되었다.

기후 사업가를 위한 자료

기후변화에 맞서 싸우는 스타트업을 시작하거나 그런 곳에서 일하는 데 관심이 있는 개인을 위한 다양한 자료 목록이다. 이 자료는 세 부분으로 구성된다.

- 기후 사업에 대한 정보(팟캐스트, 블로그 등)
- 기후 사업가에게 자금을 지원하는 투자자 데이터베이스
- 다양한 기후 관련 영역에서 영향을 미치는 스타트업(으로 출발한) 회사의 사례

이런 회사들은 식량, 섬유, 에너지, 금융, 교통 같은 광범위한 분야에서 혁신을 일으킨다. 입문에 도움이 될 만한 다음 세 가지 외에 추가 목록은 www.thecarbonalmanac.org/resources에서 볼 수 있다.

자료	설명
기하급수적 관점The Exponential View(exponentialview.co)	과학기술 전문가 아짐 아자르Azeem Azhar가 만든 뉴스레터, 팟캐스트, 기후 관련 구인 게시판. 아자르는 기하급수적 관점이 "다제적인 근미래 안내서"라고 설명한다. AI, 블록체인, 합성생물학, 재생에너지, 그 외 빠르게 진화 중인 분야들을 탐구하고 주로 450ppm 접근법의 "카운트다운 시계"를 매주 제공한다.
클라이밋 테크 VCClimateTechVC (climatetechvc.org)	다양한 기후 관련 투자자와 기업가들이 운영하는 클라이밋 테크 VC는 기후 관련 스타드업에 중점을 두는 벤처캐피탈 자금, 기업 투자자, 촉진자에 관한 광범위한 데이터베이스를 제공한다. 소식지, 연구 분석, 구인 게시판도 있다.
모던 메도우Modern Meadow (modernmeadow.com)	모던 메도우는 동물이나 화석연료를 사용하지 않고 가죽과 여러 섬유를 만들 수 있는 바이오 기술을 개발한 신생 민간 바이오 제조 기업이다. 매년 가죽 때문에 23억 마리 이상의 가축이 도축되는 현실에서 모던메도우의 혁신적인 접근법은 목축의 전 세계적 영향을 축소하는 데 크게 기여한다.

지속 가능한 건설

이 자료들은 건설산업 전문가들과 이 업계 하도급자의 웹사이트, 기사, 도구를 제공한다. 이 자료에 등장하는 아이디어들은 지역의 건물 규정과 표준에 부합하기만 하면 어디든 적용 가능하다. 발을 들이는 데 도움이 될 만한 다음 네 가지 외에 추가 목록은 www.thecarbonalmanac.org/resources에서 볼 수 있다.

자료	설명
세계 경제 포럼WEF(weforum.org)	기후변화와 건설 산업에 대한 정보와 자료.
세계 지속 가능 발전 기업 위원회WBCSD(wbcsd.org)	각계 산업의 CEO 주도로 지속 가능 발전을 증진하는 글로벌 컨소시엄.
국제 에너지 기구IEA(iea.org)	IEA는 세계 에너지 통계를 수집, 평가, 배포하는 한편, 전 세계 정부에 교육 프로그램을 제공하고 최고의 실천을 공유한다.
전미 오염물 제거 시스템NPDES의 강수 관리 프로그램Stormwater Program | 미국 환경청EPA(epa.gov/npdes)	미국 환경청 웹사이트의 이 페이지는 필수적인 완화 조치 내에서 건설용 물 관리(와 수주 이후의 강수 관리)를 하려면 설계 단계에서 생애 주기 우수 관리를 어떻게 해야 하는지에 대해 다룬다. 세심한 설계를 통해 시설의 수명 기간 동안 물 보유 능력과 지하수 보충 능력을 개선할 수 있다.

지속 가능한 포장 디자인

이 자료에는 지속 가능한 포장 디자인으로 나아가기 위해 현행 방식을 파헤치고 학습하고 여기에 도전하기 위한 정보와 도구들이 들어있다. 지속 가능 디자인, 재활용, 순환 경제, 지속 가능 포장을 소개하는 웹사이트, 기사, 동영상, 팟캐스트, 도서를 다양하게 모아놓았다. 발을 들이는데 도움이 될 만한 아래 세 가지 외에 추가 목록은 www.thecarbonalmanac.org/resources에서 볼 수 있다.

자료	설명
지속 가능 포장 디자인의 출현과 중요성 증대The Rise and Growing Importance of Sustainable Packaging Design | NS 패키징NS Packaging (nspackaging.com)	지속 가능 포장 디자인의 움직임을 개괄하는 기사
지속 가능성 가이드: 에코 디자인Sustainability Guide: EcoDesign | 유럽 지역 개발 기금ERDF(sustainabilityguide.eu/ecodesign)	에코 디자인 포장의 개념과 관련 실천 안내서. 에코 디자인 휠의 8단계(에코 디자인 서클의 이니셔티브)는 조직과 전문가 집단 내에서 에코 디자인에 대한 인식을 제고한다.
플라스틱 전쟁Plastic Wars | 프론트라인 공영 방송국PBS & 전미 공영 라디오NPR(pbs.org)	플라스틱 제품이 환경에 부정적인 영향을 미치는데도 플라스틱 산업이 왜 그리고 어떻게 플라스틱 산업의 성장에 유리한 서사를 만들어냈는가를 내부 관점에서 보여주는 재활용 관련 다큐멘터리.

지속 가능한 농업과 축산업

이 자료들은 농민과 그 외 다양한 직업군에게 지속 가능성을 세계 차원과 지역 차원에서 탐색하는 정보와 도구를 제공한다. 사이트와 멀티미디어 출처를 다양하게 모아놓았다.

자료	설명
탄소경작Carbon Farming | 탄소 순환 연구소Carbon Cycle Institute (carboncycle.org)	미국에 본부를 두고 기후 과학과 농업을 연결하기 위해 노력하는 조직. 전략 파트너로는 농민, 목장주, 공공기관, 기업이 있으며, "집사형 환경 관리, 사회적 형평성, 경제적 지속 가능성을 활성화하면서도 대기 중 탄소를 줄일 수 있는 과학적으로 입증된 천연 해법"을 개발하고자 한다.
유기농 연구소FiBL(fibl.org)	스위스에 본부를 두고 연구를 통해 얻은 지식을 빠르게 자문 활동으로 전환하는 것을 특히 강조하면서 유기농업의 과학적 응용 연구를 선도하는 글로벌 조직. 전 세계에서 실효성 있고 지속 가능한 방식을 농민에게 교육시키고 합리적인 발전을 장려한다.
지속 가능 축산업을 위한 글로벌 아젠다GASL(livestockdialogue.org)	농업, 정부, 교육 부문, 민간 부문의 글로벌 축산업 이해관계자들과 협력 관계를 구축하여 지속 가능한 식량 안보와 자원 관리에 대한 합의점을 형성하는 한편, 평등, 건강, 성장이라는 도전 과제에 대처한다.
국제 재생 농업 협회Regeneration International (regenerationinternational.org)	교육, 네트워크 구축, 정책 노력을 통해 재생 농업으로의 전환을 지원하는 국제조직.
천연자원 & 환경: 기후변화Natural Resources & Environment: Climate Change | 미국 농무부USDA의 경제 연구 서비스Economic Research Service (ers.usda.gov)	농업 관련 기후변화 문제에 대한 많은 기사, 보고서, 통계를 모아놓은 미국 농무부의 웹페이지.
코밋 팜COMET Farm: 코밋팜 툴COMET-Farm Tool | 미국 농무부 & 콜로라도주립대학교 (comet-farm.com)	코밋팜은 농가와 목장의 탄소와 온실가스 회계를 돕는 툴이다. 이 툴은 사용자에게 대안적인 미래 관리 시나리오를 비롯한 농가와 목장의 관리 방법을 안내하고 잠재적인 미래의 시나리오와 현재를 비교하는 보고서를 생산한다.

탄소 중립 주택

자기 집을 어떻게 하면 더 탄소 중립에 가깝게 만들 수 있는지를 보여주는 자료다. 여기에는 에너지 생산, 저장, 사용과 관련된 팟캐스트, 동영상, 툴, 기사, 웹사이트가 있다. 전기를 적게 소비하거나 에너지에 의존하지 않는("전력망에서 벗어날 수 있는") 제품과 도구에 대한 정보가 소개된다. 다음 네 가지 외에 추가 목록은 www.thecarbonalmanac.org/resources에서 볼 수 있다.

자료	설명
주택 소유자를 위한 태양에너지 가이드Homeowner's Guide to Going Solar | 미국 에너지부DOE의 에너지 효율성과 재생에너지과Office of Energy Efficiency and Renewable Energy(energy.gov/eere/solar)	"태양에너지는 어떻게 작동하나요?", "우리 집이 태양광 패널에 적합한가요?" 같은 질문에 대한 답으로 이루어진 방대한 자료를 담은 문서.
탄소 발자국 계산기Calculate Your Carbon Footprint | 네이처 컨저번시The Nature Conservancy (nature.org)	계산기를 활용해서 지금의 탄소 발자국이 어느 정도인지를 추정한다. 개인의 실천으로 가장 많은 영향을 미칠 방법에 대한 아이디어를 얻을 수 있다.
넷제로 101: 에너지 초고효율 주택을 짓는 비법Net-Zero 101: The Secret of Building Super Energy-Efficient Homes(greenenergyfutures.ca)	녹색에너지미래Green Energy Future가 제공하는 다큐멘터리로 넷제로 주택 설계와 건축의 선두주자 페테르 아메롱겐Peter Amerongen과 마이크 터너Mike Turner가 나온다.
에코 스토어The Eco Store (ecostoredirect.com)	에너지 저장 시스템과 3D 프린터, 태양, 풍력, 수력발전 시스템을 비교하는 여러 브랜드와 키트를 제공한다.

지속 가능한 소비자

이 자료에는 똑똑한 소비자가 되는 법이 담겨 있다. 팟캐스트부터 기사와 계산기까지, 소비자가 좀 더 지속 가능한 선택을 할 수 있도록 도와주는 다양한 정보와 도구들이 있다. 발을 들이는 데 도움이 될 만한 다음 네 가지 외에 추가 목록은 www.thecarbonalmanac.org/resources에서 볼 수 있다.

자료	설명
기후변화: 소비자와 기업은 어떻게 변화를 일으킬 수 있을까Climate Change: How Consumers And Businesses Can Make A Difference | 영국 국립과학미디어박물관National Science and Media Museum (scienceandmediamuseum.org.uk)	영국의 국립과학미디어박물관이 전문가 패널을 모아놓고 소비자 행동이 기후변화에 어떻게 변화를 일으킬 수 있는지, 그리고 기업이 지속 가능한 생활을 어떻게 용이하게 만들 수 있는지에 대한 질문을 던지고 거기에 대한 답을 듣는다.
굿 투게더 팟캐스트Good Together Podcast, 로라 알렉산더 위티그Laura Alexander Wittig와 리자 모이세예바Liza Moiseeva 진행 (brightly.eco/podcast/)	공동 설립자 로라와 리자가 "순환 경제가 무엇을 뜻하는지를 알고 싶어서… 제로 웨이스트 생활양식에 대해 궁금한" 것들에 대한 팟캐스트를 진행한다. 30분짜리 에피소드에는 지속 가능한 생활에 도움이 될 만한 일상적이고 실행 가능한 조언들이 담긴다.
"기후변화 식량 계산기: 내 식습관의 탄소 발자국은 얼마일까?""Climate Change Food Calculator: What's Your Diet's Carbon Footprint?" | BBC 뉴스, 2019년 8월 9일(bbc.com/news)	식품의 탄소 발자국에 대해 공부할 수 있는 BBC의 양방향 툴을 제공한다.
"당신의 탄소 발자국을 줄이는 법""How to Reduce Your Carbon Footprint" | 뉴욕 타임스New York Times, 2019년 1월 31일 (nytimes.com/guides)	이 안내 기사는 개인이 환경에 미치는 영향을 줄이기 위해 할 수 있는 선택을 교통, 식생활, 주택, 구매 활동, 행동이라는 다섯 영역으로 나누어 설명한다.

기후변화와 지속 가능성에 대한 교육 자료

우리 팀은 다양한 환경에서 활동하는 교육자를 위해 방대한 자료를 집대성했다. 여기에는 이 책에 대한 교사용 안내서를 비롯, 교사용 안내서와 웹사이트, 동영상, 팟캐스트, 도서, 수업 계획 등이 있다. 이런 자료들은 교육 기관, 지역사회 프로그램, 전 연령의 개인이 사용할 수 있다. 발을 들이는 데 도움이 될 만한 다음 다섯 가지 외에 추가 목록은 www.thecarbonalmanac.org/resources에서 볼 수 있다.

자료	설명
교사용 지침서(thecarbonalmanac.org/177)	교사가 학생과의 대화를 이끌고, 스트레스를 관리하고, 해법 중심의 사고를 촉진하는 데 도움을 주기 위해 작성한 문서. 이 책과 함께 사용하면 최적의 효과를 얻을 수 있다.
기후변화에 대해 소통하기: 교사용 지침서 Communicating Climate Change: A Guide for Educators, Anne K. Armstrong, Marianne E. Krasny, and Jonathon P. Schuldt. 2018.	청중들이 기후변화 정보를 어떻게 받아들이는지에 대한 통찰을 제공한다. 환경 교사를 위해 작성한 책이다. 저자들은 코넬대학교 연구자들이다. 인쇄 형태와 온라인 오픈액세스 형태로 제공된다.
유엔 기후변화에 관한 정부 간 패널IPCC(ipcc.ch)	유엔이 후원하는 이 조직은 기후변화와 관련된 과학을 평가한다. 기후변화와 그 영향에 대한 광범위한 최신 연구들을 요약한다.
안내서 – 아이들에게 기후변화에 대해 이야기하기: 원인, 결과, 해법을 설명하는 제일 좋은 방법 Guide - Talking to Kids about Climate Change: Top Tips to Explain Causes, Effects, and Solutions | OVO Energy guides (ovoenergy.com)	교육자들이 아이들을 공포에 빠뜨리지 않고 지금의 기후 상황을 현실로 받아들이게 만드는 데 활용할 수 있는 설명 자료와 활동 목록을 제공한다.
교육용 지침서 – 젊은이들에게 기후변화에 대해 이야기하기Educator Guide - Talking to Young People About Climate Change | UNICEF & UNESCO (worldslargestlesson.globalgoals.org)	무료로 다운로드할 수 있는 교사용 지침서. 교육, 문제 해결, 희망에 중점을 둔 내용이 담겼다. 8~14세 대상.

지속 가능성에 대한 법률 자료

기후변화에 맞서 싸우는 법률 조직 목록이다. 여기에는 정책 입안가용 정보, 기후 위험에 대한 클라이언트 대상 조언, 모범적인 계약 조항, 로스쿨과 개업 변호사를 위한 교육 자료가 있다. 발을 들이는 데 도움이 될 만한 다음 네 가지 외에 추가 목록은 www.thecarbonalmanac.org/resources에서 볼 수 있다.

자료	설명
기후변화 법률 블로그 아카이브Climate Change Legal Blog Archive (climatechangelegalblogarchive.com)	세계 변호사들이 공개해놓은 기후 소송과 기후변화 관련 법에 대한 논평, 통찰, 정보 등을 제공하는 법률 블로그 포스트를 모아놓았다. 이 아카이브에는 법 관련 기후변화 블로그, 팟캐스트, 비디오가 있다.
어스 저스티스Earthjustice (earthjustice.org)	미국에서 환경 소송을 벌이는 비영리 공익단체로 기후변화의 피해를 입은 지역사회에서 공익을 위해 일한다.
클라이언트 어스ClientEarth (clientearth.org)	국제 환경 법 자선단체로 국경, 시스템, 부문을 넘나들며 협력 관계를 구축한다. 법률에 대한 정보 제공, 이행, 집행을 통해 시스템을 바꾸는 데 주력한다. 50여 개국에서 정책 결정자에게 조언을 하고 법률 전문가를 교육함으로써 유럽 시민과 NGO를 위해 일한다.
챈서리 레인 프로젝트The Chancery Lane Project (chancerylaneproject.org)	글로벌 법 전문가들의 공조를 바탕으로, 기후 해법을 제시하는 상업적 합의서에 바로 넣을 수 있는 계약 조항을 만들어낸다.

용어 설명

조직, 회의, 협약

유엔기후변화협약UNFCCC 1992년 브라질 리오데자네이루 지구 정상 회의에서 초안이 정해진 국제 환경 협약. 이 협약은 "기후 시스템에 대한 인간의 위험한 개입"에 맞서 싸운다.

교토의정서Kyoto Protocol 1997년 192개국 당사자들이 2005년부터 2020년까지 온실가스 배출량을 줄이기로 약속하며 채택한, 기후변화 협약하의 조치들에 대한 최초의 이행 방안.

파리협정Paris Agreement 2015년 195개국 당사자들이 채택하여 2016년부터 교토의정서의 약속을 대체하게 되었다. 이 협정은 기후변화 완화, 적응, 금융을 다룬다. 이 안에는 5년마다 당사국들이 국가별 약속을 향상시키기를 기대하는 "후퇴 방지 메커니즘ratchet mechanism"이 들어 있다.

COP26 2021년 영국 글래스고에서 개최된 국제 정상회담으로 당사국 총회Conference of the Parties라고 한다. 이 당사국 총회부터 후퇴 방지 메커니즘의 효력이 발생했다.

기후변화에 관한 정부 간 협의체IPCC 인간이 유발한 기후변화에 대한 지식을 증진하고 그 영향을 평가하기 위해 1988년에 설립된 유엔 기구

G20 정기적으로 만나서 세계 경제, 국제 금융 안정, 기후변화 완화, 지속 가능 발전 문제를 논의하는 19개국과 유럽연합으로 이루어진 모임.

ESG 보고 환경, 사회, 지배 구조 영향의 영역에서 한 조직의 데이터를 공개하는 것.

LEED 미국 녹색 건물 의회가 지속 가능성과 환경에 미치는 영향의 측면에서 건물의 실적을 평가하려고 조직해 널리 받아들여진 시스템.

pH 용액의 산도를 표시하는 지표. 낮을수록 산성이 강하다.

광합성 식물 등의 유기체가 성장의 연료를 얻기 위해 빛 에너지를 화학 에너지로 전환할 때 사용하는 과정.

기가톤 10억 톤. 1톤은 1000킬로그램이다. 이산화탄소 1기가톤을 과학적으로 "109메가톤의 이산화탄소"로 표현할 때가 많다.

기부자Go-giver 이 책을 정책 결정자에게 건네주는 사람.

기후 보통 30년에 걸쳐 한 지역에서 나타나는 장기적인 날씨 패턴. 날씨는 특정 장소와 시간에 (기온을 비롯한) 대기의 모든 조건을 포괄한다.

기후변화 기온과 날씨 패턴의 장기적인 변동.

기후 이주 해수면 상승, 가뭄의 빈발, 강수의 변화 같은 날씨 패턴의 변화 때문에 사람들이 수 세대에 걸쳐 살던 지역을 떠나야 하는 상황.

기후 정의 기후변화의 윤리적인 측면들을 해결하는 일.

넷제로 배출 인간 활동으로 인한 온실가스 배출량과 배출 감축량의 균형을 맞추는 것.

대륙빙하 면적이 5만km^2 이상인 빙하 덩어리. 지구상에 있는 담수의 99% 정도가 대륙빙하 안에 들어 있다.

드로다운drawdown 대기의 온실가스를 꾸준히 감소시켜 기후변화를 역전시키기 위한 이정표로 제시되었다.

메가와트 발전원의 산출물을 측정하기 위해 사용하는 전력의 척도. 1메가와트는 100만 와트이고, 1기가와트는 10억 와트다. 메가와트시(MWh)는 1000킬로와트시(kWh)와 동일한 전기에너지의 측정 단위다.

메탄 색깔도 냄새도 없는 가연성 온실가스로 20년간 잠재적 온난화 효과가 이산화탄소보다 82배 더 높다. 화학식은 CH_4이다.

바이오매스 열이나 전기를 생산할 때 연료로 종종 사용하는 유기물(식물 또는 동물).

바이오 연료 석유를 만들어내는 느린 지질학적 과정과는 달리 바이오매스를 가지고 현대적인 공정을 이용해서 생산된 연료들. 가스, 휘발유, 경유를 대체할 수 있다.

배출권 거래제 기업과 국가에 경제적 인센티브를 제공함으로써 온실가스 배출량을 줄이도록 설계한 시장 기반 시스템. "총량 제한 거래제cap-and-trade"라고도 한다.

배출량 화석연료 연소와 그 밖의 인간 활동을 통해 배출되는 온실가스. 늘어나는 기후변화의 주원인이다.

사막화 비옥한 토양이 건조하고 생물학적으로 생산성이 없는 땅으로 바뀌는 토질 저하의 과정. 가뭄, 극단적인 고온, 삼림 파괴, 바람직하지 않은 농업 활동이 원인이다.

산불 생태계를 걷잡을 수 없이 파괴한다.

산업혁명 17세기 말과 18세기 초 농업과 수공업 사회에서 산업적인 기계 제조 방식이 지배하는 사회로 이전하게 된 시기.

삼림 파괴 토지를 다른 목적으로 사용하기 위해 숲이나 나무들을 제거하는 것.

생물 다양성 생물학적 가변성 또는 다채로움. 유전, 종, 생태계 수준에서 변화의 척도.

생태계 살아 있는 유기체와 그 물리적 환경이 전체 시스템을 부양하는 에너지 흐름과 영양 순환을 통해 상호 작용하는 지역.

석유화학제품 정제된 석유로 만든 화학제품

소행성 태양계 내의 작은 행성들. 과거 대멸종의 원인으로, 기후변화의 심각성을 드러낼 때 종종 사용된다.

수력발전 움직이는 물의 힘을 이용해서 전기를 생산하는 재생에너지의 한 형태.

수인성 질병 질병과 위장 문제를 유발하는 물 안의 미생물과 독성 오염물질.

습지 자연 상태에서 물 안에 잠긴 땅(늪, 맹그로브, 강어귀, 습원, 호수 등).

아산화질소 열을 가두는 능력이 이산화탄소의 300배에 달하는 강력한 온실가스. '질소 가스'나 '웃음 가스'라고도 알려져 있다. 화학식은 N_2O이다.

에너지 효율성 더 적은 에너지로 동일한 과제를 수행하거나 동일한 상품 또는 서비스를 제공하는 것.

에어로졸 공기 또는 다른 기체 안에 있는 미세한 고체 또는 액체 부유 입자. 자연적일 수도, 인공적일 수도 있다.

염수 침입 해수면 상승으로 염수가 저지대로 흘러들어 토양에 피해를 입히고 물을 마실 수 없게 만드는 것.

영구동토층 북극권과 산꼭대기 고지대 근처의 얼어 있는 땅.

오존층 태양의 자외선 복사 대부분을 흡수하는 방어막. 성층권에 있다.

온실가스 지구의 대기로 배출되어 태양에너지를 흡수함으로써 열이 대기를 떠나지 못하게 하는 작은 입자들. 이산화탄소, 메탄, 아산화질소, 오존, 수증기, 클로로플루오르카본 등이 있다.

온실효과 태양의 복사에너지가 지구의 하층 대기에 있는 기체에 갇혀서 지표면을 덥게 만드는 상태.

운동 어떤 사안을 지지하거나 반대하는 실천 활동.

운동가 당신.

유기농 친환경적인 작물 재배법이나 가축 사육법을 내세워 생태적 균형을 증진하는 농업 시스템.

유출수 토지 위에 있다가 하천으로 유입되는 비나 눈. (살충제 같은) 용해 물질이나 부유 물질이 들어있을 때가 많다.

이산화탄소 제거 이산화탄소를 대기권에서 추출해 장기간 매장하거나 저장하는 과정. 탄소 포집 저장Carbon Capture and Storage이라고도 한다.

이산화탄소 환산량 이산화탄소 이외의 온실가스가 지구에 미치는 영향을 이산화탄소를 기준으로 환산하여 수치화한 단위. CO_2e로 표기한다. 이 책에서는 대체로 이산화탄소를 가지고 모든 온실가스의 전반적인 영향을 설명하고, 특별히 다른 기체의 영향을 설명할 때 이산화탄소 환산량을 사용했다.

이탄 지대 습지 또는 늪이라고 하기도 하는 습지 생태계. 육상에서 가장 밀도 높은 천연 탄소 창고.

인류세 인간의 행동이 지구와 그 환경에 크게 영향을 미치는, 우리가 살고 있는 시대.

재조림 사라진 숲을 대신해서 씨앗이나 묘목을 심는 것.

재활용 무언가를(주로는 쓰레기를) 같은 형태로 다시 사용하거나, 새로운 재료를 만들기 위해 가공하는 것.

전기 자동차 전기에서 완전히 또는 부분적으로 동력을 얻는 차량.

지구 공학 기후변화를 중단하거나 역전시키겠다는 목표를 가지고 지구의 기후에 영향을 미치는 환경 과정에 대규모로 개입하는 것.

지구온난화 인간 때문에 이산화탄소와 다른 온실가스의 수준이 상승함으로써 지구의 공기, 표면, 대양의 온도가 점점 올라가는 것.

지벡Xebec 돛대가 세 개인 범선. 지속 가능한 상업용 수송의 초기 형태.

지속 가능성 대체 불가능한 것을 써버리거나 환경에 해를 끼치지 않는 방식으로 생산하는 것.

지열에너지 지표면 아래에서 끌어오는 재생에너지의 한 형태. 지구의 생성과 물질의 방사성붕괴에서 만들어진 열을 이용한다.

천연가스 재생 불가능한 화석연료의 하나. 주로 난방, 전력 생산, 플라스틱 등의 제품 제조를 위해 사용한다.

청정 에너지 이산화탄소를 부산물로 만들어내지 않고 자연적으로 보충되는 원료를 가지고 생산된 에너지. 녹색 에너지, 재생에너지라고도 한다.

침식 바람이나 물 같은 자연의 힘이 토양, 암석, 그 외 지구의 물질들을 지표 상의 한 장소에서 다른 장소로 옮기거나 닳게 해 없애는 것.

탄소 흡수원 대기에서 이산화탄소를 흡수할 수 있는 삼림과 대양, 그 밖의 천연 구조물.

탄소 격리 탄소를 천연 지질 구조물 안에 저장해 영구적으로 가두는 과정.

탄소 발자국 개인, 조직, 국가가 유발한 전체 온실가스 배출량. 이산화탄소 환산량으로 측정한다.

탄소 상쇄 다른 곳에서 발생한 배출량에 대한 보상으로 이산화탄소나 다른 온실가스를 제거하는 것.

탄소 순환 탄소가 생물권, 지구권, 수권, 대기권 사이를 넘나드는 과정.

탄소 예산 특정한 지구 평균 기준 안에 머물러 있기 위한 전 세계 이산화탄소 배출 상한선.

탄소 중립 발생한 탄소 배출량이 대기에서 제거한 탄소의 양으로 상쇄될 때.

탄소 포집 활용 공기에서 탄소를 흡수하거나 모아서 다른 산업에서 이용하는 것.

토질 저하 토지의 부적절한 사용 때문에 토양의 질이 하락하는 것.

토착 지식 천연자원을 잘 이용하는 방법과 같이, 수 세기 동안 지역사회에서 발전시켜온 지식과 행위.

폭풍해일 폭풍 때문에 해수의 수위가 올라가 발생하는 해일.

플라스틱 대부분 석유, 천연가스, 석탄의 형태로 된 화석연료를 가지고 만들며, 항상 탄소와 수소를 함유한다.

플루오린화 기체 광범위한 산업 응용 및 제조 공정에서 인간이 만들어낸 기체. 전체 온실가스 중에서 가장 오래가는 기체로 대기권에 수 세기 동안 남아서 지구온난화에 크게 기여한다.

해류 바람, 온도, 염도변화 같은 몇가지 힘 때문에 일어나는 바닷물의 지속적이고 방향성이 있는 움직임.

해빙 바다에 떠 있는 해수로 된 얼음.

해수면 변화 기온이 따뜻해져서 얼음이 녹고 해수가 팽창하여 해수면에 변화가 일어나는 것.

해양 산성화 바다가 대기에서 이산화탄소를 흡수하는 양이 늘어나서 pH가 감소하고, 그 결과 바다의 건강이 악화되는 것.

핵분열 원자의 핵이 두 개 이상의 더 작은 핵으로 쪼개질 때 에너지가 생성되는 반응.

핵에너지 핵발전소에서 핵분열 과정을 통해 원자를 쪼갬으로써 배출되는 에너지에서 얻은 전력. 핵융합이 현실화될 경우 핵에너지에 포함될 것이다.

핵융합 원자번호가 낮은 두 개 이상의 원자핵이 결합해 더 무거운 하나의 핵을 만들어낼 때 에너지가 생성되는 반응.

화석연료 수소와 탄소를 함유한 채 땅속에 묻혀 있는 물질. 수백만 년에 걸쳐 식물과 동물이 분해되어 만들어지고, 석탄, 석유, 천연가스의 형태로 채취된다.

희망 변화의 연료.

⊕178

직접 확인할 수 있어요

이 책은 수천 개의 참고자료를 토대로 쓰였어요. 원자료가 궁금하다면 글 맨 마지막에 있는 숫자를 http://www.thecarbonalmanac.org/000(000 자리에 원하는 숫자를 넣어야 해요)에서 확인할 수 있어요. **더 깊이 공부하고, 함께 이야기해요.**

www.thecarbonalmanac.org

모든 인용문과 팩트 상자의 출처는 ⊕888에서 찾을 수 있어요.

감사의 말

과장이 아니라 이 책은 이런 종류의 책으로는 최초다. 41개국에서 300명이 넘는 기여자가 자발적으로 나서서 이 책을 만들기 위해 힘을 모았다. 그 과정에서 이 비범한 탄소 연감 네트워크The Carbon Almanac Network 팀은 열정적이고, 바쁘고, 통찰력을 갖춘 친구들로부터 지지와, 축복의 말과, 낙관적인 조언을 받기도 했다. **Fiona McKean, Tobi Lütke, Michael Cader, Stuart Krichevsky, Pam Dorman, Adam Grant, Justin Brice Guariglia, Maya Lin, Shepard Fairey, Kevin Foley** 그리고 **Getty Images** 팀에게 특히 감사의 마음을 전한다. **Jeff Atwood**와 **Sam Saffron** 등 Discourse 팀의 소프트웨어와 지원이 없었더라면 우리는 이 일을 해내지 못했을 것이다.

Aaron Schleicher, Adam Umhoefer, Carla Vernon, Carrie Ellen Phillips, Dana Pappas, Debbie Millman, Dylan Schleicher, Geerhard Bolte, Katherine Shepler, Maddy Roth, Martijn Vinke, Michael Jantz, Michelle Kydd Lee, Rebecca Schwartz, Simon Sinek, Steve Pressfield, Tina Roth Eisenberg, Nathan Gray, Yukari Watanabe Scott, Iván X. Eskildsen, Danielle M Fino에게도 감사의 마음을 전한다. 그리고 **Andrew Pershing, Ben Strauss, Daniel Gilford, Sam Miller, Chip Conley, Paul Hawken, Kevin Kelly, Stewart Brand, Geoversity Foundation**에도 고마움을 전하고 싶다.

이 책의 영문판에 사용된 폰트는 Foundry5와 ABC Dinamo의 **Kostas Bartsokas**가 제공했다.

카툰은 난장판을 만드는 데 재능이 있는 인심 좋은 **Dan Piraro, Tom Toro, Randall Munroe**가 그려주었다.

그리고 물론 크라운의 **Niki Papadopolous, Adrian Zackheim, David Drake** 그리고 **펭귄랜덤하우스**의 **Marcus Dohle**와 경이로운 팀에게 감사의 마음을 전한다.

Ben Fry / Fathom Information Design에게 고마움을 전한다. 또 그레타 툰베리의 사진을 제공해준 **Anders Hellberg**에게도. 경이로운 아이콘 모음을 제공해준 Noun Project 그리고 **Scott Belsky**와 그의 팀에게도 고마움을 전한다.

사실 확인 담당 **Will Myers**와 **Stevonie Ross**, 편집 담당 **D. Olson Pook**에게도 고마움을 전한다. 모든 오류는 창작자들의 책임이다. 오류를 발견한 사람이 있다면 thecarbonalmanac.org에 찾아와 제보해주기를 바란다. 그러면 우리가 수정할 것이다. 색인 작업 담당 **Lucie Haskins**에게도 고마움을 전한다.

www.thecarbonalmanac.org에서 우리가 사용한 원자료를 확인해볼 것을 권한다. 중대한 연구의 산물들을 제공해준 Our World in Data와 온라인상의 여러 과학자 및 출판인들에게 감사의 마음을 전한다. 우리의 사이트에 오면 이 책에 뭉뚱그려져 있는 개별 데이터로 바로 연결되는 링크를 확인할 수 있다.

기여자

다음은 그리스, 나이지리아, 남아프리카공화국, 남호주, 네덜란드, 뉴질랜드, 덴마크, 독일, 루마니아, 멕시코, 미국, 베냉, 벨기에, 브라질, 세네갈, 세르비아, 스웨덴, 스위스, 스코틀랜드, 스페인, 싱가포르, 아랍에미리트, 아일랜드, 영국, 우루과이, 이스라엘, 이탈리아, 인도, 자메이카, 체코공화국, 캐나다, 케냐, 코스타리카, 코트디부아르, 콜롬비아, 크로아티아, 포르투갈, 폴란드, 프랑스, 핀란드, 호주 등 40여 개국에서 이 책을 만드는 작업에 함께한 이들이다.

Aarón Blanco Tejedor
Abhishek Sharma
Adam Davidson
Alberto Parmiggiani
Alessio Cuccu
Alexandre Poulin
Alexis Costello
Allyson Alli
Amy Maranowicz
Andrea Hunter
Andrea Martina Specchio
Andrea Morris
Andrea Ramagli
Andrea Sakiyama Kennedy
Andreas Andreopoulos
Ángela Conde del Rey
Angelica Liberato
Anna Cosentino
Anne Marie Cruz
Annie Parnell
Asante Tracey
Ash Roy
Azin Zohdi
Barbara Orsi
Barrett Brooks
Belinda Tobin
Benjamin Collins
Benjamin Goulet-Scott
Blessing Abeng
Boon Lim
Brent Brooks
Brian Stacey
Bruce Clark
Bulama Yusuf
Cameron Palmer
Carlo Tortora
Carlos Saborío Romero
Casey von Neumann
Charlene Brown
Charles Dowdell
Chirag Gupta
Christopher G. Fox
Christopher Houston
Colin Steele
Con Christeson
Conor McCarthy
Corey Girard
Covington Doan
Craig Lewis
Crystal Andrushko
Dalit Shalom
David Kearns
David Kopans
David Meerman Scott
David Olawumi
David Robinson
Dawn Nizzi
Debbie Cherry
Debbie Gonzalez
Deepa Parekh
Denis Oakley
Diane Osgood, Ph.D.
Dianne Dickerson
Dillon Smith
Donal Ruane
Dorothy Coletta
Dr. Meenakshi Bhatt
Elena-Madalina Florescu
Eva Forde
Fabio Gambaro
Felice Della Gatta
Fernando Laudares Camargos
Gabriel Campbell
Gabriel Salvadó
Gillian McAinsh
Giorgia Lupi
Helena Roth
Hiten Rajgor
Inbar Lee Hyams
Inma J Lopez
Isabelle Fries
J. Thorn
Jasper Croome
Jay Wilson
Jayne Heggen
Jeff Goins
Jennifer Hole
Jennifer Myers Chua
Jennifer Simpson
Jennifer V Taylor
Jessica P. Schmid
Jim Kennady
Joaquin Ilzarbe
José Ignacio Conde
Kady Stoll
Kanakalakshmi Balasubramani

Karen Mullins
Kat Chung
Kate Shervais
Katharina Tolle
Kathryn Bodenham
Keary Shandler
Kelsey Longmoore
Kevin Caron
Kevin Lockhart
Kirsten Campbell
Kristin Hatcher
Kristy Sharrow
Kurt Hinkley
Lars Landberg
Laura Holder
Laura Shimili
Laurens Kraaijenbrink
Leah Granger
Leekei Tang
Leonardo Scopinho Heise
Lewis Thompson
Linda Westenberg
Lisa Blatt
Lisa Duncan
Lisa Oldridge
Lisa Sarasohn
Liz Cyarto
Lori Sullivan
Louise Karch
Lucy Piper
Luke Keating Hughes
Lynne E. Richards
Magdalena Zwolak
Maggie Hobbs
Manon Doran
Marcelo Lemos Dieguez
Margo Aaron
Marjolaine Blanc
Mark Belan
Mark Conlon
Mark Deutsch
Markus Amalthea Magnuson
Marty Martens
Maryanne Sherman
Massimiliano Freddi
Matthew Andreus Narca
Matthew NeJame
Maureen Price
Max Francis
"Maya" Aparajita Datta
Mayank Trivedi
Mel Sellick
Meredith Paige NeJame
Michael Bungay Stanier
Michel Porro
Michelle Miller
Michi Mathias
Monica Wilinski
Natalia Alvarez
Natasa Gacesa
Natashja Treveton
Nell Boyle
Nick Delgado
Noura Koné
Pasquale Benedetto
Paul McGowan
Philip Amortila
Polo Jimenez
Rachel Ilan Simpson
Ray Ong
Reginald Edward
Richie Biluan
Robert Gehorsam
Robert L. Hill
Roger R. Gustafson
Rohan Bhardwaj
Roma G Velasco
Ronald Zorrilla
Ryan Flahive
Sally Olarte
Sam Nay
Scott Ash
Scott Hamilton
Scott Papich
Sean Kim
Selena Ng
Seniorita Polyester
Seth Barnes
Seth Godin
Shaun McAnally
Sisi Recht
Stella Komninou Arakelian
Steve Wexler
Suparna Kalghatgi
Susan Hopkinson
Susan Z Martin
Susana Juárez
Sydney Alexandra Shoff
Szymon Kurek
Tania Marien
Teresa Reinalda
Tobias Kern
Tom Gelin
Tonya Downing
Tracey Ormerod
Virginia Shaw
Vivek Srinivasan
Winny Knust-Graichen
Yan Tougas
Yolanda del Rey Chapinal
Zrinka Zvonarevic

thecarbonalmanac.org에서 약력과 사진, 추가 정보를 찾을 수 있다.

찾아보기

ㄱ

ㅇ

ㅈ

ㅊ

ㅋ

ㅌ

아직 늦지 않았다

소아마비 바이러스는 수천 년간 전 세계 사람들을 괴롭혔다. 이집트 상형문자에도 관련 기록이 남아 있을 정도로 이 바이러스는 인류의 역사가 시작할 때부터 존재했다.

이 바이러스는 내장에 안착한 뒤 중추신경계로 이동해서 마비를 일으킨다. 안타깝게도 여전히 이 병에 걸리는 어린아이들이 있다.

소아마비가 의학 문헌에 처음으로 기록된 것은 1789년이지만, 백신은 1955년이 되어서야 개발되었다.

1979년 미국은 전면적인 개입을 통해 이 질병을 퇴치했고, 미국은 소아마비에서 해방되었다고 선언했다.

하지만 그 뒤에도 지구에서는 1년에 약 40만 건의 소아마비가 발생했다. 몇 년 뒤 인도는 가족과 비정부 기구가 동원된 풀뿌리 운동의 노력에 힘입어 광범위한 예방접종에 들어갔다.

2011년 세계보건기구는 인도가 소아마비에서 해방되었다고 선언했다. 이 당시는 아직 인도에서 텔레비전이 대중화되기 전이었다. 인터넷도, 심지어는 장거리 전화도 쉽게 쓰기 어려울 때였다.

이제 소아마비가 발병하는 나라는 단 세 나라뿐이고 2020년에 이 병은 전 세계에서 140건 발병했다고 한다.

하수 관리가 질병을 줄이는 데 크게 기여한다는 사실을 알게 되었을 때도 사람들은 이와 같은 종류의 변화를 이루어냈다. 이를 위해 시카고는 1800년대에 도시 전체의 높이를 약 3m 들어올렸다. 실로 눈부신 공학의 위업이었다.

인류는 공중보건에서, 질병 치료에서, 좀 더 나은 사회를 건설하는 데 있어서 종 전체의 사활이 걸린 문제에 맞닥뜨리곤 했다. 그리고 인류는 이해하기 힘들고 우리를 압도하며 맞서기에 너무 벅차 보이는 문제들을 결국 넘어섰다. 이런 변화에는 늘 조직적인 실천과 의식이 함께했다.

오늘날 우리가 가진 지식은 불과 한 세기 전만 해도 난공불락으로 보이기만 했던 역경을 넘어설 수 있게 해준다.

문제에는 해결책이 있다. 자명하거나 호락호락하지 않을 수 있지만 문제의 본질은 해결의 실마리가 언제든 있다는 것이다.

전 세계에서 많은 사람이 다양한 해법을 만들고 있다. 그리고 의사결정자들과 입법가들을 비롯한 이들이 이 문제를 해결하기 위해 나서게 만들 필요도 있다.

아직 늦지 않았다. 그리고 우리에게는 생각보다 큰 힘이 있다. 하나하나의 목소리가 변화를 만들어낸다. 여러분은 연결 고리가, 선도자가, 이 문제가 요구하는 끈기와 창의성의 원천이 될 수 있다.

힘을 모으면 우리는 변화를 만들어낼 수 있다.

오늘의 할 일

시작하기 가장 좋은 때는 바로 지금이다.

- 우리 사이트로 와서 당신의 도움이 필요한 모임을 찾아본다(www.thecarbonalmanac.org/162). 연락을 해서 어떻게 도우면 되는지 문의한다. 그냥 돈만 기부하는 것보다 직접 활동에 참여하는 것이 더 가치 있는 일이다. 하지만 가능하다면 기부와 활동을 모두 한다.
- 매일의 차이Daily Difference 뉴스레터를 신청해서 매일 지역사회에서 할 수 있는 작은 실천을 한다.
- 이 책을 친구 한 명과 같이 본다.
- 이 책의 교사용 지침서를 교사에게, 어린이용 자료를 자녀가 있는 사람에게 전달한다.
- 인터넷 검색 엔진을 에코시아Ecosia로 바꿔서 인터넷 서핑을 하면서 나무를 심는다.
- 탄소 배당금에 대해 공부한 뒤 공부한 내용을 주위에 알린다. 이 한 가지 새로운 정책만으로도 문제 전체의 역학 관계를 바꿀 수 있다.
- 논쟁을 하기보다는 대화를 유도하는 방식으로 이야기를 나눈다. 이 정도 규모의 문제를 해결하려면 각양각색의 온갖 사람들과 모두의 도움이 필요하다. 일이 돌아가는 방식이 마음에 들지 않으면 남을 탓하기보다는 직접 나서서 더 잘 해낸다.
- 당신의 직장이 기후에 대한 더 큰 논의를 이끌 수 있는 방법에 대해 동료들과도 대화의 물꼬를 튼다.
- 석탄, 콘크리트, 또는 화석연료 연소를 감축하기 위해 노력하는 조직을 후원한다.
- 은행에 화석연료 산업에 어떻게 투자하고 있는지 문의하는 편지를 보낸다. 은행장이 이런 편지를 열 통 받으면 아마 무시할 것이다. 하지만 백 통을 받으면 임원 회의를 소집할 것이고, 천 통을 받으면 현실이 바뀔 것이다.
- 지역 정치에 참여한다. 자원 활동을 하면서 기후 실천을 창출하는 데 도움을 줄 수 있는 곳을 알아본다.
- 한 주에 하루는 동물성 식품을 먹지 않는다.
- 산책을 한다. 주위를 둘러본다. 누군가와 동행한다.

웹 검색하고 나무도 심고

우리는 에코시아Ecosia와 협업해 온라인 검색의 효과를 높였어요. **www.thecarbonalmanac.org/search**를 방문해서 검색을 할 때마다 나무를 심는 간단한 확장 프로그램을 설치하세요. 무료랍니다. 구글만큼이나 빠르면서 훨씬 손쉬운데, 매일 차이를 만들어요.

심은 나무: 2021년 기준 1억 4300만 그루

변화는 가능해요

Thecarbonalmanac.org에 방문해서 **매일의 차이** **The Daily Difference** 뉴스레터에 가입하세요. 매일 여러 이슈와 실천에 대한 소식을 받고 수많은 이들과 서로 연결되어 중요한 영향을 만들어낼 수 있어요.

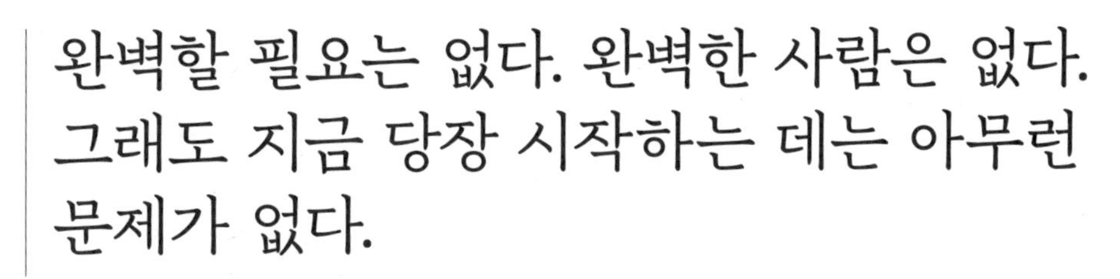

The future is in everyone's hands.

Please add your name and then pass on this almanac when you're done.

DATE	SENT FROM	DELIVER TO
02/15/1927	~~Buckminster Fuller~~	~~Charles David Kettering~~
February 23, 1934	~~Charles David Kettering~~	~~Jean Senebier~~
01/28/37	~~Jean Senebier~~	~~Guy Callendar~~
MARCH 27th 1941	GUY ~~CALLENDAR~~	SVANTE ~~ARRHENIUS~~

미래는 모두의 손에 달려 있다.

이 책을 다 읽고 빈 칸에 이름을 적은 다음 주변 사람에게 건네주세요.

홈페이지 www.thecarbonalmanac.org 에서는 다음 자료를 얻을 수 있습니다.

- 기후변화의 영향을 알기 쉽게 보여주는 PDF 파일
- 프로젝트, 수업 계획 등이 포함된 교사용 안내서
- 재미와 통찰이 가득한 6~10세 대상 어린이 기후 안내서
- 간단하면서도 영향력 있는 아이디어를 매일 보내주는 일일 이메일 실천 리스트
- 표와 그래프를 포함해 이 책에 등장하는 모든 글의 원자료와 정오표 〔한국어로 번역된 자료도 업데이트됩니다.〕

웹 검색하고 나무도 심고

우리는 에코시아Ecosia와 협업해 온라인 검색의 효과를 높였어요. **www.thecarbonalmanac.org/search**를 방문해서 검색을 할 때마다 나무를 심는 간단한 확장 프로그램을 설치하세요. 무료랍니다. 구글만큼이나 빠르면서 훨씬 손쉬운데, 매일 차이를 만들어요.

심은 나무: 2021년 기준 1억 4300만 그루